知识产权专员系列教材

J0781803

专利申请与
保护实务

主　编◎梁萍　严小波　阮碧波

副主编◎贾静　覃筱楚　薛旸　梁金金　张华锋

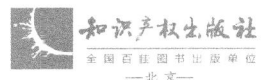

知识产权出版社

全国百佳图书出版单位

—北京—

图书在版编目（CIP）数据

专利申请与保护实务 / 梁萍，严小波，阮碧波主编；贾静等副主编 . —北京：知识产权出版社，2025.4.—（知识产权专员系列教材）. —ISBN 978-7-5130-9917-2

Ⅰ. G306.3；D923.42

中国国家版本馆 CIP 数据核字第 2025PC4962 号

内容提要

本书主要内容包括五部分：专利申请程序及申请文件撰写，包含专利申请的程序和手续、涉外专利申请、专利申请文件撰写要求、专利申请文件撰写实例；专利审查、申请文件修改及审查意见答复，包括专利申请的初步审查、发明专利申请的实质审查、申请文件修改、审查意见答复；专利复审；专利无效；专利诉讼。系统地介绍了专利审查、复审、无效及诉讼的概念、法定程序、实务操作等内容，同时对于程序问题的细节、文件撰写的要点进行深入剖析，以期为读者了解专利审查、复审、无效制度提供一个较为系统和全面的参照。

责任编辑：尹　娟　　　　　　　　　　　　　　责任印制：孙婷婷

知识产权专员系列教材

专利申请与保护实务

ZHUANLI SHENQING YU BAOHU SHIWU

梁　萍　严小波　阮碧波　主编

贾　静　覃筱楚　薛　旸　梁金金　张华锋　副主编

出版发行	知识产权出版社 有限责任公司	网　　址：	http://www.ipph.cn
电　话	010-82004826		http://www.laichushu.com
社　址	北京市海淀区气象路 50 号院	邮　编：	100081
责编电话	010-82000860 转 8702	责编邮箱：	yinjuan@cnipr.com
发行电话	010-82000860 转 8101	发行传真：	010-82000893
印　刷	北京中献拓方科技发展有限公司	经　销：	新华书店、各大网上书店及相关专业书店
开　本	720mm×1000mm　1/16	印　张：	24.75
版　次	2025 年 4 月第 1 版	印　次：	2025 年 4 月第 1 次印刷
字　数	392 千字	定　价：	88.00 元

ISBN 978-7-5130-9917-2

C目录

ONTENTS

第一章 | 专利申请程序及申请文件撰写

申请人就一项发明创造要求获得专利权的，应当根据《中华人民共和国专利法》（以下简称《专利法》）❶及《中华人民共和国专利法实施细则》（以下简称《专利法实施细则》）❷的规定向国家知识产权局专利局提出专利申请。在专利审批程序中，申请人根据《专利法》及其实施细则的规定或者专利局的要求，还需要办理各种与该专利申请有关的事务。

申请人提出专利申请，需要向专利局提交的《专利法》第 26 条规定的发明或者实用新型专利的请求书、说明书及其摘要和权利要求书，或者《专利法》第 27 条规定的外观设计的请求书、图片或者照片、简要说明等文件，称为专利申请文件；在提出专利申请的同时或者提出专利申请之后，申请人（或专利权人）、其他相关当事人在办理与该专利申请（或专利）有关的各种手续时，提交的除专利申请文件以外的各种请求、意见陈述、补正以及各种证明、证据材料等，称为其他文件。

在专利申请过程中办理各种手续应当提交相应的文件，缴纳相应的费用，并且符合相应的期限要求。

第一节 专利申请的程序和手续

专利申请程序是指从申请人提出专利申请开始到专利申请被授予专利权

---

❶ 本书中《专利法》特指 2020 年修正的《中华人民共和国专利法》。

❷ 本书中《专利法实施细则》特指 2023 年修订的《中华人民共和国专利法实施细则》。

或者专利申请被驳回为止的全部程序。

专利申请手续是指申请人向专利局提出专利申请，以及在专利审批程序中办理其他专利事务的统称。

一、与专利申请有关的基本概念

（一）专利申请的类型

在准备提交一份专利申请之前，首先需要确定专利申请的类型。

《专利法》第 2 条规定：本法所称的发明创造是指发明、实用新型和外观设计。发明，是指对产品、方法或者其改进所提出的新的技术方案。实用新型，是指对产品的形状、构造或者其结合所提出的适于实用的新的技术方案。外观设计，是指对产品的整体或者局部的形状、图案或者其结合以及色彩与形状、图案的结合所作出的富有美感并适于工业应用的新设计。

《专利法》第 2 条规定了专利申请的类型。

从定义来看，实用新型和发明之间既有区别又有联系。例如，两者都应当是一种新的技术方案，不同之处在于实用新型只限于保护产品，不保护方法。需要说明的是，并非属于发明专利保护客体的所有产品都能够作为实用新型专利申请的保护客体。根据《专利法》第 2 条的规定可知，能够获得实用新型专利保护的客体是对产品形状、结构或者其结合所提出的新的技术方案。《专利审查指南》❶ 对其中的"形状""构造"作了定义：产品的形状是指产品所具有的并可以从外部观察到的确定的空间形状。无确定形状的产品，例如气态、液态、粉末状、颗粒状的物质或者材料，其形状不能作为实用新型产品的形状特征。该限定仅仅是对申请获得实用新型专利的产品的形状和构造的限定。申请获得发明专利的产品也会涉及产品的形状和构造，但不受上述规定的限制。

（二）申请日

新申请符合受理条件的，应当确定申请日。

根据《专利法》第 28 条规定，专利局收到专利申请文件之日为申请日。

---

❶　本书中《专利审查指南》特指 2023 年修订的《专利审查指南》。

如果申请文件是面交的，以收到日为申请日；如果是邮寄的，以寄出的邮戳日为申请日，邮戳日不清晰的，除当事人能够提出证明外，以专利局收到日为递交日。

申请日有以下四方面的作用：

（1）申请日是判断专利申请先后的客观标准。《专利法》第9条规定，两个以上的申请人分别就同样的发明创造申请专利的，专利权授予最先申请的人。《专利法实施细则》第47条规定了同样的发明创造只能被授予一项专利权。

（2）申请日是判断专利申请是否具有新颖性和创造性的时间界限。

（3）申请日是许多法定期限的起始日，主要包括以下几种期限：专利权期限的计算起始日；要求外国优先权或本国优先权的请求期限的计算起始日；不丧失新颖性的宽限期的计算起始日；缴纳年费期限的计算起始日；发明专利申请满18个月公布期限的计算起始日；发明专利申请3年内应当提出实质审查请求的期限计算起始日。

（三）优先权与优先权日

要求优先权，是指申请人根据《专利法》第29条的规定向专利局要求以其在先提出的专利申请为基础享有优先权。

申请人自发明或者实用新型在外国第一次提出专利申请之日起12个月内，或者自外观设计在外国第一次提出专利申请之日起6个月内，又在中国就相同主题提出申请的，依照该国同中国签订的协议或者共同参加的国际条约，或者依照相互承认优先权的原则，可以享有优先权。这种优先权称为外国优先权。

申请人就相同主题的自发明或者实用新型在中国第一次提出专利申请之日起12个月内，又以该发明专利申请为基础向专利局提出发明专利申请或者实用新型专利申请的，或者又以该实用新型专利申请为基础向专利局提出实用新型专利申请或者发明专利申请的，或者自外观设计在中国第一次提出专利申请之日起6个月内，又向专利局就相同主题提出外观专利申请的，可以享有优先权。这种优先权称为本国优先权。

优先权日是指首次申请的申请日，即为在后申请的优先权日。

优先权的效力表现为：

（1）申请人在首次申请后，在优先权期限内提出的相同主题的专利申请，都看作是在该首次申请的申请日提出，不会因为在优先权期间内，即首次申请日与在后申请的申请日之间其他人提出了相同主题的申请，或者公布、利用这种发明创造而失去效力。

（2）在优先权期间内其他的申请人可能会就相同主题的发明创造提出专利申请，由于优先权的效力，其他的申请人提出的相同主题发明创造的专利申请不能授予专利权。

（四）申请号

专利申请号是专利局受理一件专利申请时给予该专利申请一个标识号码。

专利申请号用 12 位阿拉伯数字表示，包括申请年号、申请种类号和申请流水号三个部分。按照由左向右的次序，专利申请号中的第 1 ~ 4 位数字表示受理专利申请的年号；第 5 位数字表示专利申请的种类，其中 1 表示发明专利申请，2 表示实用新型专利申请，3 表示外观设计专利申请，8 表示进入中国国家阶段的 PCT 发明专利申请，9 表示进入中国国家阶段的 PCT 实用新型专利申请；第 6 ~ 12 位数字（共 7 位）为申请流水号，表示受理专利申请的相对顺序；小数点后的一位表示校验位，是根据专利申请号中使用的数字组合作为源数据经过计算得出的一位阿拉伯数字（0 ~ 9）或大写英文字母 X。

在向专利局办理各种手续的、或在各种法定程序中发出或接收的文件和 / 或表格中专利申请号应当与其校验位联合使用。例如：200710006491.0、200810003491.X。

（五）期限

1. 期限的种类

期限包括法定期限和指定期限。

法定期限是指《专利法》及其实施细则规定的期限。例如，《专利法实施细则》规定前置审查的期限为 1 个月。

指定期限是指专利局依据《专利法》及其实施细则作出各种通知、决定时，指定申请人及其他利害关系人答复或完成某种行为的期限。例如，《专利审查指南》规定，在发明专利申请的实质审查过程中，申请人答复第一次审查意见通知书的期限为 4 个月。

2. 期限的计算

期限的起算日确定方式：

（1）以申请日、优先权日、授权公告日等固定日期起计算。

大部分法定期限是从申请日、优先权日、授权公告日等固定日期起计算的。

（2）以通知和决定的推定收到日起计算。

全部指定期限和部分法定期限以通知和决定的推定收到日起计算。

如果是邮寄发文，期限的起算日为发文日起满 15 日。如果是直接送交，则交付日为送达日，即期限的起算日。如果地址不详进行公告，则公告日起满 1 个月视为送达，即视为期限的起算日。《专利法实施细则》第 5 条规定，《专利法》及其实施细则规定的各种期限开始的当日不计算在期限内，自下一日开始计算。

期限的届满日确定方式：期限以年或者月计算的，以其最后一月的相应日为期限届满日；该月无相应日的，以该月最后一日为期限届满日；如果期限届满日是法定节假日或者移用周休息日的，以法定休假日或者移用周休息日后的第一个工作日为期限届满日。

3. 期限的延长

根据《专利法实施细则》第 6 条第 4 款：当事人请求延长专利局指定的期限的，应当在期限届满前，向专利局提交延长期限请求书，说明理由并办理有关手续。

允许延长期限的种类仅限于指定期限，法定期限不允许延长。但是应注意《专利法实施细则》第 75 条规定，在无效宣告请求审查程序中，国务院专利行政部门指定的期限不得延长。

延长请求应当在期限届满日之前书面提出，并说明理由，缴纳延长期限请求费。

延长期限不足一个月的，以一个月计算，延长期限一般不超过两个月，对同一通知或者决定中指定的期限一般只允许延长一次。

4. 耽误期限的处分

申请人或者专利权人耽误期限的后果是丧失各种相应的权利，这些权利主要有：专利申请权、专利权和优先权等。

因耽误期限作出的处分决定主要有：视为撤回、视为放弃取得专利权的权利、专利权终止、不予受理、视为未提出请求和视为未要求优先权等。

《专利法实施细则》第 6 条第 1 款和第 2 款规定了当事人因耽误期限而丧失权利之后，可以请求恢复。但是要注意，《专利法实施细则》第 6 条第 5 款规定，第 1 款和第 2 款的规定不适用不丧失新颖性的宽限期（《专利法》第 24 条）、优先权期限（《专利法》第 29 条）、专利权期限（《专利法》第 42 条）和侵权诉讼时效（《专利法》第 74 条）。

（六）费用

申请人在办理与专利申请相关的手续时，需要缴纳相应的费用。

1. 费用的类别

《专利法实施细则》第 110 条对费用的类别进行了规定，即向专利局申请专利和办理其他手续时，应当缴纳下列费用：①申请费、申请附加费、公布印刷费、优先权要求费；②发明专利申请实质审查费、复审费；③年费；④恢复权利请求费、延长期限请求费；⑤著录事项变更费、专利权评价报告请求费、无效宣告请求费、专利文件副本证明费。上述所列各种费用的缴纳标准，由国务院发展改革部门、财政部门会同国务院专利行政部门按照职责分工规定。

2. 费用的减缴

《专利法实施细则》第 117 条对费用的减缴进行了规定，即申请人或者专利权人缴纳本细则规定的各种费用有困难的，可以按照规定向专利局提出减缴的请求。减缴的办法由国务院财政部门会同国务院发展改革部门、专利局规定。

3. 费用的缴纳期限

《专利法实施细则》第 112 条规定，申请人应当自申请日起 2 个月内或者在收到受理通知书之日起 15 日内缴纳申请费、公布印刷费和必要的申请附加费；期满未缴纳或者未缴足的，其申请视为撤回。

申请人要求优先权的，应当在缴纳申请费的同时缴纳优先权要求费；期满未缴纳或者未缴足的，视为未要求优先权。

《专利法实施细则》第 113 条规定，当事人请求实质审查或者复审的，应当在《专利法》及实施细则规定的相关期限内缴纳费用；期满未缴纳或者未缴足的，视为未提出请求。

《专利法实施细则》第 114 条规定，申请人办理登记手续时，应当缴纳授予专利权当年的年费；期满未缴纳或者未缴足的，视为未办理登记手续。

《专利法实施细则》第 115 条规定，授予专利权当年以后的年费应当在上一年度期满前缴纳。专利权人未缴纳或者未缴足的，专利局应当通知专利权人自应当缴纳年费期满之日起 6 个月内补缴，同时缴纳滞纳金；滞纳金的金额按照每超过规定的缴费时间 1 个月，加收当年全额年费的 5% 计算；期满未缴纳的，专利权自应当缴纳年费期满之日起终止。

《专利法实施细则》第 116 条规定，恢复权利请求费应当在本细则规定的相关期限内缴纳；期满未缴纳或者未缴足的，视为未提出请求。

延长期限请求费应当在相应期限届满之日前缴纳；期满未缴纳或者未缴足的，视为未提出请求。

著录事项变更费、专利权评价报告请求费、无效宣告请求费应当自提出请求之日起 1 个月内缴纳；期满未缴纳或者未缴足的，视为未提出请求。

4. 费用的缴纳方式

《专利法实施细则》第 111 条规定，《专利法》及其细则规定的各种费用，应当严格按照规定缴纳。

直接向专利局缴纳费用的，以缴纳当日为缴费日；以邮局汇付方式缴纳费用的，以邮局汇出的邮戳日为缴费日；以银行汇付方式缴纳费用的，以银行实际汇出日为缴费日。

多缴、重缴、错缴专利费用的，当事人可以自缴费日起 3 年内，向专利局提出退款请求，专利局应当予以退还。

二、专利申请初步审查程序概述

根据《专利法》第 34 条规定，专利局收到发明专利申请后，经初步审查认为符合本法要求的，自申请日起满 18 个月，即行公布。专利局可以根据申请人的请求早日公布其申请。

根据《专利法》第 40 条规定，实用新型和外观设计专利申请经初步审查没有发现驳回理由的，由专利局作出授予实用新型专利权或者外观设计专利权的决定，发给相应的专利证书，同时予以登记和公告。实用新型专利权和外观设计专利权自公告之日起生效。

（一）发明专利申请初步审查程序中的主要环节

1. 初步审查合格

经初步审查，对于申请文件符合《专利法》及其实施细则有关规定并且不存在明显实质性缺陷的专利申请，包括经过补正符合初步审查要求的专利申请，应当认为初步审查合格。审查员应当发出初步审查合格通知书，指明公布所依据的申请文本，之后进入公布程序。

2. 申请文件的补正

初步审查中，对于申请文件存在可以通过补正克服的缺陷的专利申请，审查员应当进行全面审查，并发出补正通知书。补正通知书中应当指明专利申请存在的缺陷，说明理由，同时指定答复期限。经申请人补正后，申请文件仍然存在缺陷的，审查员应当再次发出补正通知书。

3. 明显实质性缺陷的处理

初步审查中，对于申请文件存在不可能通过补正方式克服的明显实质性缺陷的专利申请，审查员应当发出审查意见通知书。审查意见通知书中应当指明专利申请存在的实质性缺陷，说明理由，同时指定答复期限。

对于申请文件中存在的实质性缺陷，只有其明显存在并影响公布时，才需指出和处理。

4. 通知书的答复

申请人在收到补正通知书或者审查意见通知书后，应当在指定的期限内补正或者陈述意见。申请人期满未答复的，审查员应当根据情况发出视为撤回通知书或者其他通知书。

5. 申请的驳回

申请文件存在明显实质性缺陷，在审查员发出审查意见通知书后，经申请人陈述意见或者修改后仍然没有消除的，或者申请文件存在形式缺陷，审查员针对该缺陷已发出过两次补正通知书，经申请人陈述意见或者补正后仍然没有消除的，审查员可以作出驳回决定。

6. 前置审查和复审后的处理

申请人对驳回决定不服的，可以在规定的期限内向国家知识产权局专利局复审和无效审理部（以下简称复审和无效审理部）提出复审请求。

（二）实用新型和外观设计专利申请初步审查程序中的主要环节

1. 授予专利权通知

实用新型和外观设计专利申请经初步审查没有发现驳回理由的，审查员应当作出授予专利权通知。

2. 申请文件的补正

初步审查中，对于申请文件存在可以通过补正克服的缺陷的情形，审查员应当进行全面审查，并发出补正通知书。经申请人补正后，申请文件仍然存在缺陷的，审查员应当再次发出补正通知书。

3. 明显实质性缺陷的处理

初步审查中，如果审查员认为申请文件存在不可能通过补正方式克服的明显实质性缺陷，应当发出审查意见通知书。

4. 通知书的答复

申请人在收到补正通知书或者审查意见通知书后，应当在指定的期限内补正或者陈述意见。申请人期满未答复的，审查员应当根据情况发出视为撤回通知书或者其他通知书。

5. 申请的驳回

申请文件存在审查员认为不可能通过补正方式克服的明显实质性缺陷，审查员发出审查意见通知书后，在指定的期限内申请人未提出有说服力的意见陈述和／或证据，也未针对通知书指出的缺陷进行修改，审查员可以作出驳回决定。如果是针对通知书指出的缺陷进行了修改，即使所指出的缺陷仍然存在，也应当给申请人再次进行意见陈述和／或修改文件的机会。对于此后再次修改涉及同类缺陷的，如果修改后的申请文件仍然存在已通知过申请人的缺陷，则审查员可以作出驳回决定。

申请文件存在可以通过补正方式克服的缺陷，审查员针对该缺陷已发出过两次补正通知书，并且在指定的期限内经申请人陈述意见或者补正后仍然没有消除的，审查员可以作出驳回决定。

6. 前置审查和复审后的处理

因不符合《专利法》及其实施细则的规定，专利申请被驳回，申请人对驳回决定不服的，可以在规定的期限内向复审和无效审理部提出复审请求。

三、发明专利申请实质审查程序概述

实质审查程序，是对发明专利申请作出审查结论（授予专利权、驳回专利申请）之前必经的法律程序，是按照一定的顺序、方式和步骤作出审查结论的过程，是发明专利审查赖以合法进行的重要保证。只有建立、健全并且严格遵守规范的审查程序，才能客观、公正、准确和及时地完成专利审查。

（一）实质审查的目的

实质审查的目的在于确定发明专利申请是否应当被授予专利权，即是否满足授权的条件。根据《专利法》第 37 ～第 39 条的相关规定，通过实质审查，使一件发明专利申请的法律状态得以明确，即被授予专利权、被驳回或视为撤回。因此，从另一个意义上说，实质审查的目的在于对发明专利申请给出一个明确的法律状态，即授权、驳回或视为撤回。

（二）实质审查程序的启动和审查顺序

根据《专利法》第 35 条第 1 款的规定，实质审查程序通常由申请人提出请求后启动。根据该条第 2 款的规定，在一定条件下，实质审查程序也可以由专利局自行启动。对于专利局自行启动实质审查的专利申请，可以优先处理。

对于发明、实用新型和外观设计专利申请，一般应当按照申请提交的先后顺序启动初步审查；对于发明专利申请，在符合启动实质审查程序的其他条件前提下，一般应当按照提交实质审查请求书并缴纳实质审查费的先后顺序启动实质审查；另有规定的除外。

优先审查——对涉及国家、地方政府重点发展或鼓励的产业，对国家利益或者公共利益具有重大意义的申请，或者在市场活动中具有一定需求的申请等，由申请人提出请求，经批准后，可以优先审查，并在随后的审查过程中予以优先处理。按照规定由其他相关主体提出优先审查请求的，依照规定处理。适用优先审查的具体情形由《专利优先审查管理办法》规定。但是，同一申请人同日（仅指申请日）对同样的发明创造既申请实用新型又申请发明的，对于其中的发明专利申请一般不予优先审查。

延迟审查——申请人可以对发明和外观设计专利申请提出延迟审查请求。发明专利延迟审查请求，应当由申请人在提出实质审查请求的同时提

出，但发明专利申请延迟审查请求自实质审查请求生效之日起生效；外观设计延迟审查请求，应当由申请人在提交外观设计申请的同时提出。延迟期限为自提出延迟审查请求生效之日起1年、2年或3年。延迟期限届满后，该申请将按顺序待审。必要时，专利局可以自行启动审查程序并通知申请人，申请人请求的延迟审查期限终止。

（三）实质审查程序中主要环节的简要介绍

1. 发出审查意见通知书

根据《专利法》第37条的规定，专利局在对发明专利申请进行实质审查后，审查员认为该申请不符合《专利法》及其实施细则有关规定的，应当发出通知书（审查意见通知书、分案通知书等），要求申请人在指定的答复期限内陈述意见，或者对其申请进行修改；无正当理由逾期不答复的，该申请即被视为撤回。应当注意的是，申请人答复可能反复多次，直到申请被授予专利权、被驳回、被撤回或者视为撤回。

2. 发出驳回决定

根据《专利法》第38条的规定，发明专利申请经申请人陈述意见或者进行修改后，仍然存在《专利法实施细则》第59条所列缺陷的，审查员应当作出驳回决定。

3. 发出授予专利权的通知书

根据《专利法》第39条的规定，发明专利申请经实质审查没有发现驳回理由、或者经申请人陈述意见或修改后克服了专利申请中存在的缺陷的，审查员应当发出授予发明专利权的通知书。

4. 视为撤回（初审部门对期限进行监控并发出视为撤回通知书）

申请人无正当理由对审查意见通知书、分案通知书等逾期不答复的，专利局应当发出申请被视为撤回通知书。

5. 前置审查和复审后的处理

申请人对驳回决定不服的，可以在规定的期限内提出复审请求。

四、专利流程事务和相关手续处理

专利流程是指在专利申请和审批过程中涉及的相关程序。一项发明创造从提出专利申请到批准为专利要通过多道审查和事务处理程序。

（一）专利审批流程图

发明专利申请审查流程见图 1-1，实用新型和外观设计专利申请审查流程见图 1-2。

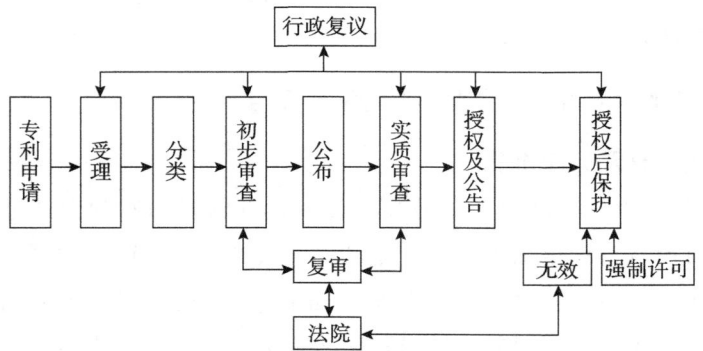

图 1-1   发明专利申请审查流程

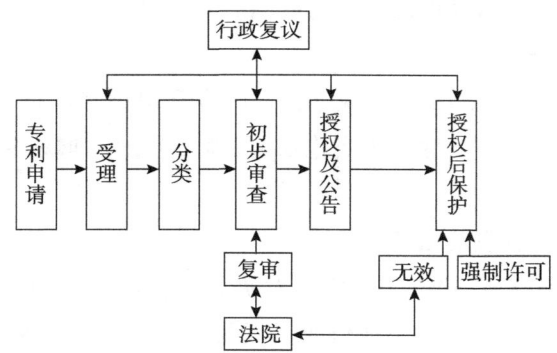

图 1-2   实用新型和外观设计专利申请审查流程

（二）专利审批流程中涉及的程序

专利程序在整体上可以分为两大类，第一类是法定程序，第二类是行政规程。所谓法定程序是指由专利法及其实施细则，以及行政诉讼法和行政复议条例所规定的程序。所谓行政规程是指专利局依据专利法及其实施细则制定的专利审查指南中规定的各种专利手续的办理规程。

1. 法定程序

专利程序按其性质可分为专利法法定程序、按行政诉讼法及行政复议条例规定的法定程序。

1）专利法法定程序

专利法法定程序，按现行专利法规定共有9种。它们是申请、初步审查、公布、实质审查、授权程序、复审、无效宣告、上诉、强制许可，其中涉及专利审批的法定程序有8种。在这8种法定程序中，由申请人启动的有5种，它们是申请、实质审查、复审、无效宣告、上诉法院。而初步审查、公布、受权公告3种程序由专利局自行启动。当然，根据专利法的规定，必要时专利局可自行启动专利申请的实质审查程序。

2）按行政诉讼法和行政复议条例所规定的法定程序

按行政诉讼法和行政复议条例所规定的程序有两种。一种是在当事人收到专利局的行政处分通知（例如，被视为撤回通知、视为放弃取得专利权的通知、专利权终止通知等）后，1个月内可以提起行政复议；另一种是当事人收到专利局的行政处分通知后3个月内可向中级人民法院直接提起行政诉讼。

2. 行政规程

根据专利审查指南的规定，行政规程概括起来可分为20种。

1）要求外国优先权

申请人就相同主题的发明或者实用新型在外国第一次提出专利申请之日起12个月内，或者就相同主题的外观设计在外国第一次提出专利申请之日起6个月内，又在中国提出申请的，依照该国同中国签订的协议或者共同参加的国际条约，或者依照相互承认优先权的原则，可以享有优先权。这种优先权称为外国优先权。

2）要求本国优先权

申请人就相同主题的发明或者实用新型在中国第一次提出专利申请之日起12个月内，又以该发明专利申请为基础向专利局提出发明专利申请或者实用新型专利申请的，或者又以该实用新型专利申请为基础向专利局提出实用新型专利申请或者发明专利申请的，或者申请人自外观设计在中国第一次提出专利申请之日起6个月内，又向专利局就相同主题提出外观设计专利申请的，可以享有优先权。这种优先权称为本国优先权。

3）生物材料样品保藏

对于涉及生物材料的申请，申请人应当在申请日前或者最迟在申请日（有优先权的，指优先权日），将该生物材料的样品提交专利局认可的生物材料样品国际保藏单位保藏，在请求书和说明书中写明保藏该生物材料样品的单位名称、地址、保藏日期和保藏编号，以及该生物材料的分类命名（注明拉丁文名称），在申请文件中提供有关该生物材料特征的资料，并在申请时或者最迟自申请日起 4 个月内提交保藏单位出具的保藏证明和存活证明。

4）不丧失新颖性宽限期声明

根据《专利法》第 24 条的规定，申请专利的发明创造在申请日（享有优先权的指优先权日）以前 6 个月内有下列情况之一的，不丧失新颖性：①在国家出现紧急状态或者非常情况时，为公共利益目的首次公开的；②在中国政府主办或者承认的国际展览会上首次展出的；③在规定的学术会议或者技术会议上首次发表的；④他人未经申请人同意而泄露其内容的。

对于前三种情况，申请人要求不丧失新颖性宽限期的，应当在提出专利申请时在请求书中声明，并在自申请日起 2 个月内提交证明材料。对于第四种情况，申请专利的发明创造在申请日以前 6 个月内他人未经申请人同意而泄露了其内容，若申请人在申请日前已获知，应当在提出专利申请时在请求书中声明，并在自申请日起 2 个月内提交证明材料。若申请人在申请日以后得知的，应当在得知情况后 2 个月内提出要求不丧失新颖性宽限期的声明，并附具证明材料。

5）保密请求

申请人认为其发明或者实用新型专利申请涉及国家安全或者重大利益需要保密的，应当在提出专利申请的同时，在请求书上作出要求保密的标识，其申请文件应当以纸件形式提交。申请人也可以在发明专利申请进入公布准备之前，或者实用新型专利申请进入授权公告准备之前，提出保密请求。

《专利法》第 19 条第 1 款规定，任何单位或者个人将在中国完成的发明或者实用新型向外国申请专利的，应当事先报经专利局进行保密审查。对违反该条规定向外国申请专利的发明或者实用新型，在中国申请专利的，不授予专利权。向专利局提交专利国际申请的，视为同时提出了保密审查请求。

6）请求提前公开

申请人对发明专利申请请求提前公开的，需要在请求书上作出标识，在请求提前公开之后，发明专利申请经初步审查通过后即进行公布。

7）请求延长期限

当事人因正当理由不能在期限内进行或者完成某一行为或者程序时，可以请求延长期限。可以请求延长的期限仅限于指定期限。但在无效宣告程序中，复审和无效审理部指定的期限不得延长。请求延长期限的，应当在期限届满前提交延长期限请求书，说明理由，并缴纳延长期限请求费。延长期限请求费以月计算。

8）请求恢复权利

《专利法实施细则》第6条规定，当事人因不可抗拒的事由而延误专利法及其实施细则规定的期限或者专利局指定的期限，导致其权利丧失的，自障碍消除之日起2个月内，最迟自期限届满之日起2年内，可以向专利局请求恢复权利。

除前款规定的情形外，当事人因其他正当理由延误专利法及其实施细则规定的期限或者专利局指定的期限，导致其权利丧失的，可以自收到专利局的通知之日起2个月内向专利局请求恢复权利。但是，延误复审请求期限的，可以自复审请求期限届满之日起2个月内向专利局请求恢复权利。

不丧失新颖性的宽限期、优先权期限、专利权期限和侵权诉讼时效这四种期限被耽误而造成的权利丧失，不能请求恢复权利。

9）请求中止

中止，是指当地方知识产权管理部门或者人民法院受理了专利申请权（或专利权）权属纠纷，或者人民法院裁定对专利申请权（或专利权）采取财产保全措施时，专利局根据权属纠纷的当事人的请求或者人民法院的要求中止有关程序的行为。

中止的请求人是权属纠纷的当事人或者对专利申请权（或专利权）采取财产保全措施的人民法院。

10）著录项目变更

著录项目（即著录事项）包括：申请号、申请日、发明创造名称、分类号、优先权事项（包括在先申请的申请号、申请日和原受理机构的名称）、申请人或者专利权人事项（包括申请人或者专利权人的姓名或者名称、国籍或者注册的国家或地区、地址、邮政编码、组织机构代码或者居民身份证件号码）、发明人姓名、专利代理事项（包括专利代理机构的名称、机构代码、地址、邮政编码、专利代理师姓名、执业证号码、联系电话）、联系人事项（包括姓名、地址、邮政编码、联系电话）以及代表人等。

其中有关人事的著录项目（指申请人或者专利权人事项、发明人姓名、专利代理事项、联系人事项、代表人）发生变化的，应当由当事人按照规定办理著录项目变更手续；其他著录项目发生变化的，可以由专利局根据情况依职权进行变更。

11）要求撤回专利申请

授予专利权之前，申请人随时可以主动要求撤回其专利申请。申请人撤回专利申请的，应当提交撤回专利申请声明，并附具全体申请人签字或者盖章同意撤回专利申请的证明材料，或者仅提交由全体申请人签字或者盖章的撤回专利申请声明。

撤回专利申请的声明是在专利申请进入公布准备后提出的，申请文件照常公布或者公告，但审查程序终止。

12）缴纳费用

在专利申请过程中办理各种手续应当提交相应的文件，缴纳相应的费用，并且符合相应的期限要求。

13）要求退费

多缴、重缴、错缴专利费用的，当事人可以自缴费日起3年内，提出退款请求。符合规定的，专利局应当予以退款。

14）委托代理

在中国内地没有经常居所或者营业所的外国人、外国企业或者外国其他组织在中国单独申请专利和办理其他专利事务，或者作为代表人与其他申请人共同申请专利和办理其他专利事务的，应当委托专利代理机构办理。

在中国内地没有经常居所或者营业所的香港、澳门或者台湾地区的申请人单独向专利局提出专利申请和办理其他专利事务，或者作为代表人与其他申请人共同申请专利和办理其他专利事务的，应当委托专利代理机构办理。

中国内地的单位或者个人可以委托专利代理机构在国内申请专利和办理其他专利事务。

委托的双方当事人是申请人和被委托的专利代理机构。

15）解除委托和辞去委托

申请人（或专利权人）委托专利代理机构后，可以解除委托；专利代理机构接受申请人（或专利权人）委托后，可以辞去委托。

16）变更专利代理师

申请人可以要求变更专利代理师，专利代理师的变更应当由专利代理机构办理。

17）补正

申请人在收到补正通知书后，应当根据补正通知书中指出的缺陷在指定的期限内通过补正的方式进行克服。申请人对专利申请进行补正的，应当提交补正书和相应修改文件替换页。

18）答复审查意见

申请人在收到审查意见通知书后，应当在指定的期限内进行意见陈述和 / 或对申请文件进行修改，对申请文件的修改，应当针对通知书指出的缺陷进行。

19）专利局更正错误

专利局发出的通知或者作出的决定需要更正的，可自行或者根据申请人的请求进行更正。

20）诉讼保全

为了制止专利侵权行为，在证据可能灭失或者以后难以取得的情况下，专利权人或者利害关系人可以在起诉前向人民法院申请保全证据。

第二节　涉外专利申请

一、涉外专利申请的概念、法律依据和条件

由于一个国家或一个地区组织授予的专利权是有严格的地域性的，被授予的专利权在该国（或该地区组织成员国）管辖的区域外不具有法律效力。

1883 年签订的《保护工业产权巴黎公约》（以下简称《巴黎公约》）为发明人在外国寻求专利保护提供了可能性。依据《巴黎公约》规定的国民待遇原则和优先权原则建立了传统的巴黎公约申请体系。

根据最初的优先权原则，申请人在一个成员国首次提出申请之后，在一定期限内就同一主题在其他成员国提出申请的，其在后申请在某些方面被视为是在首次申请的申请日提出的。换句话说，申请人提出的在后申请与其他

人在其首次申请的申请日之后，在后申请的申请日之前就同一主题所提出的申请相比具有优先的地位。随着专利制度的发展，优先权原则不仅适用于首次在外国提出申请、然后在本国提出申请的情形，也适用于首次在本国提出申请、然后在本国再次提出申请的情形。

尽管《巴黎公约》规定了国民待遇原则、优先权原则等有利于申请人在世界各国申请获得专利的制度，但是由于《巴黎公约》同时也规定了专利独立原则，申请人要想就同一项发明创造在多个成员国获得专利保护，就应当逐一在各成员国提出专利申请。对申请人而言，负担沉重且不方便，对各国专利局而言，则需要大量的重复劳动。

为了改变这一状况，1966 年工业产权巴黎联盟提请国际知识产权保护局（BIRPI，即 WIPO 的前身）研究就同一发明向多国提出申请的情况下如何减少申请人和各国专利局重复劳动的问题。经 BIRPI 拟定草案，多次专家会议讨论、修改，1970 年 6 月在华盛顿举行的外交会议上签订了《专利合作条约》，并于 1978 年 1 月正式生效。

《专利合作条约》是在《巴黎公约》之下，仅对巴黎公约成员国有效的协议。参加该条约的国家组成联盟，称为国际专利合作联盟。

二、PCT 体系概述

《专利合作条约》向申请人提供了一条向国外申请专利的新途径，即 PCT 申请体系。PCT 申请程序通常被分为两个阶段。

第一阶段是 PCT 申请程序的国际阶段，它包括国际申请的提交、形式审查、国际检索和国际公布。如果申请人要求，国际阶段还要包括国际初步审查（发明的专利性的审查）。由于一件国际申请的上述程序分别由一个特定的专利局代表申请中指定的所有国家统一完成，并且依据的是《专利合作条约》中规定的统一标准，具有明显的国际化的特征，所以叫作国际阶段程序。

第二阶段是 PCT 申请程序的国家阶段，主要指授权程序。在国际阶段程序完成之后，申请人应当按照各指定国的规定，履行进入国家阶段的行为，从而启动国家阶段的程序。《专利合作条约》没有关于对国际申请授权的规定，是否授予专利的决定仍旧由申请中指定寻求保护的各个国家（或地区组织）的专利局独立完成，对发明的专利性的最终判断仍旧依据各国（或地区组织）的专利法的规定。授予的专利权是在各国有效的国家专利〔或地区专利〕。

PCT申请程序由多个职能机构参与完成，对这些机构作以下介绍。

（一）受理局

受理国际申请的国家局或政府间组织被称为受理局。其中，国家局是指缔约国授权发给专利的政府机关。政府间组织是指地区专利条约的成员国授权发给地区专利的政府间机关，如欧洲专利局、欧亚专利局、非洲地区工业产权组织、非洲知识产权组织等。多数国家加入《专利合作条约》后，其国家局即成为接受本国国民或居民提交的国际申请的受理局。同时国际局作为受理局可以接受任何PCT缔约国的国民或居民提交的国际申请。

（二）国际检索单位

负责对国际申请进行国际检索的国家局或政府间组织被称为国际检索单位，其任务是对作为国际申请主题的发明提出现有技术的文献检索报告。国际检索单位由国际专利合作联盟大会指定。到目前为止，被大会指定的国际检索单位包括澳大利亚、奥地利、巴西、加拿大、中国、智利、埃及、芬兰、印度、以色列、日本、菲律宾、韩国、俄罗斯、新加坡、西班牙、瑞典、土耳其、乌克兰和美国的国家局，以及欧洲专利局、北欧专利局和维谢格拉德专利局这三个地区局。

（三）国际初步审查单位

负责对国际申请进行国际初步审查的国家局或政府间组织被称为国际初步审查单位，其任务是对作为国际申请主题的发明是否有新颖性、创造性和工业实用性提出初步的、无约束力的意见，制定出国际初步审查报告。国际初步审查单位由国际专利合作联盟大会指定。

（四）国际局

国际局是指世界知识产权组织国际局。国际局对专利合作条约的实施承担中心管理的任务。国际局负责保存全部依据条约提出的国际申请文件正本；负责国际申请的公布出版；负责在申请人、受理局、国际检索单位、国际初步审查单位以及指定局（或选定局）之间传递国际申请和与国际申请有关的各种文件；此外，国际局还负责受理国际申请。

（五）指定局和选定局

申请人在国际申请中指明的、要求对其发明给予保护的那些缔约国即为指定国，被指定的国家的国家局被称为指定局。

申请人按照《专利合作条约》选择了国际初步审查程序，在国际初步审查要求书中所指明的预定使用国际初步审查结果的缔约国被称为选定国，选定国的国家局即为选定局。选定局应限于已被指定的国家。

和受理局的情况一样，国际检索单位、国际初步审查单位、指定局或选定局除了可以是国家局外，也可以是加入《专利合作条约》的地区性专利组织的政府机关。

我国于1994年1月1日正式成为PCT缔约国。从该日起中国国家知识产权局成为PCT受理局，接受我国国民和居民提出的国际申请，同时中国国家知识产权局还被指定为国际检索单位和国际初步审查单位。从同一日起，申请人在国际申请中可以指定中国，中国国家知识产权局作为PCT的指定局。

与利用依据《巴黎公约》的传统的申请程序比较，利用PCT申请程序的好处在于：

（1）简化提出申请的手续，及时获得在各指定国均为有效的国际申请日。

（2）推迟决策的时间。PCT申请的申请人可以在申请提出之后的一年半（甚至更长的时间）里进行思考，直到自优先权日起30个月届满前再确定需要进入其国家阶段程序的指定国的名单。

（3）准确地投入资金。国家阶段的花费比起国际阶段的花费要多得多，是申请过程中的主要投入，PCT申请程序可以使大量资金的投入推迟到最后阶段，使其更为准确、减少盲目性，从某种意义上说也是经费上的节省。

（4）完善申请文件。在PCT申请程序的国际阶段有多次修改申请文件的机会，特别是在国际初步审查过程中，申请人可以在审查员的指导下进行修改，使申请文件更为完善。

（5）减轻成员国国家局的负担。

（六）PCT体系的程序设计

PCT体系的程序设计流程见图1-3。

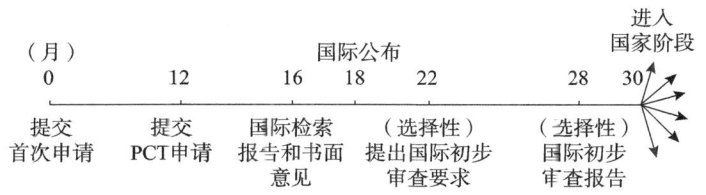

图 1-3　PCT 体系的程序设计流程

通常情况下，申请人首先向本地专利局提交国家或地区申请，在优先权期限内提交 PCT 申请的，可以将本地申请作为 PCT 申请的优先权基础；当然，申请人也可以选择直接提出 PCT 国际申请。

申请人仅需要使用一种语言向受理局提交一份专利申请，即可以获得所有 PCT 指定国正规国家申请的效力。也就是说，国际申请日与各国国家申请日的效力相同。例如，如果该申请进入中国国家阶段，获得授权的专利的保护期限自始于国际申请日。

在受理程序之后，PCT 申请进入国际检索程序。通常在优先权日起 16 个月内（准确期限为收到检索本起 3 个月或自优先权日起 9 个月，以后到期为准），国际检索单位会完成国际检索报告和书面意见。

国际局在优先权日起 18 个月后对国际申请和国际检索报告进行国际公布。

如果申请人愿意，通常在优先权日起 22 个月内（准确期限为优先权日起 22 个月或国际检索单位传送国际检索报告或宣布不作出国际检索声明的通知起 3 个月，以后到期为准）可以启动国际初步审查程序。

在申请人启动国际初步审查程序之后，国际初步审查单位通常应当在优先权日起 28 个月内（准确期限为优先权日起 28 个月或启动国际初步审查程序起 6 个月，以后到期为准）完成国际初步审查报告。

申请人应当在优先权日起 30 个月内进入目标指定国，各指定国也可以规定更晚的期限。进入国家阶段后，各国家局将参考国际单位报告，依据本国法对该申请进行审查，并作出是否授权的决定。

三、PCT 国际申请的国际阶段

国际申请提出后，由主管受理局确定国际申请日并进行形式审查和费用审查，由国际检索单位制定国际检索报告，随后由国际局完成国际公布，按照申请人的要求，必要时由国际初步审查单位制定国际初步审查报告，上述过程称为国际阶段的程序。

（一）国际申请的提交

提交国际申请需要提交的文件包括：请求书、说明书及附图、权利要求书、摘要。

国际申请还可以以一件在先的国家申请为基础要求优先权，但应当在请求书中提出优先权请求，写明在先申请的国家、日期和申请号。

提交国际申请需要缴纳的费用包括传送费、检索费和国际申请费。三种费用都向受理局缴纳。所有费用均应在国际申请日起1个月内缴纳。我国专利局作为国际申请的受理局，可以接受使用中文和英文的国际申请。

（二）形式审查和国际申请日的确定

受理局收到国际申请后，将审查该申请是否符合以下条件：申请人是否明显不具有向该受理局提交国际申请的权利；申请是否使用了规定的语言；申请是否指明作为国际申请提出；申请是否至少指定了一个成员国；申请是否按规定方式写明了申请人的姓名或者名称等。

国际申请经审查认定符合上述条件的，受理局应当以收到国际申请之日为国际申请日；认定不符合上述条件，受理局将通知申请人在指定的期限内改正，申请人按照规定进行改正的，以改正之日为国际申请日。

（三）国际检索

对每件国际申请都要进行国际检索，以便申请人根据国际检索报告确定是否有必要继续进行申请程序或者是否需要修改申请文件。

国际检索依据的申请文本应当是申请人在国际申请日提交的原始申请，在国际检索程序中不接受申请人提出的对申请文件的修改（除非是对明显错误的更正）。国际检索以国际申请的权利要求为基础，可以适当考虑说明书和附图的内容。国际检索单位作出检索报告的同时，还应当作出一份书面意见。其内容应包括该要求保护的发明是否看起来具备新颖性、创造性和实用性；国际申请是否符合《专利合作条约》及其实施细则的有关要求。

国际检索单位应当在收到检索本之日起3个月内或者自优先权日起9个

月内（以后届满者为准）完成检索，制作检索报告和书面意见，并将其送交申请人和国际局。书面意见不予公布。如果申请人不要求国际初步审查，国际局将以国际检索单位的书面意见为基础形成专利性国际初审报告，并将其传送给指定局参考。

只要申请人按照规定缴纳了费用，国际检索是每份国际申请必经的程序，但是在以下几种情况下国际检索单位可以拒绝对国际申请或国际申请中的部分权利要求进行检索：

（1）国际申请涉及的内容是《专利合作条约实施细则》第 39 条规定无须国际检索单位检索的主题。

（2）说明书、权利要求书或附图的内容不符合规定的要求，以至于不能进行有意义的检索。

（3）没有提供符合规定的书面形式或计算机可读形式的核苷酸或氨基酸序列表，以至于不能进行有意义的检索。

（4）权利要求的撰写方式不符合规定，以至于不能进行有意义的检索。

国际检索单位对所有的权利要求不进行检索的情况下，可以宣布不制定国际检索报告。仅仅对某些权利要求不能进行有意义检索的情况，只需要在检索报告中加以说明。不制定国际检索报告的事实并不影响国际申请的有效性，随后的程序可以继续进行，例如，仍然可以继续在指定局的国家阶段的程序。

PCT 规定国际申请应该符合发明单一性的要求。

（四）对权利要求书的修改

申请人在收到国际检索报告之后，有权对权利要求进行一次修改，但不能修改说明书及其附图。申请人修改权利要求书的期限为自国际检索单位将检索报告递交申请人之日起的 2 个月或者自优先权日起的 18 个月，以较后届满者为准。

对权利要求书的修改不得超出提交国际申请时的记载范围，但如果某一指定国允许修改超范围，则在该指定国可以接受超出范围的修改。

对权利要求书的修改只有在收到国际检索报告后才可以作出，如果申请人收到的是按照《专利合作条约》第 17 条第 2 款宣布不作出国际检索报告的决定，则不允许对权利要求书进行任何修改。

（五）国际公布

国际申请自优先权日 18 个月届满后，国际局应当予以公布，国际检索报告或者有关宣布与国际申请一并公布。如果国际申请的指定国是在加入条约时声明不要求公布的国家，则不予公布。申请人可以请求国际局提前予以公布。

《专利合作条约》规定的公布语言有 10 种：汉语、英语、法语、德语、日语、俄语、西班牙语、阿拉伯语、韩语和葡萄牙语。《专利合作条约实施细则》规定，如果国际申请是用英语以外其他 9 种语言公布的，公布的某些内容，例如，发明名称、摘要、摘要附图中的文字以及国际检索报告（或者宣布不作出国际检索报告的决定），要用申请提出时使用的语言和英语两种文字同时公布。由于中国国家知识产权局受理的国际申请的语言——中文和英文都是《专利合作条约》规定的公布语言，所以申请提出时的语言就是申请的公布语言，但是以中文提出的申请在公布前需要将上述某些内容译成英文。

国际局对每件被公布的国际申请给予一个国际公布号，国际公布号由双字母代码"WO"、表示年份的两位数字（公布的年）、斜线"/"和六位数的流水号组成，例如：WO 02/000001。

如果根据申请人的要求，国际公布是在自优先权日起 18 个月期限届满前完成的，则可以规定只有在自优先权日起 18 个月期限届满之后，国际公布在该指定国的效力才能产生。

（六）国际初步审查

国际初步审查在申请人要求的前提下进行，不是强制性的程序。国际初步审查的目的是就国际申请中请求保护的发明来看是否具有新颖性、创造性和工业实用性提供初步的、无约束力的意见。

四、PCT 国际申请的国家阶段

申请人要想获得成员国的专利保护，应当按照各成员国法律的规定进入该成员国的国家阶段，才可能在该成员国获得专利权。进入国家阶段以后，各指定国或者选定国的专利局依照本国专利法的规定继续进行审查，决定是否授予专利权。

（一）国际申请正常进入国家阶段的期限

根据《专利合作条约》第 22 条和第 39 条的规定，申请人应当在自优先权日起 30 个月内向各指定局或选定局提供副本、译本和缴纳费用，办理进入国家阶段的手续。

国际申请自国际申请日到进入国家阶段，申请人可以对申请文件进行修改的时间：

（1）第一次修改文件的时机：国际局根据《专利合作条约》第 21 条的规定在自该申请的优先权日起满 18 个月后对国际申请进行公布。根据《专利合作条约》第 19 条和《专利合作条约实施细则》第 46 条的规定，申请人自国际检索单位将国际检索报告传送给国际局和申请人之日起 2 个月，或者自优先权日起 16 个月（以后到期者为准），可以对国际申请的权利要求书进行修改，但只能对权利要求进行修改。

（2）第二次修改文件的时机：如果申请人根据《专利合作条约》第 39 条的规定在自优先权日起第 19 个月届满前提交初步审查请求，那么申请人可以自优先权日起第 30 个月届满前进入国家阶段。

在这种情况下，自优先权日起第 19 个月到第 28 个月内国际局根据《专利合作条约实施细则》第 69.2 条的规定，对国际申请进行初步审查并作出初步审查报告。根据《专利合作条约》第 34 条的规定，申请人自第 19 个月起到第 28 个月作出初步审查报告之前，可以对国际申请的权利要求书、说明书和附图进行修改，修改可以涉及整个申请文件。

（3）第三次修改文件的时机：申请人在自优先权日起第 30 个月届满前进入国家阶段时。根据专利合作条约第 41 条的规定，申请人在进入选定国时可以对国际申请的权利要求、说明书和附图进行修改。修改可以涉及整个申请文件。

此外，如果申请人没有根据《专利合作条约》第 39 条的规定，在自优先权日起 19 个月届满前提交初步审查请求，那么根据《专利合作条约》第 22 条的规定，申请人应当在自优先权日起第 30 个月届满前提出进入国家阶段。根据《专利合作条约》第 28 条的规定，申请人在进入指定国时可以对国际申请的权利要求书、说明书和附图进行修改。

应该指出的是：此处所指的对于申请人的各种期限均为最迟的期限。

《专利合作条约》第24条和第39条第2款规定，申请人在规定的期限内未履行《专利合作条约》第22条第（1）款或第39条第（1）（a）款规定的行为，即没有办理规定的进入国家阶段的手续，国际申请在该国的效力终止。

各国对效力终止的处理方式不尽相同，有些国家在期限届满前告知申请人，其国际申请进入国家阶段的期限即将届满，效力即将终止，或者在期限届满时通知申请人，其国际申请在该国的效力已经终止。中国国家知识产权局对指定或者选定中国的国际申请，在期限届满前或届满后均不通知申请人，由申请人自行掌握进入中国国家知识产权局国家阶段的期限。

《专利合作条约》第48条要求，各缔约国对申请人耽误期限至少在与耽误国家申请期限相同的条件下给予宽恕，各缔约国也可以给予更为宽松的条件。因此，中国国家知识产权局规定，申请人耽误了进入中国国家知识产权局的国家阶段的期限，可以在期限届满之日起2个月内提出恢复权利请求，请求中国国家知识产权局宽恕申请人对期限的延误。

《专利合作条约》第22条和第39条仅规定了国际申请正常进入国家阶段的最后期限，而没有限制在什么期限之前不能进入国家阶段。因此，从理论上讲，提出国际申请之后到期限届满之前的任何时候都可以办理进入国家阶段的手续，这就是提前进入国家阶段。

申请人提前办理进入中国国家阶段的手续，并不表示中国国家知识产权局应当提前对其进行处理。指定局或选定局是否需要并有权对提前进入的国际申请进行处理，《专利合作条约》第23条和第40条另有规定。

（二）国际申请进入中国国家阶段的实质审查原则

根据《专利合作条约》第27条第1款的规定，任何缔约国的本国法不得就国际申请的形式或内容提出与《专利合作条约》及其实施细则的规定不同的或其他额外的要求。但是，第5款又同时规定，专利合作条约及其实施细则中，没有一项规定的意图可以解释为限制任何缔约国按其意志规定授予专利实质条件的自由。尤其是，《专利合作条约》及其实施细则关于现有技术的定义的任何规定是专门为国际程序使用的，因而各缔约国在确定国际申请中请求保护的发明是否具有新颖性和创造性时，可以自由适用其本国法关于现有技术的标准，以及不属于申请的形式和内容要求的其他可授予专利权的条件。

基于《专利合作条约》的上述规定，中国国家知识产权局对于进入中国国家阶段的国际申请，应依据以下原则进行审查：

（1）申请的形式或内容，原则上按中国专利法及其实施细则的有关规定进行审查，只有当上述法规与《专利合作条约》及其实施细则的规定冲突时，以《专利合作条约》及其实施细则的规定为准。

（2）授予专利权的实质条件，应当按照中国专利法及其实施细则和专利审查指南的有关规定进行审查。

1. 实质审查依据的文本

在进入国家阶段时，国际申请的申请人需要在进入国家阶段的书面声明中确认其希望专利局依据的审查文本。

国际申请国家阶段的实质审查，应当按申请人的请求，依据其在书面声明中确认的文本以及随后提交的符合有关规定的文本进行。

进入国家阶段的可能作为实质审查基础的文本包括：

（1）没有修改文本的情况下，以原始文本为审查文本；在有修改文本的情况下，以在后提交的合法修改文本为审查文本。合法修改包括修改时机合法以及修改内容合法，修改内容合法即不超出提交国际申请时对发明的公开程度。

（2）以中文作国际公布的国际申请，以其原始申请文本或合法修改文本为审查文本；以中文以外的语言作国际公布的国际申请，以其相应的译文为审查文本。

对于进入国家阶段未指明作为审查基础的国际阶段的修改，或者未按规定提交中文译文的修改文件，将不作为实质审查的基础。

2. 原始提交的国际申请文件的法律效力

对于以除中文以外的其他语言公布的国际申请，针对其中文译文进行实质审查，一般不须核对原文，但是原始提交的国际申请文件具有法律效力，作为申请文件修改的法律依据。

对于国际申请来说，《专利法》第33条所说的原说明书和权利要求书是指原始提交的国际申请的说明书、权利要求书和附图。

3. 修改文本的审查

国际申请的申请人依据《专利合作条约》的规定提交的修改文件，以及国际申请在进入国家阶段后提出实质审查请求时或者在收到专利局发出的发明专利申请进入实质审查阶段通知书之日起 3 个月内提交的修改文件，应符合《专利法》第 33 条的规定。

只有上述要求作为审查基础的修改文件符合《专利法》第 33 条的规定，才可以作为国家阶段实质审查的基础。在实审过程中，如果申请人按照规定提交了新的经修改的申请文件，前次提交的文本不再予以考虑。

第三节　专利申请文件撰写要求

一项发明创造完成后，并不能自然地获得专利权的保护。要想获得专利权，申请人应当首先向专利局提出请求，并提交专利申请文件，以使专利局对该专利申请进行审查。专利局将根据《专利法》及其实施细则和《专利审查指南》的规定，对专利申请文件进行审查，以确定其是否可以被授予专利权。

根据《专利法》第 26 条第 1 款的规定，申请人或其委托的专利代理师在申请发明或者实用新型专利时，应当向专利局提交请求书、权利要求书、说明书以及说明书摘要等文件。其中，说明书附图是说明书的一个组成部分。对于发明专利申请文件而言，必要时应当包含说明书附图；而实用新型专利申请文件则必须包含说明书附图。这些文件统称为专利申请文件。

请求书是申请人向专利局表达请求授予专利权的愿望的一种专利申请文件。说明书和权利要求书是记载发明或者实用新型及确定其保护范围的重要法律文件。说明书摘要是说明书公开内容的概述。

一、请求书的法律效力和主要内容

请求书可分为三种：发明专利请求书、实用新型专利请求书、外观设计专利请求书。请求书是由申请人填写的专利局印制的统一表格。申请人在提出专利申请时，应当向专利局提交请求书，以表明请求授予专利权的愿望。

二、权利要求书及其撰写要求

权利要求书是确定发明或者实用性专利保护范围的法律文件。发明或者实用新型专利权的保护范围以其权利要求的内容为准。一件发明或者实用新型专利申请包含一份权利要求书，一份权利要求书由若干个权利要求构成。

（一）权利要求的概念

权利要求是在说明书的基础上，由体现发明或者实用新型内容的技术特征构成的技术方案。通常来说，一项权利要求可以包括一个技术方案，也可以包括并列的多个技术方案。技术方案的表达是通过记载构成技术方案的技术特征来实现的。因此，权利要求中不应当记载发明或者实用新型的背景技术、所要解决的技术问题及有益效果，这些内容只需在说明书中记载。

技术特征可以是构成发明或者实用新型技术方案的组成要素，也可以是要素之间的相互关系。

案例 1-1

一件发明或者实用新型的权利要求为：一种杯子，包括杯体，其特征在于，在杯体侧面相对设置用于防滑的凹槽。

在上述权利要求中，"杯子""杯体""凹槽"等技术特征是构成发明或者实用新型技术方案的组成要素，"在杯体侧面相对设置"等技术特征是要素之间的相互关系，由这些组成要素技术特征和要素之间相互关系的技术特征共同构成的技术方案就是一个权利要求。

（二）权利要求书的作用

在专利申请的审批和专利权的保护等法律程序中，权利要求书是最重要的法律文件之一，其主要有以下三种作用。

1. 以说明书为依据限定要求专利保护的范围

《专利法》第 26 条第 4 款规定了权利要求书的任务和目的是"以说明书为依据，清楚、简要地限定要求专利保护的范围。"可以说，权利要求书是发明的实质内容和申请人切身利益的集中体现，也是专利审查、无效及侵权诉讼程序的焦点。

2. 作为授权后确定专利权保护范围的法律依据

根据《专利法》第 64 条第 1 款的规定，发明或者实用新型专利权的保护范围以其权利要求的内容为准。因此，权利要求书最主要的作用在于确定发明或者实用新型专利权的保护范围。在发明或者实用新型授权之前，权利要求书的内容表明申请人想要获得的专利权的保护范围。在授予专利权之后，权利要求书的内容则表明国家批准授予的专利权的保护范围。

3. 原始权利要求可以作为修改专利申请文件的依据

原始提交的权利要求书是申请人在专利申请的审批和后续程序中修改其专利申请文件的基础。

（三）权利要求的类型

专利法对不同类型的专利权提供不同的法律保护。因此有必要从类型上区分权利要求。也就是说，在类型上区分权利要求的目的是确定权利要求的保护范围。

权利要求的类型有两种划分方式，即按照权利要求的性质划分和按照权利要求的形式划分。

1. 按照权利要求的性质划分

按照权利要求的性质划分，权利要求可以分为产品权利要求和方法权利要求两种类型。应当注意的是，权利要求的类型是根据其主题名称来确定的，而不是根据权利要求中记载的技术特征的性质来确定。

1）产品权利要求

产品权利要求，涉及人类技术生产的物，保护的是具体的物品，既包括有固定形状的单个产品，如零件、部件、装置、设备等；也包括由多个产品组成的系统，如由地面发射装置、卫星接收和发射装置、地面接收装置等组成的卫星通信系统；还包括没有固定形状的物质，如化合物、组合物、从自然界提取分离出来的天然物质、水泥、药物制剂、基因等。例如，常见的产品权利要求有如下情形：

一种灯泡，包括灯丝、灯罩、灯座……

一种激光照排系统，包括……

一种水泥，包括……

2）方法权利要求

方法权利要求，涉及具有时间过程要素的活动。方法权利要求有制造方法、使用方法、通信方法、处理方法、安装方法等权利要求。实现上述方法也有可能会涉及某些物品，如原材料、工具、设备等，但就权利要求类型而言仍然是方法权利要求，其要求保护的是方法本身，而不是保护其涉及的产品。例如，常见的方法权利要求有如下情形：

一种灯泡的制造方法，包括以下步骤：……。

一种提高光学系统分辨率的方法，包括以下步骤：……。

权利要求保护范围的确定。区分产品权利要求和方法权利要求的目的是确定权利要求的保护范围。每一项产品权利要求或者方法权利要求都确定一个保护范围，该保护范围由记载在权利要求中的所有技术特征的总和来界定。

一项权利要求所记载的技术特征越少，或者表达每一个技术特征所采用的措词越是具有宽泛的含义，权利要求的保护范围就越大，这是权利要求的基本属性。例如，前述"一种茶杯"的举例中，如果将技术特征"凹槽"改变为"弧形凹槽"，则由于"弧形凹槽"表达的含义没有"凹槽"表达的含义宽泛，那么在其他技术特征均相同的情况下，包含技术特征"凹槽"的权利要求的保护范围要比包含"弧形凹槽"这一技术特征的权利要求的保护范围大。

通常来说，产品权利要求应当采用产品的结构或组成特征来表征，方法权利要求应当采用操作步骤、流程等特征来表征。但是在实际的专利申请中，有些产品权利要求中的一个或者多个技术特征不是用产品的结构或组成特征表征，而是采用物理或化学参数特征、方法特征、用途限定特征等进行表征。

1）包含性能参数特征的产品权利要求

产品权利要求通常应当用产品的结构特征来限定。当产品权利要求中的一个或多个技术特征无法用结构特征清楚表征时，允许借助物理或化学参数来表征。例如，申请人发明出了一种新的产品，该新产品的某些性能不同于市场上销售的同类产品。但由于认识的局限性，申请人可能并不能从物质的结构上清楚地认识并描述该新产品，而只能用产品的物理或化学性能参数进行表征。此种情况下，应当允许申请人用性能参数特征对其产品权利要求进行表征。性能参数可以是能直接测量的性能值，如物质熔点、强度、导体的电阻等，也可以是表达为多种变量数学关系的公式。

在确定包括性能参数限定的产品权利要求的保护范围时，应当考虑其中的性能参数特征是否隐含了要求保护的产品具有某种特定的结构或组成，即是否对其所要求保护的产品本身带来影响。

案例 1-2

某申请的权利要求 1 为：一种式 I 所示的化合物 X，其分子量为 M。

在该权利要求中，由于化合物的分子量由该化合物的分子式决定，在分子式已经确定的情况下，分子量对该权利要求的保护范围不起限定作用。

案例 1-3

某申请的权利要求 1 为：一种护肤品，其特征在于，其中包括酸性有机物，使该护肤品的 $pH < 7$。

在该权利要求中，pH 的数值范围是对护肤品中所加入的酸性有机物量的具体限定。也就是说，无论加入何种酸性有机物，其加入量都要使护肤品呈现 $pH < 7$ 的结果。因此，$pH < 7$ 这样的参数特征隐含了要求保护的护肤品具有某种特定的组成，对护肤品本身带来影响。

2）包含方法特征的产品权利要求

产品权利要求通常应当用产品的结构特征来限定。当产品权利要求中的一个或多个技术特征无法用结构特征表征时，允许借助于方法特征表征。此时，方法特征表征的产品权利要求的保护主题仍然是产品，方法特征对其表征的产品权利要求保护主题的实际限定作用取决于对产品本身带来何种影响。

案例 1-4

某申请的权利要求 1 为：一种高耐磨实木地板，由实木地板、木皮、三氧化二铝层组成，其特征是在实木地板（1）上涂有尿醛树脂层（2），在尿醛树脂层（2）上贴有用三聚氰胺树脂浸过的木皮（3）。在木皮（3）上热压有三氧化二铝层（4）。

该案例的权利要求中包含的加工方法的特征"涂""贴""浸""热压"，限定了地板的构造，对该地板有限定作用。

3）包含用途限定的产品权利要求

权利要求的主题名称中含有用途限定的产品权利要求比较常见，例如，采用"用于……的设备"或"用于……的产品"这样的表述。对于主题名称中含有用途限定的产品权利要求，在确定其保护范围时，其中的用途限定应当考虑，但其实际的限定作用取决于对所要求保护的产品本身带来何种影响。

例如，主题名称为"用于钢水浇铸的模具"的权利要求，其中用于钢水浇铸的用途对主题模具具有限定作用；对于一种用于冰块成型的塑料模盒的权利要求，因其熔点远低于用于钢水浇铸的模具的熔点，不可能用于钢水浇铸，故不在上述权利要求的保护范围内。然而，如果"用于……"的限定对所要求保护的产品或设备本身没有带来影响，只是对产品或设备的用途或使用方式的描述，则其对产品或设备是否具有新颖性、创造性的判断不起作用。例如，"一种用于……的化合物 X"，如果其中"用于……"对化合物 X本身没有带来任何影响，则在判断化合物 X 是否具有新颖性、创造性时，其中的用途限定不起作用。

2. 按照权利要求的形式划分

按照权利要求的形式划分，权利要求也可以分为独立权利要求和从属权利要求。

1）独立权利要求

独立权利要求应当从整体上反映发明或者实用新型的技术方案，即独立权利要求是描述发明或者实用新型的最基本的技术方案。在一件专利申请的权利要求书中，独立权利要求所限定的一项发明或者实用新型的保护范围最宽。

2）从属权利要求

如果一项权利要求包括了另一项同类型权利要求中的所有技术特征，且对该另一项权利要求的技术方案作进一步的限定，则该权利要求为从属权利要求。从属权利要求描述发明或者实用新型进一步改进后的技术方案，通常是更加优选甚至是最佳的技术方案。为了使得权利要求更加简明,从属权利要求一般都要引用在前的权利要求,用附加的技术特征进一步限定所引用的权利要求,其保护范围落在所引用的权利要求的保护范围之内。

案例 1-5

1. 一种由枕套和枕芯构成的枕头,其特征在于:所述枕头的中间部分有凹陷槽,在该凹陷槽中有颈垫。

2. 根据权利要求1所述的由枕套和枕芯构成的枕头,其特征在于:所述凹陷槽为长方形。

3. 根据权利要求3所述的由枕套和枕芯构成的枕头,其特征在于:所述颈垫内装有永磁体和药物。

在该组权利要求中,权利要求1是独立权利要求,权利要求2和3是从属权利要求。独立权利要求1要求保护的枕头包含的特征有:枕套、枕心、枕头的中间部分有凹陷槽、凹陷槽中有颈垫。从属权利要求2引用权利要求1,其要求保护的枕头包含的特征有:枕套、枕心、枕头的中间部分有凹陷槽、凹陷槽中有颈垫、所述凹陷槽为长方形。从属权利要求3引用权利要求2,其要求保护的枕头包含的特征有:枕套、枕心、枕头的中间部分有凹陷槽、凹陷槽中有颈垫、所述凹陷槽为长方形、所述颈垫内装有永磁体和药物。

在该组权利要求中,独立权利要求1包含的特征最少,其范围最大,权利要求3包含的特征最多,其范围最小。

对权利要求进行形式上的划分,目的在于构建一个多层次的专利保护体系,防止在具有可授权内容的情况下,发明或者实用新型专利权不能得到有效保护或者被全部宣告无效。

(四)权利要求书的撰写要求

《专利法》第26条第4款和《专利法实施细则》第22条至第25条分别对权利要求应当包含的内容及其撰写要求作了规定。

1. 独立权利要求的撰写规定

根据《专利法实施细则》第23条第2款的规定,独立权利要求应当从整体上反映发明或者实用新型的技术方案，记载解决技术问题的必要技术特征。该规定仅是针对独立权利要求而言的。

必要技术特征是指，发明或者实用新型为解决其技术问题所不可缺少的技术特征，其总和足以构成发明或者实用新型的技术方案，使之区别于背景技术中所述的其他技术方案。判断某一技术特征是否为必要技术特征，应当从所要解决的技术问题出发并考虑说明书描述的整体内容，具体分析说明书具体实施方式中的技术特征与要解决的技术问题的关系，不能简单地将具体实施方式中的所有特征均认定为必要技术特征。

例如，现有技术中已经存在一种仅具有通话功能的普通手机。如果申请人在现有技术的基础上想要解决传统按键式手机输入缓慢的技术问题，则手写笔是必要技术特征之一。如果申请人在现有技术的基础上想要解决普通手机无法拍照的技术问题，则摄像头就是必要技术特征之一。

又例如，某申请的独立权利要求 1 为："一种高频放大器，含有一个高频放大晶体管，一个开关晶体管和一个谐振电路，该谐振电路由线圈及电容器构成，其特征在于所述谐振电路中还有一个二极管。"根据说明书的记载，该发明要解决的技术问题是避免关闭高频放大器后再重新启动时引起的输出频率短暂不稳定，不能有选择地变换工作与非工作模式的问题。由于上述独立权利要求中仅记载了该高频放大器包括的各种元件，没有记载各元件之间的连接关系，而现有技术中也不存在能够解决所述技术问题的已知的连接关系，上述独立权利要求的技术方案由于缺乏各元件之间的连接关系，无法解决发明所要解决的技术问题，因此独立权利要求缺少必要技术特征，不符合《专利法实施细则》第 23 条第 2 款的规定。

在撰写形式上，独立权利要求应当包括前序部分和特征部分。

根据《专利法实施细则》第 24 条的规定，发明或者实用新型的独立权利要求应当包括前序部分和特征部分。其中，前序部分需写明要求保护的发明或者实用新型技术方案的主题名称，以及发明或者实用新型主题与最接近的现有技术共有的必要技术特征。特征部分需写明发明或者实用新型区别于最接近的现有技术的技术特征。独立权利要求分前序部分和特征部分，其撰写的目的在于使公众更清楚地看出独立权利要求的全部技术特征中哪些是发明或者实用新型与最接近的现有技术所共有的技术特征，哪些是发明或者实用新型区别于最接近的现有技术的特征。

例如，独立权利要求："1. 一种枕头，包括枕套和枕芯，其特征在于：所述枕头的中间部分有凹陷槽，在该凹陷槽中有颈垫。"

该独立权利要求的前序部分是"一种枕头，包括枕套和枕芯"，即写明了要求保护的主题名称"一种枕头"，同时写明了与最接近的现有技术共有的必要技术特征"枕套和枕芯"。该独立权利要求的特征部分是"其特征在于：所述枕头的中间部分有凹陷槽，在该凹陷槽中有颈垫。"特征部分通常采用"其特征是……"或者类似的用语引出发明或者实用新型区别于最接近的现有技术的技术特征，即特征部分的技术特征。

需要注意的是，发明或者实用新型专利权的保护范围是由前序部分记载的技术特征和特征部分记载的技术共同确定的，而并非仅由特征部分的技术特征确定。例如，上述举例中，枕头的保护范围应当由权利要求中的全部技术特征"枕套、枕芯，枕头的中间部分有凹陷槽以及在该凹陷槽中有颈垫"共同确定，而不是仅由特征部分的技术特征"枕头的中间部分有凹陷槽以及在该凹陷槽中有颈垫"来确定。

需要说明的是，在独立权利要求的前序部分写明的与最接近的现有技术共有的必要技术特征，应当是与本发明或者实用新型的主题密切相关的最接近的现有技术的技术特征。例如，一项涉及照相机的发明，该发明的实质在于照相机布帘式快门的改进，其权利要求的前序部分只要写出"一种照相机，包括布帘式快门……"就可以了，不需要将其他共有特征，如透镜和取景窗等照相机零部件都写在前序部分中。

应当注意，发明或者实用新型的性质不适于用前序部分和特征部分方式撰写的，独立权利要求也可以不分前序部分和特征部分，即在某些情况下，独立权利要求不需要划界。例如，开拓性发明；由几个状态等同的已知技术整体组合而成的发明，其发明实质在组合本身；已知方法的改进发明，其改进之处在于省去某种物质或者材料，或者是用一种物质或者材料代替另一种物质或材料，或者是省去某个步骤；已知发明的改进在于系统中部件的更换或者其相互关系上的变化。

一份权利要求书中应当至少包括一项独立权利要求。权利要求书中有两项或两项以上独立权利要求的，写在最前面的独立权利要求称为第一独立权利要求，其他独立权利要求称为并列独立权利要求。

有时并列独立权利要求也可引用在前的独立权利要求，例如，并列独立权利要求写成如下方式："一种实施权利要求1的方法的装置，……"；"一种制造权利要求1的产品的方法，……"，这种引用其他独立权利要求的权利要求是并列的独立权利要求，而不能看作是从属权利要求。

2. 从属权利要求撰写的格式要求

从属权利要求中的附加技术特征可以是对所引用的权利要求的技术特征作进一步限定的技术特征，也可以是增加的技术特征。从属权利要求不仅可以进一步限定其所引用的独立权利要求特征部分的特征，也可以进一步限定前序部分的特征。

案例 1-6

某申请的独立权利要求为：1.一种枕头，包括枕套和枕芯，其特征在于：所述枕头的中间部分有凹陷槽，在该凹陷槽中有颈垫。从属权利要求为：2.根据权利要求1所述的枕头，其特征在于：所述颈垫内装有永磁体和药物。其中，从属权利要求2的附加技术特征"所述颈垫内装有永磁体和药物"是对其所引用的独立权利要求1的特征部分的技术特征"颈垫"的进一步限定。

在撰写形式上，从属权利要求应当包括引用部分和限定部分。

根据《专利法实施细则》第25条的规定，发明或者实用新型的从属权利要求应当包括引用部分和限定部分，其中引用部分需写明引用的权利要求的编号及其主题名称，限定部分需写明发明或者实用新型附加的技术特征。

在逻辑关系上，发明或者实用新型的从属权利要求只能引用在前的权利要求。引用两项以上权利要求的多项从属权利要求只能以择一方式引用在前的权利要求。

案例 1-7

某申请的权利要求1为：一种移动终端，……。权利要求2为：根据权利要求1所述的移动终端，……。权利要求3为：根据权利要求1或2所述的移动终端，……。其中权利要求3为多项从属权利要求。需要注意的是，此时从属权利要求 3 只能采用"根据权利要求 1 或 2……"这样的择一方式引用，而不能采用"根据权利要求 1 和 2……"的表述方式。

另外，多项从属权利要求不得作为被另一项多项从属权利要求引用的基础，即在后的多项从属权利要求不得引用在前的多项从属权利要求。例如，上述案例中的权利要求 4 为：根据权利要求 2 或 3 所述的移动终端，……。其中权利要求 4 本身为多项从属权利要求，但是其所引用的权利要求 3 也是多项从属权利要求，因此目前从属权利要求 4 的引用关系不正确，即在后的多项从属权利要求 4 不得引用在前的多项从属权利要求 3。

需要说明的是，多项从属权利要求的引用方式可以包括引用在前的独立权利要求和从属权利要求，以及引用在前的几项从属权利要求。另外，直接或间接从属于某一独立权利要求的所有从属权利要求都应当写在该独立权利要求之后。

在某些情况下，形式上的从属权利要求（即其包括有从属权利要求的引用部分），实质上不一定是从属权利要求。例如，独立权利要求 1 为："包括特征 X 的机床"。在后的另一项权利要求为："根据权利要求 1 所述的机床，其特征在于用特征 Y 代替特征 X"。在这种情况下，后一权利要求也是独立权利要求。

3. 权利要求撰写的其他实质性规定

权利要求（包括独立权利要求和从属权利要求）应当以说明书为依据，清楚、简要地限定要求专利保护的范围，这是《专利法》第 26 条第 4 款规定的内容。

1）以说明书为依据

权利要求以说明书为依据，也就是说权利要求应当得到说明书的支持，这一点是关于权利要求与说明书关系的要求。权利要求书中的每一项权利要求所要求保护的技术方案，应当是所属技术领域的技术人员能够从说明书充分公开的内容中得到或概括得出的技术方案。

"得到"的含义是指，权利要求的技术方案直接来源于说明书记载的内容，可以是说明书中明确记载的技术方案或者是从说明书明确记载的技术方案中唯一得出的技术方案。但是，应当避免机械地理解"得到"的含义，即并非权利要求与说明书的文字完全一一对应，才认为满足以说明书为依据的要求。

权利要求通常由说明书记载的一个或者多个实施方式或实施例概括而成。"概括"的含义是指，权利要求的技术方案可以是在说明书充分公开的范围内合理扩展后得到的技术方案。如果所属技术领域的技术人员可以合理预测说明书给出的实施方式的所有等同替代方式或明显变型方式都具备相同的性能或用途，则申请人可以将权利要求的保护范围概括至覆盖其所有的等同替代或明显变型的方式。实践中，对于权利要求概括得是否恰当，我们可以参照与之相关的现有技术进行判断。

在权利要求得到说明书支持的情况下，通常可有两种方式进行概括。一是可以采用上位概念进行概括。二是可以采用并列选择方式进行概括，即用"或者"并列几个可供选择的具体特征。

另外，还存在采用功能或者效果特征来限定权利要求的情形，而且实践中也是从是否得到说明书支持的角度来考虑采用功能或者效果特征限定的权利要求恰当与否。因此，下文将分别针对上位概念概括以及功能或效果特征限定的权利要求进行说明。

（1）用上位概念概括的权利要求。

上位概念也称为一般概念，下位概念也称为具体概念。例如"化学元素"这一技术术语相对于"卤素"这样的具体概念来说属于一般概念，即上位概念；"卤素"这一技术术语相对于"氯、溴、碘"这样的下位概念来说属于上位概念。

在判断用上位概念概括的权利要求是否得到说明书的支持时，应当考虑其概括的技术方案是否基于说明书中充分公开的具体实施方式的共性特征，所属技术领域的技术人员是否可以合理预测到说明书实施方式的等同替代方式或明显变型方式都具有与此相同的共性。如果结论是肯定的，则应当允许申请人进行这样的概括。

如果用上位概念概括的权利要求包含了申请人推测的内容，而其效果又难于预先确定和评价，应当认为这种概括得不到说明书的支持。如果权利要求的概括使所属技术领域的技术人员有理由怀疑该上位概括或并列概括所包括的一种或多种下位概念或选择方式不能解决发明或者实用新型所要解决的技术问题，并达到相同的技术效果，则该权利要求没有得到说明书的支持。

案例 1-8

对于"用高频电能影响物质的方法"这样一个概括较宽的权利要求，如果说明书中只给出一个"用高频电能从气体中除尘"的实施方式，对高频电能影响其他物质的方法未作说明，而且所属技术领域的技术人员也难以预先确定或评价高频电能影响其他物质的效果，则该权利要求被认为未得到说明书的支持。

案例 1-9

对于"控制冷冻时间和冷冻程度来处理植物种子的方法"这样一个概括较宽的权利要求，如果说明书中仅记载了适用于处理一种植物种子的方法，未涉及其他种类植物种子的处理方法，而且园艺技术人员也难以预先确定或评价处理其他种类植物种子的效果，则该权利要求也被认为未得到说明书的支持。除非说明书中还指出了这种植物种子和其他植物种子的一般关系，或者记载了足够多的实施例，使园艺技术人员能够明了如何使用这种方法处理植物种子，才可以认为该权利要求得到了说明书的支持。

（2）用功能或效果特征限定的权利要求。

如果一项权利要求中包含有功能型限定的技术特征，我们通常称之为用功能或者效果特征限定的权利要求。那么如何理解功能性限定？一般说来，一项产品权利要求应由反映该产品结构或者组成的技术特征组成；一项方法权利要求应由反映实施该方法的具体步骤和操作方式的技术特征组成。如果在一项权利要求中不是采用结构特征或者方法步骤特征来限定发明，而是采用零部件或者步骤在发明中所起的作用、功能或者所产生的效果来限定发明，则称为功能性限定。

通常，对产品权利要求来说，应当尽量避免使用功能或者效果特征来限定发明。只有在某一技术特征无法用结构特征来限定，或者技术特征用结构特征限定不如用功能或效果特征来限定更为恰当，而且该功能或者效果能通过说明书中规定的实验或操作或者所属技术领域的惯用手段直接和肯定地验证的情况下，使用功能或者效果特征来限定发明才可能是允许的。

对于权利要求中所包括的功能性限定的技术特征，应当理解为覆盖了所有能够实现所述功能的实施方式。对于含有功能性限定的特征的权利要求，应当判断该功能性限定是否得到说明书的支持。

对于某一功能性限定特征，如果所属技术领域的技术人员清楚明了实现该功能存在已知方式，并且该功能性技术特征所覆盖的除说明书记载的方式以外的其他实施方式也能解决发明的技术问题，达到相同的技术效果，则可以认为这样的功能性限定能够得到说明书的支持。

案例 1-10

某申请权利要求 1 要求保护一种台灯，包括底座、支架以及安装在支架上的灯罩，其中底座上进一步包括一触摸式按钮，该触摸式按钮用于控制台灯的开关。

说明书描述了台灯的底座上设置有触摸式按钮，并插述了如何通过对该按钮的触摸而实现控制台灯的开关。如果所属技术领域的技术人员清楚并非只有说明书中披露的特定方式能控制台灯的开关，任何具有开关控制功能的触摸方式都可以用到本发明中，可以达到相同的技术效果，则可以认为采用"该触摸式按钮用于控制台灯的开关"这样的功能性限定能够得到说明书的支持。

如果权利要求中限定的功能是以说明书实施例中记载的特定方式完成的，并且所属技术领域的技术人员不能明了此功能还可以采用说明书中未提到的其他替代方式来完成，则权利要求中不得采用覆盖了上述其他替代方式的功能性限定。

需要说明的是，纯功能性的权利要求由于得不到说明书的支持，因而也是不允许的。纯功能性的权利要求是指权利要求仅仅记载了发明所要解决的技术问题或产生的效果，完全没有记载为解决技术问题或获得技术效果所采用的技术手段。例如，某申请的权利要求 1 为：一种改善空气质量的方法，其特征在于降低高污染高耗能工业排放的有害气体，减少污染。这一权利要求仅仅记载了发明所要解决的技术问题是如何改善空气质量，减少污染，完全没有记载为解决所述技术问题或达到所述技术效果而采用的技术手段，因此属于纯功能性权利要求，得不到说明书的支持。

另外，对于包括独立权利要求和从属权利要求或者不同类型权利要求的权利要求书，需要逐一判断各项权利要求是否都得到了说明书的支持。也就是说，在判断权利要求是否得到说明书支持时，应当逐一考虑所有的权利要求。虽然支持问题的判断与权利要求保护范围的宽窄相关，但并不意味着保护范围较宽的独立权利要求得到说明书的支持，其保护范围较窄的从属权利要求就必然得到说明书的支持。方法权利要求得到说明书支持并不意味着产品权利要求也必然得到支持。因此，对于不同类型的权利要求来说，说明书中应当分别对其具体实施方式进行充分说明。也就是说，凡是在权利要求中要求保护的技术方案均应当在说明书中有实质性记载。

2）清楚、简要地限定要求专利保护的范围

清楚、简要的权利要求对于确定发明或者实用新型专利权的保护范围来说至关重要。《专利法》第 26 条第 4 款规定了权利要求应当清楚、简要地限定要求专利保护的范围。这是对权利要求（包括独立权利要求和从属权利要求）本身的要求。

（1）清楚。

权利要求书应当清楚。一是指每一项权利要求应当清楚，即每项权利要求的类型应当清楚，而且每项权利要求的保护范围也应当清楚。二是指构成权利要求书的所有权利要求作为一个整体也应当清楚。

（2）每项权利要求的类型应当清楚。

权利要求的主题名称应当能够清楚地表明该权利要求的类型是产品权利要求还是方法权利要求。不允许采用模糊不清的主题名称，例如不允许出现"一种……技术""一种……方案""一种钥匙与锁的配合"。另外，权利要求的主题名称中也不允许既包括产品又包括方法，例如不允许出现"一种……产品及其制造方法"这样的主题名称。

用途权利要求属于方法权利要求。但应当注意，应当从权利要求的撰写措词上区分用途权利要求和产品权利要求。例如，"用化合物 Y 作为催化剂"或者"化合物 Y 作为催化剂的应用"是用途权利要求，属于方法权利要求，而"用化合物 Y 制成的催化剂"或者"含化合物 Y 的催化剂"，则不是用途权利要求，而是产品权利要求。

（3）每项权利要求的保护范围应当清楚。

权利要求的保护范围应当根据其所用词语的含义来理解。为了使权利要求限定的范围清楚，应当对权利要求中的用词予以规范，词义要确定、无歧义，技术特征的表达不能自相矛盾。例如，某申请的权利要求 2 为："根据权利要求 1 所述的膨胀螺钉，其特征是四条膨胀筋向内收压呈一种独特的形状。"其中，"独特的形状"是一个含义不确定的描述，何为"独特"很难有个判断标准，因此上述权利要求 2 限定的保护范围不清楚。又例如，某申请的权利要求 1 为："一种制备产品 A 的方法，其特征在于……将混合物最高加热到不低于 80℃的温度。"其中，"最高"和"不低于"的表达导致该语句的含义自相矛盾，使得该权利要求的保护范围不清楚。

一般情况下，权利要求中的用词应当理解为相关技术领域通常具有的含义。在特定情况下，如果说明书中指明了某词具有特定的含义，并且使用了该词的权利要求的保护范围由于说明书中对该词的说明而被限定得足够清楚，这种情况也是允许的。但此时申请人也应尽可能修改权利要求，使得根据权利要求的表述即可明确其含义，以保证权利要求自身的清楚性。例如某申请的权利要求 1 为：一种灯泡，其中充满稀有气体……。说明书中将该稀有气体定义为氦、氖、氮气或二氧化碳。对化学领域的技术人员来说，稀有气体具有确切含义，其包括氦、氖、氩、氪、氙、氡。申请人在说明书中对稀有气体的定义不同于其在所属技术领域通常具有的含义。因此，权利要求的保护范围不清楚。申请人应当将权利要求中的稀有气体修改为氦、氖、氮气或二氧化碳。

权利要求中不得使用含义不确定的用语，例如"厚""薄""强""弱""高温""高压""很宽范围"等。专利代理实践中，要避免机械地对待权利要求中出现的上述用词，如果上述用词在特定领域中具有公认的确切含义，并不会导致权利要求保护范围不清楚，那么是允许的。例如，某申请的权利要求为：一种多频率交流电动机，其特征在于其运行频率范围很宽。这样的权利要求是不被允许的。但是如果在某项关于放大器的权利要求中出现了"高频"这样的用词，由于"高频"在所属技术领域中具有公认的确切含义，因此是允许的。对没有公认含义的用语，如果可能，申请人应选择说明书中记载的更为精确的措词替换上述不确定的用语。

权利要求中不得出现"例如""最好是""尤其是""必要时"等类似用语。因为这类用语会在一项权利要求中限定出不同的保护范围，导致保护范围不清楚。例如某申请的权利要求为：一种橡胶轮胎的制造方法，×× 材料的烧制温度为 150 ～ 250℃，最好是 200℃。该权利要求中出现了"最好是"的用语，导致保护范围不清楚。

权利要求中不得出现某一上位概念后面跟一个由该上位概念引出的下位概念。此种情形下，应保留其中之一，或将两者分别在两项权利要求中予以限定。例如，某申请的权利要求 2 为："根据权利要求 1 所述的方法，其中元素是卤素或碘。"上述权利要求中用"卤素""碘"来对"元素"进行限定，而"碘"是"卤素"的下位概念，上位概念与其下位概念不是等效并列选择项，因此不符合撰写的规定。

在一般情况下，权利要求中不得使用"约""接近""等""类似物"等类似的用语，因为这类用语通常会使权利要求的范围不清楚，实践中应尽量避免使用。如果申请人在撰写权利要求时不可避免地使用到"约""接近""等"这些用词，则应当站在所属技术领域技术人员的角度判断上述用词是否会导致权利要求的保护范围不清楚。如果不会，则允许。

除了附图标记或者化学及数学式中使用的括号之外，权利要求中应尽量避免使用括号，以免造成权利要求不清楚，例如某申请的权利要求为：一种便携式移动终端，其包括天线（收发信号）的 ……。由于该权利要求中出现了括号中的内容，使得该权利要求的保护范围不清楚。也就是说，所属技术领域的技术人员不清楚所述时钟发送信号是否是供接收设备测量的。需要说明的是，权利要求中出现的具有通常可接受含义的括号是允许的。例如"（甲基）丙烯酸酯"，"含有 10% ～ 60%（重量）的 A"，因为这种括号不会使权利要求中出现不同的保护范围。

一般情况下，应当采用正面肯定式的用语清楚地描述权利要求的保护范围，不得采用否定式语言表述权利要求。例如，在权利要求中不允许出现"×× 部件不是晶体管"这样的表述，申请人应当采用正面肯定式的语言表述所述部件的材料。

（4）权利要求书整体应当清楚。

构成权利要求书的所有权利要求作为一个整体也应当清楚。也就是说，权利要求之间的引用关系应当清楚，正确。首先，一项权利要求与其引用的权利要求之间，在内容上要有连贯性，不能出现前后内容相互矛盾或前后内容在整体上无法衔接的情况。其次，采用引用方式撰写权利要求时，要特别注意各项权利要求引用的逻辑关系。例如，从属权利要求只能引用在前的权利要求。引用两项以上权利要求的多项从属权利要求，只能以择一方式引用在前的权利要求，并不得作为另一项多项从属权利要求的基础，即在后的多项从属权利要求，不能引用在前的多项从属权利要求。

（5）简要。

权利要求书应当简要，一是指每一项权利要求应当简要，二是指构成权利要求书的所有权利要求作为一个整体也应当简要。

每一项权利要求应当简要是指，权利要求应当采用构成发明或者实用新型技术方案的技术特征来限定其专利保护范围。除技术特征外，权利要求中不应当包括其他内容，例如对发明原理、发明目的、商业用途的描述。

权利要求作为一个整体也应当简要是指，权利要求之间不应当重复，一件专利申请中不得出现两项或两项以上保护范围实质上相同的同类权利要求。例如，某申请的权利要求书为：1.一种电路元器件，含有组件 A、B、C 和 D。2.根据权利要求 1 所述的电路元器件，还包括有组件 E。3.一种电路元器件，含有组件 A、B、C、D 和 E。其中，权利要求 2 与权利要求 3 属于保护范围实质上相同的同类权利要求。当权利要求 2 和 3 同时出现在权利要求书中时，造成权利要求书整体不简要。

另外，权利要求的数目应当合理。在权利要求书中，允许有合理数量的限定发明或者实用新型优选技术方案的从属权利要求。这一点应当根据发明或者实用新型的性质和具体特点来确定。从权利要求书的整体撰写要求来看，权利要求应尽量采用引用在前权利要求的方式撰写。即采用独立权利要求和从属权利要求的方式撰写。

4. 权利要求撰写的其他形式规定

在撰写形式上，除了满足上面描述的独立权利要求和从属权利要求的格式要求外，还应当满足如下几方面的格式要求。

（1）权利要求书有一项以上权利要求的，应当用阿拉伯数字顺序编号。需要注意的是，如果申请人修改申请文件时删除或增加权利要求，需要修改权利要求的序号。

（2）权利要求中使用的科技术语应当与说明书中使用的科技术语一致；权利要求中可以有化学式或者数学式，但是不得有插图；除绝对必要外，权利要求中不得使用"如说明书……部分所述"或者"如图……所示"等类似用语。

例如，审查员在通知书中指出某权利要求中包含的图形不清楚，建议申请人删除，申请人在答复时删除了图形并且将权利要求修改为分别与原权利要求中的图形相对应的"如图 3A-3E 所示"的表述：

如权利要求 2 所述的方法，其中垂直边缘、水平边缘、45 度边缘、135 度边缘和不定向边缘分别表示为：

   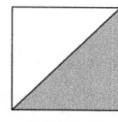 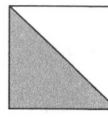 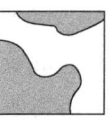

垂直边缘　　水平边缘　　　45度边缘　　　135度边缘　　不定向边缘

根据上述规定，权利要求中不得包含有插图，审查指南中将绝对必要的情况限定为当发明或者实用新型涉及的某特定形状仅能用图形限定而无法用语言表达时，如光学图谱、晶相图等，权利要求才可以使用"如图…所示"等类似用语。

对于上述举例的情形而言，权利要求所涉及的某种特定形状无法用语言准确地表达，则应当允许申请人将权利要求修改为分别与原权利要求中的图形相对应的"如图 3A-3E 所示"的表述。

（3）权利要求中的技术特征可以引用说明书附图中相应的标记，这些标记应当用括号括起来，放在相应的技术特征后面。附图标记不得解释为对权利要求保护范围的限制。也就是说，当权利要求中采用附图标记时，不能认为对权利要求的保护范围产生限定作用。

案例 1-11

某申请的权利要求 1 为：一种设备，包括与部件 A 连接的元器件（1），以及与部件 B 连接的元器件（2）。权利要求 2：根据权利要求 1 所述的装置，其中所述元器件（1）……。由于附图标记对权利要求的保护范围没有限制作用，因此，上述权利要求 2 的这种撰写方式未能明确是哪个元器件，因此造成权利要求 2 不清楚。申请人应当用明确的描述方式指明具体限定的元器件，例如可以将权利要求 2 修改为：根据权利要求 1 所述的装置，其中所述与部件 A 连接的元器件（1）……。

（4）一项发明或者实用新型应当只有一个独立权利要求，并写在同一发明或者实用新型的从属权利要求之前。即当申请人就一项发明写出多个权利要求时，应当只写一个独立权利要求，其他权利要求应当以引用方式撰写，而不允许写成保护范围从宽至窄的多个独立权利要求。

这一规定的本意是为了使权利要求书整体上更清楚、简要。

案例 1-12

某申请包括如下以下两个技术方案：方案 1：一种智能手机，含有部件 A、B、C 和 D。方案 2：一种智能手机，含有部件 A、B、C、D 和 E。可以看出，方案 1 和方案 2 保护的主题类型相同，主题名称也相同，并且方案 2 在包括方案 1 的所有技术特征的同时，还包括了另一技术特征 E。如果将方案 1 撰写为独立权利要求 1，那么根据方案 2 撰写的权利要求 2 应写为权利要求 1 的从属权利要求，即"如权利要求 1 所述的智能手机，其特征在于：还包括部件 E。"即采用引用方式撰写，而不写成独立权利要求。

（5）权利要求中通常不允许使用表格，除非使用表格能够更清楚地说明发明或者实用新型要求保护的主题。

（6）每一项权利要求只允许在其结尾处使用句号。通常一项权利要求用一个自然段表述，若技术特征较多，内容和相互关系较复杂，借助于标点符号难以将其关系表达清楚时，一项权利要求也可以用分行或者分小段的方式描述，各段之间不得使用句号。

（7）通常，开放式的权利要求宜采用"包含""包括""主要由……组成"的表达方式，其解释为还可以含有该权利要求中没有述及的结构组成部分或方法步骤。封闭式的权利要求宜采用"由……组成"的表达方式，其一般解释为不含有该权利要求所述以外的结构组成部分或方法步骤。

（8）一般情况下，权利要求中包含有数值范围的，其数值范围尽量以数学方式表达，这样的表述比较明确，例如，"$\geq 100℃$" "> 20" 等。通常，"大于" "小于" "超过" 等理解为不包括本数；"以上" "以下" "以内" 等理解为包括本数，例如 "9 个以上" 表示个数为 "9 个及多于 9 个"，"超过 99" 表示不含有本数 99。

三、说明书及其附图和摘要的法律效力和撰写要求

说明书是申请人向专利局提交的公开其发明创造技术内容的法律文件。根据专利制度的"契约"理论，申请人为了获取发明或者实用新型专利权，应当向专利局继而向社会公众提供为理解和实施其发明创造所必需的技术信息，披露这些技术信息的载体即是说明书。

（一）说明书的作用

说明书的作用一方面在于将发明或者实用新型专利申请的技术内容充分地披露，向社会提供新的技术信息，促进科技进步和经济社会发展。另一方面，根据《专利法》第 64 条第 1 款的规定，说明书及附图可以用于解释权利要求的内容。在专利权被授予后，特别是在发生专利纠纷时，说明书可以用来解释权利要求书，帮助确定专利权的保护范围。另外，原说明书和权利要求书记载的范围还是申请人修改专利申请文件的基础。

说明书附图是说明书的一个组成部分，其作用在于用图形补充说明书文字部分的描述，使人能够直观、形象化地理解发明或者实用新型的每个技术特征及整体技术方案。

（二）说明书的实质要求

说明书是申请人向专利局提交的公开其发明创造技术内容的法律文件。

根据《专利法》第 26 条第 3 款的规定，说明书应当对发明或者实用新型作出清楚、完整的说明，以所属技术领域的技术人员能够实现为准。

对于生物技术领域的申请，《专利法实施细则》第 27 条进一步规定：申请专利的发明涉及新的生物材料，该生物材料公众不能得到，并且对该生物材料的说明不足以使所属领域的技术人员实施其发明的，除应当符合专利法

和本细则的有关规定外，申请人还应当办理下列手续：

（1）在申请日前或者最迟在申请日（有优先权的，指优先权日），将该生物材料的样品提交国家知识产权局认可的保藏单位保藏，并在申请时或者最迟自申请日起 4 个月内提交保藏单位出具的保藏证明和存活证明；期满未提交证明的，该样品视为未提交保藏；

（2）在申请文件中，提供有关该生物材料特征的资料；

（3）涉及生物材料样品保藏的专利申请应当在请求书和说明书中写明该生物材料的分类命名（注明拉丁文名称）、保藏该生物材料样品的单位名称、地址、保藏日期和保藏编号；申请时未写明的，应当自申请日起 4 个月内补正；期满未补正的，视为未提交保藏。

如果说明书没有对发明或者实用新型做出清楚、完整的说明，致使所属领域的技术人员不能实现，不符合《专利法》第 26 条第 3 款的规定，则属于《专利法实施细则》第 59 条规定的应当予以驳回的情形。而且，由于《专利法》第 33 条对申请文件修改的内容和范围作出了限制性规定，说明书公开不充分的缺陷通常无法通过修改申请文件来克服。

需要特别注意上述条款中涉及的"清楚""完整"和"能够实现"之间的关系。从《专利法》第 26 条第 3 款的立法本意来讲，"能够实现"是对"清楚""完整"在程度上的要求，只要说明书记载的内容达到所属技术领域的技术人员能够实现的程度，就应当认为说明书满足了"清楚"和"完整"的要求，即满足了《专利法》第 26 条第 3 款的要求。

1. 说明书清楚

所谓说明书"清楚"，是指说明书的内容应当清楚，具体要求包括：

第一，主题明确、前后一致。说明书应当从背景技术出发，明确地写明发明或者实用新型所要解决的技术问题、为解决该技术问题所采用的技术方案及该技术方案所能达到的技术效果。上述技术问题、技术方案和技术效果应当相互适应，不得出现相互矛盾或不相关联的情形。

第二，表述准确、没有歧义。说明书应当使用发明或者实用新型所属技术领域的技术术语。说明书的表述应当准确地表达发明或者实用新型的技术内容，不得含糊不清或者模棱两可，以致所属技术领域的技术人员不能准确理解该发明或者实用新型。

需要说明的是，如果说明书中存在的用词不规范、语句不清楚缺陷并不导致发明或者实用新型不可实现，那么该情形属于说明书撰写形式方面的缺陷，专利局不会据此驳回该申请。

2. 说明书完整

所谓说明书"完整"，是指说明书应当包括有关理解、实现发明或者实用新型所需的全部技术内容。凡是所属技术领域的技术人员不能从现有技术中直接地、毫无疑义地确定的内容，均应当在说明书中描述。完整的说明书应当包括的内容有：

（1）帮助理解发明或者实用新型不可缺少的内容。例如，有关所属技术领域、背景技术状况的描述以及说明书有附图时的附图说明等。

（2）确定发明或者实用新型具有新颖性、创造性和实用性所需的内容。例如，发明或者实用新型所要解决的技术问题，解决其技术问题采用的技术方案和发明或者实用新型的有益效果。

（3）实现发明或者实用新型所需的内容。例如，为解决发明或者实用新型的技术问题而采用的技术方案的具体实施方式。

需要说明的是，对于克服了技术偏见的发明或者实用新型，说明书中还应当解释为什么说该发明或者实用新型克服了技术偏见，新的技术方案与技术偏见之间的差别以及为克服技术偏见所采用的技术手段。

3. 能够实现

所属技术领域的技术人员能够实现，是指所属技术领域的技术人员按照说明书记载的内容，就能够实施该发明或者实用新型的技术方案，解决其技术问题，并且产生预期的技术效果。

以下各种情况是由于缺乏解决技术问题的技术手段而被认为无法实现：

（1）说明书中只给出任务和／或设想，或者只表明一种愿望和／或结果，而未给出任何使所属技术领域的技术人员能够实施的技术手段。

例如，一项有关点烟器的发明，请求保护的是一种使用交流电的点烟器，其无须将交流电转换为直流电，而是直接使用交流电驱动点烟器。说明书中只记载了该点烟器可使用交流电，而没有记载该点烟器的具体结构。实际上，该申请仅仅提出了一种设想，并未给出实现其设想的技术手段。因此该说明书不符合《专利法》第 26 条第 3 款的规定。

（2）说明书中给出了技术手段，但对所属技术领域的技术人员来说，该手段是含糊不清的，根据说明书记载的内容无法具体实施。

例如，请求保护的发明是一种固体燃料，其由石蜡、锯末、助燃剂 1 号等成分组成。说明书中未记载所述助燃剂 1 号的具体成分或来源。说明书中对"助燃剂 1 号"的说明是含糊不清的，同时"助燃剂 1 号"也不是所属技术领域公知的材料，因此所属技术领域的技术人员根据说明书记载的内容不能实施该发明。

（3）说明书中给出了技术手段，但所属技术领域的技术人员采用该手段并不能解决发明或者实用新型所要解决的技术问题。

例如，请求保护的发明是一种休闲折叠椅，说明书中将该休闲折叠椅的椅背与椅座的连接方式均描述为：采用折弯件连接，该折弯件的两端和中部各有一连接孔，其一端的连接孔通过螺栓连接于椅背上，而另一端和中部的两个连接孔通过螺栓连接于椅座上，而该折弯件不能折叠。说明书中未给出椅背与椅座之间的其他任何不同于上述连接的方式。因此，根据说明书的描述来制作该折叠椅时，只能采用说明书所描述的连接方式，但是按照该连接方式制造出的折叠椅根本无法折叠，也就是说，按照说明书中记载的技术手段，无法实现发明的技术方案，解决其技术问题。

（4）申请的主题为由多个技术手段构成的技术方案，对于其中一个技术手段，所属技术领域的技术人员按照说明书记载的内容并不能实现。

例如，某申请涉及一种可互动玩具，说明书记载了所述玩具的技术方案由语音接收装置、语音分析装置和语音控制装置等多个技术手段构成。本申请相对于现有技术的改进点在于通过语音输入就能够对该玩具发出指令，让该玩具做出不同的动作。但是说明书中并没有记载所述如何利用语音信息控制玩具进行动作，使得所属技术领域的技术人员按照说明书记载的内容无法实现所述互动玩具的技术方案。因此，说明书不符合《专利法》第 26 条第 3款的规定。

（5）说明书中给出了具体的技术方案，但未给出实验证据，而该方案又必须依赖实验结果加以证实才能成立。

例如，某申请涉及一种空气净化剂，其包含下列主要组分（按照质量百分比）：A 1～2 份；B 6～18 份；C 1～15 份；D 4～6 份；E 0.5～8 份；

F 1～2 份。说明书中记载了该空气净化剂的组成及其配比，在具体实施方式部分也列举了各种具体配方，但是却未给出任何实验数据来证明该空气净化剂具有净化空气的效果。而本领域技术人员熟知上述组分均没有净化空气的作用，因此由这些组分构成的空气净化剂是否能够具有净化空气的作用是不可预期的，必须依赖实验结果才能证实，而说明书中恰恰没有记载相关实验数据，因此说明书公开不充分，不符合《专利法》第 26 条第 3 款的规定。

（三）说明书的格式要求

《专利法实施细则》第 20～第 21 条对说明书撰写的格式要求作出了规定。根据《专利法实施细则》第 20 条的规定，发明或者实用新型专利申请的说明书首先应当写明发明或者实用新型的名称，然后按顺序写明发明或者实用新型所属的技术领域、背景技术、发明内容，有附图的还应当对附图进行说明。此外，还要写明发明或者实用新型的具体实施方式。

需要特别注意，《专利法》第 26 条第 3 款有关说明书充分公开的规定与《专利法实施细则》第 20 条有关说明书撰写方式要求两个法条之间的适用关系。《专利法》第 26 条第 3 款是针对说明书实质性内容的要求，而《专利法实施细则》第 20 条则是针对说明书撰写方式的要求。如果说明书中存在的用词不规范、语句不清楚的缺陷并不导致发明或者实用新型不可实现，那么该情形属于《专利法实施细则》第 20 条所述的撰写方式缺陷，专利局不会据此驳回该申请。

说明书的组成部分及要求具体如下。

1. 发明名称

发明或者实用新型的名称应当清楚、简要，写在说明书首页正文部分的上方居中位置。发明或者实用新型的名称应当按照以下各项要求撰写：

（1）发明名称应当清楚、简要、全面地反映要求保护的主题和类型。例如，一件申请要求保护一种墨水产品和该墨水制备方法两项发明，发明名称应当写为"一种墨水及其制备方法"。

（2）发明名称不得使用人名、地名、商标、型号、商品名称、商业性宣传用语。例如"一种美林退烧药的制作方法"的发明名称包含有商品名称，这种写法不符合要求。

（3）发明名称应当采用所属技术领域通用的技术术语，不能采用自造词。例如，一种表面会自动发热的眼罩的发明，其发明名称可以写为"一种眼罩"，不能写成"一种贴贴热"。贴贴热不是所属技术领域通用的技术术语，属于自造词。

（4）与请求书中的发明名称一致，不得超过 25 个字，必要时可不受此限，但也不得超过 60 个字（如化学领域）。

2. 技术领域

说明书中发明或者实用新型的技术领域主要体现请求保护的专利申请的主题和类型，以利于对专利申请进行分类和检索。技术领域应当是发明或者实用新型要求保护的技术方案所属或者直接应用的具体领域，而不是上位的或者相邻的技术领域，也不是发明或者实用新型本身。

3. 背景技术

发明或者实用新型说明书的背景技术部分应当写明对发明或者实用新型的理解、检索、审查有用的背景技术，并且尽可能引证反映这些背景技术的文件。对背景技术的描述可以采用引证现有技术文件的方式，也可以采用直接描述技术内容的方式，也可以采用引证现有技术文献的方式。通常采用引证反映这些背景技术文件的方式阐述与发明相关的内容。说明书中引证的文件可以是专利文件，也可以是非专利文件。

引证专利文件的，至少要写明国别和公开号，最好包括公开日期。引证非专利文件的，要写明文件的标题和出处，以便于查找。例如引证文件为期刊中的文章的，应当写明文章的名称、作者姓名、期刊名称、期刊卷号、起止页数、出版日期等。

引证的非专利文件和外国专利文件的公开日应当在本申请的申请日之前；所引证的中国专利文件的公开日不能晚于本申请的公开日。

引证外国专利或非专利文件的，应当用所引证文件公布或发表时的原文文字写明文件的出处及相关信息，必要时给出中文译文，并将译文放置在括号内。

另外，背景技术还应当客观地指出现有技术中存在的主要问题，主要问题是指与发明所解决问题相关的且发明所能解决的问题。例如，某种产品可能存在多种缺陷，但如果有些缺陷与该发明要解决的问题无关，就不宜将这些问题写入背景技术，而应着重描述本发明解决的问题和缺陷。在指出背景技术所存在的问题时，切忌采用诽谤性语言。

4. 发明或者实用新型内容

发明或者实用新型说明书的发明内容应当清楚、客观地写明要解决的技术问题、技术方案、有益效果三方面的内容。

（1）要解决的技术问题。

发明或者实用新型所要解决的技术问题，是指要解决现有技术中存在的技术问题。具体地，该部分的撰写应注意两个方面：其一，撰写发明或者实用新型所要解决的技术问题应当针对现有技术中存在的缺陷或不足；其二，用正面的、尽可能简洁的语言，客观而有根据地反映发明或者实用新型要解决的技术问题，并应与技术方案所获得的效果一致或相应。

对发明或者实用新型所要解决的技术问题的描述不得采用广告式宣传用语。

一件专利申请的说明书不仅可以列出发明或者实用新型所要解决的一个技术问题，也可以列出发明或者实用新型所要解决的多个技术问题，但是这些要解决的技术问题应当都与一个总的发明构思相关。

（2）技术方案。

这部分内容中记载的技术方案应当能够解决在"所解决的技术问题"中描述的那些技术问题。在技术方案这一部分，至少应反映包括全部必要技术特征的独立权利要求的技术方案，还可以给出包括其他附加技术特征的进一步改进的技术方案。

说明书中记载的这些技术方案应当与权利要求所限定的相应技术方案的表述相一致。

一般情况下，说明书技术方案部分首先应当写明独立权利要求的技术方案，其用语应当与独立权利要求的用语相应或者相同，以发明或者实用新型必要技术特征总和的形式阐明其实质，必要时，说明必要技术特征总和与发明或者实用新型效果之间的关系。

然后，可以通过对该发明或者实用新型的附加技术特征的描述，反映对其作进一步改进的从属权利要求的技术方案。

如果一件申请中有几项发明或者实用新型，应当说明每项发明或者实用新型的技术方案。这里的"申请中有几项发明或者实用新型"不是指说明书中有几项，而是指权利要求书中要求保护的有几项发明或者实用新型。即至少要写出要求保护的那几项发明或者实用新型，未要求保护的，则可写可不写。

（3）有益效果。

说明书应当清楚、客观地写明发明或者实用新型与现有技术相比所具有的有益效果。

有益效果是指由构成发明或者实用新型的技术特征直接带来的，或者是由所述的技术特征必然产生的技术效果。有益效果是确定发明是否具有"显著的进步"，实用新型是否具有"进步"的重要依据。

通常，有益效果可以由产率、质量、精度和效率的提高，能耗、原材料、工序的节省，加工、操作、控制、使用的简便，环境污染的治理或者根治，以及有用性能的出现等方面反映出来。

有益效果可以通过对发明或者实用新型结构特点的分析和理论说明相结合，或者通过列出实验数据的方式予以说明，不得只断言发明或者实用新型具有有益的效果。

但是，无论用哪种方式说明有益效果，都应当与现有技术进行比较，指出发明或者实用新型与现有技术的区别。机械、电气领域中的发明或者实用新型的有益效果，在某些情况下，可以结合发明或者实用新型的结构特征和作用方式进行说明。但是，化学领域中的发明，在大多数情况下，不适于用这种方式说明发明的有益效果，而是借助实验数据来说明。

对于目前尚无可取的测量方法而不得不依赖于人的感官判断的，例如味道、气味等，可以采用统计方法所得的实验结果来说明有益效果。

在引用实验数据说明有益效果时，应当给出必要的实验条件和方法。

5. **附图说明**

说明书有附图的，需要集中对所有附图进行说明。附图说明部分应当写明各幅附图的图名，并且对图示内容作简要说明。之所以要求集中对所有附图进行说明，主要基于两方面原因：其一，使所有附图说明一目了然，便于所属技术领域的技术人员阅读和查找附图；其二，便于在申请被受理时或授权时核对文件。

附图不止一幅的，应当对所有附图作出图面说明。

在零部件较多的情况下，允许用列表的方式对附图中具体零部件名称列表说明。例如，一件发明名称为"晾衣架"的专利申请，其说明书包括三幅附图，这些附图的图面说明如下：

图 1 是该晾衣架的主视图；

图 2 是图 1 所示晾衣架的侧视图；

图 3 是图 1 中的晾衣架的使用原理图。

6. 具体实施方式

实现发明或者实用新型的优选的具体实施方式是说明书的重要组成部分，它对于充分公开、理解和实现发明或者实用新型，支持和解释权利要求都是极为重要的。因此，说明书应当详细描述申请人认为实现发明或者实用新型的优选的具体实施方式。在适当情况下，应当举例说明；有附图的，应当对照附图进行说明。

优选的具体实施方式应当体现申请中解决技术问题所采用的技术方案，并应当对权利要求的技术特征给予详细说明，以支持权利要求。

对优选的具体实施方式的描述应当详细，使发明或者实用新型所属技术领域的技术人员能够实现该发明或者实用新型。

实施例是对发明或者实用新型的优选的具体实施方式的举例说明。实施例的数量应当根据发明或者实用新型的性质、所属技术领域、现有技术状况以及要求保护的范围来确定。

当一个实施例足以支持权利要求所概括的技术方案时，说明书中可以只给出一个实施例。当权利要求（尤其是独立权利要求）覆盖的保护范围较宽，其概括不能从一个实施例中找到依据时，应当给出至少两个不同实施例，以支持要求保护的范围。当权利要求相对于背景技术的改进涉及数值范围时，通常应给出两端值附近（最好是两端值）的实施例，当数值范围较宽时，还应当给出至少一个中间值的实施例。例如，某发明相对于现有技术的改进涉及长度数值范围，权利要求中相应的技术特征为长度在 5～9 毫米的范围内。此时，说明书中若仅给出温度为 5 毫米时的实施例是不够的，这会导致权利要求得不到说明书的支持。对于该案例而言，如果所属技术领域的技术人员结合具体案情认为 5～9 毫米范围较宽时，申请人在具体实施方式部分应当给出 5 毫米和 9 毫米附近（最好就是 5 毫米和 9 毫米两个端值）的实施例，以及一个中间温度值（如 7 毫米）的实施例。

在发明或者实用新型技术方案比较简单的情况下，如果说明书涉及技术方案的部分已经就发明或者实用新型专利申请所要求保护的主题作出了清楚、完整的说明，说明书就不必在涉及具体实施方式部分再作重复说明。

对于产品的发明或者实用新型，实施方式或者实施例应当描述产品的机械构成、电路构成或者化学成分，说明组成产品的各部分之间的相互关系。对于可动作的产品，只描述其构成不能使所属技术领域的技术人员理解和实现发明或者实用新型时，还应当说明其动作过程或者操作步骤。

对于方法的发明，应当写明其步骤，包括可以用不同的参数或者参数范围表示的工艺条件。

在具体实施方式部分，对最接近的现有技术或者发明或实用新型与最接近的现有技术共有的技术特征，一般来说可以不作详细的描述，但对发明或者实用新型区别于现有技术的技术特征以及从属权利要求中的附加技术特征应当足够详细地描述，以所属技术领域的技术人员能够实现该技术方案为准。应当注意的是，为了方便专利审查，也为了帮助公众更直接地理解发明或者实用新型，对于那些就满足《专利法》第 26 条第 3 款的要求而言必不可少的内容，不能采用引证其他文件的方式撰写，而应当将其具体内容写入说明书。

对照附图描述发明或者实用新型的优选的具体实施方式时，使用的附图标记或者符号应当与附图中所示的一致，并放在相应的技术名称的后面，不加括号。例如，对涉及电路连接的说明，可以写成"电感 1 与电阻 2 连接"，不得写成"1 与 2 连接"。

7. 说明书附图及其要求

说明书附图是说明书的一个组成部分，其作用在于用图形补充说明书文字部分的描述，使人能够直观地、形象化地理解发明的每个技术特征和整体技术方案。对于机械和电学技术领域中的专利申请，说明书附图的作用尤其明显。因此，说明书附图应该清楚地反映发明或者实用新型的内容。

对发明专利申请，用文字足以清楚、完整地描述其技术方案的，可以没有附图。实用新型专利申请的说明书应当有附图。有关说明书附图的具体格式要求包括：

一件专利申请有多幅附图时，在用于表示同一实施方式的几个不同实施例的各幅附图中，表示同一技术特征的附图标记应当一致。反过来说，在用于表示不同实施方式的附图中，表示同一技术特征的附图标记可以不一致。

说明书中与附图中使用的相同的附图标记应当表示同一组成部分。说明书中未提及的附图标记不得在附图中出现，附图中未出现的附图标记也不得在说明书文字部分中提及。

附图中除了必需的词语外，不应当含有其他的注释；但对于流程图、框图一类的附图，应当在其框内给出必要的文字或符号。

一件专利申请有多幅附图时，要按照"图1、图2……"的顺序排列。

说明书附图应集中放在说明书文字部分之后。

8. 说明书撰写的其他格式要求

说明书还应当用词规范，语句清楚，即说明书的内容应当明确，无含糊不清或者前后矛盾之处，使所属技术领域的技术人员容易理解。基于此种考虑，说明书还应当满足下述格式要求。

说明书不得使用"如权利要求所述的"一类引用语，也不得使用商业性宣传用语。

说明书应当使用所属技术领域的技术术语。例如，在通信领域中，通常使用信号传输，信号是该领域的技术术语，而不能使用"资料"这样的术语。

说明书中的自然科学名词应采用国家规定的统一术语。没有规定的，可以使用所属领域约定俗成的术语或者最新出现的科技术语，或者直接使用外来语，但是其含义应当是清楚的，不会造成理解错误；必要时可以采用自定义词且应当对其进行定义或者给出明确的说明。

不应在说明书中使用在所属技术领域中具有基本含义的用词来表示其本意之外的其他含义，以免造成误解和语义混乱。例如，手机中的天线就是用来收发信号，其具有特定的含义。不能在申请文件中将其功能限定为用户利用天线来输入信息。输入信息是通过键盘、触摸屏或麦克风等设备。

说明书中的技术术语和符号应前后一致。例如，某申请涉及一种黏接部件，但是在说明书发明内容部分将该部件称为"黏合装置"，而在具体实施方式部分又将其称为"黏合部件"，技术术语前后不一致。

说明书应使用中文，在不产生歧义的前提下个别词语可使用外文，但是其含义对所属技术领域的技术人员来说应当是清楚的，不会造成理解错误。例如，所属技术领域的技术人员熟知"CPU"即表示中央处理器，所以说明书中可以直接采用"CPU"这样的表述。需要说明的是，在说明书中第一次使用非中文技术名词时，应当使用中文译文加以注释或者使用中文给予说明。

说明书中涉及计量单位时，应采用国家法定计量单位，必要时可以在括号内同时标注本领域公知的其他计量单位。

说明书中不可避免使用商品名称时，其后应注明其型号、规格、性能及制造单位；尽量避免使用注册商标来确定物质或者产品。

说明书中引证的外国专利文献和非专利文献的出处和名称应当使用原文，必要时给出中文译文，并将译文放置在括号内。

（四）说明书摘要及其附图

说明书摘要仅是一种技术情报，是说明书公开内容的概述，不属于发明或者实用新型原始公开的内容。说明书摘要附图应当是说明书附图中最能说明发明或者实用新型技术方案的一幅附图。

说明书摘要应当写明发明或者实用新型的名称和所属技术领域，并清楚地反映所要解决的技术问题、解决该问题的技术方案的要点以及主要用途，其中以技术方案为主。摘要可以包括最能说明发明的化学式。摘要文字部分（包括标点符号）不得超过 300 个字，其中出现的附图标记应当加括号，且不得使用商业性宣传用语。

四、外观设计专利申请文件

外观设计专利申请文件包括请求书、外观设计图片或者照片。

（一）请求书

在外观设计专利申请的请求书中，需要写明：使用外观设计的产品名称、设计人、申请人、联系人、代表人、专利代理机构、专利代理师、地址。

其中使用外观设计的产品名称对图片或者照片中表示的外观设计所应用的产品种类具有说明作用。使用外观设计的产品名称应当与外观设计图片或者照片中表示的外观设计相符合，准确、简明地表明要求保护的产品的外观设计。产品名称一般应当符合国际外观设计分类表中小类列举的名称。产品名称一般不得超过 20 个字。正确的产品名称例如"手风琴""床上用品"。

产品名称通常还应当避免下列情形：

（1）含有人名、地名、国名、单位名称、商标、代号、型号或以历史时代命名的产品名称；

（2）概括不当、过于抽象的名称，如"文具""炊具""乐器""建筑用物品"等；

（3）描述技术效果、内部构造的名称，如"节油发动机""人体增高鞋垫""装有新型发动机的汽车"等；

（4）附有产品规格、大小、规模、数量单位的名称，如"21英寸电视机""中型书柜""一副手套"等；

（5）以外国文字或无确定的中文意义的文字命名的名称，如"克莱斯酒瓶"，但已经众所周知并且含义确定的文字可以使用，如"DVD播放机""LED灯""USB集线器"等。

（二）外观设计图片或者照片

外观设计专利权的保护范围以表示在图片或者照片中的该产品的外观设计为准，简要说明可以用于解释图片或者照片所表示的该产品的外观设计。

就立体产品的外观设计而言，产品设计要点涉及六个面的，应当提交六面正投影视图；产品设计要点仅涉及一个或几个面的，应当至少提交所涉及面的正投影视图和立体图，并应当在简要说明中写明省略视图的原因。

就平面产品的外观设计而言，产品设计要点涉及一个面的，可以仅提交该面正投影视图；产品设计要点涉及两个面的，应当提交两面正投影视图。

必要时，申请人还应当提交该外观设计产品的展开图、剖视图、剖面图、放大图以及变化状态图。

此外，申请人可以提交参考图，参考图通常用于表明使用外观设计的产品的用途、使用方法或者使用场所等。

色彩包括黑白灰系列和彩色系列。对于简要说明中声明请求保护色彩的外观设计专利申请，图片的颜色应当着色牢固、不易褪色。

1. 视图名称及其标注

六面正投影视图的视图名称，是指主视图、后视图、左视图、右视图、俯视图和仰视图。其中主视图所对应的面应当是使用时通常朝向消费者的面或者最大程度反映产品的整体设计的面。例如，带杯把的杯子的主视图应是杯把在侧边的视图。

各视图的视图名称应当标注在相应视图的正下方。

对于成套产品，应当在其中每件产品的视图名称前以阿拉伯数字顺序编号标注，并在编号前加"套件"字样。例如，对于成套产品中的第4套件的主视图，其视图名称为：套件4主视图。

对于同一产品的相似外观设计，应当在每个设计的视图名称前以阿拉伯数字顺序编号标注，并在编号前加"设计"字样。例如，设计1主视图。

组件产品，是指由多个构件相结合构成的一件产品。分为无组装关系、组装关系唯一或者组装关系不唯一的组件产品。对于组装关系唯一的组件产品，应当提交组合状态的产品视图；对于无组装关系或者组装关系不唯一的组件产品，应当提交各构件的视图，并在每个构件的视图名称前以阿拉伯数字顺序编号标注，并在编号前加"组件"字样。例如，对于组件产品中的第3组件的左视图，其视图名称为：组件3左视图。对于有多种变化状态的产品的外观设计，应当在其显示变化状态的视图名称后，以阿拉伯数字顺序编号标注。

2. 图片的绘制

图片应当参照我国技术制图和机械制图国家标准中有关正投影关系、线条宽度以及剖切标记的规定绘制，并应当以粗细均匀的实线表达外观设计的形状。不得以阴影线、指示线、虚线、中心线、尺寸线、点划线等线条表达外观设计的形状。可以用两条平行的双点划线或自然断裂线表示细长物品的省略部分。图面上可以用指示线表示剖切位置和方向、放大部位、透明部位等，但不得有不必要的线条或标记。图片应当清楚地表达外观设计。

图片可以使用包括计算机在内的制图工具绘制，但不得使用铅笔、蜡笔、圆珠笔绘制，也不得使用蓝图、草图、油印件。对于使用计算机绘制的外观设计图片，图面分辨率应当满足清晰的要求。

3. 照片的拍摄

（1）照片应当清晰，避免因对焦等原因导致产品的外观设计无法清楚地显示。

（2）照片背景应当单一，避免出现该外观设计产品以外的其他内容。产品和背景应有适当的明度差，以清楚地显示产品的外观设计。

（3）照片的拍摄通常应当遵循正投影规则，避免因透视产生的变形影响产品的外观设计的表达。

（4）照片应当避免因强光、反光、阴影、倒影等影响产品的外观设计的表达。

（5）照片中的产品通常应当避免包含内装物或者衬托物，但对于必须依靠内装物或者衬托物才能清楚地显示产品的外观设计时，则允许保留内装物或者衬托物。

（三）简要说明

《专利法》第 64 条第 2 款规定，外观设计专利权的保护范围以表示在图片或者照片中的该产品的外观设计为准，简要说明可以用于解释图片或者照片所表示的该产品的外观设计。

根据《专利法实施细则》第 31 条的规定，简要说明应当包括下列内容：

（1）外观设计产品的名称。简要说明中的产品名称应当与请求书中的产品名称一致。

（2）外观设计产品的用途。简要说明中应当写明有助于确定产品类别的用途。对于具有多种用途的产品，简要说明中应当写明所述产品的多种用途。

（3）外观设计的设计要点。设计要点是指与现有设计相区别的产品的形状、图案及其结合，或者色彩与形状、图案的结合，或者部位。对设计要点的描述应当简明扼要。

（4）指定一幅最能表明设计要点的图片或者照片。指定的图片或者照片用于出版专利公报。

此外，下列情形应当在简要说明中写明：

（1）请求保护色彩或者省略视图的情况。

如果外观设计专利申请请求保护色彩，应当在简要说明中声明。

如果外观设计专利申请省略了视图，申请人通常应当写明省略视图的具体原因，如因对称或者相同而省略；如果难以写明的，也可仅写明省略某视图，如大型设备缺少仰视图，可以写为"省略仰视图"。

（2）对同一产品的多项相似外观设计提出一件外观设计专利申请的，应当在简要说明中指定其中一项作为基本设计。

（3）申请局部外观设计专利的，应当在简要说明中写明请求保护的部分，已在整体产品的视图中用虚线与实线相结合方式表明的除外。

（4）对于花布、壁纸等平面产品，必要时应当描述平面产品中的单元图案两方连续或者四方连续等无限定边界的情况。

（5）对于细长物品，必要时应当写明细长物品的长度采用省略画法。

（6）如果产品的外观设计由透明材料或者具有特殊视觉效果的新材料制成，必要时应当在简要说明中写明。

（7）如果外观设计产品属于成套产品，必要时应当写明各套件所对应的产品名称。

简要说明不得使用商业性宣传用语，也不能用来说明产品的性能和内部结构。

五、涉及计算机程序的发明专利申请文件的撰写

涉及计算机程序的发明专利申请的说明书及权利要求书的撰写要求与其他技术领域的发明专利申请的说明书及权利要求书的撰写要求原则上相同。以下仅就涉及计算机程序的发明专利申请的说明书及权利要求书在撰写方面的特殊要求作如下说明。

（一）说明书的撰写

涉及计算机程序的发明专利申请的说明书除了应当从整体上描述该发明的技术方案之外，还应当清楚、完整地描述该计算机程序的设计构思及其技术特征以及达到其技术效果的实施方式。为了清楚、完整地描述该计算机程序的主要技术特征，说明书附图中应当给出该计算机程序的主要流程图。说明书中应当以所给出的计算机程序流程为基础，按照该流程的时间顺序，以自然语言对该计算机程序的各步骤进行描述。说明书对该计算机程序主要技术特征的描述程度应当以本领域的技术人员能够根据说明书所记载的流程图及其说明编制出能够达到所述技术效果的计算机程序为准。为了清楚起见，如有必要，申请人可以用惯用的标记性程序语言简短摘录某些关键部分的计

算机源程序以供参考，但不需要提交全部计算机源程序。

　　涉及计算机程序的发明专利申请包含对计算机装置硬件结构作出改变的发明内容的，说明书附图应当给出该计算机装置的硬件实体结构图，说明书应当根据该硬件实体结构图，清楚、完整地描述该计算机装置的各硬件组成部分及其相互关系，以本领域的技术人员能够实现为准。

（二）权利要求书的撰写

　　涉及计算机程序的发明专利申请的权利要求可以写成一种方法权利要求，也可以写成一种产品权利要求，即实现该方法的装置。无论写成哪种形式的权利要求，都应当得到说明书的支持，并且都应当从整体上反映该发明的技术方案，记载解决技术问题的必要技术特征，而不能只概括地描述该计算机程序所具有的功能和该功能所能够达到的效果。如果写成方法权利要求，应当按照方法流程的步骤详细描述该计算机程序所执行的各项功能以及如何完成这些功能；如果写成装置权利要求，应当具体描述该装置的各个组成部分及其各组成部分之间的关系，并详细描述该计算机程序的各项功能是由哪些组成部分完成以及如何完成这些功能。

　　如果全部以计算机程序流程为依据，按照与该计算机程序流程的各步骤完全对应一致的方式，或者按照与反映该计算机程序流程的方法权利要求完全对应一致的方式，撰写装置权利要求，即这种装置权利要求中的各组成部分与该计算机程序流程的各个步骤或者该方法权利要求中的各个步骤完全对应一致，则这种装置权利要求中的各组成部分应当理解为实现该程序流程各步骤或该方法各步骤所必须建立的功能模块，由这样一组功能模块限定的装置权利要求应当理解为主要通过说明书记载的计算机程序实现该解决方案的功能模块构架，而不应当理解为主要通过硬件方式实现该解决方案的实体装置。

　　下面给出涉及计算机程序的发明分别撰写成装置权利要求和方法权利要求的案例，以供参考。

案例1-13

　　一件关于"对 CRT 屏幕上的字符进行游标控制"的发明专利申请，其独立权利要求可以按下述方法权利要求撰写。

一种 CRT 显示屏幕的游标控制方法，包括：

用于输入信息的输入步骤；

用于将游标水平和垂直移动起始位置地址存储到 H/V 起始位置存储装置中的步骤；

用于将游标水平和垂直移动终点位置地址存储到 H/V 终点位置存储装置中的步骤；

用于将游标当前位置的水平和垂直地址存储到游标位置存储装置中的步骤。

其特征是所述游标控制方法还包括：

用于分别将存储在所述游标位置存储装置中的游标当前的水平及垂直地址与存储在所述 H/V 终点位置存储装置中相应于其水平及垂直终点位置的地址进行比较的比较步骤；

由所述输入键盘输出信号和所述比较器输出信号控制的游标位置变换步骤；该步骤可对如下动作进行选择：

对存储在游标位置存储装置中的水平及垂直地址，按单个字符位置给予增1，或对存储在游标位置存储装置中的水平及垂直地址，按单个字符位置给予减1，或把存储在 H/V 起点存储装置中的水平及垂直起始位置的地址向游标位置存储装置进行置位；

用于根据所述游标位置存储装置中的存储状态在显示屏上显示所述游标当前位置的游标显示步骤。

案例 1-14

将上述例 1 所述涉及计算机程序的发明专利申请的权利要求写成装置权利要求。

一种 CRT 显示屏幕的游标控制器，包括：

用于输入信息的输入装置；

用于存储游标水平和垂直移动起始位置地址的 H/V 起始位置存储装置；

用于存储游标水平和垂直移动终点位置地址的 H/V 终点位置存储装置；

用于存储游标当前位置的水平和垂直地址的游标位置存储装置。

其特征是所述游标控制器还包括：

　　用于分别将存储在所述游标位置存储装置中的游标当前的水平及垂直地址与存储在所述 H/V 终点位置存储装置中相应于其水平及垂直终点位置的地址进行比较的比较器；

　　由所述输入键盘输出信号和所述比较器输出信号控制的游标位置变换装置；该装置包含：

　　对存储在游标位置存储装置中的水平及垂直地址，按单个字符位置给予增1的装置；

　　或对存储在游标位置存储装置中的水平及垂直地址，按单个字符位给予减1的装置；

　　或把存储在 H/V 起点存储装置中的水平及垂直起始位置的地址向游标位置存储装置进行置位的装置；

　　用于根据所述游标位置存储装置中的存储状态在显示屏上显示所述游标当前位置的游标显示装置。

📖 案例1-15

　　一件有关"适用作顺序控制和伺服控制的计算机系统"的发明专利申请，其采用并行处理，以打开、关闭和暂停三种指令作为在第一和第二程序之间并行处理指令来进行顺序控制和伺服控制。其写成的方法独立权利要求如下。

　　利用打开、关闭和暂停指令作为并行处理指令来进行顺序控制和伺服控制的方法，其特征在于采用下列步骤：

　　将欲执行任务的顺序控制或者伺服控制程序存入该计算机系统的程序存储器中；

　　启动该计算机系统工作，CPU 按程序计数器内容读取指令、执行操作，并根据所执行指令的内容更新程序计数器；

　　当所执行指令为通常的程序指令时，程序计数器的更新与通用计算机相同；

　　当所执行指令为打开指令时，程序计数器被更新为此打开指令之后指令的地址，即要打开的并行处理程序的首地址，从而启动控制子过程操作；

　　当所执行指令为关闭指令时，程序计数器由地址表中选择得到的地址，或者此关闭指令之后指令的地址来更新，从而使发出该关闭指令的程序本身或者另一并行程序终止执行，同时伴随着启动其他的并行程序；

当所执行的指令为暂停指令时，程序计数器由该暂停指令之后的指令地址更新，从而使此程序按需要暂停执行一定的时间，同时在此期间内启动另一并行程序。

六、化学领域发明专利申请文件的撰写

化学领域的发明专利申请有一定的特殊性，因而在文件撰写方面有一些特殊的要求。

（一）化学发明的充分公开

1. 化学产品发明的充分公开

这里所称的化学产品包括化合物、组合物以及用结构和 / 或组成不能够清楚描述的化学产品。要求保护的发明为化学产品本身的，说明书中应当记载化学产品的确认、化学产品的制备以及化学产品的用途。

对于化合物发明，说明书中应当说明该化合物的化学名称及结构式（包括各种官能基团、分子立体构型等）或者分子式，对化学结构的说明应当明确到使本领域的技术人员能确认该化合物的程度；并应当记载与发明要解决的技术问题相关的化学、物理性能参数（如各种定性或者定量数据和图谱等），使要求保护的化合物能被清楚地确认。此外，对于高分子化合物，除了应当对其重复单元的名称、结构式或者分子式按照对上述化合物的相同要求进行记载之外，还应当对其分子量及分子量分布、重复单元排列状态（如均聚、共聚、嵌段、接枝等）等要素作适当的说明；如果这些结构要素未能完全确认该高分子化合物，则还应当记载其结晶度、密度、二次转变点等性能参数。

对于组合物发明，说明书中除了应当记载组合物的组分外，还应当记载各组分的化学和 / 或物理状态、各组分可选择的范围、各组分的含量范围及其对组合物性能的影响等。

对于仅用结构和 / 或组成不能够清楚描述的化学产品，说明书中应当进一步使用适当的化学、物理参数和 / 或制备方法对其进行说明，使要求保护

的化学产品能被清楚地确认。

对于化学产品发明，说明书中应当记载至少一种制备方法，说明实施所述方法所用的原料物质、工艺步骤和条件、专用设备等，使本领域的技术人员能够实施。对于化合物发明，通常需要有制备实施例。

对于化学产品发明，应当完整地公开该产品的用途和／或使用效果，即使是结构首创的化合物，也应当至少记载一种用途。

如果所属技术领域的技术人员无法根据现有技术预测发明能够实现所述用途和／或使用效果，则说明书中还应当记载对于本领域技术人员来说，足以证明发明的技术方案可以实现所述用途和／或达到预期效果的定性或者定量实验数据。

对于新的药物化合物或者药物组合物，应当记载其具体医药用途或者药理作用，同时还应当记载其有效量及使用方法。如果本领域技术人员无法根据现有技术预测发明能够实现所述医药用途、药理作用，则应当记载对于本领域技术人员来说，足以证明发明的技术方案可以解决预期要解决的技术问题或者达到预期的技术效果的实验室试验（包括动物试验）或者临床试验的定性或者定量数据。说明书对有效量和使用方法或者制剂方法等应当记载至所属技术领域的技术人员能够实施的程度。

对于表示发明效果的性能数据，如果现有技术中存在导致不同结果的多种测定方法，则应当说明测定它的方法，若为特殊方法，应当详细加以说明，使所属技术领域的技术人员能实施该方法。

2. 化学方法发明的充分公开

对于化学方法发明，无论是物质的制备方法还是其他方法，均应当记载方法所用的原料物质、工艺步骤和工艺条件，必要时还应当记载方法对目的物质性能的影响，使所属技术领域的技术人员按照说明书中记载的方法去实施时能够解决该发明要解决的技术问题。

对于方法所用的原料物质，应当说明其成分、性能、制备方法或者来源，使得本领域技术人员能够得到。

3. 化学产品用途发明的充分公开

对于化学产品用途发明，在说明书中应当记载所使用的化学产品、使用方法及所取得的效果，使得本领域技术人员能够实施该用途发明。如果所使用的产品是新的化学产品，则说明书对于该产品的记载应当满足本章的相关要求。如果本领域的技术人员无法根据现有技术预测该用途，则应当记载对于本领域的技术人员来说，足以证明该物质可以用于所述用途并能解决所要解决的技术问题或者达到所述效果的实验数据。

4. 关于实施例

由于化学领域属于实验性学科，多数发明需要经过实验证明，因此说明书中通常应当包括实施例，如产品的制备和应用实施例。

说明书中实施例的数目，取决于权利要求的技术特征的概括程度，如并列选择要素的概括程度和数据的取值范围；在化学发明中，根据发明的性质不同，具体技术领域不司，对实施例数目的要求也不完全相同。一般的原则是，应当能足以理解发明如何实施，并足以判断在权利要求所限定的范围内都可以实施并取得所述的效果。

判断说明书是否充分公开，以原说明书和权利要求书记载的内容为准，申请日之后补交的实施例和实验数据不予考虑。

（二）化学发明的权利要求

1. 化合物权利要求

化合物权利要求应当用化合物的名称或者化合物的结构式或分子式来表征。化合物应当按通用的命名法来命名，不允许用商品名或者代号；化合物的结构应当是明确的，不能用含糊不清的措词。

2. 组合物权利要求

组合物权利要求应当用组合物的组分或者组分和含量等组成特征来表征。组合物权利要求分开放式和封闭式两种表达方式。开放式表示组合物中并不排除权利要求中未指出的组分；封闭式则表示组合物中仅包括所指出的组分而排除所有其他的组分。开放式和封闭式常用的措词如下：

开放式，例如"含有""包括""包含""基本含有""本质上含有""主要由……组成""主要组成为""基本上由……组成""基本组成为"等，这些都表示该组合物中还可以含有权利要求中所未指出的某些组分，即使其在含量上占较大的比例。

封闭式，例如"由……组成""组成为""余量为"等，这些都表示要求保护的组合物由所指出的组分组成，没有别的组分，但可以带有杂质，该杂质只允许以通常的含量存在。

使用开放式或者封闭式表达方式时，应当要得到说明书的支持。例如，权利要求的组合物 A + B + C，如果说明书中实际上没有描述除此之外的组分，则不能使用开放式权利要求。

另外还应当指出的是，一项组合物独立权利要求为 A + B + C，假如其下面一项权利要求为 A + B + C + D，则对于开放式的 A + B + C 权利要求而言，含 D 的这项为从属权利要求；对于封闭式的 A + B + C 权利要求而言，含 D 的这项为独立权利要求。

对于组合物权利要求，如果发明的实质或者改进只在于组分本身，其技术问题的解决仅取决于组分的选择，而组分的含量是本领域的技术人员根据现有技术或者通过简单实验就能够确定的，则在独立权利要求中可以允许只限定组分；但如果发明的实质或者改进既在组分上，又与含量有关，其技术问题的解决不仅取决于组分的选择，而且还取决于该组分特定含量的确定，则在独立权利要求中应当同时限定组分和含量，否则该权利要求就不完整，缺少必要技术特征。

在某些领域中，例如在合金领域中，合金的必要成分及其含量通常应当在独立权利要求中限定。

在限定组分的含量时，不允许有含糊不清的用词，例如"大约""左右""近"等，如果出现这样的词，一般应当删去。组分含量可以用"0 ～ X""< X"或者"X 以下"等表示，以"0 ～ X"表示的，为选择组分，"< X""X 以下"等的含义为包括 X=0。通常不允许以"> X"表示含量范围。

一个组合物中各组分含量百分数之和应当等于 100%，几个组分的含量范围应当符合以下条件：某一组分的上限值 + 其他组分的下限值 ≤ 100；某一组分的下限值 + 其他组分的上限值 ≥ 100。

用文字或数值难以表示组合物各组分之间的特定关系的，可以允许用特性关系或者用量关系式，或者用图来定义权利要求。图的具体意义应当在说明书中加以说明。

用文字定性表述来代替数字定量表示的方式，只要其意思是清楚的，且在所属技术领域是众所周知的，就可以接受，如"含量为足以使某物料湿润""催化量的"等。

组合物权利要求一般有三种类型，即非限定型、性能限定型以及用途限定型。例如：

（a）"一种水凝胶组合物，含有分子式（Ⅰ）的聚乙烯醇、皂化剂和水"[分子式（Ⅰ）略]；

（b）"一种磁性合金，含有10%～60%（质量）的A和40%～90%（质量）的B"；

（c）"一种丁烯脱氢催化剂，含有 Fe_3O_4 和 K_2O……"

以上（a）为非限定型，（b）为性能限定型，（c）为用途限定型。

当该组合物具有两种或者多种使用性能和应用领域时，可以允许用非限定型权利要求。例如，上述（a）的水凝胶组合物，在说明书中叙述了它具有可成型性、吸湿性、成膜性、黏结性以及热容量大等性能，因而可用于食品添加剂、上胶剂、黏合剂、涂料、微生物培养介质以及绝热介质等多个领域。

如果在说明书中仅公开了组合物的一种性能或者用途，则应写成性能限定型或者用途限定型，如（b）、（c）。在某些领域中，如合金，通常应当写明发明合金所固有的性质和／或用途。大多数药品权利要求应当写成用途限定型。

3. 仅用结构和／或组成特征不能清楚表征的化学产品权利要求

对于仅用结构和／或组成特征不能清楚表征的化学产品权利要求，允许进一步采用物理 - 化学参数和／或制备方法来表征。

允许用物理 - 化学参数来表征化学产品权利要求的情况是：仅用化学名称或者结构式或者组成不能清楚表征的结构不明的化学产品。参数应当是清楚的。

允许用制备方法来表征化学产品权利要求的情况是：用制备方法之外的其他特征不能充分表征的化学产品。

4. 化学方法权利要求

化学领域中的方法发明，无论是制备物质的方法还是其他方法（如物质的使用方法、加工方法、处理方法等），其权利要求可以用涉及工艺、物质以及设备的方法特征来进行限定。

涉及工艺的方法特征包括工艺步骤（也可以是反应步骤）和工艺条件，如温度、压力、时间、各工艺步骤中所需的催化剂或者其他助剂等；

涉及物质的方法特征包括该方法中所采用的原料和产品的化学成分、化学结构式、理化特性参数等；

涉及设备的方法特征包括该方法所专用的设备类型及其与方法发明相关的特性或者功能等。

对于一项具体的方法权利要求来说，根据方法发明要求保护的主题不同、所解决的技术问题不同以及发明的实质或者改进不同，选用上述三种技术特征的重点可以各不相同。

5. 用途权利要求

化学产品的用途发明是基于发现产品新的性能，并利用此性能而作出的发明。无论是新产品还是已知产品，其性能是产品本身所固有的，用途发明的本质不在于产品本身，而在于产品性能的应用。因此，用途发明是一种方法发明，其权利要求属于方法类型。

如果利用一种产品 A 而发明了一种产品 B，那么自然应当以产品 B 本身申请专利，其权利要求属于产品类型，不作为用途权利要求。

审查员应当注意从权利要求的撰写措词上区分用途权利要求和产品权利要求。例如，"用化合物 X 作为杀虫剂"或者"化合物 X 作为杀虫剂的应用"是用途权利要求，属于方法类型，而"用化合物 X 制成的杀虫剂"或者"含化合物 X 的杀虫剂"，则不是用途权利要求，而是产品权利要求。

还应当明确的是，不应当把"化合物 X 作为杀虫剂的应用"理解为与"作杀虫剂用的化合物 X"相等同。后者是限定用途的产品权利要求，不是用途权利要求。

物质的医药用途如果以"用于治病""用于诊断病""作为药物的应用"等这样的权利要求申请专利，则属于《专利法》第 25 条第 1 款第（三）项"疾病的诊断和治疗方法"，因此不能被授予专利权；但是由于药品及其制备方法均可依法授予专利权，因此物质的医药用途发明以药品权利要求或者例如"在制药中的应用""在制备治疗某病的药物中的应用"等属于制药方法类型的用途权利要求申请专利，则不属于《专利法》第 25 条第 1 款第（三）项规定的情形。

上述属于制药方法类型的用途权利要求可撰写成如"化合物 X 作为制备治疗 Y 病药物的应用"或与此类似的形式。

（三）生物技术领域发明专利申请的撰写要求

生物技术领域的发明专利申请主要是指涉及生物材料的申请。术语"生物材料"是指任何带有遗传信息并能够自我复制或者能够在生物系统中被复制的材料，如基因、质粒、微生物、动物和植物等。

1. 说明书的充分公开

1）生物材料的保藏

通常情况下，说明书应当通过文字记载充分公开申请专利保护的发明。在生物技术这一特定的领域中，有时由于文字记载很难描述生物材料的具体特征，即使有了这些描述也得不到生物材料本身，所属技术领域的技术人员仍然不能实施发明。在这种情况下，为了满足《专利法》第 26 条第 3 款的要求，应按规定将所涉及的生物材料到专利局认可的保藏单位进行保藏。

如果申请涉及的完成发明必须使用的生物材料是公众不能得到的，而申请人却没有按《专利法实施细则》第 27 条的规定进行保藏，或者虽然按规定进行了保藏，但是未在申请日或者最迟自申请日起 4 个月内提交保藏单位出具的保藏证明和存活证明的，该申请将以不符合《专利法》第 26 条第 3 款的规定被驳回。

对于涉及公众不能得到的生物材料的专利申请，应当在请求书和说明书中均写明生物材料的分类命名、拉丁文学名、保藏该生物材料样品的单位名称、地址、保藏日期和保藏编号。"公众不能得到的生物材料"包括：个人或单位拥有的、由非专利程序的保藏机构保藏并对公众不公开发放的生物材料；或者虽然在说明书中描述了制备该生物材料的方法，但是本领域技术人员不能重复该方法而获得所述的生物材料，例如，通过不能再现的筛选、突变等手段新创制的微生物菌种。这样的生物材料均要求按照规定进行保藏。

在说明书中第一次提及该生物材料时，除描述该生物材料的分类命名、拉丁文学名以外，还应当写明其保藏日期、保藏该生物材料样品的保藏单位全称及简称和保藏编号；此外，还应当将该生物材料的保藏日期、保藏单位全称及简称和保藏编号作为说明书的一个部分集中写在相当于附图说明的位置。如果申请人按时提交了符合《专利法实施细则》第 27 条规定的请求书、保藏证明和存活证明，但未在说明书中写明与保藏有关的信息，允许申请人在实质审查阶段根据请求书的内容将相关信息补充到说明书中。

在专利局认可的机构内保藏的生物材料，应当由该单位确认生物材料的生存状况，如果确认生物材料已经死亡、污染、失活或变异的，申请人必须将与原来保藏的样品相同的生物材料和原始样品同时保藏，并将此事呈报专利局，即可认为后来的保藏是原来保藏的继续。专利局认可的保藏单位是指《布达佩斯条约》承认的生物材料样品国际保藏单位，其中包括位于北京的中国微生物菌种保藏管理委员会普通微生物中心（GDMCC）、位于武汉的中国典型培养物保藏中心（CCTCC）和位于广州的广东省微生物菌种保藏中心（GDMCC）。

以下情况被认为是公众可以得到而不要求进行保藏：①公众能从国内外商业渠道买到的生物材料，应当在说明书中注明购买的渠道，必要时，应提供申请日（有优先权的，指优先权日）前公众可以购买得到该生物材料的证据；②在各国专利局或国际专利组织承认的用于专利程序的保藏机构保藏的，并且在向我国提交的专利申请的申请日（有优先权的，指优先权日）前已在专利公报中公布或已授权的生物材料；③专利申请中必须使用的生物材料在申请日（有优先权的，指优先权日）前已在非专利文献中公开的，应当在说明书中注明了文献的出处，说明了公众获得该生物材料的途径，并由专利申请人提供了保证从申请日起 20 年内向公众发放生物材料的证明。

2）核苷酸或氨基酸序列表

当发明涉及由 10 个或更多核苷酸组成的核苷酸序列，或由 4 个或更多 L-氨基酸组成的蛋白质或肽的氨基酸序列时，应当递交根据专利局发布的《核苷酸和／或氨基酸序列表和序列表电子文件标准》撰写的序列表。

序列表应作为单独部分来描述并置于说明书的最后。此外申请人还应当提交记载有核苷酸或氨基酸序列表的计算机可读形式的副本。

如果申请人提交的计算机可读形式的核苷酸或氨基酸序列表与说明书和权利要求书中书面记载的序列表不一致，则以书面提交的序列表为准。

2. 生物技术领域发明的权利要求书

生物技术领域的发明主要涉及遗传工程发明和微生物发明。

对于涉及微生物的发明，权利要求中所涉及的微生物应按微生物学分类命名法进行表述，有确定的中文名称的，应当用中文名称表述，并在第一次出现时用括号注明该微生物的拉丁文学名。如果微生物已在专利局认可的保藏单位保藏，还应当以该微生物的保藏单位的简称和保藏编号表述该微生物。如果说明书中没有提及某微生物的具体突变株，或者虽提及具体突变株，但是没有提供相应的具体实施方式，而权利要求中却要求保护这样的突变株，则不允许保护。对于要求保护某一微生物的"衍生物"的权利要求，由于"衍生物"含义不仅是指由该微生物产生的新的微生物菌株，而且可以延伸到由该微生物产生的代谢产物等，因此其含义是不确定的，这样的权利要求的保护范围是不清楚的。

对于涉及遗传工程的发明，主要包括以下情况：

1）基因

权利要求直接限定基因的碱基序列。

对于结构基因，可限定由所述基因编码的多肽或蛋白质的氨基酸序列。

当该基因的碱基序列或其编码的多肽或蛋白质的氨基酸序列记载在序列表或说明书附图中时，可以采用直接参见序列表或附图的方式进行描述。

对于具有某一特定功能，例如，其编码的蛋白质具有酶A活性的基因，可采用术语"取代、缺失或添加"与功能相结合的方式进行限定。

对于具有某一特定功能，例如，其编码的蛋白质具有酶A活性的基因，可采用在严格条件下"杂交"，并与功能相结合的方式进行限定。

当无法使用上述方式进行描述时，通过限定所述基因的功能、理化特性、起源或来源、产生所述基因的方法等描述基因才可能是允许的。

案例 1-16

一种 DNA 分子，其碱基序列如 SEQIDNO：1 所示。

案例 1-17

编码如下蛋白质（a）或（b）的基因：

（a）由 Met-Tyr-…-Cys-Leu 所示的氨基酸序列组成的蛋白质，

（b）在（a）限定的氨基酸序列中经过取代、缺失或添加一个或几个氨基酸且具有酶A活性的由（a）衍生的蛋白质。

案例 1-18

如下（a）或（b）的基因：

（a）其核苷酸序列为 ATGTATCGG…TGCCT 所示的 DNA 分子，

（b）在严格条件下与（a）限定的 DNA 序列杂交且编码具有酶A活性的蛋白质的 DNA 分子。

2）载体和重组载体

对于载体，权利要求限定载体的 DNA 的碱基序列。利用 DNA 的裂解图谱、分子量、碱基对数量、载体来源、生产该载体的方法、该载体的功能或特征等进行描述。

重组载体的权利要求可通过限定至少一个基因和载体来描述。

3）转化体

权利要求中转化体可通过限定其宿主和导入的基因（或重组载体）来描述。

4）多肽或蛋白质

权利要求限定氨基酸序列或编码所述氨基酸序列的结构基因的碱基序列。

当其氨基酸序列记载在序列表或说明书附图中时，可以采用直接参见序列表或附图的方式进行描述。

对于具有某一特定功能，例如，具有酶A活性的蛋白质，可采用术语"取代、缺失或添加"与功能相结合的方式在权利要求中进行限定。

当无法使用上述方式进行描述时，采用所述多肽或蛋白质的功能、理化特性、起源或来源、产生所述多肽或蛋白质的方法等进行描述才可能是允许的。

案例 1-19

一种蛋白质，其氨基酸序列如 SEQIDNO：2 所示。

案例 1-20

如下（a）或（b）的蛋白质：

（a）由 Met-Tyr-…-Cys-Leu 所示的氨基酸序列组成的蛋白质，

（b）在（a）中的氨基酸序列经过取代、缺失或添加一个或几个氨基酸且具有酶A活性的由（a）衍生的蛋白质。

5）融合细胞

权利要求中融合细胞可通过限定亲本细胞，融合细胞的功能和特征，或产生该融合细胞的方法等进行描述。

6）单克隆抗体

针对单克隆抗体的权利要求可以用结构特征来限定，也可以用产生它的杂交瘤来限定。

案例 1-21

抗原A的单克隆抗体，由保藏号为 CGMCCNO：×××的杂交瘤产生。

第四节　专利申请文件撰写实例

专利申请文件可以由发明人自己撰写，也可以委托专利代理师来撰写。本节提供的撰写实例适用的情况是发明人提供技术交底书，专利代理师在此基础上撰写专利申请文件。但是其中的思路也适用于发明人自己撰写专利申请文件的情况。

一、撰写前的准备工作

理解技术交底书的实质内容对于撰写专利申请文件至关重要，也是着手开始撰写专利申请文件的重要基础性工作。在开始撰写权利要求书以及说明书及其摘要之前，要全面、准确地理解申请人提供的技术交底书的实质内容，根据不同的案情，可能需要完成下述六个方面的工作：

（1）从技术交底书中排除明显不能获得专利保护的主题，即判断相关主题是否符合《专利法》第 2 条有关发明或者实用新型的定义、是否属于《专利法》第 5 条或第 25 条排除的保护主题、是否明显不符合《专利法》第 22 条第 4 款有关实用性的规定；

（2）判断技术交底书是否包含了充分公开发明创造所需的实质内容；

（3）确定申请专利的类型以及要求保护的主题类型；

（4）分析梳理要求专利保护的主题；

（5）分析研究现有技术，排除明显不具有新颖性、创造性的主题；

（6）初步判断技术交底书中涉及的几项主题是否可以合案申请。

二、技术交底书实例

该案例为一种用于展示衣物的衣架挂钩，技术交底书中给出了 3 种具体结构，第一种结构如图 1 至图 4 所示。其中图 1 是本发明衣架挂钩第一种结构的透视图；图 2 是图 1 所示衣架挂钩上突起物的放大透视图；图 3 是图 1 所示衣架挂钩与横杆相配合的示意图；图 4 是图 1 所示衣架挂钩的局部正视图。

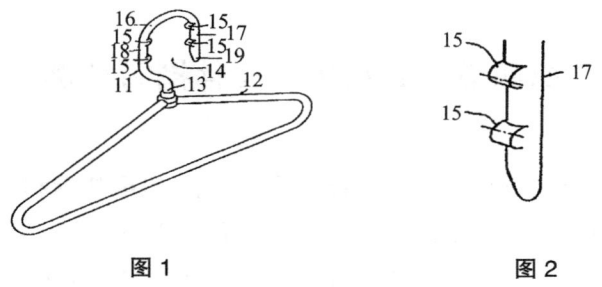

图 1   图 2

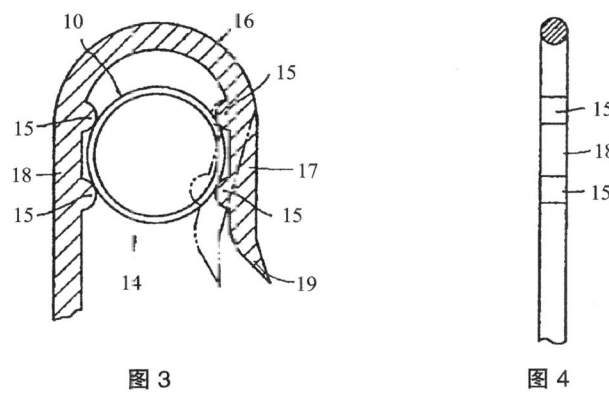

图 3　　　　　　　　　　　　图 4

如图 1 所示，衣架由衣架挂钩 11 和衣架本体 12 组成，其中衣架挂钩 11 的两个夹持部 17、18 设有两个突起物 15，每个夹持部上的一对突起物 15 之间的间隔小于横杆 10 的外径。使用时，横杆 10 对夹持部 17、18 的挤压，使挂钩 11 产生弹性变形，从而将横杆 10 夹持在四个突起物 15 之间，这样增强了衣架挂钩 11 在横杆 10 上的固定性能，使之不容易在横杆上产生滑动和扭动。

本发明衣架挂钩的第二种结构如图 5 和图 6 所示。图 5 是本发明衣架挂钩第二种结构的示意图，图 6 是图 5 所示衣架挂钩的局部正视图。

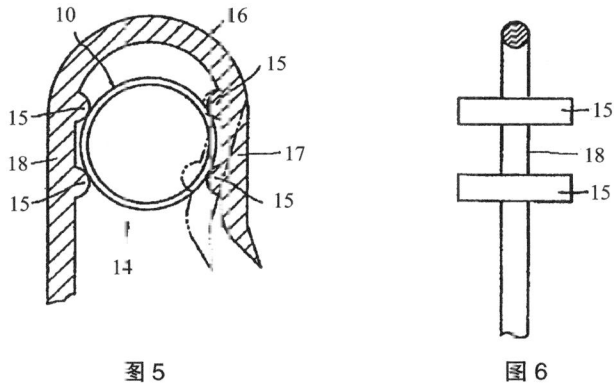

图 5　　　　　　　　　　　　图 6

如图 6 所示，本发明衣架挂钩的第二种结构与第一种结构的区别仅在于，突起物 15 沿横杆 10 轴向的宽度大于衣架挂钩 11（图中所示为衣架挂钩 11 的夹持部 18）沿横杆 10 轴向的宽度，加宽的突起物可以带来更好的夹持效果，这样的衣架挂钩 11 不需要采用较粗的材料就能获得更好的固定性能。

本发明衣架挂钩的第三种结构如图7至图9所示。图7是第三种结构的透视图；图8是图7所示衣架挂钩与横杆相配合的示意图；图9是从图7所示衣架挂钩右侧后方看的放大透视图。

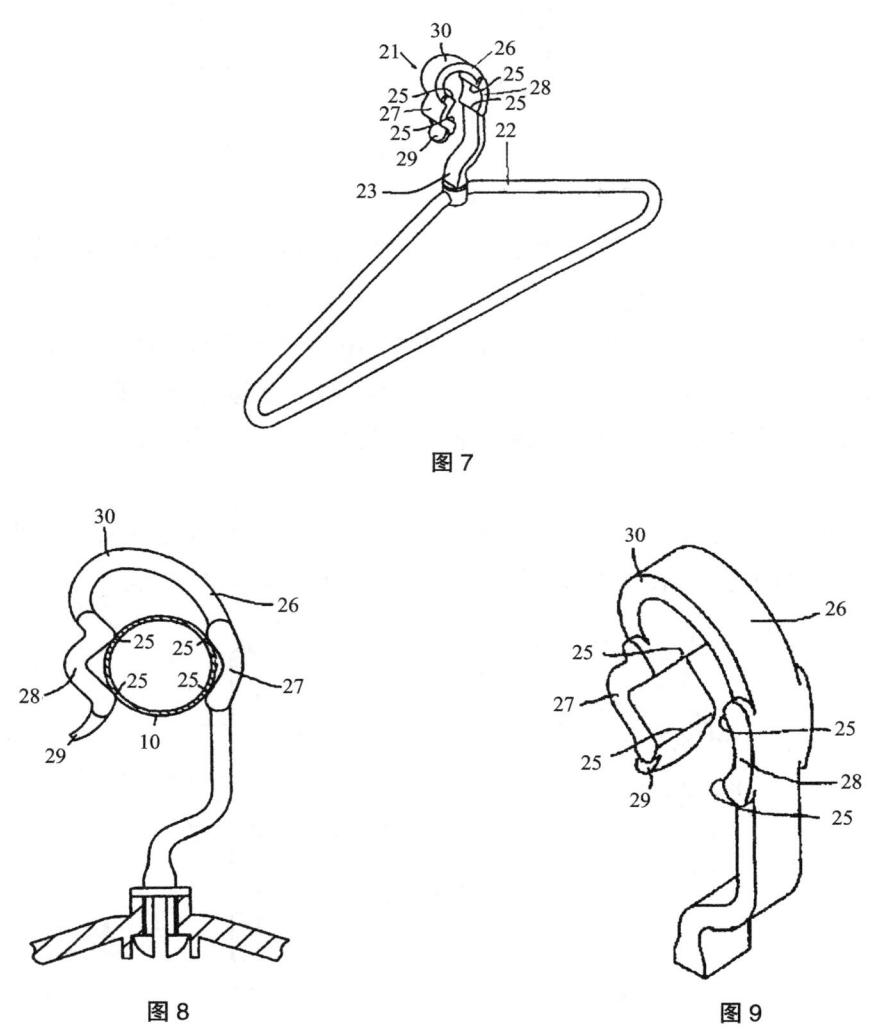

图7

图8

图9

如图7所示，衣架挂钩21采用弯曲的板状弹性材料制成。夹持部27、28的相向内侧形成有山脊形状的突起物25，在图7至图9中，每个夹持部27、28的相向内侧各形成两个山脊形状的突起物25。且在图7和图9中，突起物 25 沿横杆 10 轴向的宽度大于弯曲部 26 沿横杆 10 轴向的宽度，或者两者的宽度相同。弯曲部 26 上在靠近具有自由端 29 的夹持部 28 的部位设有曲率半径小于弯曲部其他部位曲率半径的迂回部 30。

本案例技术交底书中披露的背景技术如下：日常生活中，人们常常利用衣架来晾晒物品。具体地说，将需要晾晒的物品吊挂在衣架的衣架本体上，再将与衣架本体连接的挂钩挂在横杆上进行晾晒。技术交底书中指出上述传统的吊挂在横杆上的挂钩存在如下缺点：当这种挂钩挂在横杆上时，由于挂钩与横杆之间的接触为点接触，缺乏固定力或固定力较小，挂钩在横杆上容易产生滑动和扭动，风大时甚至有可能从横杆上脱落下来。

三、分析技术交底书

按照撰写前需要做的六项准备工作，根据该技术交底书分析得出：

（1）技术交底书中的衣架挂钩符合发明和实用新型的定义，且具有实用性。

（2）技术交底书中给出了衣架挂钩的三种实施例，每个实施例都给出了附图和简单的文字说明，这些内容还不足以充分公开技术方案，需要进一步参照附图描述每种衣架挂钩的具体结构。

（3）该衣架挂钩既可以申请发明，也可以申请实用新型，但根据发明人的意愿确定申请发明。

（4）本发明要保护的主题是技术交底书中三个实施例描述的衣架挂钩。

（5）分析研究现有技术，三个实施例描述的衣架挂钩均不存在明显不具有新颖性、创造性的问题。

（6）初步判断三个实施例的衣架挂钩之间具备单一性。

四、撰写说明书

根据技术交底书撰写说明书，一方面需要在每个实施例中补充对衣架挂钩的说明，使所属领域技术人员能够根据说明书的描述就能够实现所述衣架挂钩，另一方面，说明书在形式上要符合相关规定。撰写完成的说明书如下所示。

说　明　书

一种用于挂在横杆上的衣架挂钩

技术领域

本发明涉及一种用于挂在横杆上的挂钩，特别是涉及一种用于挂在横杆上的衣架挂钩。

背景技术

日常生活中，人们常常利用衣架来晾晒物品。具体地说，将需要晾晒的物品吊挂在衣架的衣架本体上，再将与衣架本体连接的衣架挂钩挂在横杆上进行晾晒。但是，传统的衣架挂钩挂在横杆上时，由于衣架挂钩与横杆之间的接触为点接触，缺乏固定力或固定力较小，衣架挂钩在横杆上容易产生滑动和扭动，风大时甚至有可能从横杆上脱落下来。

发明内容

本发明要解决的技术问题在于提供一种能带来夹持效果好的衣架挂钩，从而增强其在横杆上的固定性能。

为解决上述问题，本发明提供了一种用于挂在横杆上的衣架挂钩，该衣架挂钩具有两个夹持部以及连接所述两个夹持部上部的弯曲部，其中一个夹持部具有自由端，另一个夹持部具有与衣架本体相连接的连接端，在所述两个夹持部的相向内侧设置有突起物，当该衣架挂钩挂在横杆上时，所述突起物与横杆的外圆周表面线接触，使得衣架挂钩与横杆之间的夹持效果变好。

作为本发明的改进，所述突起物沿横杆轴向的宽度大于两个夹持部沿横杆轴向的宽度。由于衣架挂钩采用了加宽的突起物，当衣架挂钩挂在横杆上时，加大了突起物与横杆的外圆周表面相接触的部分，这样的衣架挂钩不需采用较粗的材料就能增加挂钩的夹持力，进一步增强了衣架挂钩在横杆上的固定性能。

作为本发明的进一步改进，可以在弯曲部上靠近具有自由端的夹持部的部位设置一个迂回部，该迂回部的曲率半径小于弯曲部其他部位的曲率半径。采用这种结构的弯曲部，可以使衣架挂钩的弯曲部形成更大的弹性夹持力，从而进一步增强了衣架挂钩在横杆上的固定性能。

作为本发明的更进一步的改进，突起物为山脊形或半圆周形，从而当衣架挂钩挂在横杆上时能确保突起物与横杆成线接触，这样保证衣架挂钩在横杆上形成较大的夹持力。尤其是在两个夹持部相向内侧上设置的突起物各为两个时，就能使衣架挂钩与横杆的外圆周表面形成多个线接触，进一步增加了衣架挂钩与横杆的接触部位，从而更进一步增强衣架挂钩在横杆上的固定性能。在此情况下，如果使每个夹持部上的两个突起物之间的连接部分呈 V 形凹陷，则突起物之间凹陷部的设置可使衣架挂钩能适合于各种不同直径的横杆。

作为本发明的又一种改进，该衣架挂钩由弹性材料制成，就可以进一步提高衣架挂钩的夹持力，以增强衣架挂钩在横杆上的固定性能。此外，若该衣架挂钩采用弯曲的板状结构，就可以适应吊挂较重物品的需要。

附图说明

下面结合附图对本发明的具体实施方式作进一步详细的说明，其中：

图 1 是具有本发明第一种实施方式衣架挂钩的衣架的透视图；

图 2 是表示图 1 中所示衣架挂钩上的突起物的放大透视图；

图 3 是表示图 1 中所示衣架挂钩与横杆相配合的示意图；

图 4 是图 1 中所示衣架挂钩的局剖正视图；

图 5 是表示根据本发明第二实施例的衣架挂钩与横杆相配合的示意图；

图 6 是图 5 中所示衣架挂钩的局剖正视图；

图 7 是具有本发明第二种实施方式衣架挂钩的衣架的透视图；

图 8 是表示图 7 中所示衣架挂钩与横杆相配合的示意图；

图 9 是图 7 中所示衣架挂钩从右侧后方看的放大透视图。

具体实施方式

图 1 至图 4 示出了本发明衣架挂钩的第一种实施方式。如图 1 所示，整个衣架由衣架挂钩 11 和衣架本体 12 组成，其中衣架挂钩 11 采用弯曲的棒状弹性材料制成。衣架挂钩 11 具有相对平行的两个夹持部 17、18 以及连接两个夹持部上部的弯曲部 16。夹持部 17 的下部具有自由端 19；夹持部 18 的下部具有连接端 13，以可转动的连接方式装配在衣架本体 12 上。夹持部 17、18 两者的下部之间形成供横杆插入的插入口 14，从而能够将衣架悬挂在横杆上。在图 1 至图 4 所示的挂钩中，两个夹持部 17、18 的相向内侧各设有两个

突起物 15，且两两相对称设置。由图 2 可知，突起物 15 呈半圆柱状。如图 3 所示，每个夹持部上的一对突起物 15 之间的间隔小于横杆 10 的外径。使用时，使横杆 10 进入横杆插入口 14，对衣架施加向下的拉力，通过横杆 10 对夹持部 17、18 的挤压，使衣架挂钩 11 产生弹性变形，从而将横杆 10 夹持在四个突起物 15 之间。衣架挂钩 11 产生的弹性夹持力使突起物 15 与横杆 10 的外圆周表面相接触，形成了如图 2 所示的与横杆 10 轴线相平行的支撑线（以点划线示出）。在本发明中突起物 15 与横杆 10 形成了线接触部位，从而增强了衣架挂钩 11 在横杆 10 上的固定性能，使之不容易在横杆上产生滑动和扭动。在此需要说明的是，尽管图 1 至图 4 所示挂钩的两个夹持部 17、18 上各有两个突起物 15，但是对于本发明来说只要在两个夹持部 17、18 相向内侧上设置了突起物 15 即可，例如两个夹持部 17、18 相向内侧上各设置一个突起物 15 时，就可借助两个突起物 15 和弯曲部 16 的顶部将挂钩固定在横杆上；而每个夹持部 17、18 上设置两个突起物 15 为优选，使衣架挂钩 11 与横杆 10 外圆周表面形成多处线接触，这种线接触部分的增加使挂钩产生更大的夹持力。

如图 5 和图 6 所示，本发明衣架挂钩的第二种结构与第一种结构的区别仅在于，突起物 15 沿横杆 10 轴向的宽度大于衣架挂钩 11（图中所示为衣架挂钩 11 的夹持部 18）沿横杆 10 轴向的宽度，加宽的突起物可以带来更好的夹持效果，这样的衣架挂钩 11 不需要采用较粗的材料就能获得更好的固定性能。

图 7 至图 9 示出了本发明挂钩的第三种实施方式。如图 7 所示，整个衣架由衣架挂钩 21 和衣架本体 22 组成。衣架挂钩 21 采用弯曲的板状弹性材料制成，具有彼此相对的夹持部 27、28 以及连接两个夹持部上部的弯曲部 27，夹持部 27 的下部具有自由端 29，夹持部 28 的下部具有与衣架本体 22 相连接的连接端 23。在图 7 至图 9 所示的挂钩中，夹持部 27、28 的相向内侧分别形成两个山脊形状的突起物 25（与第一种实施方式一样，只要在夹持部 27、28 的相向内侧设置突起物即可），突起物 25 沿横杆 10 轴向的宽度等于或大于弯曲部 26 沿横杆 10 轴向的宽度。如图 6 所示，夹持部 27 上的两个突起物 25 之间的连接部分以及夹持部 28 上的两个突起物 25 之间的连接部分均呈 V 形凹陷。当横杆 10 被夹持在突起物 25 之间时，V 形凹陷部分不与横杆 10 的外圆周表面接触，因此突起物 25 均与横杆 10 的外圆周表面形成线接触。

这种在突起物之间形成 V 形凹陷部的挂钩特别适合于在不同直径的横杆上使用。在本实施方式中，弯曲部 26 上在靠近具有自由端 29 的夹持部 28 的部位设有曲率半径小于弯曲部其他部位曲率半径的迂回部 30。采用这种结构，当横杆 10 被夹持在夹持部 27、28 之间时，迂回部 30 会产生较大的变形，形成较大的弹性夹持力，从而进一步增强了衣架挂钩本体 21 在横杆 10 上的固定性能。需要说明的是，这种在挂钩弯曲部上设置迂回部的结构也适用于第一种和第二种实施方式。

上面结合附图对本发明的实施方式作了详细说明，但是本发明并不限于上述实施方式，在本领域普通技术人员所具备的知识范围内，还可以对其作出种种变化。例如，在上述实施方式中，挂钩与衣架本体是相互独立的部件，通过组装形成完整的衣架。显然，本发明所述的衣架挂钩也可以与衣架本体一体形成完整的衣架。

说 明 书 附 图

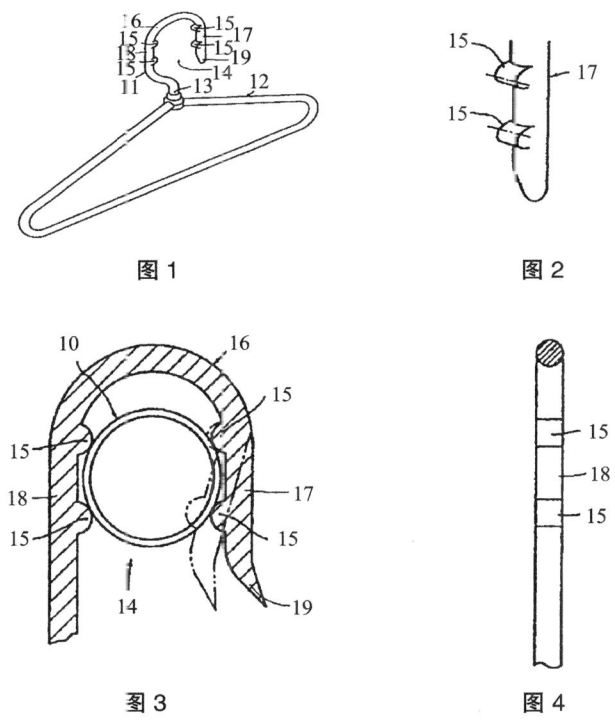

图 1　　　　图 2

图 3　　　　图 4

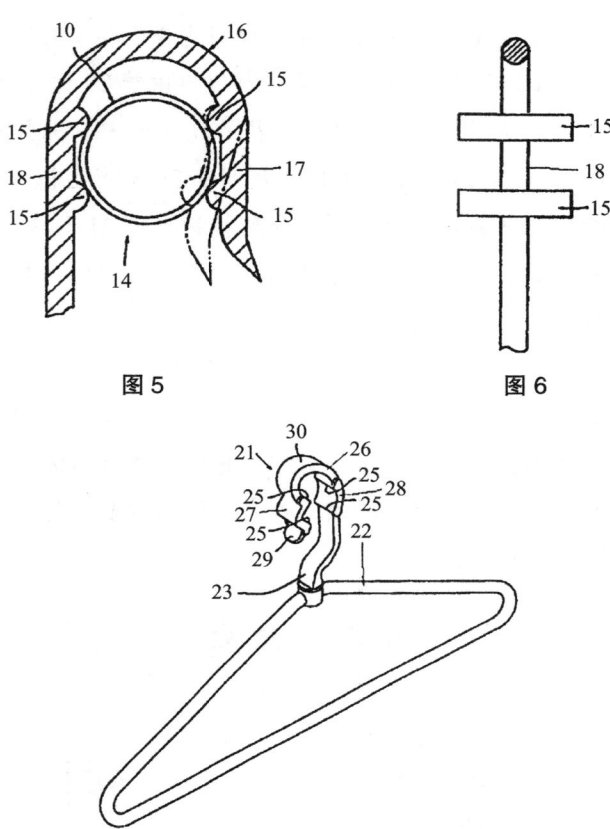

图 5   图 6

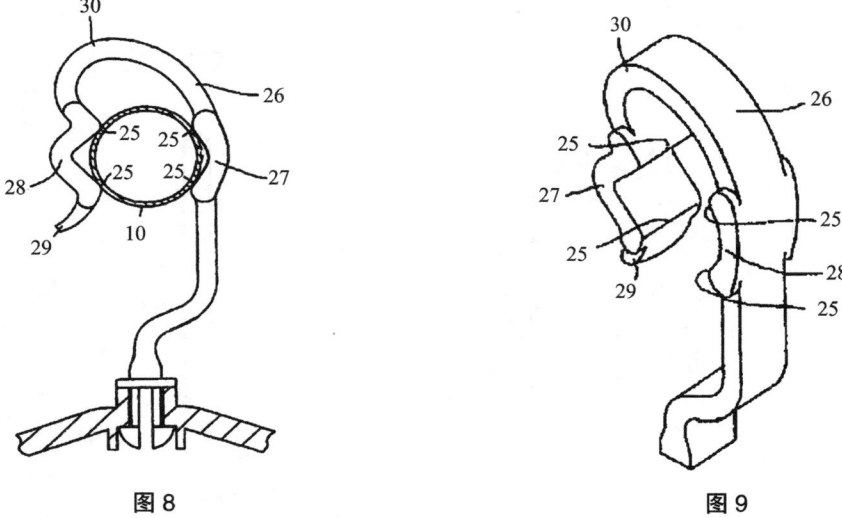

图 7

图 8   图 9

五、撰写权利要求书

在撰写发明和实用新型专利申请的权利要求书时，可以按照以下思路撰写：

（1）根据说明书，主要是根据说明书中具体实施方式的描述，将要保护的主题所涉及的全部技术特征进行梳理。本发明的说明书在描述衣架挂钩时，不仅描述了其静态结构，还描述了其使用原理以及使用效果。对于该实例，权利要求中并不需要写使用原理和使用效果，所以梳理特征时只需要梳理衣架挂钩的组成要素以及要素之间的关系即可。

（2）基于梳理的技术特征，分析相关的现有技术，确定哪些技术特征没有被现有技术公开。

（3）基于未被现有技术公开的那些特征，确定发明或者实用新型相对于现有技术能够解决的技术问题，并确定为解决该技术问题所包括的全部必要技术特征。其中确定的能够解决的技术问题可能是一个，也可能是多个，在确定必要技术特征时，只要能解决一个技术问题就可以，这样可以使得独立权利要求的范围最大。

（4）撰写独立权利要求，通常通过确定最接近的现有技术来将独立权利要求按照划界的方式撰写。

（5）撰写从属权利要求，通常将非必要技术特征中的重要的特征写到从属权利要求中，因为当独立权利要求被指出不具备新颖性或者创造性时，通常需要将从属权利要求中的附加技术特征增加到独立权利要求中以克服不具备创造性的缺陷。

按照以上思路，本实例的说明书中给出了三种结构的衣架挂钩，相关的现有技术在背景技术中已经描述，而且根据说明书的描述已经能够确定本发明要解决的技术问题是提供一种与横杆之间夹持效果好的衣架挂钩，因此分析梳理的技术特征为：

技术特征	是否被公开	是否为必要技术特征
衣架挂钩 11	√	√
衣架挂钩 11 采用弯曲的棒状弹性材料制成	×	×
两个夹持部 17、18	√	√
两个夹持部 17、18 相对平行	√	×

技术特征	是否被公开	是否为必要技术特征
弯曲部 16	√	√
夹持部 17 具有自由端 19	√	√
夹持部 18 具有连接端 13	√	√
以可转动方式装配在衣架本体 12 上	√	×
夹持部 17、18 之间形成有横杆插入口 14	√	×
两个夹持部 17、18 的相向内侧均设有突起物 15	×	√
两个夹持部各设有两个突起物 15	×	×
且两两相对称设置	×	×
突起物 15 呈半圆柱状	×	×
每个夹持部上的一对突起物 15 之间的间隔小于横杆 10 的外径	×	×
突起物 15 沿横杆 10 轴向的宽度大于衣架挂钩 11（图中所示为衣架挂钩 11 的夹持部 18）沿横杆 10 轴向的宽度	×	√
衣架挂钩 21 采用弯曲的板状弹性材料制成	×	×
夹持部 27、28 的相向内侧形成有山脊形状的突起物 25	×	×
每个夹持部 27、28 的相向内侧各形成两个山脊形状的突起物 25	×	×
突起物 25 沿横杆 10 轴向的宽度大于弯曲部 26 沿横杆 10 轴向的宽度	×	×
或者两者的宽度相同	×	×
夹持部 27 上的两个突起物 25 之间的连接部分以及夹持部 28 上的两个突起物 25 之间的连接部分均呈 V 形凹陷	×	×
当横杆 10 被夹持在突起物 25 之间时，V 形凹陷部分不与横杆 10 的外圆周表面接触，因此突起物 25 均与横杆 10 的外圆周表面形成线接触	×	×
弯曲部 26 上在靠近具有自由端 29 的夹持部 28 的部位设有曲率半径小于弯曲部其他部位曲率半径的迂回部 30	×	×
另外，第三种结构中所述的迂回部也适用于其他两种结构	×	×

上述表格针对本发明的衣架挂钩梳理出了技术特征，在确定哪些特征是必要技术特征时，要分别写到前序部分中的必要技术特征（与最接近的现有技术共有的必要技术特征）和写到特征部分中的必要技术特征（区别于最接近的现有技术的必要技术特征）。

因为本发明要解决的技术问题是提供一种夹持效果好的衣架挂钩，夹持部、弯曲部、自由端、连接端是要求保护的主题的主要组成部分，且均与上述要解决的技术问题有关，因而是解决上述技术问题的必要技术特征，这些特征是写到前序部分的必要技术特征。

另外，为了解决上述技术问题，在夹持部相向内侧设置突起物也是必要技术特征，而对于"将突起物加宽""突起物形状是椭圆形""突起物的数量是两个"以及"在弯曲部设置迂回部"等特征，是为了使衣架挂钩和横杆之间更好的夹持，是更优先的方案，而不是必要技术特征。

在确定了必要技术特征之后，可以将"突起物加宽""设置迂回部""突起物的形状是椭圆形""突起物的数量是两个""突起物的形状为山脊状"等重要的非必要技术特征写到从属权利要求中。

经分析之后，撰写完成的权利要求书如下。

权 利 要 求 书

1. 一种用于挂在横杆上的衣架挂钩，该衣架挂钩具有两个夹持部（17，18；27，28）以及连接所述两个夹持部上部的弯曲部（16；26），其中一个夹持部（17；27）具有自由端（19；29），另一个夹持部（18；28）具有与衣架本体（12；22）相连接的连接端（13；23），其特征在于，所述两个夹持部（17，18；27，28）的相向内侧上设置有突起物（15；25），当该挂钩挂在横杆（10）上时，所述突起物（15；25）与横杆（10）的外圆周表面线接触。

2. 根据权利要求 1 所述的衣架挂钩，其特征在于：所述突起物（15；25）沿横杆（10）轴向的宽度大于两个夹持部（17，18；27，28）沿横杆（10）轴向的宽度。

3. 根据权利要求 1 或 2 所述的衣架挂钩，其特征在于：所述弯曲部（26）上靠近所述具有自由端（29）的夹持部（27）的部位设有一个迂回部（30），该迂回部（30）的曲率半径小于所述弯曲部（26）其他部位的曲率半径。

4. 根据权利要求 3 所述的衣架挂钩，其特征在于：所述突起物（25）呈山脊形状或者半圆柱状。

5. 根据权利要求 1 或 2 所述的衣架挂钩，其特征在于：设置在所述两个夹持部（17，18；27，28）的相向内侧的突起物（15；25）各有两个。

6. 根据权利要求 4 所述的衣架挂钩，其特征在于：每个夹持部（27，28）上的两个突起物（25）之间的连接部分呈 V 形凹陷。

7. 根据权利要求 1 或 2 所述的衣架挂钩，其特征在于：该衣架挂钩由弹性材料制成。

8. 根据权利要求 1 或 2 所述的衣架挂钩，其特征在于：该衣架挂钩为弯曲的板状结构。

六、撰写说明书摘要和摘要附图

说 明 书 摘 要

本发明公开一种用于挂在横杆上的衣架挂钩，该衣架挂钩（21）具有两个夹持部（27、28）和连接两夹持部上部的弯曲部（26），其中一夹持部（27）具有自由端（29），另一夹持部（28）具有与衣架本体相连接的连接端（23），两夹持部的相向内侧设有突起物（25），衣架挂钩挂在横杆上时，突起物与横杆外圆周表面线接触，从而带来好的夹持效果。另外，如果突起物沿横杆轴向的宽度大于夹持部沿横杆轴向的宽度，可加大突起物与横杆外圆周表面相接触部分，带来更好的夹持效果，增强衣架挂钩在横杆上的固定性能。如果弯曲部上靠近具有自由端的夹持部的部位设置了曲率半径小于弯曲部其他部位曲率半径的迂回部（30），则进一步加大夹持力和增强在横杆上的固定性能。

摘 要 附 图

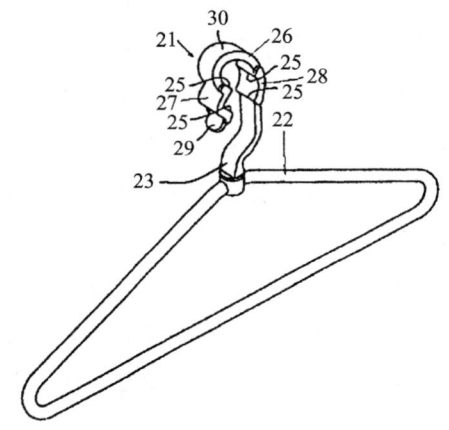

第二章 | 专利审查、申请文件修改及审查意见答复

根据专利法相关规定，在专利申请阶段，为了获得专利授权，发明需要经过初步审查和实质审查，实用新型和外观设计需要经过初步审查，在专利审查过程中，审查员会针对专利申请文件存在的缺陷发出补正通知书或者审查意见通知书，申请人需要根据收到的补正通知书或者审查意见通知书对申请文件进行修改和/或进行意见陈述。

第一节　专利申请的初步审查

根据专利法相关规定，发明在自申请日起满 18 个月公布之前、实用新型和外观设计在授权公布之前均要经过初步审查。本章介绍专利申请的初步审查。

一、发明专利申请的初步审查

根据《专利法》第 34 条的规定，专利局收到发明专利申请后，经初步审查认为符合《专利法》要求的，自申请日起满 18 个月，即行公布。专利局也可以根据申请人的请求早日公布其申请。因此，发明专利申请的初步审查是受理发明专利申请之后、公布该申请之前的一个必要程序。

（一）发明专利申请初步审查的范围

发明专利申请初步审查的范围包括：

（1）申请文件的形式审查，包括专利申请是否包含《专利法》第26条规定的申请文件，以及这些文件格式上是否明显不符合《专利法实施细则》第19条至第22条、第26条的规定，是否符合《专利法实施细则》第2条、第3条、第29条第2款、第146条的规定。

相关的条款主要涉及申请发明需要提交请求书、说明书及其摘要和权利要求书等文件，请求书应当按照规定填写信息，申请文件应当按照规定的格式撰写，递交文件应当按照规定的方式进行递交，提交的各种文件包括各类证明文件应当按照规定的语言、在规定的期限使用规定的格式进行递交等。

（2）申请文件的明显实质性缺陷审查，包括专利申请是否明显属于《专利法》第5条、第25条规定的情形，是否不符合《专利法》第17条、第18条第1款、第19条第1款或者《专利法实施细则》第11条的规定，是否明显不符合《专利法》第2条第2款、第26条第5款、第31条第1款、第33条或者《专利法实施细则》第20条、第22条的规定。

相关的条款主要涉及对保护客体的审查、对申请人的主体资格的审查、保密的审查、单一性的审查、修改超范围的审查、对遗传资源来源的审查、诚实信用原则。

（3）其他文件的形式审查，包括与专利申请有关的其他手续和文件是否符合《专利法》第10条、第24条、第29条、第30条以及《专利法实施细则》第2条、第3条、第6条、第7条、第17条第2款和第3款、第18条、第27条、第33条、第34条第1款至第3款、第35条、第36条、第37条、第38条、第41条、第45条、第46条、第48条、第49条、第51条、第52条、第103条、第104条、第117条的规定。

相关条款主要涉及专利申请权和专利权的转让、宽限期、优先权、办理各种手续是否按照规定的形式进行递交、递交的文件是否使用规定的语言，办理手续的时间是否符合期限的要求、恢复权利、对涉及国防专利的保密申请、委托、生物材料的保藏、专利申请的撤回、补充说明书附图导致申请日变更、申请文件的早日公布、中止程序、保全措施、费用减缓请求、优先权的援引。

（4）有关费用的审查，包括专利申请是否按照《专利法实施细则》第110条、第112条、第113条、第116条的规定缴纳了相关费用。

相关的条款规定了在发明专利申请中需要缴纳的各种费用。

针对上述的四种情况，对其中涉及的部分内容进行如下详细说明。

1. 请求书的审查

审查员对请求书中的发明名称、发明人、申请人、联系人、代表人、专利代理机构、专利代理师以及地址进行审查。

请求书中的发明名称和说明书中的发明名称应当一致。发明名称应当简短、准确地表明发明专利申请要求保护的主题和类型。发明名称中不得含有非技术词语，如人名、单位名称、商标、代号、型号等；也不得含有含糊的词语，如"及其他""及其类似物"等；也不得仅使用笼统的词语，致使未给出任何发明信息，例如，仅用"方法""装置""组合物""化合物"等词作为发明名称。发明名称一般不得超过 25 个字，特殊情况下，例如，化学领域的某些发明，可以允许最多到 60 个字。

请求书中的发明人应当是个人，请求书中不得填写单位或者集体，以及人工智能名称，例如不得写成"×× 课题组"或者"人工智能 ×××"等。发明人应当使用本人真实姓名，不得使用笔名或者其他非正式的姓名。不符合规定的，审查员应当发出补正通知书。申请人改正请求书中所填写的发明人姓名的，应当提交补正书、当事人的声明及相应的证明文件。发明人可以请求专利局不公布其姓名。提出专利申请时请求不公布发明人姓名的，应当在请求书"发明人"一栏所填写的相应发明人后面注明"（不公布姓名）"。不公布姓名的请求提出之后，经审查认为符合规定的，专利局在专利公报、专利申请单行本、专利单行本以及专利证书中均不公布其姓名，并在相应位置注明"请求不公布姓名"字样，发明人也不得再请求重新公布其姓名。提出专利申请后请求不公布发明人姓名的，应当提交由发明人签字或者盖章的书面声明，但是专利申请进入公布准备后才提出该请求的，视为未提出请求，审查员应当发出视为未提出通知书。外国发明人中文译名中可以使用外文缩写字母，姓和名之间用圆点分开，圆点置于中间位置，例如 M·琼斯。

请求书中的申请人如果是本国人，对于职务发明，申请专利的权利属于单位，对于非职务发明，申请专利的权利属于发明人。填写的申请人不具备申请人资格，需要更换申请人的，应当由更换后的申请人办理补正手续，提交补正书及更换前、后申请人签字或者盖章的更换申请人声明。申请人是中国单位或者个人的，应当填写其名称或者姓名、地址、邮政编码、统一社会信用代码或者身份证件号码。申请人是个人的，应当使用本人真实姓名，不得使用笔名或者其他非正式的姓名。申请人是单位的，应当使用正式全称，不得使用缩写或者简称。请求书中填写的单位名称应当与所使用的公章上的单位名称一致。

申请人是外国人、外国企业或者外国其他组织的，应当填写其姓名或者名称、国籍或者注册的国家或者地区。申请人是个人的，其中文译名中可以使用外文缩写字母，姓和名之间用圆点分开，圆点置于中间位置，例如 M·琼斯。姓名中不应当含有学位、职务等称号，例如 ×× 博士、×× 教授等。申请人是企业或者其他组织的，其名称应当使用中文正式译文的全称。对于申请人所属国法律规定具有独立法人地位的某些称谓允许使用。

请求书中的联系人不是必须填写的。对于申请人是单位且未委托专利代理机构的，应当填写联系人，联系人是代替该单位接收专利局所发信函的收件人。联系人应当是本单位的工作人员，必要时审查员可以要求申请人出具证明。申请人为个人且需由他人代收专利局所发信函的，也可以填写联系人。联系人只能填写一人。填写联系人的，还需要同时填写联系人的通信地址、邮政编码和电话号码。

请求书中涉及的代表人，是指申请人有两人以上且未委托专利代理机构的，除审查指南中另有规定或请求书中另有声明外，以第一署名申请人为代表人。请求书中另有声明的，所声明的代表人应当是申请人之一。除直接涉及共有权利的手续外，代表人可以代表全体申请人办理在专利局的其他手续。直接涉及共有权利的手续包括：提出专利申请，委托专利代理，转让专利申请权、优先权或者专利权，撤回专利申请，撤回优先权要求，放弃专利权等。直接涉及共有权利的手续应当由全体权利人签字或者盖章。

请求书中的专利代理机构应当依照专利代理条例的规定经国家知识产权局批准成立。

请求书中的专利代理师是指获得专利代理师资格证书、在合法的专利代理机构执业。在请求书中，专利代理师应当使用其真实姓名，同时填写专利代理师资格证号码和联系电话。一件专利申请的专利代理师不得超过两人。

请求书中的地址（包括申请人、专利代理机构、联系人的地址）应当符合邮件能够迅速、准确投递的要求。本国的地址应当包括所在地区的邮政编码，以及省（自治区）、市（自治州）、区、街道门牌号码和电话号码，或者省（自治区）、县（自治县）、镇（乡）、街道门牌号码和电话号码，或者直辖市、区、街道门牌号码和电话号码。有邮政信箱的，可以按照规定使用邮政信箱。地址中可以包含单位名称，但单位名称不得代替地址，例如，不得仅填写××省××大学。外国的地址应当注明国别，并附具外文详细地址。

2. 说明书的审查

审查员对说明书的形式审查主要包括以下方面：

（1）说明书中的发明名称是否与请求书中的名称一致。

（2）说明书的格式是否包括了技术领域、背景技术、发明内容、附图说明、具体实施方式，并且是否在每一部分前面写明标题。

（3）说明书无附图的，说明书文字部分不包括附图说明及其相应的标题。

（4）涉及核苷酸或者氨基酸序列的申请，应当将该序列表作为说明书的一个单独部分，申请人应当在申请的同时提交与该序列表一致的计算机可读形式的副本，如提交记载有该序列表的符合规定的光盘或者软盘，提交的光盘或者软盘中记载的序列表与说明书中的序列表不一致的，以说明书中的序列表为准，未提交计算机可读形式的副本，或者所提交的副本与说明书中的序列表明显不一致的，审查员应当发出补正通知书，通知申请人在指定期限内补交正确的副本。期满未补交的，审查员应当发出视为撤回通知书。

（5）说明书文字部分可以有化学式、数学式或者表格，但不得有插图，说明书文字部分写有附图说明的，说明书应当有附图。说明书有附图的，说明书文字部分应当有附图说明。

（6）说明书文字部分写有附图说明但说明书无附图或者缺少相应附图的，应当通知申请人取消说明书文字部分的附图说明，或者在指定的期限内补交相应附图，申请人补交附图的，以向专利局提交或者邮寄补交附图之日为申请日，审查员应当发出重新确定申请日通知书，申请人取消相应附图说明的，保留原申请日。

（7）说明书应当用阿拉伯数字顺序编写页码。

3. 说明书附图的审查

说明书附图应当使用包括计算机在内的制图工具绘制，线条应当均匀清晰、足够深，不得着色和涂改，不得使用工程蓝图。附图一般使用黑色墨水绘制，必要时可以提交彩色附图，以便清楚描述专利申请的相关技术内容。

剖面图中的剖面线不得妨碍附图标记线和主线条的清楚识别。

几幅附图可以绘制在一张图纸上。一幅总体图可以绘制在几张图纸上，但应当保证每一张上的图都是独立的，而且当全部图纸组合起来构成一幅完整总体图时又不互相影响其清晰程度。附图的周围不得有与图无关的框线。附图总数在两幅以上的，应当使用阿拉伯数字顺序编号，并在编号前冠以"图"字，例如图1、图2。该编号应当标注在相应附图的正下方。

附图应当尽量竖向绘制在图纸上，彼此明显分开。当零件横向尺寸明显大于竖向尺寸必须水平布置时，应当将附图的顶部置于图纸的左边。一页图纸上有两幅以上的附图，且有一幅已经水平布置时，该页上其他附图也应当水平布置。

附图标记应当使用阿拉伯数字编号。说明书文字部分中未提及的附图标记不得在附图中出现，附图中未出现的附图标记不得在说明书文字部分中提及。申请文件中表示同一组成部分的附图标记应当一致。

附图的大小及清晰度，应当保证在该图缩小到三分之二时仍能清晰地分辨出图中各个细节，以能够满足复印、扫描的要求为准。

同一附图中应当采用相同比例绘制，为使其中某一组成部分清楚显示，可以另外增加一幅局部放大图。附图中除必需的词语外，不得含有其他注释。附图中的词语应当使用中文，必要时，可以在其后的括号里注明原文。

流程图、框图应当作为附图，并应当在其框内给出必要的文字和符号。一般不得使用照片作为附图，但特殊情况下，例如，显示金相结构、组织细胞或者电泳图谱时，可以使用照片贴在图纸上作为附图。

说明书附图应当用阿拉伯数字顺序编写页码。

4. 权利要求书的审查

权利要求书有几项权利要求的，应当用阿拉伯数字顺序编号，编号前不得冠以"权利要求"或者"权项"等词。权利要求中可以有化学式或者数学式，必要时也可以有表格，但不得有插图。权利要求书应当用阿拉伯数字顺序编写页码。

5. 说明书摘要的审查

申请发明专利的，应当提交说明书摘要（以下简称摘要）。摘要包括摘要文字部分和摘要附图部分。

摘要文字部分应当写明发明的名称和所属的技术领域，清楚反映所要解决的技术问题，解决该问题的技术方案的要点以及主要用途。未写明发明名称或者不能反映技术方案要点的，应当通知申请人补正；使用了商业性宣传用语的，可以通知申请人删除或者由审查员删除，审查员删除的，应当通知申请人。

摘要文字部分不得使用标题，文字部分（包括标点符号）不得超过300个字。摘要超过300个字的，可以通知申请人删节或者由审查员删节；审查员删节的，应当通知申请人。

说明书有附图的，申请人应当提交一幅最能说明该发明技术方案主要技术特征的附图作为摘要附图。摘要附图应当是说明书附图中的一幅。申请人未提交摘要附图的，审查员可以通知申请人补正，或者依职权指定一幅，并通知申请人。审查员确认没有合适的摘要附图可以指定的，可以不要求申请人补正。

申请人提交的摘要附图明显不能说明发明技术方案主要技术特征的，或者提交的摘要附图不是说明书附图之一的，审查员可以通知申请人补正，或者依职权指定一幅，并通知申请人。

摘要附图的大小及清晰度应当保证在该图缩小到4厘米×6厘米时，仍能清楚地分辨出图中的各个细节。

摘要中可以包含最能说明发明的化学式，该化学式可被视为摘要附图。

6. 分案申请

一件专利申请包括两项以上发明的，申请人可以主动提出或者依据审查员的审查意见提出分案申请。分案申请应当以原申请（第一次提出的申请）为基础提出。但是，因专利局发出分案通知书或审查意见通知书中指出分案申请存在单一性的缺陷，申请人按照专利局的审查意见再次提出分案申请的，再次提出分案申请的递交时间应当以该存在单一性缺陷的分案申请为基础审核。不符合规定的，不得以该分案申请为基础进行分案，专利局将发出分案申请视为未提出通知书，并作结案处理。分案申请的类别应当与原申请的类别一致。

分案申请应当在请求书中填写原申请的申请号和申请日；对于已提出过分案申请，申请人需要针对该分案申请再次提出分案申请的，还应当在原申请的申请号后的括号内填写该分案申请的申请号。

分案申请的请求书中应当正确填写原申请的申请日和申请号，如果原申请是国际申请的，申请人还应当在所填写的原申请的申请号后的括号内注明国际申请号。

分案申请的递交时间应当符合：

（1）申请人最迟应当在收到专利局对原申请作出授予专利权通知书之日起两个月期限（即办理登记手续的期限）届满之前提出分案申请。上述期限届满后，或者原申请已被驳回，或者原申请已撤回，或者原申请被视为撤回且未被恢复权利的，一般不得再提出分案申请。

（2）对于审查员已发出驳回决定的原申请，自申请人收到驳回决定之日起3个月内，不论申请人是否提出复审请求，均可以提出分案申请；在提出复审请求以后以及对复审决定不服提起行政诉讼期间，申请人也可以提出分案申请。

（3）对于已提出过分案申请，申请人需要针对该分案申请再次提出分案申请的，再次提出的分案申请的递交时间仍应当根据原申请审核。再次分案的递交日不符合上述规定的，不得分案。

（4）但是，因分案申请存在单一性的缺陷，申请人按照审查员的审查意见再次提出分案申请的情况除外。对于此种除外情况，申请人再次提出分案申请的同时，应当提交审查员发出的指明了单一性缺陷的审查意见通知书或者分案通知书的复印件。未提交符合规定的审查意见通知书或者分案通知书的复印件的，不能按照除外情况处理。

分案申请的申请人应当与提出分案申请时原申请的申请人相同。针对分案申请提出再次分案申请的申请人应当与该分案申请的申请人相同。不符合规定的，专利局将发出分案申请视为未提出通知书。分案申请的发明人应当是原申请的发明人或者是其中的部分成员。针对分案申请提出的再次分案申请的发明人应当是该分案申请的发明人或者是其中的部分成员。对于不符合规定的，专利局将发出补正通知书，通知申请人补正。期满未补正的，专利局将发出视为撤回通知书。

分案申请除应当提交申请文件外，还应当提交原申请的申请文件副本以及原申请中与本分案申请有关的其他文件副本（如优先权文件副本）。原申请中已提交的各种证明材料，可以使用复印件。原申请的国际公布使用外文的，除提交原申请的中文副本外，还应当同时提交原申请国际公布文本的副本。

分案申请适用的各种法定期限，如提出实质审查请求的期限，应当从原申请日起算。对于已经届满或者自分案申请递交日起至期限届满日不足两个月的各种期限，申请人可以自分案申请递交日起两个月内或者自收到受理通知书之日起 15 日内补办各种手续；期满未补办的，审查员应当发出视为撤回通知书。

对于分案申请，应当视为一件新申请收取各种费用。对于已经届满或者自分案申请递交日起至期限届满日不足两个月的各种费用，申请人可以在自分案申请递交日起 2 个月内或者自收到受理通知书之日起 15 日内补缴；期满未补缴或未缴足的，审查员应当发出视为撤回通知书。

7. 涉及生物材料的申请

对于涉及生物材料的申请，申请人除应当使申请符合《专利法》及其实施细则的有关规定外，还应当办理下列手续：

（1）在申请日前或者最迟在申请日（有优先权的，指优先权日），将该生物材料样品提交至专利局认可的生物材料样品国际保藏单位保藏。

（2）在请求书和说明书中注明保藏该生物材料样品的单位名称、地址、保藏日期和编号，以及该生物材料的分类命名（注明拉丁文名称）。

（3）在申请文件中提供有关生物材料特征的资料。

（4）自申请日起 4 个月内提交保藏单位出具的保藏证明和存活证明。

但是，保藏证明写明的保藏日期在所要求的优先权日之后，并且在申请日之前的，审查员应当发出办理手续补正通知书，要求申请人在指定的期限为撤回优先权要求或者声明该保藏证明涉及的生物材料的内容不要求享受优先权，期满未答复或者补正后仍不符合规定的，审查员应当发出生物材料样品视为未保藏通知书。

提交生物材料样品保藏过程中发生样品死亡的，除申请人能够提供证据证明造成生物材料样品死亡并非申请人责任外，该生物材料样品视为未提交保藏，审查员应当发出生物材料样品视为未保藏通知书。申请人提供证明的，可以在自申请日起4个月内重新提供与原样品相同的新样品重新保藏，并以原提交保藏日为保藏日。

审查员发出生物材料样品视为未保藏通知书后，申请人有正当理由的，可以根据《专利法实施细则》第6条第2款的规定启动恢复程序。

对于不符合规定的情况，审查员会发出补正通知书，通知申请人在规定期限内补正。期满未补正的，审查员应当发出生物材料样品视为未保藏通知书。

8. 涉及遗传资源的申请

就依赖遗传资源完成的发明创造申请专利，申请人应当在请求书中对于遗传资源的来源予以说明，并填写遗传资源来源披露登记表，写明该遗传资源的直接来源和原始来源。申请人无法说明原始来源的，应当陈述理由。对于不符合规定的，审查员应当发出补正通知书，通知申请人补正。期满未补正的，审查员应当发出视为撤回通知书。补正后仍不符合规定的，该专利申请应当被驳回。

9. 委托

（1）根据《专利法》第18条第1款的规定，在中国内地没有经常居所或者营业所的外国人、外国企业或者外国其他组织在中国单独申请专利和办理其他专利事务，或者作为代表人与其他申请人共同申请专利和办理其他专利事务的，应当委托专利代理机构办理。

（2）在中国内地没有经常居所或者营业所的香港、澳门或者台湾地区的申请人单独向专利局提出专利申请和办理其他专利事务，或者作为代表人与其他申请人共同申请专利和办理其他专利事务的，应当委托专利代理机构办理。

（3）中国内地的单位或者个人可以委托专利代理机构在国内申请专利和办理其他专利事务。

对于上述第（1）和（2）种情况，如果审查中发现上述申请人申请专利和办理其他专利事务时，未委托专利代理机构的，审查员应当发出审查意见通知书，通知申请人在指定期限内答复。申请人在指定期限内未答复的，其申请被视为撤回；申请人陈述意见或者补正后，仍然不符合《专利法》第18条第1款规定的，该专利申请应当被驳回。

对于第（3）种情况，委托不符合规定的，审查员应当发出补正通知书，通知专利代理机构在指定期限内补正。期满未答复或者补正后仍不符合规定的，应当向申请人和被委托的专利代理机构发出视为未委托专利代理机构通知书。

委托的双方当事人是申请人和被委托的专利代理机构。申请人有两个以上的，委托的双方当事人是全体申请人和被委托的专利代理机构。被委托的专利代理机构仅限一家，审查指南另有规定的除外。专利代理机构接受委托后，应当指定该专利代理机构的专利代理师办理有关事务，被指定的专利代理师不得超过两名。

申请人委托专利代理机构向专利局申请专利和办理其他专利事务的，应当提交委托书。委托书应当使用专利局制定的标准表格，写明委托权限、发明创造名称、专利代理机构名称、专利代理师姓名，并应当与请求书中填写的内容相一致。在专利申请确定申请号后提交委托书的，还应当注明专利申请号。

申请人是个人的，委托书应当由申请人签字或者盖章；申请人是单位的，应当加盖单位公章，同时也可以附有其法定代表人的签字或者盖章；申请人有两个以上的，应当由全体申请人签字或者盖章。此外，委托书还应当由专利代理机构加盖公章。

申请人委托专利代理机构的，可以向专利局交存总委托书；专利局收到符合规定的总委托书后，应当给出总委托书编号，并通知该专利代理机构。已交存总委托书的，在提出专利申请时应当提供总委托书编号。

委托书不符合规定的，审查员应当发出补正通知书，通知专利代理机构在指定期限内补正。申请人或者代表人是中国内地单位或者个人，期满未答复或者补正后仍不符合规定的，审查员应当向双方当事人发出视为未委托专利代理机构通知书。申请人或者代表人是在中国内地没有经常居所或者营业所的外国人、外国企业或者外国其他组织，期满未答复的，审查员应当发出视为撤回通知书；补正后仍不符合规定的，该专利申请应当被驳回。申请人或者代表人是在中国内地没有经常居所或者营业所的香港、澳门或者台湾地区的个人、企业或者其他组织，期满未答复的，审查员应当发出视为撤回通知书；补正后仍不符合规定的，该专利申请应当被驳回。

申请人（或专利权人）委托专利代理机构后，可以解除委托；专利代理机构接受申请人（或专利权人）委托后，可以辞去委托。

解除委托时，申请人（或专利权人）应当提交著录项目变更申报书，并附具全体申请人（或专利权人）签字或者盖章的解聘书，或者仅提交由全体申请人（或专利权人）签字或者盖章的著录项目变更申报书。

辞去委托时，专利代理机构应当提交著录项目变更申报书，并附具申请人（或专利权人）或者其代表人签字或者盖章的同意辞去委托声明，或者附具由专利代理机构盖章的表明已通知申请人（或专利权人）的声明。

变更手续生效（即发出手续合格通知书）之前，原专利代理委托关系依然有效，且专利代理机构已为申请人（或专利权人）办理的各种事务在变更手续生效之后继续有效。变更手续不符合规定的，审查员应当向办理变更手续的当事人发出视为未提出通知书；变更手续符合规定的，审查员应当向当事人发出手续合格通知书。

对于第一署名申请人是在中国内地没有经常居所或者营业所的外国申请人的专利申请，在办理解除委托或者辞去委托手续时，申请人（或专利权人）应当同时委托新的专利代理机构，否则不予办理解除委托或者辞去委托手续，审查员应当发出视为未提出通知书。

对于第一署名申请人是在中国内地没有经常居所或者营业所的香港、澳门或者台湾地区申请人的专利申请，在办理解除委托或者辞去委托手续时，申请人（或专利权人）应当同时委托新的专利代理机构，否则不予办理解除委托或者辞去委托手续，审查员应当发出视为未提出通知书。

申请人（或专利权人）更换专利代理机构的，应当提交由全体申请人（或专利权人）签字或者盖章的对原专利代理机构的解除委托声明以及对新的专利代理机构的委托书。

申请人（或专利权人）因权利的转让或者赠与发生权利转移提出变更请求的，应当提交双方签字或者盖章的转让或者赠与合同。必要时还应当提交主体资格证明，例如：有当事人对专利申请权（或专利权）转让或者赠与有异议的；当事人办理专利申请权（或专利权）转移手续，多次提交的证明文件相互矛盾的；转让或者赠与协议中申请人或专利权人的签字或者盖章与案件中记载的签字或者盖章不一致的。该合同是由单位订立的，应当加盖单位公章或者合同专用章。公民订立合同的，由本人签字或者盖章。有多个申请人（或专利权人）的，应当提交全体权利人同意转让或者赠与的证明材料。专利申请权（或专利权）转移的，变更后的申请人（或专利权人）委托新专利代理机构的，应当提交变更后的全体申请人（或专利权人）签字或者盖章的委托书；变更后的申请人（或专利权人）委托原专利代理机构的，只需提交新增申请人（或专利权人）签字或者盖章的委托书。

（二）审查原则

初步审查程序中，审查员应当遵循以下审查原则。

1. 保密原则

审查员在专利申请的审批程序中，根据有关保密规定，对于尚未公布、公告的专利申请文件和与专利申请有关的其他内容，以及其他不适宜公开的信息负有保密责任。

2. 书面审查原则

审查员应当以申请人提交的书面文件为基础进行审查，审查意见（包括补正通知）和审查结果应当以书面形式通知申请人。初步审查程序中，原则上不进行会晤。

3. 听证原则

审查员在作出驳回决定之前，应当将驳回所依据的事实、理由和证据通知申请人，至少给申请人一次陈述意见和／或修改申请文件的机会。审查员作出驳回决定时，驳回决定所依据的事实、理由和证据，应当是已经通知过申请人的，不得包含新的事实、理由和／或证据。

4. 程序节约原则

在符合规定的情况下，审查员应当尽可能提高审查效率，缩短审查过程。对于存在可以通过补正克服的缺陷的申请，审查员应当进行全面审查，并尽可能在一次补正通知书中指出全部缺陷。对于申请文件中文字和符号的明显错误，审查员可以依职权自行修改，并通知申请人。对于存在不可能通过补正克服的实质性缺陷的申请，审查员可以不对申请文件和其他文件的形式缺陷进行审查，在审查意见通知书中可以仅指出实质性缺陷。

除遵循以上原则外，审查员在作出视为未提出、视为撤回、驳回等处分决定的同时，应当告知申请人可以启动的后续程序。

（三）审查程序

1. 初步审查合格

经初步审查，对于申请文件符合《专利法》及其实施细则有关规定并且不存在明显实质性缺陷的专利申请，包括经过补正符合初步审查要求的专利申请，应当认为初步审查合格。审查员应当发出初步审查合格通知书，指明公布所依据的申请文本，之后进入公布程序。

2. 申请文件的补正

初步审查中，对于申请文件存在可以通过补正克服的缺陷的专利申请，审查员应当进行全面审查，并发出补正通知书。补正通知书中应当指明专利申请存在的缺陷，说明理由，同时指定答复期限。经申请人补正后，申请文件仍然存在缺陷的，审查员应当再次发出补正通知书。

3. 审查意见通知书

初步审查中，对于申请文件存在不可能通过补正方式克服的明显实质性缺陷的专利申请，审查员应当发出审查意见通知书。审查意见通知书中应当指明专利申请存在的实质性缺陷，说明理由，同时指定答复期限。对于申请文件中存在的实质性缺陷，只有其明显存在并影响公布时，才需指出和处理。

4. 通知书的答复

申请人在收到补正通知书或者审查意见通知书后，应当在指定的期限内补正或者陈述意见。申请人对专利申请进行补正的，应当提交补正书和相应的修改文件替换页。申请文件的修改替换页应当一式两份，其他文件只需提交一份。对申请文件的修改，应当针对通知书指出的缺陷进行。修改的内容不得超出申请日提交的说明书和权利要求书记载的范围。

申请人期满未答复的，审查员应当根据情况发出视为撤回通知书或者其他通知书。申请人因正当理由难以在指定的期限内作出答复的，可以提出延长期限请求。

对于因不可抗拒事由或者因其他正当理由耽误期限而导致专利申请被视为撤回的，申请人可以在规定的期限内向专利局提出恢复权利的请求。

5. 申请的驳回

申请文件存在明显实质性缺陷，在审查员发出审查意见通知书后，经申请人陈述意见或者修改后仍然没有消除的，或者申请文件存在形式缺陷，审查员针对该缺陷已发出过两次补正通知书，经申请人陈述意见或者补正后仍然没有消除的，审查员可以作出驳回决定。

驳回决定正文应当包括案由、驳回的理由和决定三部分内容。案由部分应当简述被驳回申请的审查过程；驳回的理由部分应当说明驳回的事实、理由和证据；决定部分应当明确指出该专利申请不符合《专利法》及其实施细则的相应条款，并说明根据《专利法实施细则》第 50 条第 1 款的规定驳回该专利申请。

6. 前置审查与复审后的处理

申请人对驳回决定不服的，可以在规定的期限内向复审和无效审理部提出复审请求。

二、实用新型专利申请的初步审查

根据我国《专利法》的规定，实用新型专利与发明专利和外观设计专利一起构成了我国的三种专利保护形式。

根据我国《专利法》第 2 条中关于发明和实用新型的定义中可以看出，实用新型的保护客体与发明专利不同。发明专利的保护客体是关于产品和方法的技术方案，而实用新型不保护关于方法的技术方案，只保护关于产品的技术方案，而且实用新型仅保护针对产品的形状、构造所作出的改进，并非所有的产品的技术方案都能获得实用新型专利的保护。因此，只有具有确定的形状以及构造的产品的技术方案才能够获得实用新型专利、方法以及关于材料本身的发明创造，例如气态、液态、粉末状的物质，由于其没有确定的形状，或者其技术方案的改进不是反映在形状、构造上，因此不能授予实用新型专利。

我国《专利法》规定，实用新型专利申请实行初步审查制。专利局受理和审查实用新型专利申请，经初步审查没有发现驳回理由的，作出授予实用新型专利权的决定，发给相应的专利证书，同时予以登记和公告。

（一）审查范围

实用新型的初步审查的内容规定在《专利法实施细则》第 50 条第 2 款当中，其主要内容可分为以下几部分。

1. 实用新型专利申请文件的形式审查

形式审查包括审查实用新型专利申请是否具备《专利法》第 26 条规定的专利申请文件和其他的必要文件，这些文件是否符合规定的格式。申请文件有严格的定义，是指请求书、说明书及其摘要、附图、权利要求书。

形式审查还包括申请文件是否按照规定的形式进行撰写，主要审查的条款是《专利法实施细则》第 20 条、第 21 条、第 22 条、第 24 条、第 25 条以及第 26 条。

2. 实用新型专利申请的明显实质性缺陷审查

根据《专利法》第 5 条进行审查，即审查实用新型专利申请的要求保护的方案是否明显属于违反法律、社会公德或者妨害公共利益。

根据《专利法》第 25 条进行审查，即实用新型专利申请的内容是否明显属于不授予专利权的科学发现、智力活动的规则和方法、疾病的诊断和治疗方法、动物和植物品种、原子核变换方法以及用原子核变换方法获得的物质。

根据《专利法》第 17 条、第 18 条第 1 款进行审查，即审查实用新型专利申请是否不符合外国人在华申请和涉外代理的有关规定：在中国没有经常居所或者营业所的外国人、外国企业或者外国其他组织在中国申请专利的，应当委托涉外专利代理机构办理。

根据《专利法》第 26 条第 3 款审查实用新型专利申请的是否明显地未对实用新型作出清楚完整的说明。

根据《专利法》第 26 条第 4 款审查权利要求书是否明显地存在不清楚以及得不到说明书支持的缺陷。

根据《专利法》第 31 条第 1 款审查权利要求书是否明显不符合关于单一性的规定。

根据《专利法》第 33 条审查对申请文件的修改是否超出了原说明书和权利要求书记载的范围。

根据《专利法实施细则》第 49 条第 1 款审查实用新型专利申请的内容是否明显不符合关于分案申请的规定：分案申请可以保留原申请日，享有优先权的，可以保留优先权日，但是不得超出原申请记载的范围。

根据《专利法》第 9 条审查实用新型专利专利申请要求保护的方案是否

存在同样的发明创造。《专利法》第 9 条第 2 款规定，两个以上的申请人分别就同样的发明创造申请专利的，专利权授予最先申请的人。

根据《专利法》第 22 条第 2 款和第 3 款审查实用新型专利申请要求保护的方案是否明显不具备新颖性和创造性。需要说明的是，实用新型可能涉及非正常申请的，例如明显抄袭现有技术或者重复提交内容明显实质相同的专利申请，专利局应当根据检索获得的对比文件或者其他途径获得的信息，审查实用新型专利申请是否明显不具备新颖性和创造性。

根据《专利法》第 2 条第 3 款审查专利申请要求保护的方案是否符合实用新型的定义，即实用新型是指对产品的形状、构造或者其结合所提出的适于实用的新的技术方案。该条款是实用新型初步审查当中最核心的部分，下面对该条款进行详细分析。

实用新型专利只保护产品。所述产品应当是经过产业方法制造的，有确定形状、构造且占据一定空间的实体。

一项发明创造可能既包括对产品形状、构造的改进，也包括对生产该产品的专用方法、工艺或构成该产品的材料本身等方面的改进。实用新型专利仅保护针对产品形状、构造提出的改进技术方案。但是，权利要求中可以使用已知方法的名称限定产品的形状、构造，但不得包含方法的步骤、工艺条件等。例如，以焊接、铆接等已知方法名称限定各部件连接关系的，不属于对方法本身提出的改进。如果权利要求中既包含形状、构造特征，又包含对方法本身提出的改进，例如含有对产品制造方法、使用方法或计算机程序进行限定的技术特征，则不属于实用新型专利保护的客体。

其中产品的形状是指产品所具有的、可以从外部观察到的确定的空间形状。对产品形状所提出的改进可以是对产品的三维形态所提出的改进，例如对凸轮形状、刀具形状作出的改进；也可以是对产品的二维形态所提出的改进，例如对型材的断面形状的改进。无确定形状的产品，例如气态、液态、粉末状、颗粒状的物质或材料，其形状不能作为实用新型产品的形状特征。

应当注意的是：①不能以生物的或者自然形成的形状作为产品的形状特征。例如，不能以植物盆景中植物生长所形成的形状作为产品的形状特征，也不能以自然形成的假山形状作为产品的形状特征。②不能以摆放、堆积等方法获得的非确定的形状作为产品的形状特征。③允许产品中的某个技术特征为无确定形状的物质，如气态、液态、粉末状、颗粒状物质，只要其在该产品中受该产品结构特征的限制即可，例如，对温度计的形状构造所提出的技术方案中允许写入无确定形状的酒精。④产品的形状可以是在某种特定情况下所具有的确定的空间形状。例如，具有新颖形状的冰杯、降落伞等。又如，一种用于钢带运输和存放的钢带包装壳，由内钢圈、外钢圈、捆带、外护板以及防水复合纸等构成，若其各部分按照技术方案所确定的相互关系将钢带包装起来后形成确定的空间形状，这样的空间形状不具有任意性，则钢带包装壳属于实用新型专利保护的客体。

产品的构造是指产品的各个组成部分的安排、组织和相互关系。产品的构造可以是机械构造，也可以是线路构造。机械构造是指构成产品的零部件的相对位置关系、连接关系和必要的机械配合关系等；线路构造是指构成产品的元器件之间的确定的连接关系。复合层可以认为是产品的构造，产品的渗碳层、氧化层等属于复合层结构。物质的分子结构、组分、金相结构等不属于实用新型专利给予保护的产品的构造。例如，仅改变焊条药皮组分的电焊条不属于实用新型专利保护的客体。

应当注意的是：①权利要求中可以包含已知材料的名称，即可以将现有技术中的已知材料应用于具有形状、构造的产品上，如复合木地板、塑料杯、记忆合金制成的心脏导管支架等，不属于对材料本身提出的改进。②如果权利要求中既包含形状、构造特征，又包含对材料本身提出的改进，则不属于实用新型专利保护的客体。例如，一种菱形药片，其特征在于，该药片是由 20% 的 A 组分、40% 的 B 组分及 40% 的 C 组分构成的。由于该权利要求包含了对材料本身提出的改进，因而不属于实用新型专利保护的客体。

《专利法》第 2 条第 3 款所述的技术方案，是指对要解决的技术问题所采取的利用了自然规律的技术手段的集合。技术手段通常是由技术特征来体现的。未采用技术手段解决技术问题，以获得符合自然规律的技术效果的方案，不属于实用新型专利保护的客体。其中产品的形状以及表面的图案、色彩或者其结合的新方案，没有解决技术问题的，不属于实用新型专利保护的客体。产品表面的文字、符号、图表或者其结合的新方案，不属于实用新型专利保护的客体。例如：仅改变按键表面文字、符号的计算机或手机键盘；以十二生肖形状为装饰的开罐刀；仅以表面图案设计为区别特征的棋类、牌类，如古诗扑克等。

案例2-1

权利要求："一种高耐磨实木地板，由实木地板、木皮、三氧化二铝层组成，其特征是在实木地板（1）上淦有尿醛树脂层（2），在尿醛树脂层（2）上贴有用三聚氰胺树脂浸过的木皮（3），在木皮（3）上热压有三氧化二铝层（4）。"

该案例的权利要求中包含的加工方法的特征"涂""贴""浸""热压"，都是本领域中已知的加工方法，而且上述已知的方法名称限定的是地板的构造而不是方法本身，因此属于实用新型专利的保护客体。

案例2-2

权利要求："一种耐磨地板，其特征在于，分为四层结构，由上至下依次为耐磨层、装饰层、中间层和底层，……，热压压强2.0～2.2MPa，热压温度180～200℃，保压5～10分钟成型。"

该案例的权利要求的主题名称是一种产品，权利要求中描述了地板的结构特征，同时又包含了地板的加工工艺和步骤，即权利要求中包含了对方法本身的限定，因此不属于实用新型专利的保护客体。

案例2-3

权利要求："一种箱本侧壁异型材，其特征在于：该型材的横截面呈倒'F'形，其长立壁顶端设有三角加强筋，……，长立壁末端设有底端加强筋板。"

该案例是对型材的二维断面形状提出的改进，属于实用新型专利的保护客体。

案例2-4

权利要求："一种陶瓷喷涂滚子泵，该泵主要由泵体、泵盖、泵体中的转子和滚子构成，其特征在于在泵盖的端面及泵体的内圆壁上喷涂有

0.4 ～ 0.7mm 厚的陶瓷层。"

该案例的权利要求中，泵盖的端面及泵体的内圆壁上由于有了陶瓷层而形成一种层状结构，属于产品的构造。

案例2-5

权利要求："一种具有广告功能的塑料袋，包括袋体，其特征在于在袋体的表面印制有起广告作用的广告层。"

该案例实质上是在公知的塑料袋表面制作广告，其广告内容是通过印刷或者绘制方式在塑料袋表面形成的信息层，不属于产品的构造。并且该印制在袋体表面的广告没有解决技术问题，也不是一种技术方案。因此该权利要求请求保护的方案不属于实用新型的保护客体。

案例2-6

权利要求1："一种巧克力饼干，其特征在于：由巧克力表层、两层膨化外层和一层夹心层组成。"

权利要求2："根据权利要求1所述的巧克力饼干，其特征在于：所述的膨化外层由大米粉和玉米粉加盐、香料和糖膨化而成。"

该案例的权利要求1符合实用新型专利保护客体的规定。但权利要求2的技术方案中虽然有产品的构造特征，又包含了所述"膨化外层"的组分："大米粉""玉米粉""盐""香料"和"糖"，因此该权利要求2包含有对物质的组分提出的技术方案，不属于实用新型的保护客体。

案例2-7

权利要求："一种二氧化碳气体浓度传感器，由信号采集单元、信号取样单元、放大滤波电路和整形电路构成，其特征是：信号采集单元采集空气中二氧化碳的浓度信号，然后将采集到的信号输入给信号取样单元，然后经过放大滤波电路进行电信号放大，并由滤波电路滤除工频和其他频率的干扰信号，得到有效的二氧化碳浓度信号，然后将该信号通过整形电路处理得到方波脉冲信号。"

在该案例中如果仅描述各个单元电路之间的静态连接关系，不描述整个系统的信号流向及其功能，电路各部分的功能和作用就不能得以清晰体现。在某些情况下，根据电路中的信号流描述线路构造更能够清楚地限定请求保护的范围。

案例2-8

权利要求："一种计算机键盘，其特征在于：按键上印制有日文字母。"

该案例的方案在现有的计算机键盘上印制有日文字母，以方便进行日文的输入。由于该方案仅改变了按键表面的文字和符号，因此不属于实用新型的保护客体。

案例2-9

权利要求："一种计算机键盘，其特征在于：按键上印制有盲文文字。"该案例的方案在现有的计算机键盘上印制有盲文文字，以方便盲人操作计算机键盘。

由于盲文本身是一种文字，其文字的凸起或凹陷结构是盲文本身所具有的，将其印制在按键上，并没有导致按键的形状、构造产生变化，因此，该方案仍然是仅改变了按键表面的文字和符号，不属于实用新型的保护客体。

案例2-10

权利要求1："一种多用途运动场，其特征在于：在一个面积中包括多个区域，每个所述区域组成一个分别练习各种运动的跑道、球场或运动场。"

权利要求2："根据权利要求1所述的运动场，其特征在于：上述每个区域都是由一个环形跑道限定出各自的内部空间，所述各内部空间至少容纳另外的多个区域。"

该案例的权利要求1和2限定的内容为平面运动区域的布局划分以及各个运动区域之间的位置关系，这种布局划分和位置关系是一种人为的规划布置，没有利用自然规律解决技术问题，不是一种技术方案，不属于实用新型的保护客体。

在以上的审查中，除关于外国人在华申请及相关的涉外代理的有关规定和先申请原则的审查之外，其余均是审查是否"明显"不符合《专利法》和《专利法实施细则》的相关规定。

由于实用新型的初步审查中只判断申请文件是否有"明显"的实质性缺陷，这种审查不是专利法意义上的实质审查，这是与发明实质审查的最大不同。

由此可见，实用新型初步审查的内容可以分为两大部分：形式审查和有关技术内容的明显实质性缺陷的审查。

在我国，实用新型检索报告应由实用新型专利权人在实用新型授权公告之后提出，因此实用新型检索报告不是初步审查的内容。

3. 其他文件的形式审查

申请文件和其他文件应使用中文撰写，各种证件和证明文件是外文的，必要时应有中文译文；文件应打字或者印刷，字迹清晰；委托有代理机构的，应当提交委托书；请求书中应有申请人的签字或盖章，委托有代理机构的，应有代理机构的盖章；根据需要应提交非职务发明证明及其他证明材料；实用新型专利申请必须有附图，附图应绘制清晰；文件当中应使用国家统一规定的规范的科技术语；申请人自申请日起 2 个月内提出了主动修改的，或者申请人在收到专利局发出的补正通知书或者审查意见通知书后对申请文件进行了修改的，应提交修改文件的替换页；请求进行著录项目变更的，应当提交著录项目变更声明，并附具变更理由的证明材料。

另外还包括不丧失新颖性宽限期的声明即相应证明材料的审查；优先权的形式审查；《专利法》要求的各种期限以及期限延误后权利恢复的审查；中国单位或个人向外国人转让专利申请权或者专利权的审查；委托有代理机构的，委托书中应写明委托权限；请求书中是否指明了代表人；在中国没有经常居所或者营业所的申请人，应专利局的要求提供的国籍证明等证明文件；撤回专利声明的审查；说明书中写有对附图的说明但无附图或者缺少部分附图的，申请人补交附图或者声明取消对附图的说明而可能造成的申请日的变更；分案申请的形式审查；申请人提交的与实用新型专利申请有关的其他文件的形式审查；有关中上程序的审查；费用减缓请求的审查等。

4. 有关费用的审查

包括实用新型专利申请是否按期缴纳了相关费用：申请费、申请附加费、公布印刷费；专利登记费、公告印刷费、年费；著录事项变更费；优先权要求费；恢复权利请求费；延长期限请求费；实用新型专利检索报告费；复审费；无效宣告请求费；中止程序请求费；强制许可请求费、强制许可使用费的裁决请求费等。

（二）审查流程

实用新型专利的初步审查流程如图 2-1 所示。

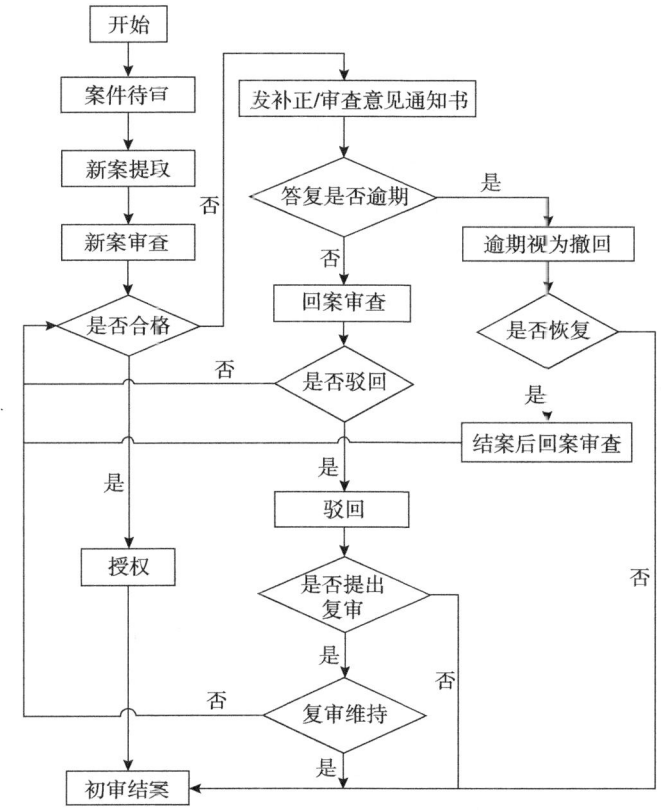

图 2-1　实用新型专利的初步审查流程

在实用新型专利申请的初步审查中，没有发现存在专利法和专利法实施细则所规定的驳回理由的，则应当做出授权决定。

如果发现申请文件存在明显实质性缺陷等驳回理由，则审查员不应直接做出驳回决定，应依照听证原则给予申请人至少一次陈述意见和／或修改文件的机会。

经过初步审查，发现实用新型专利申请文件存在明显实质性缺陷导致其没有授权前景的，应发出审查意见通知书；如果发现实用新型专利申请文件仅存在形式上的缺陷，但经过修改可以消除，具有授权前景的，应发出补正通知书。经过初步审查，发现实用新型申请文件既存在导致其没有授权前景的明显实质性缺陷，同时也存在形式上的缺陷，则应根据其明显实质性缺陷的性质发出审查意见通知书。

实用新型申请经初步审查之后没有发现驳回理由的，或者经补正和／或意见陈述消除各种缺陷的，审查员应当作出授予实用新型专利权的决定。

审查员作出授予实用新型专利权的决定之后，专利局发文部门向申请人发出授予专利权及办理登记手续通知书，待申请人缴纳相应的费用之后，即发给申请人实用新型专利证书，同时予以登记和公告。

实用新型专利权自公告之日起生效。

（三）审查原则

在实用新型的初步审查程序中，审查员应当遵循保密原则、书面审查原则、听证原则和程序节约原则。

保密原则主要是指在实用新型专利申请的初步审查程序中，没有发明专利申请的公布程序，所以从申请一直到授权公告之前均处于保密状态。

书面审查原则是指在实用新型专利申请的初步审查程序中，原则上不进行会晤。审查员应当以申请人提交的书面文件为基础进行审查，电话讨论等形式的沟通交流只能作为一种辅助手段，各种审查的意见和结论应当以书面形式通知申请人，并以书面的形式为准。

听证原则是指审查员在作出驳回决定之前，应当将驳回所依据的事实、理由和证据通知申请人，至少给申请人一次陈述意见和／或修改申请文件的机会。审查员将要作出的驳回决定，是将对申请人不利的结果，在这个结果生效之前，一定要给申请人作出申辩或者解释的机会。这种告知并听取对方陈述的听证原则也是所有带有行政法性质的法律法规应当遵循的普遍原则。

审查员作出驳回决定时，驳回决定所依据的事实、理由和证据，应当是已经通知过申请人的，不得包含新的事实、理由和/或证据。

程序节约原则是指在符合规定的情况下，审查员应当尽可能提高审查效率，缩短审查周期。对于有授权前景的申请，尽量全面审查，在一次通知书中指出所有问题。

除遵循以上原则外，审查员在作出视为未提出、视为撤回、驳回等处分决定的同时，应当告知申请人可以启动的后续程序。

（四）审查程序

实用新型专利申请经初步审查没有发现驳回理由的，审查员应当作出授予实用新型专利权通知。能够授予专利权的实用新型专利申请包括不需要补正就符合初步审查要求的专利申请，以及经过补正符合初步审查要求的专利申请。

初步审查中，对于申请文件存在可以通过补正克服的缺陷的专利申请，审查员应当进行全面审查，并发出补正通知书。经申请人补正后，申请文件仍然存在缺陷的，审查员应当再次发出补正通知书。

初步审查中，如果审查员认为申请文件存在不可能通过补正方式克服的明显实质性缺陷，应当发出审查意见通知书。

申请人在收到补正通知书或者审查意见通知书后，应当在指定的期限内补正或者陈述意见。申请人对专利申请进行补正的，应当提交补正书和相应修改文件替换页。对申请文件的修改，应当针对通知书指出的缺陷进行修改。修改的内容不得超出申请日提交的说明书和权利要求书记载的范围。

申请人期满未答复的，审查员应当根据情况发出视为撤回通知书或者其他通知书。申请人因正当理由难以在指定的期限内作出答复的，可以提出延长期限请求。有关延长期限请求的处理适用《专利审查指南》第五部分第七章第4节的规定。

对于因不可抗拒事由或者因其他正当理由耽误期限而导致专利申请被视为撤回的，申请人可以在规定的期限内向专利局提出恢复权利的请求。

申请文件存在审查员认为不可能通过补正方式克服的明显实质性缺陷，审查员发出审查意见通知书后，在指定的期限内申请人未提出有说服力的意见陈述和／或证据，也未针对通知书指出的缺陷进行修改，例如，仅改变了错别字或改变了表述方式，审查员可以作出驳回决定。如果是针对通知书指出的缺陷进行了修改，即使所指出的缺陷仍然存在，也应当给申请人再次陈述和／或修改文件的机会。对于此后再次修改涉及同类缺陷的，如果修改后的申请文件仍然存在已通知过申请人的缺陷，审查员可以作出驳回决定。

申请文件存在可以通过补正方式克服的缺陷，审查员针对该缺陷已发出过两次补正通知书，并且在指定的期限内经申请人陈述意见或者补正后仍然没有消除的，审查员可以作出驳回决定。

因不符合《专利法》及其实施细则的规定，专利申请被驳回，申请人对驳回决定不服的，可以在规定的期限内向复审和无效审理部提出复审请求。

三、外观设计专利申请的初步审查

对于外观设计专利申请，我国实行的是初步审查制。外观设计专利的初步审查是对外观设计专利申请作出审查结论（授予专利权、驳回专利申请）之前必经的法律程序，是《专利法》对外观设计专利权存在的重要保证。它既不同于实质审查程序又与发明、实用新型的初步审查程序有区别和联系。外观设计专利申请经初步审查没有发现驳回理由的，由专利局作出授予外观设计专利权的决定，发给相应的专利证书，同时予以登记和公告。

（一）外观设计的定义及不被保护的客体

根据《专利法》第 2 条第 4 款的规定，专利法所称外观设计，是指对产品的整体或者局部的形状、图案或者其结合以及色彩与形状、图案的结合所作出的富有美感并适于工业应用的新设计。

外观设计是产品的外观设计，因此外观设计的载体是产品。产品是指用任何产业方法生产出来的，并且是完整的、可以独立出售或使用的物品。涉及图形用户界面的产品外观设计是指产品设计要点包括图形用户界面的设计。

（1）外观设计必须以产品为载体。

外观设计不能脱离产品而单独存在。另外，纯属美术、书法、摄影范畴的作品不是产品，不能获得外观设计专利的保护。对于纯属美术、书法、摄影范畴的作品的认定，也包括以纯属美术范畴的绘画、书法、摄影等作品为基础通过临摹、印刷等方式制作而成的装饰画。但是刺绣画、麦秆画、竹编画等是可以重复生产的手工艺品，不属于美术、书法、摄影范畴的作品，因此属于外观设计专利保护的客体。

（2）产品必须是完整的物品。

产品的不能分割或者不能单独出售且不能单独使用的局部设计，如袜跟、帽檐、杯把等，不属于外观设计专利保护的客体。

对于由多个不同特定形状或图案的构件组成的产品，如果构件本身不能单独出售且不能单独使用，则该构件不属于外观设计专利保护的客体。如单个插接块、单张麻将牌等。

（3）以自然物作为产品的部分或全部原材料，并仍以自然物原有形状、图案和色彩作为设计主体的物品的外观设计，不属于外观设计专利保护的客体。

在自然物生长过程中经由人为干预、模具控制等方法形成的具有某种独特造型的自然物，如盆景、方形西瓜等的外观设计，不属于外观设计专利保护的客体。

（4）手工艺产品是否属于保护客体应以其是否能批量生产为判断原则。能够批量生产的手工艺品的外观设计，属于外观设计专利保护的客体。如花篮，带有装饰图案的竹凉席等。不能重复生产的手工艺品的外观设计，不属于外观设计专利保护的客体。

（5）能够重复再现的建筑物、各种可移动的活动房等属于外观设计专利保护的客体。如别墅、住宅楼、活动报刊亭等。取决于特定地理条件、不能重复再现的固定建筑物、桥梁等，不属于外观设计专利保护的客体。

（6）仅以在其产品所属领域内司空见惯的几何形状和图案构成的外观设计不属于外观设计专利保护的客体。一般来说，常见的简单几何形状包括长方形、正方形、圆形、椭圆形、长方体、正方体、圆柱体等。对于是否属于司空见惯的几何形状和图案，审查员应根据产品所属领域进行综合判断。

（7）模仿自然物原有形态的设计，属于仿真设计。完全模仿自然物原有形态、十分逼真的仿真设计可以判断为不是新设计。未完全模仿自然物原有形态或者对自然物原有形态进行了局部或整体改进的设计，有别于完全模仿自然物原有形态的产品的外观设计，应属于外观设计专利保护的客体。

（8）如果要求保护的外观设计不是产品本身的常规形态，则不属于外观设计专利保护的客体。例如，毛巾等平面产品，其常规形态为平面展开状态，折叠成花朵形态的餐巾、折叠成三角形状的毛巾、折叠成萝卜形状的文化衫和扎成动物形态的手帕都不是各产品的常规形态。

（9）因其包含有气体、液体及粉末状等无固定形状的物质而导致其形状、图案、色彩不固定的产品不属于外观设计专利保护的客体。例如，沙画工艺品，其设计要点在于图案，但其图案的形成完全取决于沙子的流动，是随机的、不固定的，因此不属于外观设计专利保护的客体。但是例如沙漏，虽然其中包含有粉末状物质，但该物质的存在并未导致产品的形状、图案、色彩不固定，因此该产品属于外观设计专利保护的客体。

（10）产品通电后显示的图案和色彩，并非产品本身的图案和色彩，不属于外观设计专利保护的客体。例如，手机显示屏上显示的图案、计算机操作界面、电子表表盘显示的图案等。

（11）产品的色彩不能独立构成外观设计。

（12）不能作用于视觉或者肉眼难以确定的，需要借助特定的工具或仪器才能分辨其形状、图案、色彩的外观设计，不属于外观设计专利保护的客体，例如，其图案是在紫外灯照射下才能显现的产品的外观设计，通过放大镜观察才能清楚显示的微雕的外观设计等。

（13）文字和数字的字音、字义不属于外观设计保护的内容。

（14）专利申请中外观设计的文字或者图案涉及国家重大政治事件、经济事件、文化事件，或者涉及宗教信仰，以致妨害公共利益或者伤害人民感情或民族感情的、或者宣扬封建迷信的、或者造成不良政治影响的，该专利申请不能被授予专利权。以著名建筑物（如天安门）以及领袖肖像等为内容的外观设计不能被授予专利权。以中国国旗、国徽作为图案内容的外观设计，不能被授予专利权。这几种情况属于《专利法》第 5 条规定的妨害公共利益的情况。

（15）如果一件外观设计专利申请同时满足下列三个条件，则认为所述申请属于《专利法》第 25 条第 1 款第（六）项规定的不授予专利权的情形：①使用外观设计的产品属于平面印刷品；②该外观设计是针对图案、色彩或者二者的结合而作出的；③该外观设计主要起标识作用。在依据上述规定对外观设计专利申请进行审查时，首先，审查员根据申请的图片或者照片以及简要说明，审查使用外观设计的产品是否属于平面印刷品。其次，审查所述外观设计是否是针对图案、色彩或者二者的结合而作出的。由于不考虑形状要素，所以任何二维产品的外观设计均可认为是针对图案、色彩或者二者的结合而作出的。最后，审查所述外观设计对于所使用的产品来说是否主要起标识作用。主要起标识作用是指所述外观设计的主要用途在于使公众识别所涉及的产品、服务的来源等。壁纸、纺织品不属于本条款规定的对象。

（二）外观设计专利申请初步审查的范围

外观设计专利申请初步审查的范围是如下。

（1）申请文件的形式审查，包括专利申请是否具备《专利法》第 27 条第 1 款规定的申请文件，以及这些文件是否符合《专利法实施细则》第 2 条、第 3 条第 1 款、第 19 条、第 30 条、第 31 条、第 32 条、第 40 条第 3 款、第 57 条、第 58 条、第 146 条的规定。

上述条款主要涉及：申请外观设计应当提交请求书、外观设计的图片或者照片以及对该外观设计的简要说明等文件；需要按照相关的规定例如书面形式来办理相关的手续；提交的文件使用的语言应当符合规定；相关手续需要在规定的期限内进行办理；请求书的填写应当符合规定；提交的图片、简要说明以及模型的格式都需要符合相关规定；对外观设计的主动修改应当在规定的期限内进行并按照规定的格式提交；办理相关手续的主体应当符合规定；按照规定的要求办理著录项目变更。

（2）申请文件的明显实质性缺陷审查，包括专利申请是否明显属于《专利法》第 5 条第 1 款、第 25 条第 1 款第（六）项规定的情形，或者不符合《专利法》第 17 条、第 18 条第 1 款或者《专利法实施细则》第 11 条的规定，或者明显不符合《专利法》第 2 条第 4 款、第 23 条第 1 款和第 2 款、第 27 条第 2 款、第 31 条第 2 款、第 33 条，以及《专利法实施细则》第 49 条第 1 款的规定，或者依照《专利法》第 9 条规定不能取得专利权。

上述条款主要涉及：要求保护的外观设计是否是可授予专利权的客体；申请人是否符合主体要求；申请专利应当遵循诚实信用原则；是否按照规定委托专利代理机构；要求保护的外观设计是否明显属于现有设计，或者是否有同样的外观设计在该外观设计的申请日以前向专利局提出过申请并记载在该申请日以后公告的专利文件中；图片或照片是否清楚；两项以上外观设计是否可以在同一件申请中申请；修改是否超范围；是否存在同样的外观设计。

需要说明的是，外观设计可能涉及非正常申请的，例如明显抄袭现有设计或者重复提交内容明显实质相同的专利申请，专利局应当根据检索获得的对比文件或者其他途径获得的信息，审查外观设计专利申请是否明显不符合《专利法》第 23 条第 1 款的规定。

（3）其他文件的形式审查，包括与专利申请有关的其他手续和文件是否符合《专利法》第 24 条、第 29 条、第 30 条，以及《专利法实施细则》第 6 条、第 17 条第 2 款和第 3 款、第 30 条、第 34 条、第 35 条、第 38 条、第 41 条、第 48 条、第 49 条第 2 款和第 3 款、第 51 条、第 103 条、第 117 条的规定。

上述条款主要涉及：与宽限期相关的文件和手续；与优先权相关的文件和手续；与恢复权利和期限延长相关的文件和手续；多个申请人时确定代表人的相关手续；与委托相关的文件和手续；涉及申请人主体资格的相关程序；与撤回相关的手续；与分案相关的手续；递交的文件被视为未提交的情况；中止程序；费用减缓程序。

（4）有关费用的审查，包括专利申请是否按照《专利法实施细则》第 110 条、第 112 条、第 116 条的规定缴纳了相关费用。

（三）审查原则

初步审查程序中，审查员应当遵循保密原则、书面审查原则、听证原则和程序节约原则。这与发明和实用新型的初步审查中所遵循的审查原则是相同的。

（四）审查程序

外观设计专利申请的初步审查程序与实用新型相同，也是包括授予专利权通知、申请文件的补正、明显实质性缺陷的处理、通知书的答复、申请的驳回、前置审查与复审后的处理，除了审查的条款有所不同之外，二者在审查程序的各个环节中的处理方式基本相同。

但需要注意的是，对于外观设计专利申请文件的修改，修改的内容不得超出申请日提交的图片或者照片表示的范围，这一点与发明和实用新型都不同。

（五）其他说明

虽然外观设计与实用新型都是初审制度，但是由于二者的申请文件差别比较大，所以审查过程中它们之间也有很大不同，下面主要对审查过程中外观设计与实用新型的不同之处进行说明。

1. **请求书**

请求书中需要填写使用外观设计的产品名称，使用外观设计的产品名称对图片或者照片中表示的外观设计所应用的产品种类具有说明作用。使用外观设计的产品名称应当与外观设计图片或者照片中表示的外观设计相符合，准确、简明地表明要求保护的产品的外观设计。产品名称一般应当符合国际外观设计分类表中小类列举的名称。产品名称一般不得超过 20 个字。

产品名称通常还应当避免下列情形：①含有人名、地名、国名、单位名称、商标、代号、型号或以历史时代命名的产品名称；②概括不当、过于抽象的名称，如"文具"'炊具""乐器""建筑用物品"等；③描述技术效果、内部构造的名称，如"节油发动机""人体增高鞋垫""装有新型发动机的汽车"等；④附有产品规格、大小、规模、数量单位的名称，如"21 英寸电视机""中型书柜""一副手套"等；⑤以外国文字或无确定的中文意义的文字命名的名称，如"克莱斯酒瓶"，但已经众所周知并且含义确定的文字可以使用，如"DVD 播放机""LED 灯""USB 集线器"等。

2. **外观设计图片或者照片**

《专利法》第 64 条第 2 款规定，外观设计专利权的保护范围以表示在图片或者照片中的该产品的外观设计为准，简要说明可以用于解释图片或者照片所表示的该产品的外观设计。《专利法》第 27 条第 2 款规定，申请人提交的有关图片或者照片应当清楚地显示要求专利保护的产品的外观设计。

就立体产品的外观设计而言，产品设计要点涉及六个面的，应当提交六面正投影视图；产品设计要点仅涉及一个或几个面的，应当至少提交所涉及面的正投影视图和立体图，并应当在简要说明中写明省略视图的原因。

就平面产品的外观设计而言，产品设计要点涉及一个面的，可以仅提交该面正投影视图；产品设计要点涉及两个面的，应当提交两面正投影视图。

必要时，申请人还应当提交该外观设计产品的展开图、剖视图、剖面图、放大图以及变化状态图。

就包括图形用户界面的产品外观设计而言，应当提交整体产品外观设计视图。图形用户界面为动态图案的，申请人应当至少提交一个状态的上述整体产品外观设计视图，对其余状态可仅提交关键帧的视图，所提交的视图应当能唯一确定动态图案中动画的变化趋势。

对于设计要点仅在于图形用户界面的，应当至少提交一幅包含该图形用户界面的显示屏幕面板的正投影视图。如果需要清楚地显示图形用户界面设计在最终产品中的大小、位置和比例关系，需要提交图形用户界面所涉及面的一幅正投影最终产品视图。

图形用户界面为动态图案的，申请人应当至少提交一个状态的图形用户界面所涉及面的正投影视图作为主视图；其余状态可仅提交图形用户界面关键帧的视图作为变化状态图，所提交的视图应能唯一确定动态图案中动画完整的变化过程。标注变化状态图时，应根据动态变化过程的先后顺序标注。对于用于操作投影设备的图形用户界面，除提交图形用户界面的视图之外，还应当提交至少一幅清楚显示投影设备的视图。

此外，申请人可以提交参考图，参考图通常用于表明使用外观设计的产品的用途、使用方法或者使用场所等。

色彩包括黑白灰系列和彩色系列。对于简要说明中声明请求保护色彩的外观设计专利申请，图片的颜色应当着色牢固、不易褪色。

六面正投影视图的视图名称，是指主视图、后视图、左视图、右视图、俯视图和仰视图。其中主视图所对应的面应当是使用时通常朝向消费者的面或者最大程度反映产品的整体设计的面。例如，带杯把的杯子的主视图应是杯把在侧边的视图。

各视图的视图名称应当标注在相应视图的正下方。

对于成套产品，应当在其中每件产品的视图名称前以阿拉伯数字顺序编号标注，并在编号前加"套件"字样。例如，对于成套产品中的第4套件的主视图，其视图名称为：套件4主视图。

对于同一产品的相似外观设计，应当在每个设计的视图名称前以阿拉伯数字顺序编号标注，并在编号前加"设计"字样。例如，设计1主视图。

组件产品，是指由多个构件相结合构成的一件产品。分为无组装关系、组装关系唯一或者组装关系不唯一的组件产品。对于组装关系唯一的组件产品，应当提交组合状态的产品视图；对于无组装关系或者组装关系不唯一的组件产品，应当提交各构件的视图，并在每个构件的视图名称前以阿拉伯数字顺序编号标注，并在编号前加"组件"字样。例如，对于组件产品中的第3组件的左视图，其视图名称为：组件3左视图。对于有多种变化状态的产品的外观设计，应当在其显示变化状态的视图名称后，以阿拉伯数字顺序编号标注。

图片应当参照我国技术制图和机械制图国家标准中有关正投影关系、线条宽度以及剖切标记的规定绘制，并应当以粗细均匀的实线表达外观设计的形状。不得以阴影线、指示线、虚线、中心线、尺寸线、点划线等线条表达外观设计的形状。可以用两条平行的双点划线或自然断裂线表示细长物品的省略部分。图面上可以用指示线表示剖切位置和方向、放大部位、透明部位等，但不得有不必要的线条或标记。图片应当清楚地表达外观设计。

图片可以使用包括计算机在内的制图工具绘制，但不得使用铅笔、蜡笔、圆珠笔绘制，也不得使用蓝图、草图、油印件。对于使用计算机绘制的外观设计图片，图面分辨率应当满足清晰的要求。

照片应当清晰，避免因对焦等原因导致产品的外观设计无法清楚地显示。照片背景应当单一，避免出现该外观设计产品以外的其他内容。产品和背景应有适当的明度差，以清楚地显示产品的外观设计。照片的拍摄通常应当遵循正投影规则，避免因透视产生的变形影响产品的外观设计的表达。照片应当避免因强光、反光、阴影、倒影等影响产品的外观设计的表达。照片中的产品通常应当避免包含内装物或者衬托物，但对于必须依靠内装物或者衬托物才能清楚地显示产品的外观设计时，则允许保留内装物或者衬托物。

对于图片或者照片中的内容存在缺陷的专利申请，审查员应当向申请人发出补正通知书或者审查意见通知书。根据《专利法》第33条的规定，申请人对专利申请文件的修改不得超出原图片或者照片表示的范围。所述缺陷主要指下列各项。

（1）视图投影关系有错误，例如投影关系不符合正投影规则、视图之间的投影关系不对应或者视图方向颠倒等。

（2）外观设计图片或者照片不清晰，图片或者照片中显示的产品图形尺寸过小；或者虽然图形清晰，但因存在强光、反光、阴影、倒影、内装物或者衬托物等而影响产品外观设计的正确表达。

（3）外观设计图片中的产品绘制线条包含应删除或修改的线条，例如视图中的阴影线、指示线、虚线、中心线、尺寸线、点划线等。

（4）表示立体产品的视图有下述情况的：各视图比例不一致；产品设计要点涉及六个面，而六面正投影视图不足，但下述情况除外：后视图与主视图相同或对称时可以省略后视图；左视图与右视图相同或对称时可以省略左视图（或右视图）；俯视图与仰视图相同或对称时可以省略俯视图（或仰视图）；大型或位置固定的设备和底面不常见的物品可以省略仰视图。

（5）表示平面产品的视图有下述情况的：

（ⅰ）各视图比例不一致；

（ⅱ）产品设计要点涉及两个面，而两面正投影视图不足，但后视图与主视图相同或对称的情况以及后视图无图案的情况除外。

（6）细长物品例如量尺、型材等，绘图时省略了中间一段长度，但没有使用两条平行的双点划线或自然断裂线断开的画法。

（7）剖视图或剖面图的剖面及剖切处的表示有下述情况的：

（ⅰ）缺少剖面线或剖面线不完全；

（ⅱ）表示剖切位置的剖切位置线、符号及方向不全或缺少上述内容（但可不给出表示从中心位置处剖切的标记）。

（8）有局部放大图，但在有关视图中没有标出放大部位的。

（9）组装关系唯一的组件产品缺少组合状态的视图；无组装关系或者组装关系不唯一的组件产品缺少必要的单个构件的视图。

（10）透明产品的外观设计，外层与内层有两种以上形状、图案和色彩时，没有分别表示出来。

3. 简要说明

《专利法》第64条第2款规定，外观设计专利权的保护范围以表示在图片或者照片中的该产品的外观设计为准，简要说明可以用于解释图片或者照片所表示的该产品的外观设计。

根据《专利法实施细则》第31条的规定，外观设计的简要说明应当包括下列内容：①外观设计产品的名称。简要说明中的产品名称应当与请求书中的产品名称一致。包括图形用户界面的产品外观设计名称，应表明图形用户界面的主要用途和其所应用的产品，一般要有"图形用户界面"字样的关键词，动态图形用户界面的产品名称要有"动态"字样的关键词。如"带有温控图形用户界面的冰箱""手机的天气预报动态图形用户界面""带视频点播图形用户界面的显示屏幕面板"。不应笼统仅以"图形用户界面"名称作为产品名称，如"软件图形用户界面""操作图形用户界面"。②外观设计产品的用途。简要说明中应当写明有助于确定产品类别的用途。对于具有多种用途的产品，简要说明应当写明所述产品的多种用途。包括图形用户界面的产品外观设计应在简要说明中清楚地说明图形用户界面的用途，并与产品名称中体现的用途相对应。如果仅提交了包含该图形用户界面的显示屏幕面板的正投影视图，应当穷举该图形用户界面显示屏幕面板所应用的最终产品，例如，"该显示屏幕面板用于手机、电脑"。必要时说明图形用户界面在产品中的区域、人机交互方式以及变化过程等。③外观设计的设计要点。设计要点是指与现有设计相区别的产品的形状、图案及其结合，或者色彩与形状、图案的结合，或者部位。对设计要点的描述应当简明扼要。④指定一幅最能表明设计要点的图片或者照片。指定的图片或者照片用于出版专利公报。

此外，下列情形应当在简要说明中写明：

（1）请求保护色彩或者省略视图的情况。如果外观设计专利申请请求保护色彩，应当在简要说明中声明。如果外观设计专利申请省略了视图，申请人通常应当写明省略视图的具体原因，例如因对称或者相同而省略；如果难以写明的，也可仅写明省略某视图，例如大型设备缺少仰视图，可以写为"省略仰视图"。

（2）对同一产品的多项相似外观设计提出一件外观设计专利申请的，应当在简要说明中指定其中一项作为基本设计。

（3）对于花布、壁纸等平面产品，必要时应当描述平面产品中的单元图案两方连续或者四方连续等无限定边界的情况。

（4）对于细长物品，必要时应当写明细长物品的长度采用省略画法。

（5）如果产品的外观设计由透明材料或者具有特殊视觉效果的新材料制成，必要时应当在简要说明中写明。

（6）如果外观设计产品属于成套产品，必要时应当写明各套件所对应的产品名称。简要说明不得使用商业性宣传用语，也不能用来说明产品的性能和内部结构。

（7）对于包括图形用户界面的产品外观设计专利申请，必要时应说明图形用户界面的用途、图形用户界面在产品中的区域、人机交互方式以及变化状态等。

4. 优先权

根据《专利法》第 29 条第 1 款的规定，外观设计专利申请的优先权要求仅限于外国优先权，即申请人自外观设计在外国第一次提出专利申请之日起 6 个月内，又在中国就相同的主题提出外观设计专利申请的，依照该外国同中国签订的协议或者共同参加的国际条约，或者依照相互承认优先权的原则，可以享有优先权。

根据《专利法》第 29 条第 2 款的规定，外观设计专利申请的优先权要求可以是本国优先权，即申请人自外观设计在中国第一次提出专利申请之日起 6 个月内，又向专利局就相同主题提出外观设计专利申请的，可以享有优先权。

根据《专利法实施细则》第 34 条第 4 款的规定，外观设计专利申请的申请人要求外国优先权，其在先申请未包括对外观设计的简要说明，申请人按照《专利法实施细则》第 31 条规定提交的简要说明未超出在先申请文件的图片或者照片表示的范围的，不影响其享有优先权。

根据《专利法实施细则》第 35 条第 1 款的规定，申请人在一件外观设计专利申请中，可以要求一项或者多项优先权。

5. 合案申请

《专利法》第 31 条第 2 款规定，一件外观设计专利申请应当限于一项外观设计。同一产品两项以上的相似外观设计，或者属于同一类别并且成套出售或者使用的产品的两项以上的外观设计，可以作为一件申请提出（以下简称合案申请）。

根据《专利法》第 31 条第 2 款的规定，一件申请中的各项外观设计应当为同一产品的外观设计，例如，均为餐用盘的外观设计。如果各项外观设计分别为餐用盘、碟、杯、碗的外观设计，虽然各产品同属于国际外观设计分类表中的同一大类，但并不属于同一产品。

根据《专利法实施细则》第 40 条第 1 款的规定，同一产品的其他外观设计应当与简要说明中指定的基本外观设计相似。判断相似外观设计时，应当将其他外观设计与基本外观设计单独进行对比。初步审查时，对涉及相似外观设计的申请，应当审查其是否明显不符合《专利法》第 31 条第 2 款的规定。一般情况下，经整体观察，如果其他外观设计和基本外观设计具有相同或者相似的设计特征，并且二者之间的区别点在于局部细微变化、该类产品的惯常设计、设计单元重复排列或者仅色彩要素的变化等情形，则通常认为二者属于相似的外观设计。

一件外观设计专利申请中的相似外观设计不得超过 10 项。超过 10 项的，审查员应发出审查意见通知书，申请人修改后未克服缺陷的，驳回该专利申请。

第二节　发明专利申请的实质审查

一、发明保护的对象及不授予发明专利权的主题

根据《专利法》第 2 条第 1 款的规定，发明创造是指发明、实用新型和外观设计。对发明创造授予专利权应当有利于推动其应用，提高创新能力，促进我国科学技术进步和经济社会发展。为此，《专利法》第 2 条对可授予专利权的客体作出了规定。考虑到国家和社会的利益，专利法还对专利保护的范围作了某些限制性规定。一方面，《专利法》第 5 条规定，对违反法律、社会公德或者妨害公共利益的发明创造不授予专利权，对违反法律、行政法规的规定获取或者利用遗传资源，并依赖该遗传资源完成的发明创造不授予专利权；另一方面，《专利法》第 25 条规定了不授予专利权的客体。

（一）《专利法》第 2 条第 2 款的审查

根据《专利法》第 2 条第 2 款的规定，发明是指对产品、方法或者其改进所提出的新的技术方案。

《专利法》第 2 条第 2 款是对可申请专利保护的发明客体的一般性规定。从这个概念我们可以看出，发明既可以包括产品，也可以包括方法，而

这些产品或方法都是由技术方案来体现的。发明的定义直接涉及能够被授予发明专利权的主题范围，这是授予发明专利权的条件之一，也是专利法律制度的基本概念和重要基础。

首先，发明应当是一项技术方案。技术方案是对要解决的技术问题所采取的利用了自然规律的技术手段的集合。技术手段通常是由技术特征来体现的。也就是说技术方案是指利用自然规律解决人类在实践中遇到的特定技术问题时所采用的具体技术手段的集合。判断一项权利要求是否构成技术方案，要看它是否采用了技术手段来解决技术问题并获得技术效果。未采用技术手段解决技术问题，以获得符合自然规律的技术效果的技术方案，则不属于发明专利保护的对象。

案例2-11

权利要求：一种利用垃圾桶作广告的方法，将拥有广泛使用的垃圾桶作为媒体进行广告活动，垃圾桶外表面中的一部分设置厂家本身的商标、图形及文字，而在垃圾桶外表面的其余部分设置其他的广告内容。

说明书中记载其要解决的问题是提供一种简单、廉价、传播范围广的广告的方法。

该申请涉及一种制作广告的方法，该方法利用了垃圾桶廉价、传播范围广的特点，将特定的广告内容放在垃圾桶上，并不涉及垃圾桶的构造，在该方法中，垃圾桶仅仅是广告内容的载体，其上的垃圾桶厂家商标、图形及文字是信息的具体内容。然而，将垃圾桶作为信息表述的载体，仅仅涉及广告创意和广告内容的表达，其特征不是技术特征，解决的问题也不是技术问题，因而不能构成技术手段，该权利要求限定的不是一个技术方案。

另外，涉及下列主题的申请，不属于专利法意义上的产品发明：①气味或者诸如声、光、电、磁、波等信号或者能量本身；②图形、平面、曲面、弧线等本身。对于上述主题的权利要求，无论权利要求的特征部分采用何种撰写方式，审查员可以只审查权利要求的主题，无须审查权利要求的其他内容，即仅依据主题就可以直接认定该权利要求的主题不符合《专利法》第2条第2款的规定。声、光、电、磁、波等信号或者能量本身不受专利法保护，但其发生装置或方法属于可授予专利权的客体。

图形、平面、曲面、弧线等本身不受专利法保护，但具有图形、平面、曲面、弧线等的产品属于可授予专利权的客体。

案例2-12

权利要求：一种用于物质成分分析的光束，其特征在于：该光束的波长为484nm。

由于该主题涉及一种光束，而光束的波长为484nm是其本身的特性，该权利要求只是对光束本身的特性进行了限定，光束本身不属于发明保护的对象。

但是，如果利用光束的性质来解决技术问题的，则构成了技术方案。例如，一种利用光束照射液体并通过分析液体对光的吸收进而测定物质成分的发明，利用了光经过物质时被吸收的特性，解决了物质成分测定这一技术问题，属于发明保护的对象。

案例2-13

权利要求：一种由稳频单频激光器发出的稳频单频激光，其特征在于所述稳频单频激光器具有激光管和稳频器。

该权利要求请求保护的主题是一种激光，虽然其特征部分对产生激光的激光器的具体构成部件如激光管等进行了限定，但由于请求保护的主题是激光，因此该权利要求作为一个整体请求保护的是激光本身，而激光本身不属于专利法意义上的产品发明，因而该权利要求不符合《专利法》第2条第2款的规定。

其次，发明应当是一项"新的"技术方案，也就是说其应当是一种创新的或对现有技术做出改进的技术方案。很显然，未对现有技术做出贡献的技术方案对科学技术的进步和生产力的发展并未起到促进作用，不应当被授予专利权。但是这里所说的新的技术方案，是对发明保护对象的一般性定义，不是判断新颖性、创造性的具体标准。所以，权利要求中的方案只要是不同于背景技术中记载的现有技术，就将其认为是"新"的技术方案。

考虑到国家和社会的利益，专利法还对专利保护的范围作了某些限制性规定。一方面，《专利法》第5条规定，对违反法律、社会公德或者妨害公共利益的发明创造不授予专利权，对违反法律、行政法规的规定获取或者利用遗传资源，并依赖该遗传资源完成的发明创造不授予专利权；另一方面，《专利法》第25条规定了不授予专利权的客体。

（二）《专利法》第5条第1款的审查

根据《专利法》第5条第1款的规定，发明创造的公开、使用、制造违反了法律、社会公德或者妨害了公共利益的，不能被授予专利权。

《专利法》第5条第1款的审查对象为整个申请文件，即权利要求书、说明书（包括附图）和说明书摘要。申请文件中只要存在违反《专利法》第5条第1款的内容，都是不允许的。

1. 违反法律的发明创造

法律，是指由全国人民代表大会或者全国人民代表大会常务委员会依照立法程序制定和颁布的法律，它不包括行政法规和规章。违反法律的发明创造，是指发明创造为法律明文禁止或与法律相违背。

发明创造本身的目的与国家法律相违背的，不能被授予专利权。例如伪造国家货币的设备、吸毒器具、伪造国家货币、票据、公文、证件、印章、文物的设备等。如果发明创造的目的并未违反国家法律，但由于被滥用而导致违反法律的，包括用于医疗的各种毒药、麻醉品、镇静剂、兴奋剂和用于娱乐的棋牌等，不属此列。例如，《中国人民银行法》第19条规定，禁止在宣传品、出版物或者其他商品上非法使用人民币图样，因此，例如带有人民币图案的床单的外观设计违反了《中国人民银行法》，不能被授予专利权。

案例2-14

一个派利分成赌博系统，所述系统包括：一个视频服务器；一个游戏服务器；和多个终端，所述视频服务器及多个终端可通信地与所述游戏服务器连接。

该申请请求保护一种赌博系统，而赌博是国家法律所禁止的，因而不能授予专利权。

需要说明的是，《专利法》所称违反法律的发明创造，不包括仅其实施为法律所禁止的发明创造。其含义是，如果仅仅是发明创造的产品的生产、销售或使用受到法律的限制或约束，则该产品本身及其制造方法并不属于违反法律的发明创造。例如，用于国防的各种武器的生产、销售及使用虽然受到法律的限制，但这些武器本身及其制造方法仍然属于可给予专利保护的客体。

2. 违反社会公德的发明创造

社会公德，是指公众普遍认为是正当的、并被接受的伦理道德观念和行为准则。它的内涵基于一定的文化背景，随着时间的推移和社会的进步不断地发生变化，而且因地域不同而各异。中国专利法所称的社会公德限于中国境内。

发明创造在客观上与社会公德相违背的，不能被授予专利权。例如，改变人生殖系遗传同一性的方法或改变了生殖系遗传同一性的人，克隆的人或克隆人的方法，改变人生殖系遗传身份的方法、人类胚胎的工业或商业目的的应用，可能导致动物痛苦而对人或动物的医疗没有实质性益处的改变动物遗传同一性的方法等。

此外，违反社会公德的外观设计包括带有淫秽、暴力或者凶杀等内容的外观设计。例如，某系列玩偶的外观设计，其造型血腥，整体外观设计令人感到恐怖和反感，明显违反社会公德，不应被授予专利权。

但是，如果发明创造是利用未经过体内发育的受精14天以内的人类胚胎分离或者获取干细胞的，则不能以"违反社会公德"为理由拒绝授予专利权。

人类胚胎干细胞不属于处于各个形成和发育阶段的人体。

3. 妨害公共利益的发明创造

妨害公共利益，是指发明创造的实施或使用会给公众或社会造成危害，或者会使国家和社会的正常秩序受到影响。

凡是发明创造以致人伤残或损害财物为手段的（如一种使盗窃者双目失明的防盗装置及方法）；发明创造的实施或使用会严重污染环境、严重浪费能源或资源、破坏生态平衡、危害公众健康的，以及专利申请的文字或者图案涉及国家重大政治事件或宗教信仰、伤害人民感情或民族感情或者宣传封建迷信的，均属于妨害公共利益的发明创造，不能被授予专利权。

需要说明的是，如果发明创造因滥用而可能造成妨害公共利益的，或者发明创造在产生积极效果的同时存在某种缺点的，例如对人体有某种副作用的药品，不属于因"妨害公共利益"而不能被授予专利权的主题。但是，如果发明创造本身是为了达到有益目的，而其使用和实施必然会导致妨害公共利益，例如汽车偷盗装置采用释放催眠气体方法使盗车者开车时昏迷而便于抓获，但由于此时汽车失去控制可能会对行人造成伤害，则仍属于妨害公共利益的发明创造，不能被授予专利权。

（三）《专利法》第 5 条第 2 款的审查

随着生物技术的发展，遗传资源已经成为一个国家可持续发展的重要资源。中国是世界上遗传资源最为丰富的国家之一，保护遗传资源对中国具有重要的意义。

根据《专利法》第 5 条第 2 款的规定，对违反法律、行政法规的规定获取或者利用遗传资源，并依赖该遗传资源完成的发明创造不授予专利权。做出这类发明创造的目的本身不一定违反法律、行政法规（如果发明创造本身违法，则可以直接适用《专利法》第 5 条第 1 款的规定）。之所以不授予专利权，是因为所依赖的遗传资源在获取或者利用过程中违反了我国关于遗传资源管理、保护的法律或者行政法规。

需要注意的是，法律、行政法规、社会公德和公共利益的含义较广泛，常因时期、地区的不同而有所变化，有时由于新法律、行政法规的颁布实施或原有法律、行政法规的修改、废止，会增设或解除某些限制。

根据《专利法实施细则》第 29 条第 1 款的规定，专利法所称遗传资源，是指取自人体、动物、植物或者微生物等含有遗传功能单位并具有实际或者潜在价值的材料和利用此类材料产生的遗传信息；专利法所称依赖遗传资源完成的发明创造，是指利用了遗传资源的遗传功能完成的发明创造。

遗传功能是指生物体通过繁殖将性状或者特征代代相传或者使整个生物体得以复制的能力。遗传功能单位是指生物体的基因或者具有遗传功能的DNA 或者 RNA 片段。取自人体、动物、植物或者微生物等含有遗传功能单位的材料，是指遗传功能单位的载体，既包括整个生物体，也包括生物体的某些部分，如器官、组织、血液、体液、细胞、基因组、基因、DNA 或者RNA 片段等。发明创造利用了遗传资源的遗传功能是指对遗传功能单位进行分离、分析、处理等，以完成发明创造，实现其遗传资源的价值。

违反法律、行政法规的规定获取或者利用遗传资源，是指遗传资源的获取或者利用未按照我国有关法律、行政法规的规定事先获得有关行政管理部门的批准或者相关权利人的许可。例如，按照《中华人民共和国畜牧法》和《中华人民共和国畜禽遗传资源进出境和对外合作研究利用审批办法》的规定，向境外输出列入中国畜禽遗传资源保护名录的畜禽遗传资源应当办理相关审批手续，某发明创造的完成依赖于中国向境外出口的列入中国畜禽遗传资源保护名录的某畜禽遗传资源，未办理审批手续的，该发明创造不能被授予专利权。

需要注意的是，涉及生物资源，包括植物、动物、微生物的发明创造的范围是非常广泛的，但是并非所有涉及生物资源的发明创造都属于不授予专利权的主题，只有从遗传资源中分离出遗传功能单位并加以分析和利用而完成的发明创造才属于依赖于遗传资源完成的发明创造。例如，从某种野生大豆中提取木糖醇而完成的发明创造则不属于依赖于遗传资源完成的发明创造，原因是该发明创造虽然使用了可被称之为遗传资源的材料，但却并未利用其遗传功能。又如，烹调的一种方法会用到蔬菜，蔬菜是生物资源，但做菜的方式丝毫没有涉及蔬菜这种生物资源的遗传功能。因此，这类食品烹调方法等类的发明创造就不属于《专利法》所讲的依赖于遗传资源所完成的发明创造。

（四）《专利法》第 25 条的审查

根据《专利法》第 25 条的规定，科学发现、智力活动的规则和方法、疾病的诊断和治疗方法、动物和植物品种、原子核变换方法以及用原子核变换方法获得的物质，不授予专利权。以下进行详细说明。

《专利法》第 25 条的审查对象为权利要求书。也就是说，如果一件专利申请的说明书和摘要中存在涉及《专利法》第 25 条的内容，而权利要求书中不存在该内容，审查员不应当依据《专利法》第 25 条对说明书和摘要作出审查意见。

1. 科学发现

《专利法》第 25 条第 1 款第（一）项规定，科学发现不授予专利权。科学发现是指对自然界中客观存在的物质、现象、变化过程及其特性和规律的揭示。科学理论是对自然界认识的总结，是更为广义的发现。《专利法》意义上的发明创造是利用人们所认识的客观自然规律来解决客观世界所存在的技术问题的技术方案。因而，发现不同于发明，无论是科学发现还是科学理论都属于人们对客观世界自然规律的认识范畴，不是《专利法》意义上的发明创造，因而不能被授予专利权。

发现与发明的区别在于，发现是一种认知，而发明则是一种技术方案；发现针对的是自然界中已经存在的事物，而发明是创造了自然界中本来不存在的事物。

发明和发现虽本质不同，但两者关系密切。通常，很多发明是建立在发现的基础之上的，进而发明又促进了发现。发明与发现的这种密切关系在化学物质的"用途发明"上表现最为突出，当发现某种化学物质的特殊性质之后，利用这种性质的"用途发明"则应运而生。例如，"锗的半导体性能"属于科学发现，不能被授予专利权。但是利用锗的半导体性能制造的半导体收音机及其用途属于利用自然规律解决技术问题的技术方案，因而属于发明范畴。再如，发现光的折射现象或者总结得出的折射定律属于科学发现或科学理论，显然对折射现象和折射定律这些客观自然规律不能授予专利权。但是在利用折射现象和折射定律使物体放大成像的方法以及利用折射原理的放大镜、显微镜、望远镜，都属于利用自然规律解决技术问题的技术方案，因而属于发明范畴。

人们从自然界找到以天然形态存在的物质，仅仅是一种科学发现，不授予专利权。但是，如果是首次从自然界分离或提取出来的物质，其结构、形态或者其他物理化学参数是现有技术中不曾认识的，并能被确切地表征，且在产业上有利用价值，则该物质本身以及取得该物质的方法均可授予专利权。例如，天麻本身不能被授予专利权，但是从天麻中提取的天麻素以及天麻素的提取方法均可被授予专利权。

2. 智力活动的规则和方法

《专利法》第25条第1款第（二）项规定，智力活动的规则和方法不能被授予专利权。智力活动是指人的思维运动，它源于人的思维，经过推理、分析和判断产生出抽象的结果，或者应当经过人的思维运动作为媒介，间接地作用于自然产生结果。智力活动的规则和方法是指导人们进行思维、表述、判断和记忆的规则和方法。由于智力活动的规则和方法没有采用技术手段或者利用自然规律，也未解决技术问题和产生技术效果，因而不构成技术方案。它既不符合《专利法》第2条第2款的规定，又属于《专利法》第25条第1款第（二）项规定的不授予专利权的情形。因此，指导人们进行这类活动的规则和方法不能被授予专利权。

智力活动的特点为：智力活动的规则和方法通常具有抽象性，它是一种人的抽象思维运动的结果，不是指导人改造客观世界的活动，而是指导人的思维活动；它可能利用的是人类社会学、经济学等非自然方面的规律，而不是利用自然法则；智力活动的规则和方法常常利用人的思维运动作为媒介，间接地作用于自然产生结果。

如果一项权利要求仅仅涉及智力活动的规则和方法，完全由借助人思维运动来实现的规则和方法组成，其中不包含任何技术方面的内容，那么该项权利要求请求保护的内容属于智力活动的规则和方法，不能被授予专利权。例如，一种便于按姓氏拼音顺序翻阅的通讯录编排方法，其与现有编排方法的区别在于按照我国姓名统计的第一个拼音字母所占的比例分配页数。该通讯录编排方法属于智力活动的规则和方法，故不能被授予专利权。又如，一种魔方玩具的游戏方法，利用该方法可将魔方玩具拼装成预定的形状，其仅仅是一种智力活动的规则和方法。另外，仪器和设备的操作说明、时间调度表、图书分类规则、字典编排方法、数学换算方法、人口统计方法，计算机程序本身，质量控制方法等属于智力活动的规则和方法，不能被授予专利权。

如果一项权利要求除其主题名称之外，对其限定的全部内容均为智力活动的规则和方法，则该权利要求实质上仅仅涉及智力活动的规则和方法，不能被授予专利权。例如，一种存储介质，用于存储计算机可读程序。该权利要求的主题虽然是一种作为有形物质的存储介质（软盘、光盘等），但介质本身的物理特性没有发生任何变化，申请主题的实质是记录在该计算机存储介质中的计算机程序本身，不能被授予专利权。此外，数据经过系统处理后显示在显示器上的图形界面，实质上是计算机程序的表现形式，属于智力活动的规则和方法，不能被授予专利权。又如，一种影像撷取装置的使用者界面，包括：一影像预览窗口，用于图像预览及选取，以进行常态扫描；一影像分析资料显示框，用以显示常态扫描影像资料的分析结果；一个功能键显示框，用以显示至少一个功能键。这种使用者界面实质上是计算机程序的表现形式，属于智力活动的规则和方法。

涉及商业模式的权利要求，如果既包含商业规则和方法的内容，又包含技术特征，则不应当依据《专利法》第25条排除其获得专利权的可能性。

案例2-15

权利要求：一种在所有彩票应用中的小数面额游戏方法，其中允许消费者购买整单位游戏票的小数面额份额，其数额等于消费者从授权提供游戏的零售商那里得到货物和服务而应返回的零钱，中奖者根据中奖票的相对函数值来按比例分享奖金。

该权利要求涉及一种游戏方法，其解决方案是通过购买整单位游戏票的份额或比例，并根据相应的份额计算关系来分享奖金。该游戏方法的实质是通过人为设定分配计算办法，对共同购买整单位游戏票的所有持有者中奖后的奖金分配进行计算，该权利要求仅仅涉及智力活动的规则和方法。

案例2-16

权利要求：一种儿童游戏棋，其特征是以九九乘法运算所得的乘积作为走棋指数，或以合数分解因数后所得的若干个因数中的一个因数或多个因数作为走棋指数，棋子根据上述计算的走棋指数可向前、向左或向右行走，逢单数向左行走，逢双数向右行走，逢倍数可向前行走，遇对方棋子时，可以大数吃小数。

该权利要求涉及一种游戏棋，并依据该游戏棋行走步骤的计算方式，向前、向左或向右行走的规则以及吃掉对方棋子的行棋规则对这种游戏棋进行了限定。然而，虽然该权利要求的主题是一种产品，但对其进行限定的特征全部属于行棋规则等这些人为设定的规则和方法，而没有包含任何技术特征，因此仍然属于一种智力活动的规则和方法。

3. 疾病的诊断和治疗方法

《专利法》第25条第1款第（三）项规定，疾病的诊断和治疗方法不被授予专利权。疾病的诊断和治疗方法是指以有生命的人体或者动物体为直接实施对象，进行识别、确定或消除病因或病灶的过程。出于人道主义的考虑和社会伦理的原因，医生在诊断和治疗过程中应当有选择各种方法和条件的自由。另外，这类方法直接以有生命的人体或动物体为实施对象，无法在产业上利用，不属于专利法意义上的发明创造。因此疾病的诊断和治疗方法不能被授予专利权。

需要说明的是，用于实施疾病诊断和治疗方法的仪器或装置，以及在疾病诊断和治疗方法中使用的物质或材料属于可被授予专利权的客体。

1）疾病的诊断方法

诊断方法是指为识别、研究和确定有生命的人体或者动物体病因或病灶状态的过程。

一项与疾病诊断有关的方法如果同时满足：①以有生命的人体或动物体为对象；②以获得疾病诊断结具或健康状况为直接目的，则属于疾病的诊断方法，如诊脉法、足诊法、X-光诊断法、超声诊断法、胃肠造影诊断法、患病风险度评估方法、疾病治疗效果预测方法等。

需要说明的是，上述"健康状况"应理解为患病风险度、健康状况、亚健康状况以及治疗效果预测和评估等。因此，患病风险度评估方法、健康状况（包括亚健康状况）的评估方法都属于疾病的诊断方法。

另外，有些涉及疾病诊断的主题是通过离体样品（如脱离人体或动物体的组织、体液或排泄物）的检测处理来获取诊断结果或健康状况为直接目的，该主题仍然属于疾病的诊断和治疗方法，不能被授予专利权。例如，某专利申请涉及一种生成脑电向量图的方法，包括：信号采集；信号预处理；数学模型的建立与计算；生成脑电向量图；脑电向量图的统计分析，用统计方法对正常人群体和病人群体建立模型；鉴别诊断。该申请以有生命的人体的脑部为对象，通过信号的采集、处理、建立数学模型并生成脑电向量图，通过对其进行统计分析来获得正常人群体和病人群体模型，通过与正常模型的比较来获得疾病的诊断结果。这种方法以有生命的人体为实施对象，以获得大脑是否有功能性改变的诊断结果为直接目的，因此属于疾病诊断方法。

需要说明的是，有些方法并非以有生命的人体或动物体为实施对象，或者其直接目的不是获得诊断结果或健康状况，例如，仅仅是为了获取作为中间结果的信息，这些方法不属于疾病的诊断方法。例如，已经死亡的人体或动物体上实施的病理解剖方法；直接目的不是获得诊断结果或健康状况，而只是从活的人体或动物体获取作为中间结果的信息和／或处理信息（形体参数、生理参数或其他参数）的方法；直接目的不是获得诊断结果或健康状况，而只是对已经脱离人体或动物体的组织、体液或排泄物进行处理或检测的方法。需要注意的是后两种情况中，只有当根据现有技术中的医学知识和本专利申请公开的内容，从所获得的信息本身不能直接得出疾病的诊断结果或健康状况时，这些信息才被认为是中间结果。

2）疾病的治疗方法

治疗方法，是指为使有生命的人体或者动物体恢复或获得健康或减少痛苦，进行阻断、缓解或者消除病因或病灶的过程。治疗方法包括以治疗为目的的或者具有治疗性质的各种方法。应当注意的是，预防疾病或者免疫的方法视为治疗方法。

对于既可能包含治疗目的的，又可能包含非治疗目的的方法，实践中应当明确说明该方法用于"非治疗目的"，否则不能被授予专利权。被视为治疗方法的例子包括外科手术治疗方法、以治疗为目的的针灸方法、以预防疾病为目的的各种免疫方法等等。

应当注意的是，虽然使用药物治疗疾病的方法不能被授予专利权，但是药物本身可以被授予专利权。有关物质的医药用途，如果以"用于治病""用于诊断病""作为药物的应用"等这样的权利要求申请专利，则属于《专利法》第25条第1款第（三）项"疾病的诊断和治疗方法"，不能被允许。例如，用一种化合物 X 治疗某种病；或者"一种治疗某种病的方法，使用一种化合物 X"，不能被允许。但是如果以药品权利要求或者如"在制药中的应用""在制备治某病的药中的应用"等属于制药方法类型的用途权利要求申请专利，则不属于"疾病的诊断和治疗方法"。例如，用一种化合物 X 制备某种药。化合物 X 作为制备治 Y 病药的应用。

不属于治疗方法的例子，包括制造假肢或者假体的方法；动物肉类质量提高方法；屠宰方法；对于已经死亡的人体或动物体采取的处置方法；单纯的美容方法；为使处于非病态的人或者动物感觉舒适、愉快或者在诸如潜水、防毒等特殊情况下输送氧气、负氧离子、水分的方法；杀灭人体或者动物体外部（皮肤或毛发上，但不包括伤口和感染部位）的细菌、病毒、虱子、跳蚤的方法。

需要注意的是，对于请求保护涉及美容方法的发明专利申请，如果该美容方法具有治疗目的或治疗效果，并且该治疗目的或治疗效果与美容效果不可区分，则会被认定为属于治疗方法。

外科手术方法，是指使用器械对有生命的人体或者动物体实施的剖开、切除、缝合、纹刺等创伤性或者介入性治疗或处置的方法。外科手术方法分为治疗目的的外科手术和非治疗目的的外科手术。但不论是治疗目的还是非治疗目的的外科手术方法都不能被授予专利权。以治疗为目的的外科手术方法，属于治疗方法，不能被授予专利权。但是，治疗目的的外科手术方法中使用的新产品，特别是物质或材料（例如，在心血管外科手术过程中植入的血管支架），以及该产品的制造方法，可以被授予专利权。非治疗目的的外科手术方法由于是以有生命的人或动物为实施对象，无法在产业上使用，因此不具备实用性。

案例2-17

一种通过测定分析物的胃蛋白酶原I、胃泌素和幽门螺杆菌感染标志物来诊断萎缩性胃炎的方法。

该方法涉及一种离体样本检测方法，其直接目的是诊断该样本主体是否患有萎缩性胃炎，因此该方法属于疾病的诊断方法。

案例2-18

一种测定唾液中酒精含量的方法，该方法通过检测被测人唾液酒精含量，以反映出其血液中酒精含量。

该方法涉及一种离体样本的检测方法，其直接目的是检测该样本主体的血液中的酒精含量，并不能最终确定患者是否是酒精中毒，即不是为了获得疾病的诊断结果，因此该方法不属于疾病的诊断方法。

案例2-19

一种血液中乙肝病毒的化学发光定性定量检测方法，其特征在于，通过乙型肝炎病毒表面抗原化学发光定性定量检测试剂盒检测乙型肝炎病毒表面抗原，通过乙型肝炎病毒表面抗体化学发光定性定量检测试剂盒检测乙型肝炎病毒表面抗体，根据上述表面抗原与表面抗体的检测结果，确定血液中乙肝病毒的存在。

该方法通过抗原抗体测定来检测血液中乙肝病毒的存在，根据该检测结果不能直接得到疾病的诊断结果或健康状况，该检测方法只能确定其主体的血液中是否存在乙肝病毒，而不能确定其主体是否为乙肝患者，因为血液中存在乙肝病毒反映出该血液主体为乙肝病毒携带者，但乙肝病毒携带者可为肝功能正常的乙肝病毒携带者和肝功能受损的乙肝病毒携带者。在肝功能正常的乙肝病毒携带者中，有些携带者的病毒检测结果可自然转阴，结束携带状态；有些携带者可以为持续终生的携带者；有些携带者可发展为肝炎。因此根据血液中乙肝病毒的存在不能直接判定其主体是否患有乙型肝炎或患有乙型肝炎的风险度，其直接目的不是诊断，该方法不属于疾病的诊断方法。

案例 2-20

一种检测患者患癌症风险的方法，包括如下步骤：(ⅰ) 分离患者基因组样本；(ⅱ) 检测是否存在或表达 SEQ ID NO：1 序列所包含的基因，其中存在或表达所述基因表明患者有患癌症的风险。

该方法的直接目的是获得该样本主体患有癌症的风险度，是以获得同一主体的健康状况为直接目的的，因此该方法属于疾病的诊断方法。

案例 2-21

一种依据选定测量的生理指标与相应的健康状况参考指标的比较来确定人的健康状况的方法。

该方法涉及一种确定人体健康状况的方法，这种方法以获得同一主体的健康状况为直接目的，因此该方法属于疾病的诊断方法。

案例 2-22

一种通过血管成像预测肿瘤光动力学治疗效果的方法，其特征在于先获取肿瘤组织在光动力学治疗前的光声层析血管图像，然后根据肿瘤特性和治疗方案模拟肿瘤组织在光动力学治疗后的光声层析血管图像，最后将肿瘤组织在光动力学治疗前后的光声层析血管图像进行比较，从而预测该光动力学治疗方法对肿瘤的治疗效果。

疾病治疗效果预测和评估方法，以及通过使动物患病后用药物治疗的药效预测和评估方法，都属于疾病的诊断方法。因此本案例的方法属于疾病的诊断方法。

案例 2-23

一种去除牙斑的方法。由于该方法具有改善牙齿外观的美容效果，同时去除牙斑菌不可避免地具有预防龋齿和牙周病的治疗作用，该方法的治疗效果与美容效果不可区分，因此属于治疗方法。

如果是单纯的美容方法则不属于治疗方法。单纯的美容方法是指不介入人体或不产生创伤的美容方法，包括在皮肤、毛发、指甲、牙齿外部等可视部位局部实施的、非治疗目的的身体除臭、保护、装饰或者修饰方法。对于包含有美容目的或美容性质的方法，需要注意两点：①是否具有治疗目的或治疗效果；②是否包括外科手术步骤。如果该美容方法具有治疗目的或治疗效果，并且该治疗目的或治疗效果与美容效果不可区分，则应当属于治疗方法。如果该美容方法不具有治疗效果，但包括外科手术处置步骤，则属于非治疗目的的外科手术方法，不具备《专利法》第 22 条第 4 款规定的实用性。

案例 2-24

一次性无疤痕去纹眉的美容方法，包括对眉毛处局部麻醉，用激光刀头对准纹眉部分，根据皮纹方向去除纹眉。

该方法中包括了对人体眉毛处皮肤进行局部麻醉和用激光刀头对纹眉部分皮肤进行处置的步骤，因此属于非治疗目的的外科手术方法，不具备《专利法》第 22 条第 4 款规定的实用性。

> 案例2-25

防止晒黑的美容方法，该方法采用物理防晒剂通过遮蔽或散射光线进行防晒。

该方法以美化肤色为目的，不以治疗为目的，并且也不包括创伤性或介入性的处置过程，因此属于单纯的美容方法，不属于治疗方法。

4. 动物和植物品种

《专利法》第25条第1款第（四）项规定，动物和植物品种不授予专利权。专利法所称的动物不包括人，所述动物是指不能自己合成，而只能靠摄取自然的碳水化合物及蛋白质来维系其生命的生物。《专利法》所称的植物，是指可以借助光合作用，以水、二氧化碳和无机盐等无机物合成碳水化合物、蛋白质来维系生存，并通常不发生移动的生物。动物和植物品种可以通过专利法以外的其他法律法规保护，例如，植物新品种可以通过《植物新品种保护条例》给予保护。

转基因动物或植物是通过基因工程的重组DNA技术等生物学方法得到的动物或植物。其本身仍然属于"动物品种"或"植物品种"的范畴，不能被授予专利权。

对动物和植物品种的生产方法，可以授予专利权。但这里所说的生产方法是指非生物学的方法，不包括生产动物和植物主要是生物学的方法。一种方法是否属于"主要是生物学的方法"，取决于在该方法中人的技术介入程度。如果人的技术介入对该方法所要达到的目的或者效果起了主要的控制作用或者决定作用，则这种方法不属于"主要是生物学的方法"。例如，转基因操作获得抗旱水稻的方法，是可授予专利权的主题。又如，一种采用辐照饲养法生产高产牛奶的乳牛的方法，其特征在于，每天用辐射波照射15分钟。在该方法中人的技术介入对该方法所要达到的目的或者效果起了主要的控制作用或者决定作用，则这种方法不属于"主要是生物学的方法"，是可授予专利权的主题。

微生物发明是指利用各种细菌、真菌、病毒等微生物去生产一种化学物质（如抗生素）或者分解一种物质等的发明。微生物既不属于动物，也不属于植物的范畴。但是未经人类的任何技术处理而存在于自然界的微生物由于属于科学发现，所以不能被授予专利权。只有当微生物经过分离成为纯培养物，并且具有特定的工业用途时，微生物本身才属于可授予专利权的主题。对于基因（包括人体基因）及 DNA 片段，当其首次从自然界分离或提取出来，其碱基序列是现有技术中不曾记载并能被确切地表征，且在产业上有利用价值，则该基因或 DNA 片段本身及其分离提取方法均是可授予专利权的主题。

5. 原子核变换方法以及用原子核变换方法获得的物质

《专利法》第 25 条第 1 款第（五）项规定，原子核变换方法以及用原子核变换方法获得的物质不授予专利权。原子核变换方法，是指使一个或几个原子核经分裂或者聚合，形成一个或者几个新原子核的过程。例如，完成核聚变反应的磁镜阱法等。用原子核变换方法获得的物质主要是指用加速器、反应堆以及其他核反应装置生产制造的各种放射性同位素。

原子核变换方法和用原子核变换方法获得的物质常用于军事目的，关系到国家的重大利益，不宜为人垄断，不宜公开，因此不是可授予专利权的主题。

但是，为实现原子核变换而采用的辅助手段，例如增加粒子能量的粒子加速方法不属于原子核变换方法；为实现原子核变换方法的各种设备、仪器及其部件；以及用加速器、反应堆以及其他核反应装置生产制造的各种放射性同位素的用途以及使用这些同位素的仪器、设备均是可授予专利权的主题。

二、新颖性

根据《专利法》第 22 条第 1 款的规定，授予专利权的发明和实用新型应当具备新颖性、创造性和实用性。因此，申请专利的发明和实用新型具备新颖性是授予其专利权的必要条件之一。

（一）新颖性的概念

新颖性，是指该发明或者实用新型不属于现有技术；也没有任何单位或者个人就同样的发明或者实用新型在申请日以前向专利局提出过申请，并记载在申请日以后（含申青日）公布的专利申请文件或者公告的专利文件中。

1. 现有技术

根据《专利法》第 22 条第 5 款的规定，现有技术是指申请日以前在国内外为公众所知的技术。现有技术包括在申请日（有优先权的，指优先权日）以前在国内外出版物上公开发表、在国内外公开使用或者以其他方式为公众所知的技术。

现有技术应当是在申请日以前公众能够得知的技术内容。换句话说，现有技术应当在申请日以前处于能够为公众获得的状态，并包含有能够使公众从中得知实质性技术知识的内容。这里的"公众"不是数量意义上的人群，而是不受特定条件限制的人群，即不负有保密义务的人。例如，街上的行人、公共图书馆的读者、听课的学生、报告会的听众都属于现有技术概念中所指的"公众"。这里的"公众"不包括与申请人、发明人有信任关系的人（如合作者、同事）、对申请人、发明人依法有保密义务的人（如技术秘密转让合同的受让人，专利代理师）或者依习惯有保密义务的人（如雇员对雇主、编辑对投稿人都属于依习惯有保密义务的人）。

"为公众所知"是指，一方面，现有技术处于公众想要得知就能得知的状态。"处于公众想要得知就能得知的状态"是指有关技术内容已经处于向公众公开的状态，使想要了解其技术内容的人都可能通过正当的途径了解，而不仅是为某些特定人所能了解。这种向公众公开的状态只要客观存在，有关技术就被认为已经公开，至于有没有人了解或者有多少人实际上已经了解该技术是无关紧要的。另一方面，现有技术的内容应当包括实质性的技术知识。例如，公共图书馆登记上架的技术书籍，公众若想从中了解实质性技术内容，均可通过阅览、借阅而得知，由于书籍中记载的技术内容处于能够为公众获知的状态，如果上述技术内容是在某申请的申请日之前公开的，则构成相对于该申请的现有技术。

应当注意，处于保密状态的技术内容不属于现有技术。所谓保密状态，不仅包括受保密规定或协议约束的情形，还包括社会观念或者商业习惯上被认为应当承担保密义务的情形，即默契保密的情形。例如，在产品研制开发过程中，对产品的性能进行实际测试时，通常的情形下，产品的测试者被认为对测试产品负有保密义务。然而，负有保密义务的人违反协议或者默契泄露秘密，导致技术内容的公开，使公众能够得知这些技术，这些技术也就构成了现有技术的一部分。

然而，如果负有保密义务的人违反规定、协议或者默契泄露秘密，导致技术内容公开，使公众能够得知这些技术，这些技术也就构成了现有技术的一部分。

1）时间界限

现有技术的时间界限是申请日，享有优先权的，则指优先权日。广义上说，申请日以前公开的技术内容都属于现有技术，但申请日当天公开的技术内容不包括在现有技术范围内。

2）公开方式

现有技术公开方式包括出版物公开、使用公开和以其他方式公开三种，均无地域限制。

（1）出版物公开。

专利法意义上的出版物是指记载有技术或设计内容的独立存在的传播载体，并且应当表明或者有其他证据证明其公开发表或出版的时间。

符合上述含义的出版物可以是各种印刷的、打字的纸件，如专利文献、科技杂志、科技书籍、学术论文、专业文献、教科书、技术手册、正式公布的会议记录或者技术报告、报纸、产品样本、产品目录、广告宣传册等，也可以是用电、光、磁、照相等方法制成的视听资料，如缩微胶片、影片、照相底片、录像带、磁带、唱片、光盘等，还可以是以其他形式存在的资料，如存在于互联网或其他在线数据库中的资料等。

出版物不受地理位置、语言或者获得方式的限制，也不受年代的限制。出版物的出版发行量多少、是否有人阅读过、申请人是否知道是无关紧要的。

印有"内部资料""内部发行"等字样的出版物，确系在特定范围内发行并要求保密的，不属于公开出版物。

出版物的印刷日视为公开日，有其他证据证明其公开日的除外。印刷日只写明年月或者年份的，以所写月份的最后一日或者所写年份的 12 月 31 日为公开日。

审查员认为出版物的公开日期存在疑义的，可以要求该出版物的提交人提出证明。

例如，《计算机数据结构》的版权页上标有"1996 年 10 月第 1 版，1998 年 6 月第 2 次印刷"的字样，该书的公开日一般应当认定为 1998 年 6 月 30 日。如果有证据证明该书在 1996 年 10 月第一次发行以来未经任何修订或者审查员所引用的部分未经任何修订，应当将公开日认定为 1996 年 10 月 31 日。

又如，《通信原理》的版权页上标有"1998 年 10 月第 3 版，1999 年 6 月第 2 次印刷"的字样，该书的公开日一般应当认定为 1999 年 6 月 30 日。如果有证据证明该书在 1996 年 4 月第 1 版第 1 次印刷以来未经任何修订或者对审查员所引用的部分未经任何修订，应当将公开日认定为 1996 年 4 月 30 日。

如果期刊既有纸件又有电子形式的，以最早的公开日作为公开日。一般地，将在线电子期刊的上传日或出版日视为公开日，都以当地时间为准，不考虑时区的时差。对于学位论文，不能以提交日作为公开日，只能以中国优秀硕士论文电子期刊网（www.cmfd.cnki.net）或中国博士学位论文电子期刊网（www.cdfd.cnki.net）"年期"所显示的出版日为公开日。如果所显示的日期是一个时间段，以最后的日期为实际公开日。例如，在中国优秀硕士论文电子期刊网（www.cmfd.cnki.net），检索到"以太网供电方法的可行性研究"的论文，其"年期"栏显示出版日期为 2008 年 6 月 16 日至 7 月 15 日，则确定该篇硕士论文的公开日为 2008 年 7 月 15 日。

（2）使用公开。

由于使用而导致技术方案的公开，或者导致技术方案处于公众可以得知的状态，这种公开方式称为使用公开。

使用公开的方式包括能够使公众得知其技术内容的制造、使用、销售、进口、交换、馈赠、演示、展出等方式。只要通过上述方式使有关技术内容处于公众想得知就能够得知的状态，就构成使用公开，而不取决于是否有公众得知。但是，未给出任何有关技术内容的说明，以致所属技术领域的技术人员无法得知其结构和功能或材料成分的产品展示，不属于使用公开。

如果使用公开的是一种产品，即使所使用的产品或者装置需要经过破坏才能够得知其结构和功能，也仍然属于使用公开。此外，使用公开还包括放置在展台上、橱窗内公众可以阅读的信息资料及直观资料，如招贴画、图纸、照片、样本、样品等。

使用公开是以公众能够得知该产品或者方法之日为公开日。

（3）以其他方式公开。

为公众所知的其他方式，主要是指口头公开等。例如，口头交谈、报告、讨论会发言、广播、电视、电影等能够使公众得知技术内容的方式。口头交谈、报告、讨论会发言以其发生之日为公开日。公众可接收的广播、电视或电影的报道，以其播放日为公开日。

3）现有技术公开内容的认定

现有技术文件公开的内容不仅包括文字明确记载的内容，而且还包括对于所属领域的技术人员来说，隐含的且可直接地、毫无疑义地确定的内容。对于未明确记载在对比文件中的技术特征，如果对所属领域的技术人员而言，该技术特征是申请日之前已知产品的固有部件或属性，或者方法的固有步骤，则这些部件、属性或步骤都是固有特征，属于对比文件中隐含的且可直接地、毫无疑义地确定的技术内容。但是，在申请日之前尚未被所属领域技术人员知晓的那些固有特征，不属于隐含的且可直接地、毫无疑义地确定的技术内容。例如，对比文件记载了一种汽车，但并未明确记载有发动机和安全气囊。发动机是汽车必然具有的部件，属于汽车固有的特征，应当作为对比文件中隐含的且可直接地、毫无疑义地确定的技术内容。但是安全气囊并非汽车所必然具有的部件，不属于其固有的特征，不应当作为隐含的且可直接地、毫无疑义地确定的技术内容，汽车可以装设安全气囊只是汽车领域的公知常识。

对比文件中包括附图的，对附图所示内容不能因其没有相应的文字描述而一概不予考虑，那些能够从附图中直接地、毫无疑义地确定的技术特征，属于对比文件公开的内容。附图中的相关部分如果在对比文件中没有作出特别说明，则应当按照所属技术领域通常的图示含义来理解。

一般地，可以通过作为现有技术的技术词典、技术手册、教科书、国家标准、行业标准等文献记载的相关图示含义，理解对比文件附图中相应部分在所属技术领域的通常图示含义。如果不存在怀疑附图未采用相同比例绘制的理由，则应当认定同一附图采用相同比例绘制。对于这样的附图，如果所属技术领域的技术人员能够确定出附图所示部件之间的相对位置、相对大小等定性关系，则这些定性关系属于能够从附图中直接地、毫无疑义地确定的技术特征。仅通过测量附图得出的具体尺寸参数等定量关系特征不属于能够从附图中直接地、毫无疑义地确定的技术特征。

申请文件说明书的背景技术部分中记载的相关内容并不必然构成现有技术，在实质审查程序中，审查员不能直接引用申请文件背景技术部分记载的内容评价该申请的专利性，除非该技术内容有具体的引证文件或出处。

2. 抵触申请

根据《专利法》第 22 条第 2 款的规定，在发明或者实用新型新颖性的判断中，由任何单位或者个人就同样的发明或者实用新型在申请日以前向专利局提出并且在申请日以后（含申请日）公布的专利申请文件或者公告的专利文件损害该申请日提出的专利申请的新颖性。为描述简便，在判断新颖性时，将这种损害新颖性的专利申请，称为抵触申请。

构成抵触申请的专利申请文件或专利文件应当满足三个条件：①向专利局提出的申请；②在申请日前提出申请、且在申请日或申请日后公布或者公告；③披露了同样的发明或实用新型。另外，抵触申请还包括满足以下条件的进入了中国国家阶段的国际专利申请，即申请日以前由任何单位或者个人提出、并在申请日之后（含申请日）由专利局作出公布或公告的且为同样的发明或者实用新型的国际专利申请，仅仅有国际公开是不满足要求的。下面通过一个实例分析构成抵触申请的各个条件。向中国香港、澳门、台湾地区管理专利工作的部门提出的申请不构成抵触申请。

例如，林某的一件发明专利申请的申请日为 2007 年 1 月 8 日，有效的优先权日为 2006 年 2 月 10 日，专利局于 2008 年 8 月 1 日公布了该申请。

第一种假定情形：金某在 2007 年 1 月 29 日在我国提出与林某的发明创造同样的发明专利申请，该申请的公布日为 2008 年 8 月 22 日，该申请享有韩国的优先权，优先权日为 2006 年 1 月 30 日。在判断林某发明专利申请的新颖性时，应当以优先权日即 2006 年 2 月 10 日为时间点。该案例中，金某的申请享有 2006 年 1 月 30 日的优先权，其在林某发明专利申请的优先权日之前，而公开日在林某发明专利申请的优先权日之后，因此，金某的申请构成林某专利申请的抵触申请。

第二种假定情形：梁某于 2006 年 2 月 9 日在我国提出与林某的发明创造同样的发明专利申请，2007 年 8 月 8 日主动撤回，但该申请仍于 2007 年 8 月 10 日被公布。在判断林某发明专利申请的新颖性时，应当以优先权日即 2006 年 2 月 10 日为时间点。该案例中，梁某的申请于 2006 年 2 月 9 日提出，早于林某发明专利申请的优先权日，虽然梁某将其申请主动撤回了，但其申请仍于林某向专利局提出申请后公开，从而符合抵触申请的条件，因此，梁某的申请构成林某专利申请的抵触申请。

第三种假定情形：李某于 2006 年 2 月 8 日在日本提出与林某的发明创造同样的发明专利申请，该申请的公布日为 2007 年 10 月 6 日。在判断林某发明专利申请的新颖性时，应当以优先权日即 2006 年 2 月 10 日为时间点。该案例中，李某的发明专利申请由于是在日本提出的，而不是向中国专利局提出的申请，因此不构成该发明专利申请的抵触申请。

需要说明的是，抵触申请不属于现有技术。抵触申请仅指在申请日以前提出的，不包含在申请日提出的同样的发明或者实用新型专利申请。确定是否存在抵触申请，不仅要查阅在先专利或专利申请的权利要求书，而且要查阅其说明书（包括附图），但是不包括摘要。

审查员在检索时确定是否存在抵触申请，不仅要查阅在先专利或专利申请的权利要求书，而且要查阅其说明书（包括附图），应当以其全文内容为准。

3. 对比文件

为判断发明或者实用新型是否具备新颖性或创造性等所引用的相关文件，包括专利文件和非专利文件，统称为对比文件。

由于在实质审查阶段审查员一般无法得知在国内外公开使用或者以其他方式为公众所知的技术，因此，在实质审查程序中所引用的对比文件主要是公开出版物。

引用的对比文件可以是一份，也可以是数份；所引用的内容可以是每份对比文件的全部内容，也可以是其中的部分内容。

对比文件是客观存在的技术资料。引用对比文件判断发明或者实用新型的新颖性和创造性等时，应当以对比文件公开的技术内容为准。该技术内容不仅包括明确记载在对比文件中的内容，而且包括对于所属技术领域的技术人员来说，隐含的且可直接地、毫无疑义地确定的技术内容。但是，不得随意将对比文件的内容扩大或缩小。另外，对比文件中包括附图的，也可以引用附图。但是，审查员在引用附图时应当注意，只有能够从附图中直接地、毫无疑义地确定的技术特征才属于公开的内容，由附图中推测的内容，或者无文字说明、仅仅是从附图中测量得出的尺寸及其关系，不应当作为已公开的内容。

（二）新颖性的审查

发明或者实用新型专利申请是否具备新颖性，只有在其具备实用性后才予以考虑。

1. 审查原则

审查新颖性时，应当根据以下原则进行判断：

1）同样的发明或者实用新型

被审查的发明或者实用新型专利申请与现有技术或者申请日前由任何单位或者个人向专利局提出申请并在申请日后（含申请日）公布或公告（以下简称"申请在先公布或公告在后"）的发明或者实用新型的相关内容相比，如果其技术领域、所解决的技术问题、技术方案和预期效果实质上相同，则认为两者为同样的发明或者实用新型。需要注意的是，在进行新颖性判断时，审查员首先应当判断被审查专利申请的技术方案与对比文件的技术方案是否实质上相同，如果专利申请与对比文件公开的内容相比，其权利要求所限定的技术方案与对比文件公开的技术方案实质上相同，所属技术领域的技术人员根据两者的技术方案可以确定两者能够适用于相同的技术领域，解决相同的技术问题，并具有相同的预期效果，则认为两者为同样的发明或者实用新型。

案例 2-26

权利要求 1：一种桌子，包括桌面和桌腿，其特征在于，桌腿底部装有轮子。

对比文件 1 公开了一种桌子，包括桌面和桌腿。

对比文件 2 公开了一种桌子，包括桌面和桌腿，桌腿底部装有轮子，桌子的侧面装有抽屉。

在该案例中，对比文件 1 由于没有公开权利要求 1 中的技术特征"桌腿底部装有轮子"，所以权利要求 1 与对比文件 1 相比，技术方案不同，因此，权利要求 1 相对于对比文件 1 具备新颖性。

对比文件 2 公开了权利要求 1 中的全部技术特征，二者技术方案相同，而且技术领域、解决的技术问题以及实现的技术效果均是相同的，所以权利要求 1 相对于对比文件 2 不具备新颖性。

根据该案例可看出，在判断该权利要求是否具备新颖性时，首先判断权利要求的技术方案与对比文件的技术方案是否相同，如果技术方案不同，则可得出对比文件不破坏权利要求的新颖性的结论。但如果二者技术方案相同，则需要进一步判断技术领域、技术问题和技术效果是否也相同，只有具备四个相同的条件下，才能够得出对比文件破坏该权利要求的新颖性的结论。

2）单独对比

判断新颖性时，应当将发明或者实用新型专利申请的各项权利要求分别与每一项现有技术或"申请在先公布或公告在后"的发明或实用新型的相关技术内容单独地进行比较，不得将其与几项现有技术或者"申请在先公布或公告在后"的发明或者实用新型内容的组合、或者与一份对比文件中的多项技术方案的组合进行对比。即判断发明或者实用新型专利申请的新颖性适用单独对比的原则。这与发明或者实用新型专利申请创造性的判断方法有所不同。

2. 审查基准

判断发明或者实用新型有无新颖性，应当以《专利法》第22条第2款为基准。为有助于掌握该基准，以下给出新颖性判断中几种常见的情形。

1）相同内容的发明或者实用新型

如果要求保护的发明或者实用新型与对比文件所公开的技术内容完全相同，或者仅仅是简单的文字变换，则该发明或者实用新型不具备新颖性。另外，上述相同的内容应该理解为包括可以从对比文件中直接地、毫无疑义地确定的技术内容。

案例 2-27

一件发明专利申请的权利要求是"一种电机转子铁心，所述铁心由钕铁硼永磁合金制成，所述钕铁硼永磁合金具有四方晶体结构并且主相是 $Nd_2Fe_{14}B$ 金属间化合物'。

对比文件公开了"采用钕铁硼磁体制成的电机转子铁心"。

该对比文件能够使上述权利要求丧失新颖性，因为该领域的技术人员熟知所谓的"钕铁硼磁体"即指主相是 $Nd_2Fe_{14}B$ 金属间化合物的钕铁硼永磁合金，并且具有四方晶体结构。

案例 2-28

某申请的权利要求为：一种 IC 卡，包括塑料基卡和封装在塑料基卡内的工作电路，其特征在于所述的工作电路为集成电路 AT24CXX。

对比文件是一本涉及智能卡技术的教科书，其中披露了如下技术内容，即智能卡又称集成电路卡，即 IC 卡，它将一个集成电路芯片镶嵌于塑料基片中，封装成卡的形式。常用的集成电路芯片包括美国 ATMEL 公司生产的 AT24C 01A/02/04/08/16 存储器芯片。

该案例中，权利要求中的技术特征"集成电路 AT24CXX"表示 AT24C 系列的集成电路，此系列的集成电路已经被上述对比文件披露。另外，权利要求中的技术特征"封装在塑料基卡内的工作电路"与对比文件所公开的"集成电路芯片镶嵌于塑料基片中"仅是文字表达略有不同，技术内容实质上完全相同。因此，对比文件破坏专利申请权利要求的新颖性。

2）具体（下位）概念与一般（上位）概念

如果要求保护的发明或者实用新型与对比文件相比，其区别仅在于前者采用一般（上位）概念，而后者采用具体（下位）概念限定同类性质的技术特征，则具体（下位）概念的公开使采用一般（上位）概念限定的发明或者实用新型丧失新颖性。例如，对比文件公开某产品是"用铜制成的"，就使"用金属制成的"同一产品的发明或者实用新型丧失新颖性。但是，该铜制品的公开并不使铜之外的其他具体金属制成的同一产品的发明或者实用新型丧失新颖性。

反之，一般（上位）概念的公开并不影响采用具体（下位）概念限定的发明或者实用新型的新颖性。例如，对比文件公开的某产品是"用金属制成的"，并不能使"用铜制成的"同一产品的发明或者实用新型丧失新颖性。又如，要求保护的发明或者实用新型与对比文件的区别仅在于发明或者实用新型中选用了"氯"来代替对比文件中的"卤素"或者另一种具体的卤素"氟"，则对比文件中"卤素"的公开或者"氟"的公开并不导致用氯对其作限定的发明或者实用新型丧失新颖性。

案例 2-29

权利要求 1：一种桌子，包括桌面和桌腿，其特征在于，桌腿底部装有轮子。

对比文件 1 公开了一种桌子，包括桌面和细长桌腿，桌腿底部装有轮子。

在该案例中，对比文件 1 中的细长桌腿是下位概念，权利要求 1 中的桌腿是上位概念，因此对比文件 1 公开了权利要求 1 的技术方案，权利要求 1 不具备新颖性。

3）惯用手段的直接置换

如果要求保护的发明或者实用新型与对比文件的区别仅仅是所属技术领域的惯用手段的直接置换，则该发明或者实用新型不具备新颖性。例如，对比文件公开了采用螺钉固定的装置，而要求保护的发明或者实用新型仅将该装置的螺钉固定方式改换为螺栓固定方式，则该发明或者实用新型不具备新颖性。

4）数值和数值范围

以数值和数值范围表征技术特征是权利要求中常见的情形，如工艺的参数、化学领域的组合物发明中组合物的含量等。如果要求保护的发明或者实用新型中存在以数值或者连续变化的数值范围限定的技术特征，如部件的尺寸、温度、压力以及组合物的组分含量，而其余技术特征与对比文件相同，则对其具备新颖性的判断应当依照以下各项规定。

（1）对比文件公开的数值或者数值范围落在上述限定的技术特征的数值范围内，将破坏要求保护的发明或者实用新型的新颖性。

案例 2-30

专利申请的权利要求为一种铜基形状记忆合金，包含 10% ～ 35%（重量）的锌和 2% ～ 8%（重量）的铝，余量为铜。

如果对比文件公开了包含 20%（重量）锌和 5%（重量）铝的铜基形状记忆合金，则上述对比文件破坏该权利要求的新颖性。

案例2-31

专利申请的权利要求为一种热处理台车窑炉，其拱衬厚度为 100～400 毫米。

如果对比文件公开了拱衬厚度为 180～250 毫米的热处理台车窑炉，则该对比文件破坏该权利要求的新颖性。

（2）对比文件公开的数值范围与上述限定的技术特征的数值范围部分重叠或者有一个共同的端点，将破坏要求保护的发明或者实用新型的新颖性。

案例2-32

专利申请的权利要求为一种氮化硅陶瓷的生产方法，其烧成时间为 1～10 小时。

如果对比文件公开的氮化硅陶瓷的生产方法中的烧成时间为 4～12 小时，由于烧成时间在 4～10 小时的范围内重叠，则该对比文件破坏该权利要求的新颖性。

案例2-33

专利申请的权利要求为一种等离子喷涂方法，喷涂时的喷枪功率为 20～50kW。

如果对比文件公开了喷枪功率为 50～80kW 的等离子喷涂方法，因为具有共同的端点 50kW，则该对比文件破坏该权利要求的新颖性。

（3）对比文件公开的数值范围的两个端点将破坏上述限定的技术特征为离散数值并且具有该两端点中任一个的发明或者实用新型的新颖性，但不破坏上述限定的技术特征为该两端点之间任一数值的发明或者实用新型的新颖性。

案例2-34

专利申请的权利要求为一种二氧化钛光催化剂的制备方法，其干燥温度为 40℃、58℃、75℃或者 100℃。

如果对比文件公开了干燥温度为 40 ～ 100℃的二氧化钛光催化剂的制备方法，则该对比文件破坏干燥温度分别为 40℃和 100℃时权利要求的新颖性，但不破坏干燥温度分别为 58℃和 75℃时权利要求的新颖性。

（4）上述限定的技术特征的数值或者数值范围落在对比文件公开的数值范围内，并且与对比文件公开的数值范围没有共同的端点，则对比文件不破坏要求保护的发明或者实用新型的新颖性。

案例 2-35

专利申请的权利要求为一种内燃机用活塞环，其活塞环的圆环直径为 95 毫米，如果对比文件公开了圆环直径为 70 ～ 105 毫米的内燃机用活塞环，则该对比文件不破坏该权利要求的新颖性。

案例 2-36

专利申请的权利要求为一种乙烯 - 丙烯共聚物，其聚合度为 100 ～ 200，如果对比文件公开了聚合度为 50 ～ 400 的乙烯 - 丙烯共聚物，则该对比文件不破坏该权利要求的新颖性。

有关数值范围的修改适用《专利审查指南》第二部分第八章第 5.2 节的规定。有关通式表示的化合物的新颖性判断适用《专利审查指南》第二部分第十章第 5.1 节的规定。

5）包含性能、参数、用途或制备方法等特征的产品权利要求

对于包含性能、参数、用途、制备方法等特征的产品权利要求新颖性的审查，应当按照以下原则进行。

（1）包含性能、参数特征的产品权利要求。

对于这类权利要求，应当考虑权利要求中的性能、参数特征是否隐含了要求保护的产品具有某种特定结构和 / 或组成。如果该性能、参数隐含了要求保护的产品具有区别于对比文件产品的结构和 / 或组成，则该权利要求具备新颖性；相反，如果所属技术领域的技术人员根据该性能、参数无法将要求保护的产品与对比文件产品区分开，则可推定要求保护的产品与对比文件

产品相同，因此申请的权利要求不具备新颖性，除非申请人能够根据申请文件或现有技术证明权利要求中包含性能、参数特征的产品与对比文件产品在结构和／或组成上不同。例如，专利申请的权利要求为用 X 衍射数据等多种参数表征的一种结晶形态的化合物 A，对比文件公开的也是结晶形态的化合物 A，如果根据对比文件公开的内容，难以将两者的结晶形态区分开，则可推定要求保护的产品与对比文件产品相同，该申请的权利要求相对于对比文件而言不具备新颖性，除非申请人能够根据申请文件或现有技术证明，申请的权利要求所限定的产品与对比文件公开的产品在结晶形态上的确不同。

（2）包含用途特征的产品权利要求。

对于这类权利要求，应当考虑权利要求中的用途特征是否隐含了要求保护的产品具有某种特定结构和／或组成。如果该用途由产品本身固有的特性决定，而且用途特征没有隐含产品在结构和／或组成上发生改变，则该用途特征限定的产品权利要求相对于对比文件的产品不具有新颖性。例如，用于抗病毒的化合物 X 的发明与用作催化剂的化合物 X 的对比文件相比，虽然化合物 X 用途改变，但决定其本质特性的化学结构式并没有任何变化，因此用于抗病毒的化合物 X 的发明不具备新颖性。但是，如果该用途隐含了产品具有特定的结构和／或组成，即该用途表明产品结构和／或组成发生改变，则该用途作为产品的结构和／或组成的限定特征应当予以考虑。例如，"起重机用吊钩"是指仅适用于起重机的尺寸和强度等结构的吊钩，其与具有同样形状的一般钓鱼者用的"钓鱼用吊钩"相比，结构上不同，两者是不同的产品。

（3）包含制备方法特征的产品权利要求。

对于这类权利要求，应当考虑该制备方法是否导致产品具有某种特定的结构和／或组成。如果所属技术领域的技术人员可以断定该方法必然使产品具有不同于对比文件产品的特定结构和／或组成，则该权利要求具备新颖性；相反，如果申请的权利要求所限定的产品与对比文件产品相比，尽管所述方法不同，但产品的结构和组成相同，则该权利要求不具备新颖性，除非申请人能够根据申请文件或现有技术证明该方法导致产品在结构和／或组成上与对比文件产品不同，或者该方法给产品带来了不同于对比文件产品的性能从而表明其结构和／或组成已发生改变。例如，专利申请的权利要求为用 X 方法制得的玻璃杯，对比文件公开的是用 Y 方法制得的玻璃杯，如果两个方法制得的玻璃杯的结构、形状和构成材料相同，则申请的权利要求不具备新颖性。相反，如果上述 X 方法包含了对比文件中没有记载的在特定温度下退火的步骤，使得用该方法制得的玻璃杯在耐碎性上比对比文件的玻璃杯有明显的提高，则表明要求保护的玻璃杯因制备方法的不同而导致了微观结构的变化，具有了不同于对比文件产品的内部结构，该权利要求具备新颖性。

上述基准同样适用于创造性判断中对该类技术特征是否相同的对比判断。

（三）优先权

申请人就相同主题的发明或者实用新型在外国第一次提出专利申请之日起 12 个月内，或者就相同主题的外观设计在外国第一次提出专利申请之日起 6 个月内，又在中国提出申请的，依照该国同中国签订的协议或者共同参加的国际条约，或者依照相互承认优先权的原则，可以享有优先权。这种优先权称为外国优先权。

申请人就相同主题的发明或者实用新型在中国第一次提出专利申请之日起 12 个月内，又以该发明专利申请为基础向专利局提出发明专利申请或者实用新型专利申请的，或者又以该实用新型专利申请为基础向专利局提出实用新型专利申请或者发明专利申请的，或者申请人自外观设计在中国第一次提出专利申请之日起 6 个月内，又向专利局就相同主题提出外观设计专利申请的，可以享有优先权。这种优先权称为本国优先权。

1. 享有优先权的条件

1）享有外国优先权的条件

享有外国优先权的专利申请应当满足以下条件：

（1）申请人就相同主题的发明创造在外国第一次提出专利申请（以下简称外国首次申请）后又在中国提出专利申请（以下简称中国在后申请）。

（2）就发明和实用新型而言，中国在后申请之日不得迟于外国首次申请之日起 12 个月。就外观设计而言，中国在后申请之日不得迟于外国首次申请之日起 6 个月。

（3）申请人提出首次申请的国家或政府间组织应当是同中国签有协议或者共同参加国际条约，或者相互承认优先权原则的国家或政府间组织。

享有外国优先权的发明创造与外国首次申请审批的最终结果无关，只要该首次申请在有关国家或政府间组织中获得了确定的申请日，就可作为要求外国优先权的基础。至于该申请是否已在该国被授予专利权，或者是否已经撤回、驳回、分案或视为撤回，并不影响该申请作为正规的申请产生优先权的效力。只要受理第一次申请的国家或政府间组织证明曾有这样的申请存在并给予了申请日，就可以作为在中国要求外国优先权的基础。这里所说的"第一次申请"并不是绝对的，按照《巴黎公约》的规定，在同一国家就与第一次申请同样的主题所提出的后一申请，如果在提出该后一申请时前一申请已被撤回、放弃或驳回，没有提供公众阅览，也没有遗留任何权利，而且如果前一申请还没有成为要求优先权的基础，则该后一申请应认为是第一次申请，其申请日应为优先权期限的起算日。在这以后，前一申请不得作为要求优先权的基础。

案例 2-37

某公司于 2006 年 7 月 1 日向德国提交了发明专利申请，说明书中记载了技术方案 X，但未在权利要求书中要求保护该技术方案。法国专利申请享有德国专利申请的优先权。该公司于 2007 年 2 月 6 日向法国提交了专利申请，说明书中记载了技术方案 X 和 Y，并在权利要求中要求保护技术方案 X 和 Y。该公司于 2007 年 6 月 6 日向中国专利局提交了一件要求保护技术方案 X 和 Y 的发明专利申请。

经过分析，对于在中国提交的申请，方案 X 可享有德国专利申请的优先权而不可享有法国专利申请的优先权。原因在于优先权是以首次申请的说明书、权利要求书和附图为基准的，并不要求只记载在权利要求书中。2007 年 6 月 6 日在从 2006 年 7 月 1 日起算的 12 个月的优先权期限内，因此，技术方案 X 可以享有在德国的首次申请的优先权。由于在法国申请的方案 X 不是首次申请，因此其不能作为在中国申请的方案 X 的优先权。方案 Y 可享有法国专利申请的优先权。这是因为技术方案 Y 首次记载在法国的申请中，因此在中国申请中的方案 Y 可以享有在法国的优先权。

2）享有本国优先权的条件
享有本国优先权的专利申请应当满足以下条件：

（1）申请人就相同主题的发明或者实用新型在中国第一次提出专利申请（以下简称中国首次申请）后又向专利局提出专利申请（以下简称中国在后申请）；

（2）就发明或实用新型而言，中国在后申请之日不得迟于中国首次申请之日起 12 个月。

案例2-38

假定申请人刘某于 2008 年 6 月 18 日向专利局提交了一件发明专利申请。在此之前，刘某在 2007 年 6 月 20 日亦就相同主题向专利局提交了一件实用新型专利申请，该申请因为没有缴纳申请费已被视为撤回。请问，刘某在 2007 年 6 月 20 日提交的实用新型专利申请可否作为其于 2008 年 6 月 18 日提交的发明专利申请要求优先权的基础？

此案例中，刘某在 2007 年 6 月 20 日提交的实用新型专利申请就享有本国优先权的专利申请应当满足的条件全部具备，而且也不存在《专利法实施细则》第 35 条规定的在先申请的主题不得作为优先权基础的情形。我们知道，在先申请只要获得了确定的申请日都可作为要求本国优先权的基础，而不受该申请是否已经撤回、驳回、分案或视为撤回的影响。因此刘某在 2007 年 6 月 20 日提交的实用新型专利申请可以作为其于 2008 年 6 月 18 日提交的发明专利申请要求优先权的基础。

对于本国优先权，《专利法实施细则》第 35 条还进一步规定了三种在先申请的主题不得作为优先权基础的情况，下面分别通过举例加以说明。

（1）已经要求外国或者本国优先权的，不得作为要求本国优先权的基础，但要求过外国优先权或者本国优先权而未享有优先权的除外。这是因为根据《巴黎公约》的规定，作为优先权基础的申请只能是第一次申请，而已经享有过外国或者本国优先权的申请不符合这一要求。

案例2-39

假定申请人刘某于 2008 年 6 月 18 日向专利局提交了一件发明专利申请。在此之前，刘某于 2007 年 7 月 25 日提交的中国发明专利申请享有申请日为

2006 年 8 月 15 日的美国专利申请的优先权。根据《专利法实施细则》第 35 条的规定，已经要求外国优先权或者本国优先权的不得作为要求本国优先权的基础，因此，刘某在 2007 年 7 月 25 日提交的发明专利申请不能作为其于 2008 年 6 月 18 日提交的发明专利申请要求优先权的基础。

（2）已经被批准授予专利权的，不得作为要求本国优先权的基础。这是为了避免重复授权。

案例 2-40

假定申请人刘某于 2008 年 6 月 18 日向专利局提交了一件发明专利申请。在此之前，刘某在 2007 年 6 月 22 日亦就相同主题向专利局提交了一件实用新型专利申请，该申请于 2008 年 6 月 13 日被公告授予专利权。根据《专利法实施细则》第 35 条的规定，已经被批准授予专利权的，不得作为要求本国优先权的基础。因此，刘某在 2007 年 6 月 22 日提交的实用新型专利申请不能作为其于 2008 年 6 月 18 日提交的发明专利申请要求优先权的基础。

（3）属于按照《专利法实施细则》第 48 条规定提出的分案申请的，不得作为要求本国优先权的基础。

案例 2-41

假定申请人刘某于 2008 年 6 月 18 日向专利局提交了一件发明专利申请。在此之前，刘某在 2007 年 9 月 14 日亦就相同主题向专利局提交了一件发明专利申请，而且刘某已在该申请的基础上提出分案申请。请问，刘某在 2007 年 9 月 14 日提交的发明专利申请可否作为其于 2008 年 6 月 18 日提交的发明专利申请要求优先权的基础？

此案例中，享有本国优先权的专利申请应当满足的条件全部具备，而且也不存在《专利法实施细则》第 35 条规定的在先申请的主题不得作为优先权基础的情形。虽然刘某已在 2007 年 9 月 14 日提交申请的基础上提出分案申请，但我们知道不能作为要求本国优先权的基础的是分案申请本身，而分案申请的母案即刘某在 2007 年 9 月 14 日提交的发明专利申请可以作为其于

2008 年 6 月 18 日提交的发明专利申请要求优先权的基础。

应当注意的是，当申请人要求本国优先权时，作为本国优先权基础的中国首次申请，自中国在后申请提出之日起即被视为撤回。另外，要求本国优先权可以给申请人带来便利，申请人可以利用本国优先权在符合单一性的条件下将若干在先申请合并到一份在后申请中提出。同时，申请人可以在优先权期限内，实现发明专利申请与实用新型专利申请的互相转换。

2. 相同主题的发明创造的定义

《专利法》第 29 条所述的相同主题的发明或者实用新型，是指技术领域、所解决的技术问题、技术方案和预期的效果相同的发明或者实用新型。但应注意这里所谓的相同，并不意味在文字记载或者叙述方式上完全一致。

需要说明的是，优先权概念中涉及的相同主题的含义与新颖性概念中的相同主题的含义是有区别的。优先权中相同主题是指技术内容完全相同，排除了新颖性中相同主题概念的外延"上位概念与下位概念""惯用手段的直接置换"和"数值范围交叉或部分重叠"等情况。

需要说明的是，对于中国在后申请权利要求中限定的技术方案，只要已记载在首次申请中（包括权利要求书、说明书及其附图，但不包括摘要）就可享有该首次申请的优先权，而不必要求其包含在该首次申请的权利要求书中。

一般来说，审查员在需要核实优先权的时候只需要判断相关的权利要求是否记载在首次申请中即可，但这并不表示只有权利要求才涉及是否享有优先权。

案例 2-42

刘某在 2007 年 9 月 14 日向专利局提交了一件发明专利申请，其中记载有方案 A，后又以该申请为优先权基础，于 2008 年 6 月 18 日向专利局提交了一件发明专利申请，在说明书中记载有方案 A、B 和 C，在权利要求书中记载有方案 A。

对于该案例而言，在后申请的说明书中的方案 B 和 C 是不能享有优先权的，但因为在权利要求书中仅记载了方案 A，所以通常来说在审查过程中需要核实优先权的情况下只需要考虑方案 A 是否记载在优先权文件中即可，一般不需要考虑方案 B 和 C 的情况。这是因为，优先权主要是在审查员审查权利要求的新颖性和创造性时会使用，如果检索到的对比文件在优先权日和申请日之间，这时就需要判断相关权利要求的优先权是否成立，而说明书中的方案通常来说没有必要去核实其优先权是否成立。

3. 优先权的效力

对于外国优先权和本国优先权来说，申请人在提出首次申请后，就相同主题的发明创造在优先权期限内向中国提出的专利申请，都看作是在该首次申请的申请日提出的，不会因为在优先权期间内，即首次申请的申请日与在后申请的申请日之间，任何单位和个人提出了相同主题的申请或者公布、利用这种发明创造而失去效力。

此外，在优先权期间内，任何单位和个人可能会就相同主题的发明创造提出专利申请。由于优先权的效力，任何单位和个人提出的相同主题发明创造的专利申请不能被授予专利权。就是说，由于有作为优先权基础的首次申请的存在，使得从首次申请的申请日起至中国在后申请的申请日中间由任何单位和个人提出的相同主题的发明创造专利申请因失去新颖性而不能被授予专利权。

案例 2-43

甲、乙先后就同样的发明创造提出发明专利申请，甲的申请日是 2008 年 3 月 28 日，乙的申请日是 2008 年 5 月 9 日。如果甲在 2008 年 4 月 2 日撤回其申请后，又于 2008 年 6 月 8 日提出了另一件包含前一申请内容的新申请，如果甲没有要求在先申请的优先权，则由于乙申请的申请日在 2008 年 6 月 8 日之前，该申请公布后，将构成甲申请的抵触申请。反之，如果甲要求享有在先申请的优先权，由于在后申请在优先权的 12 个月期限内，其优先权成立，因此，甲的在后申请可以享受到 2008 年 3 月 28 日的申请日，则该新申请公布后，将构成乙的抵触申请。

4. 多项优先权

根据《专利法实施细则》第 35 条第 1 款的规定，申请人在一件专利申请中，可以要求一项或者多项优先权；要求多项优先权的，该申请的优先权期限从最早的优先权日起计算。

享有多项优先权的多个技术方案可以有不同的优先权日。当在后申请将几份在先申请的内容合并起来时，不同的技术方案可以享有不同的在先申请的优先权。

多项优先权的规定不仅适用于外国优先权，也适用于本国优先权。

案例2-44

中国在后申请中，记载了两个技术方案A和B，其中，A是在法国首次申请中记载的，B是在德国首次申请中记载的，两者都是在中国在后申请之日以前12个月内分别在法国和德国提出的，在这种情况下，中国在后申请就可以享有多项优先权，即A享有法国的优先权日，B享有德国的优先权日（对于外国多项优先权来说，作为多项优先权基础的外国首次申请可以是在不同的国家或政府间组织提出的）。如果上述的A和B是两个可供选择的技术方案，申请人用"或"结构将A和B记载在中国在后申请的一项权利要求中，则中国在后申请同样可以享有多项优先权，即有不同的优先权日。

但是，如果中国在后申请记载的一项技术方案是由两件或者两件以上首次申请中分别记载的不同技术特征组合成的，则不能享有优先权。例如，中国在后申请中记载的一项技术方案是由一件外国首次申请中记载的特征C和另一件外国首次申请中记载的特征D组合而成的，而包含特征C和D的技术方案未在上述两件外国首次申请中记载，则中国在后申请就不能享有以此两件外国首次申请为基础的外国优先权。也就是说，享有优先权的最小单位是在后申请中记载的技术方案，而不是其中一个或几个技术特征。

案例2-45

如果一件中国在后申请中记载了A、B和C三个技术方案，它们分别在三件中国首次申请中记载过，则该中国在后申请可以要求多项优先权，即A、B、C分别以其中国首次申请的申请日为优先权日。

另外，要求外国多项优先权和本国多项优先权的专利申请均应当符合《专利法》第31条及《专利法实施细则》第39条关于单一性的规定。

5. 部分优先权

部分优先权的规定不仅适用于外国优先权，也适用于本国优先权。

要求优先权的申请中，除包括作为优先权基础的申请中记载的技术方案外，还可以包括一个或多个新的技术方案。例如，在后申请中除记载了首次申请的技术方案外，还记载了对该技术方案进一步改进或者完善的新技术方案，如增加了反映说明书中新增实施方式或实施例的从属权利要求，或者增加了符合单一性的独立权利要求，在这种情况下，对于该在后申请中所要求的与首次申请中相同主题的发明创造给予优先权，有效日期为首次申请的申请日，即优先权日，其余的则以在后申请之日为申请日。该在后申请中有部分技术方案享有优先权，故称为部分优先权。

在专利申请实践操作中，在在后申请的说明书中增加了新内容的情况下，申请人可以撰写两项以上的权利要求，其中一项权利要求请求保护的技术方案应当在首次申请中已经记载，从而确保该项权利要求能够享有优先权；另一项权利要求为在后申请所增加的技术方案，以体现在后申请增加有关内容的意义。

案例 2-46

一件中国在后申请中权利要求记载了技术方案 A，说明书中记载了实施例 a1、a2、a3，其中只有 a1 在中国首次申请中记载过，则该中国在后申请中 a1 可以享有本国优先权，其余则不能享有本国优先权。

案例 2-47

一件中国在后申请中权利要求记载了技术方案 A，说明书中记载了实施例 a1、a2。技术方案 A 和实施例 a1 已经记载在中国首次申请中，则在后申请中技术方案 A 和实施例 a1 可以享有本国优先权，实施例 a2 则不能享有本国优先权。

在该案例中，如果技术方案 A 要求保护的范围仅靠实施例 a1 支持是不够的时候，申请人为了使方案 A 得到支持，可以补充实施例 a2。但是，如果 a2 在中国在后申请提出时已经是现有技术，则应当删除 a2，并将 A 限制在由 a1 支持的范围内。

案例 2-48

继中国首次申请和在后申请之后，申请人又提出第二件在后申请。中国首次申请中仅记载了技术方案 A1；第一件在后申请中记载了技术方案 A1 和 A2，其中 A1 已享有中国首次申请的优先权；第二件在后申请记载了技术方案 A1、A2 和 A3。对第二件在后申请来说，其中方案 A2 可以要求第一件在后申请的优先权；对于方案 A1，由于该第一件在后申请中方案 A1 已享有优先权，因而不能再要求第一件在后申请的优先权，但还可要求中国首次申请的优先权。在该案例中，第二件在后申请同时符合了多项优先权和部分优先权的情况，因为其中的方案 A1 和 A2 要求了不同的优先权，A3 不能享有优先权。

另外需要注意的是，在该案例 3 中，由于是本国优先权，所以当第一件在后申请要求了首次申请的优先权时，首次申请就视为撤回，当第二件在后申请要求第一件在后申请的优先权时，第一件在后申请也视为撤回，所以申请人需要慎重考虑哪些方案需要记载在第二件在后申请中。

（四）不丧失新颖性的宽限期

《专利法》第 24 条规定，申请专利的发明创造在申请日以前 6 个月内，有下列情形之一的，不丧失新颖性：

（1）在国家出现紧急状态或者非常情况时，为公共利益目的首次公开的；

（2）在中国政府主办或者承认的国际展览会上首次展出的；

（3）在规定的学术会议或者技术会议上首次发表的；

（4）他人未经申请人同意而泄露其内容的。

宽限期实际上是新颖性判断的一个例外。我们知道，如果一项发明创造在申请日之前已经公开，就构成了现有技术的一部分，则该项发明创造不具有新颖性，不能获得专利权。但是申请人可能由于某些正当原因，不得不在申请日之前将其发明创造公开；或者他人未经发明人或申请人同意擅自泄密，这样，如果按照新颖性判断原则，一概认为该发明创造丧失新颖性，则显失公平，不利于科学技术传播。因此，有必要对这种申请前的公开采取保障措施，但这种保障措施也应当有一定限度，以避免申请前的随意公开而导致公众利益受损。这种保障措施就是规定满足一定条件的公开，在 6 个月的宽限期内，不构成影响新颖性的现有技术，这是新颖性判断中的一个例外。

案例2-49

王某于 2008 年 8 月 12 日向专利局提交了一件发明专利申请。在王某履行了相关手续的前提下。

情形 1：如果王某于 2008 年 1 月 7 日在我国政府主办的国际展览会上首次展出了其发明创造，那么由于王某发明专利申请的申请日为 2008 年 8 月 12 日，因此不丧失新颖性宽限期的起算日为 2008 年 2 月 12 日。由于王某在我国政府主办的国际展览会上首次展出其发明创造的时间在 2008 年 2 月 12 日之前，超出了不丧失新颖性的宽限期，因此会影响其发明专利申请的新颖性。

情形 2：如果王某在全国性学术团体组织召开的学术会议上首次介绍其发明创造的时间是 2008 年 3 月 1 日，时间在不丧失新颖性的宽限期内，因此不会影响该发明专利申请的新颖性。

情形 3：如果王某的好友陈某未经王某同意于 2008 年 5 月 10 日在某刊物上发表了一篇介绍王某所作发明创造的文章，陈某发表文章的时间在不丧失新颖性的宽限期内，由于陈某的发表行为未经王某同意，因此陈某的行为不会影响该发明专利申请的新颖性。

情形 4：如果刘某自行研究出了与王某相同的发明创造，并于 2008 年 4 月 26 日在我国政府承认的国际展览会上展出了该发明创造。由于刘某是自行研制出了与王某相同的发明创造，因此其于 2008 年 4 月 26 日在我国政府承认的国际展览会上展出该发明创造的行为属于《专利法》第 22 条规定的"现有技术"，并不属于王某可以要求新颖性宽限期的情形，因而会影响王某发明专利申请的新颖性。

1. 宽限期与优先权的效力

宽限期和优先权的效力是不同的。它仅仅是把申请人（包括发明人）的某些公开，或者第三人从申请人或发明人那里以合法手段或者不合法手段得来的发明创造的某些公开，认为是不损害该专利申请新颖性和创造性的公开。实际上，发明创造公开以后已经成为现有技术，只是这种公开在一定期限内对申请人的专利申请来说不视为影响其新颖性和创造性的现有技术，并不是把发明创造的公开日看作是专利申请的申请日。所以，从公开之日至提出申请期间，如果第三人独立地作出了同样的发明创造，而且在申请人提出专利申请以前提出了专利申请，那么根据先申请原则，申请人就不能取得专利权。当然，由于申请人（包括发明人）的公开，使该发明创造成为现有技术，故第三人的申请没有新颖性，也不能取得专利权。

发生《专利法》第 24 条规定的任何一种情形之日起 6 个月内，申请人提出申请之前，发明创造再次被公开的，只要该公开不属于上述三种情况，则该申请将由于此在后公开而丧失新颖性。再次公开属于上述三种情况的，该申请不会因此而丧失新颖性，但是，宽限期自发明创造的第一次公开之日起计算。

专利申请有《专利法》第 24 条第（四）项所说情形的，专利局在必要时可以要求申请人提出证明文件，证实其发生所说情形的日期及实质内容。

申请人未按照《专利法实施细则》第 33 条第 3 款的规定提出声明和提交证明文件的（参见《专利审查指南》第一部分第一章第 6.3 节），或者未按照《专利法实施细则》第 33 条第 4 款的规定在指定期限内提交证明文件的，其申请不能享受《专利法》第 24 条规定的新颖性宽限期。

对《专利法》第 24 条的适用发生争议时，主张该规定效力的一方有责任举证或者作出使人信服的说明。

2. 发明创造被再次公开的情形

发生《专利法》第 24 条规定情形的任何一种情形之日起 6 个月内，申请人提出申请之前，发明创造再次被公开的（再次公开可以是申请人自己的行为，也可以是他人的行为），只要该公开不属于《专利法》第 24 条规定的情形，则该申请将由于此在后公开而丧失新颖性。

再次公开属于《专利法》第 24 条规定的情形的，该申请不因此而丧失新颖性，但是，宽限期自发明创造的第一次公开之日起计算。因此，尽管存在上述宽限期，申请人为了自身权益还是应尽快着手申请专利。对《专利法》第 24 条的适用发生争议时，主张该规定效力的一方有责任举证或者作出使人信服的说明。

三、创造性

根据《专利法》第 22 条第 1 款的规定，授予专利权的发明和实用新型应当具备新颖性、创造性和实用性。因此，申请专利的发明和实用新型具备创造性是授予其专利权的必要条件之一。

一件发明专利申请是否具备创造性，只有在该发明具备新颖性的条件下才予以考虑。需要说明的是，申请专利的发明或者实用新型仅仅具有新颖性是不够的。如果申请人的发明创造与现有技术相比改变很小，或者说所属技术领域的技术人员很容易想到发明创造的技术方案，那么如果对这类专利申请都授予专利权，将导致授权的专利过多过滥，对公众应用已知技术带来了很多的制约，将侵害公众正当的权益，干扰社会发展的正常秩序。因此，《专利法》第 22 条第 1 款规定了授予专利权的发明或者实用新型除了应当具有新颖性之外，还应当具有创造性。

（一）发明创造性的概念

《专利法》第 22 条第 3 款规定，发明的创造性，是指与现有技术相比，该发明有突出的实质性特点和显著的进步。

其中，现有技术的相关内容已在本章前面的部分进行了详细说明，此处不再赘述。《专利法》第 22 条第 2 款中所述的，在申请日以前由任何单位或个人向专利局提出过申请并且记载在申请日以后公布的专利申请文件或者公告的专利文件中的内容，不属于现有技术，因此，在评价发明创造性时不予考虑。

1. 突出的实质性特点

发明有突出的实质性特点，是指对所属技术领域的技术人员来说，发明相对于现有技术是非显而易见的。如果发明是所属技术领域的技术人员在现有技术的基础上仅仅通过合乎逻辑的分析、推理或者有限的试验可以得到的，则该发明是显而易见的，也就不具备突出的实质性特点。

其中"突出"一词仅仅是为了表明发明专利和实用新型专利在对实质性特点的要求程度上存在不同。

2. 显著的进步

发明有显著的进步，是指发明与现有技术相比能够产生有益的技术效果。例如，发明克服了现有技术中存在的缺点和不足，或者为解决某一技术问题提供了一种不同构思的技术方案，或者代表某种新的技术发展趋势。

3. 所属技术领域的技术人员

发明是否具备创造性，应当基于所属技术领域的技术人员的知识和能力进行评价。所属技术领域的技术人员，也可称为本领域的技术人员，是指一种假设的"人"，假定他知晓申请日或者优先权日之前发明所属技术领域所有的普通技术知识，能够获知该领域中所有的现有技术，并且具有应用该日期之前常规实验手段的能力，但他不具有创造能力。如果所要解决的技术问题能够促使本领域的技术人员在其他技术领域寻找技术手段，他也应具有从该其他技术领域中获知该申请日或优先权日之前的相关现有技术、普通技术知识和常规实验手段的能力。

需要说明的是，发明与现有技术相比是否具有创造性，应当基于所属技术领域的技术人员的知识和能力进行评价。这主要是由于在实践中，根据《专利法》第 22 条第 3 款的规定判断发明是否具有突出的实质性特点和显著的进步时，存在一个程度上的问题，不同的判断主体往往会引入各自的主观因素，进而影响对创造性的客观评价。为了使创造性的判断有一个尽可能一致的标准，就应当设定一个"参照物"，这个参照物即我国的专利审查指南依照世界惯例引入的"所属技术领域的技术人员"的概念。例如，早期的手机都称为"大哥大"，比较笨重，体积也大。当专利局在审查这样的手机发明时，可能小型化的、带照相功能和摄像功能的手机都已经广泛使用。也就是说，在审查专利时的技术水平已经超越了专利申请时的技术发展水平。此种情况下，在判断"大哥大"专利申请的创造性时，判断主体所具备的知识和能力应当退回到申请日以前的技术水平中，来判断其发明专利申请的创造性，也就是要使自己站在所属技术领域的技术人员的角度来审视发明的创造性高度。

综上所述，"所属领域的技术人员"体现的是一种审查的标准，对待同一件发明时，不能采用不同的审查标准，也不能根据审查员的心情好坏来决定。

（二）发明创造性的审查

一件发明专利申请是否具备创造性，只有在该发明具备新颖性的条件下才予以考虑。

1. 审查原则

根据《专利法》第 22 条第 3 款的规定，审查发明是否具备创造性，应当审查发明是否具有突出的实质性特点，同时还应当审查发明是否具有显著的进步。

在评价发明是否具备创造性时，审查员不仅要考虑发明的技术方案本身，而且还要考虑发明所属技术领域、所解决的技术问题和所产生的技术效果，将发明作为一个整体看待。

一项权利要求的技术方案通常是由多个技术特征构成的，不能因为表征该发明的每个技术特征都是已知的或者显而易见的，就得出要求保护的技术方案是显而易见的结论。例如，单个晶体管实质上是一个电子开关。但是，多个晶体管相互连接就形成微处理器。通过这种内部的相互作用所获得的技术效果可以进行数据处理，微处理器所能带来的技术效果超出了单个晶体管各自技术效果之和。

与新颖性"单独对比"的审查原则不同，审查创造性时，将一份或者多份现有技术中的不同的技术内容组合在一起对要求保护的发明进行评价。此时，可以引用的现有技术未必是一个完整的技术方案，只要相关现有技术内容的结合能够形成一个与权利要求相对比的技术方案即可。实践中可能出现的相关现有技术内容的结合通常包括：一篇对比文件结合本领域的公知常识；一篇对比文件不同部分的结合；两篇或者两篇以上对比文件的结合等。

需要说明的是，如果一项独立权利要求具备创造性，则不再判断该独立权利要求的从属权利要求是否具备创造性。因为从属权利要求对其所引用的独立权利要求中的技术特征作了进一步限定，其包括了独立权利要求中的全部技术特征。所以独立权利要求具备创造性时，包括其全部技术特征的从属权利要求也具备创造性。但是，如果独立权利要求不具备创造性，那么还应该对从属权利要求是否具备创造性做出客观的判断。

2. 审查基准

评价发明有无创造性，应当以《专利法》第 22 条第 3 款为基准。为有助于正确掌握该基准，下面分别给出突出的实质性特点的一般性判断方法和显著的进步的判断标准。

1）突出的实质性特点的判断

判断发明是否具有突出的实质性特点，就是要判断对本领域的技术人员来说，要求保护的发明相对于现有技术是否显而易见。

如果要求保护的发明相对于现有技术是显而易见的，则不具有突出的实质性特点；反之，如果对比的结果表明要求保护的发明相对于现有技术是非显而易见的，则具有突出的实质性特点。

判断要求保护的发明相对于现有技术是否显而易见，通常可按照以下三个步骤进行。

第一步：确定最接近的现有技术。

最接近的现有技术，是指现有技术中与要求保护的发明最密切相关的一个技术方案，它是判断发明是否具有突出的实质性特点的基础。最接近的现有技术，例如可以是，与要求保护的发明技术领域相同，所要解决的技术问题、技术效果或者用途最接近和／或公开了发明的技术特征最多的现有技术，或者虽然与要求保护的发明技术领域不同，但能够实现发明的功能，并且公开发明的技术特征最多的现有技术。

应当注意的是，在确定最接近的现有技术时，应首先考虑技术领域相同或相近的现有技术。

案例 2-50

某申请要求保护一种生产 IC 卡的方法，包括如下步骤：①在该 IC 卡基体上依次形成标记层和透明的光变层；②用激光穿过光变层而在所述标记层上作防伪标记；其中，该光变层由具有光变效果的材料制成，并且不会因激光照射而改变。根据说明书记载，光变效果是指在不同观看角度下可产生不同的视觉效果。

对比文件 1 公开了一种 IC 卡生产方法，包括步骤：①在 IC 卡基体上形成标记层，并用印刷法在标记层上制作防伪标记；②在所述标记层上覆盖透明的光变层，该光变层由具有光变效果的材料形成。

对比文件 2 公开了一种 IC 卡生产方法，包括步骤：①在 IC 卡基体上依次形成标记层和带有透镜结构的塑料层；②用激光穿过塑料层的透镜结构而在所述标记层上作防伪标记，该塑料层不会因激光照射而改变，并且该塑料层的透镜结构具有在不同观看角度下产生不同视觉效果的特性。

其中，对比文件1、对比文件2公开的现有技术与本发明技术领域相同，解决的技术问题、技术效果也相近。考虑到对比文件2的现有技术公开的发明的技术特征更多，因此选择对比文件2的现有技术作为最接近的现有技术更有利于评述创造性。

📖 案例2-51

发明要求保护一种杯子，该杯子的把手外粘贴橡胶材料，用于改善对杯子的抓握并防止滑落。

对比文件1公开了一种具有把手的杯子，把手与杯体使用相同的金属材料。

对比文件2公开了一种具有橡胶手柄的平底锅，该橡胶手柄是通过在与锅体相同材料且一体形成的不锈钢手柄上粘贴橡胶材料形成的，该橡胶手柄改进了对把手的把握，并可以防止滑落。

该案从技术领域看，对比文件1的现有技术与发明都涉及杯子，技术领域相同，而对比文件2的现有技术涉及平底锅，与发明技术领域不同。因此选择技术领域与发明相同的对比文件1为最接近的现有技术更有利于评述创造性。

需要说明的是，对于产品发明而言，最接近的现有技术通常是功能或者用途相同或相近的另一个产品，且具有的共同特征最多。对于方法发明来说，最接近的现有技术通常是相似的方法。应当注意的是，在确定最接近的现有技术时，应首先考虑技术领域相同或相近的现有技术。无相同或相近技术领域的现有技术时，可以考虑选择与要求保护的发明技术领域不同，但能够实现发明的功能，并且公开发明的技术特征最多的现有技术作为最接近的现有技术。

第二步，确定发明的区别特征和发明实际解决的技术问题。

在完成第一步确定最接近的现有技术之后，第二步是客观分析并确定发明实际解决的技术问题。

确定发明实际解决的技术问题可以按照下面步骤来进行：①分析要求保护的发明与最接近的现有技术相比有哪些区别特征，然后根据该区别特征在要求保护的发明中所能达到的技术效果确定发明实际解决的技术问题。②如果说明书中记载了区别特征对应的技术问题时，一般该技术问题即为发明实际解决的技术问题，但如果说明书中未记载区别特征对应的技术问题时，确定区别特征在发明中的作用及使发明达到的技术效果，并由此确定发明实际解决的技术问题。根据该区别特征在要求保护的发明中所能达到的技术效果确定发明实际解决的技术问题，从这个意义上说，发明实际解决的技术问题，是指为获得更好的技术效果而需对最接近的现有技术进行改进的技术任务。对于功能上彼此相互支持、存在相互作用关系的技术特征，应整体上考虑所述技术特征和它们之间的关系在要求保护的发明中所达到的技术效果。审查过程中，由于审查员所认定的最接近的现有技术可能不同于申请人在说明书中所描述的现有技术，因此，基于最接近的现有技术重新确定的该发明实际解决的技术问题，可能不同于说明书中所描述的技术问题；在这种情况下，应当根据审查员所认定的最接近的现有技术重新确定发明实际解决的技术问题。

重新确定的技术问题可能要依据每项发明的具体情况而定。作为一个原则，发明的任何技术效果都可以作为重新确定技术问题的基础，只要本领域的技术人员从该申请说明书中所记载的内容能够得知该技术效果即可。对于功能上彼此相互支持、存在相互作用关系的技术特征，应整体上考虑所述技术特征和它们之间的关系在要求保护的发明中所达到的技术效果。

案例 2-52

一件发明专利申请要求保护一种椅子，包括两个扶手和一个符合人体体形的弯曲的椅背。申请人在说明书中声称要解决的技术问题是人坐着时可轻松地将手臂放置在两个扶手上。如果检索到的最接近的现有技术公开了带有两个扶手的椅子，而未公开符合人体体形的弯曲椅背这一技术特征，则发明与对比文件的区别技术特征就是所述椅子包括一个符合人体体形的弯曲的椅背。此时，根据区别技术特征重新确定的发明实际解决的技术问题就是如何使人坐着时更舒适，不同于申请人在说明书中声称要解决的便于人坐着时可轻松地将手臂放置在扶手上的技术问题。

案例2-53

发明请求保护一种洁齿组合物，含有1%～50%（重量）的滑石、1～3000ppm氟化物离子的氟化物盐，5%～50%（重量）的磨料抛光材料和30%～90%（重量）（重量）的一种或多种含水载体，pH为8～10。说明书记载的发明所要解决的技术问题是：防止氟离子含量降低从而影响抗龋齿效果。说明书中还记载了通过将pH控制在8～10从而防止氟化物和滑石在一起使得氟离子含量降低；使用磨料抛光材料能够使防龋齿的洁齿组合物的牙齿抛光效果更好。

对比文件1为与发明最接近的现有技术，其公开了一种防龋齿的洁齿组合物，该组合物含有20%～50%（重量）的滑石、1～2300ppm氟化物离子的氟化物盐和50%～80%（重量）的一种或多种含水载体，该组合物的pH值是7～9。

发明与对比文件1相比，区别仅在于发明中还包含5%～50%（重量）的磨料抛光材料。对比文件1没有提及发明所要解决的技术问题"防止氟离子含量降低从而影响抗龋齿效果"，但是公开了组合物的pH是7～9，也就是说对比文件1实际上已经通过调节pH解决了发明的技术问题。因此，需要根据区别特征重新确定发明实际解决的技术问题。说明书中明确记载了上述区别特征所能达到的技术效果，即磨料抛光材料使防龋齿的洁齿组合物的牙齿抛光效果更好，因此可以根据该技术效果确定，发明实际解决的技术问题是如何提高防龋齿的洁齿组合物的牙齿抛光效果。在本案中，如果说明书没有记载磨料抛光材料所具有的效果，本领域技术人员也可以根据其所具有的本领域技术知识认识到磨料抛光材料客观上具有的抛光效果来确定发明实际解决的上述技术问题。

在确定发明实际解决的技术问题时，不应将发明的技术方案作为重新确定后的发明实际解决的技术问题，在实际解决的技术问题中也不应包含解决该问题的技术手段。例如，案例2-53中发明实际解决的技术问题是"如何提高防龋齿的洁齿组合物的牙齿抛光效果"，而不是"提供一种具有磨料抛光材料的洁齿组合物"，也不是"用磨料抛光材料提高防龋齿的洁齿组合物的牙齿抛光效果"。不能使用申请日或优先权日之后获得的知识确定发明实际解决的技术问题。

第三步，判断要求保护的发明对本领域的技术人员来说是否显而易见。

创造性判断的第三步就是要从最接近的现有技术和发明实际解决的技术问题出发，判断要求保护的发明对所属技术领域的技术人员来说是否显而易见。判断过程中，要确定的是现有技术整体上是否存在某种技术启示，即现有技术中是否给出将上述区别特征应用到该最接近的现有技术以解决其存在的技术问题（即发明实际解决的技术问题）的启示。这种启示会使所属技术领域的技术人员在面对所述技术问题时，有动机改进该最接近的现有技术并获得要求保护的发明。这里强调"有动机"是指，在判断现有技术对创造性的影响时，应当从现有技术给出的启示是否能够引导本领域技术人员采用该技术方案的角度进行判断，而不应当根据本领域技术人员是否"能够"采用某技术方案而给出结论。如果现有技术存在这种技术启示，则发明是显而易见的，不具有突出的实质性特点。

通常认为现有技术中存在上述技术启示的情形主要包括如下三种情形。

第一种情形：所述区别特征为公知常识，例如，本领域中解决该重新确定的技术问题的惯用手段，或教科书或者工具书等中披露的解决该重新确定的技术问题的技术手段。需要说明的是，审查员在审查意见通知书中引用的本领域的公知常识应当是确凿的，如果申请人对审查员引用的公知常识提出异议，审查员应当能够提供相应的证据予以证明或说明理由。在审查意见通知书中，审查员将权利要求中对技术问题的解决作出贡献的技术特征认定为公知常识时，通常应当提供证据予以证明。

案例 2-54

要求保护的发明是一种用铝制造的建筑构件，其要解决的技术问题是减轻建筑构件的重量。一份对比文件公开了相同的建筑构件，同时说明建筑构件是轻质材料，但未提及使用铝材。而在建筑标准中，已明确指出铝作为一种轻质材料，可作为建筑构件。该要求保护的发明明显应用了铝材轻质的公知性质。因此可认为现有技术中存在上述技术启示。

案例2-55

某申请的权利要求为：一种提环开口瓶盖，其特征是在小口的玻璃瓶盖（2）上加有提环（3），提环（3）与瓶盖（2）之间以冲压铆合（4）铆定，铆合点的两侧向斜下方压有开口线（5），其玻璃瓶盖由金属薄片制成。对比文件公开了一种用于啤酒、汽水等气压饮料瓶拉启式瓶盖，其特征在于是在小口的玻璃瓶盖（2）上加有提环（3），提环（3）与瓶盖（2）之间以冲压铆合（4）铆定，铆合点的两侧向斜下方压有开口线（5）。发明与对比文件的区别特征为：对比文件中没有公开拉启瓶盖是由金属薄片制成，但是用金属薄片制造的啤酒瓶盖对本领域技术人员来说属于公知常识，因此可以认为现有技术中存在上述技术启示。

案例2-56

发明涉及一种具有电脑USB接口的移动电话充电器，其取代从通常的市电电源取电的方式，采用与电脑的USB接口相容的直流插头，利用USB接口具有的5V电源对移动电话充电。对比文件1公开了一种MP3播放器的充电器，具有与电脑USB接口相连的插头，通过该插头从电脑USB接口获取电源，对MP3播放器的电池进行充电。将发明与对比文件1比较可以看出，二者均借助与电脑USB接口相容的插头从电脑获取电源以给电池充电，区别仅在于发明的充电器是移动电话充电器，其实际解决的技术问题是在没有市电电源的情况下如何给移动电话充电。其中，移动电话、MP3播放器等电子设备之间，解决相同问题的技术方案相互转用属于本领域的惯用手段。并且，发明中移动电话与对比文件1中的MP3都属于电池用量有限的随身携带电子设备，都会遇到在使用过程中电池电量用完，需要充电却不方便从市电电源取电的问题，又由于两者所需的充电电压都很小，电脑USB接口的电源均可满足其充电的需要。因此，所属技术领域的技术人员在遇到移动电话电池电量用完而不能从市电电源取电的问题时，有动机将现有的、利用电脑USB接口给MP3播放器充电的方式应用到移动电话，得到发明所述的技术方案，从而解决其技术问题。

第二种情形：所述区别特征为与最接近的现有技术相关的技术手段，例如，同一份对比文件其他部分披露的技术手段，该技术手段在该其他部分所起的作用与该区别特征在要求保护的发明中为解决该重新确定的技术问题所起的作用相同。

案例 2-57

要求保护的发明是一种氦气检漏装置，其包括：检测真空箱是否有整体泄漏的整体泄漏检测装置；对泄漏氦气进行回收的回收装置；和用于检测具体漏点的氦质谱检漏仪，所述氦质谱检漏仪包括有一个真空吸枪。

对比文件 1 的某一部分公开了一种全自动氦气检漏系统，该系统包括：检测真空箱是否有整体泄漏的整体泄漏检测装置和对泄漏的氦气进行回收的回收装置。该对比文件 1 的另一部分公开了一种具有真空吸枪的氦气漏点检测装置，其中指明该漏点检测装置可以是检测具体漏点的氦质谱检漏仪，此处记载的氦质谱检漏仪与要求保护的发明中的氦质谱检漏仪的作用相同。根据对比文件 1 中另一部分的教导，本领域的技术人员能容易地将对比文件 1 中的两种技术方案结合成发明的技术方案。因此可认为现有技术中存在上述技术启示。

第三种情形：所述区别特征为另一份对比文件中披露的相关技术手段，该技术手段在该对比文件中所起的作用与该区别特征在要求保护的发明中为解决该重新确定的技术问题所起的作用相同。

案例 2-58

要求保护的发明是设置有排水凹槽的石墨盘式制动器，所述凹槽用以排除为清洗制动器表面而使用的水。发明要解决的技术问题是如何清除制动器表面上因摩擦产生的妨碍制动的石墨屑。对比文件 1 记载了一种石墨盘式制动器。对比文件 2 公开了在金属盘式制动器上设有用于冲洗其表面上附着的灰尘而使用的排水凹槽。

要求保护的发明与对比文件 1 的区别在于发明在石墨盘式制动器表面上设置了凹槽，而该区别特征已被对比文件 2 所披露。由于对比文件 1 所述的石墨盘式制动器会因为摩擦而在制动器表面产生磨屑，从而妨碍制动。对比文件 2 所述的金属盘式制动器会因表面上附着灰尘而妨碍制动，为了解决妨碍制动的技术问题，前者必须清除磨屑，后者必须清除灰尘，这是性质相同的技术问题。为了解决石墨盘式制动器的制动问题，本领域的技术人员按照对比文件 2 的启示，容易想到用水冲洗，从而在石墨盘式制动器上设置凹槽，把冲洗磨屑的水从凹槽中排出。由于对比文件 2 中凹槽的作用与发明要求保护的技术方案中凹槽的作用相同，因此本领域的技术人员有动机将对比文件 1 和对比文件 2 相结合，从而得到发明所述的技术方案。因此可认为现有技术中存在上述技术启示。

案例2-59

专利申请的权利要求涉及一种改进的内燃机排气阀，该排气阀包括一个由耐热镍基合金 A 制成的主体，还包括一个阀头部分，其特征在于所述阀头部分涂敷了由镍基合金 B 制成的覆层，发明所要解决的是阀头部分耐腐蚀、耐高温的技术问题。

对比文件 1 公开了一种内燃机排气阀，所述的排气阀包括主体和阀头部分，主体由耐热镍基合金 A 制成，而阀头部分的覆层使用的是与主体所用合金不同的另一种合金，对比文件 1 进一步指出，为了适应高温和腐蚀性环境，所述的覆层可以选用具有耐高温和耐腐蚀特性的合金。

对比文件 2 公开的是有关镍基合金材料的技术内容。其中指出，镍基合金 B 对极其恶劣的腐蚀性环境和高温影响具有优异的耐受性，这种镍基合金 B 可用于发动机的排气阀。

在两份对比文件中，由于对比文件 1 与专利申请的技术领域相同，所解决的技术问题相同，且公开专利申请的技术特征最多，因此可以认为对比文件 1 是最接近的现有技术。

将专利申请的权利要求与对比文件 1 对比之后可知，发明要求保护的技术方案与对比文件 1 的区别在于发明将阀头覆层的具体材料限定为镍基合金 B，以便更好地适应高温和腐蚀性环境。由此可以得出发明实际解决的技术问题是如何使发动机的排气阀更好地适应高温和腐蚀性的工作环境。

　　根据对比文件 2，本领域的技术人员可以清楚地知道镍基合金 B 适用于发动机的排气阀，并且可以起到提高耐腐蚀性和耐高温的作用，这与该合金在本发明中所起的作用相同。由此，可以认为对比文件 2 给出了可将镍基合金 B 用作有耐腐蚀和耐高温要求的阀头覆层的技术启示，进而使得本领域的技术人员有动机将对比文件 2 和对比文件 1 结合起来构成该专利口请权利要求的技术方案，故该专利申请要求保护的技术方案相对于现有技术是显而易见的。

案例 2-60

　　某申请的权利要求为一种喷嘴，由可燃气体喷嘴、吸入口、混合管、扩压管和旋流器组成，该可燃气体喷嘴有一根与高压气源相通的中心管，用于从喷嘴的中心管引入少量的压缩空气。

　　该申请的说明书中记载了从中心管引入压缩空气用于帮助煤气引射空气，以提高燃烧效率，控制炉内气氛。

　　对比文件 1 公开了一种喷射式烧嘴，由可燃气体喷嘴 1、吸入口 2、混合管 3、扩压管 4 和旋流管 5 组成。

　　对比文件 2 公开了一种烧嘴，该烧嘴在其可燃气体喷嘴的中心有一根与高压气源相通的中心管，该中心管的作用是调节火焰长度。在增加中心管中高压气流量的同时，减少低压气体的流量，使空气和气体燃料的重量比例保持不变。

　　在该案例中选择对比文件 1 作为最接近的现有技术。发明与对比文件 1 的区别在于：可燃气体喷嘴有一根与高压气源相通的中心管，其实际解决的技术问题是：使高热值燃气充分燃烧，并更好地控制炉内气氛。

　　对比文件 2 公开了权利要求中的上述区别特征。如果孤立地看待该中心管，可以认为它在发明和对比文件 2 中具有相同的结构和相同的作用，但是当综合考虑该区别特征在发明和对比文件 2 中各自的作用时可以看到，发明中的中心管用于补充喷嘴内引射空气量的不足，可以通过增加空气量提高燃烧效率；而在对比文件 2 中，中心管和用于引入低压空气的结构部件共同作用，可保持空气和气体燃料的比例不变而改变火焰长度，与发明的中心管的作用完全不同。因此，不能认为对比文件 2 中存在解决发明实际解决的技术问题的技术启示。

2）显著的进步的判断

在评价发明是否具有显著的进步时，主要应当考虑发明是否具有有益的技术效果。以下情况，通常应当认为发明具有有益的技术效果，具有显著的进步：

（1）发明与现有技术相比具有更好的技术效果，例如，质量改善、产量提高、节约能源、防治环境污染等。

（2）发明提供了一种技术构思不同的技术方案，其技术效果能够基本上达到现有技术的水平，例如，采用不同的方法制备同一种产品。

（3）发明代表某种新技术发展趋势，如半导体器件，在申请专利的初期，具有信号不稳定、体积大、噪声大的缺陷，但它代表了新技术的发展趋势，逐渐取代了晶体管，不能因为其存在各种缺陷而认为其不具备创造性。

（4）尽管发明在某些方面有负面效果，但在其他方面具有明显积极的技术效果，例如，一种废旧电池的回收方法，虽然提高了生产成本，但降低了对环境的污染，节约了资源。

需要说明的是，《专利法》第22条第3款所说的有显著的进步，并不是说申请专利的发明在任何方面与现有技术相比都要有进步或者产生了好的效果。申请专利的发明有可能在某一方面取得了进步，例如，降低了生产成本，废物利用等，但是在取得一方面进步的同时有可能必须在其他方面做出牺牲，要求发明创造所有的方面都具有进步性是不现实的。

（三）几种不同类型发明的创造性判断

应当注意的是，本节中发明类型的划分主要是依据发明与最接近的现有技术的区别特征的特点作出的，这种划分仅是参考性的，不能生搬硬套，而要根据每项发明的具体情况，客观地做出判断。

以下就几种不同类型发明的创造性判断举例说明。

1. 开拓性发明

开拓性发明，是指一种全新的技术方案，在技术史上未曾有过先例，它为人类科学技术在某个时期的发展开创了新纪元。

开拓性发明同现有技术相比，具有突出的实质性特点和显著的进步，具备创造性。例如，中国的四大发明——指南针、造纸术、活字印刷术和火药。此外，作为开拓性发明的例子还有：蒸汽机、白炽灯、收音机、雷达、激光器、利用计算机实现汉字输入等。

2. 组合发明

组合发明，是指将某些技术方案进行组合，构成一项新的技术方案，以解决现有技术客观存在的技术问题。

在进行组合发明创造性的判断时通常需要考虑：组合后的各技术特征在功能上是否彼此相互支持、组合的难易程度、现有技术中是否存在组合的启示以及组合后的技术效果等。

1）显而易见的组合

如果要求保护的发明仅仅是将某些已知产品或方法组合或连接在一起，各自以其常规的方式工作，而且总的技术效果是各组合部分效果之总和，组合后的各技术特征之间在功能上无相互作用关系，仅仅是一种简单的叠加，则这种组合发明不具备创造性。

案例2-61

一项带有电子表的圆珠笔的发明，发明的内容是将已知的电子表安装在已知的圆珠笔的笔身上。将电子表同圆珠笔组合后，两者仍各自以其常规的方式工作，在功能上没有相互作用关系，只是一种简单的叠加，因而这种组合发明不具备创造性。

此外，如果组合仅仅是公知结构的变形，或者组合处于常规技术继续发展的范围之内，而没有取得预料不到的技术效果，则这样的组合发明不具备创造性。

2）非显而易见的组合

如果组合的各技术特征在功能上彼此支持，并取得了新的技术效果；或者说组合后的技术效果比每个技术特征效果的总和更优越，则这种组合具有突出的实质性特点和显著的进步，发明具备创造性。其中组合发明的每个单独的技术特征本身是否完全或部分已知并不影响对该发明创造性的评价。

案例2-62

一项"深冷处理及化学镀镍-磷-稀土工艺"的发明，发明的内容是将公知的深冷处理和化学镀相互组合。现有技术在深冷处理后需要对工件采用非常规温度回火处理，以消除应力，稳定组织和性能。本发明在深冷处理后，对工件不作回火或时效处理，而是在80℃±10℃的镀液中进行化学镀，这不但省去了所说的回火或时效处理，还使该工件仍具有稳定的基体组织以及耐磨、耐蚀并与基体结合良好的镀层，这种组合发明的技术效果，对本领域的技术人员来说，预先是难以想到的，因而，该发明具备创造性。

需要说明的是，在判断发明是否具有突出的实质性特点时，组合发明与普通类型的发明一样，都需要考虑其技术方案是否显而易见；所不同的是，对于普通类型的发明，判断其显而易见性是使用三步法，而对于组合发明，除了常规的考虑之外，还需要考虑各技术特征在功能上是否相互支持、组合的难易程度等等。在判断发明是否具有显著的进步时，普通类型的发明主要应当考虑发明是否具有有益的技术效果，而对于组合发明，其要求组合后的技术效果比每个技术特征效果的总和更优越，即还需要考虑发明是否取得了预料不到的技术效果。

3. 选择发明

选择发明，是指从现有技术中公开的宽范围中，有目的地选出现有技术中未提到的窄范围或个体的发明。

在进行选择发明创造性的判断时，选择所带来的预料不到的技术效果是考虑的主要因素。

（1）如果发明仅是从一些已知的可能性中进行选择，或者发明仅仅是从一些具有相同可能性的技术方案中选出一种，而选出的方案未能取得预料不到的技术效果，则该发明不具备创造性。

案例2-63

现有技术中存在很多加热的方法，一项发明是在已知的采用加热的化学反应中选用一种公知的电加热法，该选择发明没有取得预料不到的技术效果，因而该发明不具备创造性。

（2）如果发明是在可能的、有限的范围内选择具体的尺寸、温度范围或者其他参数，而这些选择可以由本领域的技术人员通过常规手段得到并且没有产生预料不到的技术效果，则该发明不具备创造性。

案例 2-64

一项已知反应方法的发明，其特征在于规定一种惰性气体的流速，而确定流速是本领域的技术人员能够通过常规计算得到的，因而该发明不具备创造性。

（3）如果发明是可以从现有技术中直接推导出来的选择，则该发明不具备创造性。

案例 2-65

一项改进组合物 Y 的热稳定性的发明，其特征在于确定了组合物 Y 中某组分 X 的最低含量，实际上，该含量可以从组分 X 的含量与组合物 Y 的热稳定性关系曲线中推导出来，因而该发明不具备创造性。

（4）如果选择使得发明取得了预料不到的技术效果，则该发明具有突出的实质性特点和显著的进步，具备创造性。

案例 2-66

在一份制备硫代氯甲酸的现有技术对比文件中，催化剂羧酸酰胺和 / 或尿素相对于原料硫醇，其用量比大于 0、小于等于 100%（mol）；在给出的例子中，催化剂用量比为 2%（mol）～ 13%（mol），并且指出催化剂用量比从 2%（mol）起，产率开始提高；此外，一般专业人员为提高产率，也总是采用提高催化剂用量比的办法。一项制备硫代氯甲酸方法的选择发明，采用了较小的催化剂用量比 [0.02%（mol）～ 0.2%（mol）]，提高产率 11.6% ～ 35.7%，大大超出了预料的产率范围，并且还简化了对反应物的处理工艺。这说明，该发明选择的技术方案，产生了预料不到的技术效果，因而该发明具备创造性。

4. 转用发明

转用发明，是指将某一技术领域的现有技术转用到其他技术领域中的发明。

在进行转用发明的创造性判断时通常需要考虑：转用的技术领域的远近、是否存在相应的技术启示、转用的难易程度、是否需要克服技术上的困难、转用所带来的技术效果等。

（1）如果转用是在类似的或者相近的技术领域之间进行的，并且未产生预料不到的技术效果，则这种转用发明不具备创造性。

案例 2-67

将用于柜子的支撑结构转用到桌子的支撑，这种转用发明不具备创造性。

（2）如果这种转用能够产生预料不到的技术效果，或者克服了原技术领域中未曾遇到的困难，则这种转用发明具有突出的实质性特点和显著的进步，具备创造性。

案例 2-68

一项潜艇副翼的发明，现有技术中潜艇在潜入水中时是靠自重和水对它产生的浮力相平衡停留在任意点上，上升时靠操纵水平舱产生浮力，而飞机在航行中完全是靠主翼产生的浮力浮在空中，发明借鉴了飞机飞行中的技术手段，将飞机的主翼原理用于潜艇，使潜艇在起副翼作用的可动板作用下产生升浮力或沉降力，从而极大地改善了潜艇的升降性能。由于将空中技术运用到水中需克服许多技术上的困难，且该发明取得了极好的效果，所以该发明具备创造性。

5. 已知产品的新用途发明

已知产品的新用途发明，是指将已知产品用于新的目的的发明。

在进行已知产品新用途发明的创造性判断时通常需要考虑：新用途与现有用途技术领域的远近、新用途所带来的技术效果等。

（1）如果新的用途仅仅是使用了已知材料的已知的性质，则该用途发明不具备创造性。

案例2-69

将作为润滑油的已知组合物在同一技术领域中用作切削剂，这种用途发明不具备创造性。

案例2-70

将已知的用于仪器玻璃的高硅氧玻璃材料用作豪华手表类石英晶面，这种用途发明不具备创造性。再如，用于打印机上的墨是通过加热干燥，人们希望墨在打印时不易干，而此后能较快干燥。发明人想到寻找在室温下不易干燥而高温时容易干燥的材料。他在化工材料目录中找到了一种刚刚上市的材料，其性能符合条件，于是提出了将这种材料用作打印机用墨的用途发明，这种用途发明不具备创造性。

（2）如果新的用途是利用了已知产品新发现的性质，并且产生了预料不到的技术效果，则这种用途发明具有突出的实质性特点和显著的进步，具备创造性。

案例2-71

将作为木材杀菌剂的五氯酚制剂用作除草剂而取得了预料不到的技术效果，该用途发明具备创造性。

6. 要素变更的发明

要素变更的发明，包括要素关系改变的发明、要素替代的发明和要素省略的发明。

在进行要素变更发明的创造性判断时通常需要考虑：要素关系的改变、要素替代和省略是否存在技术启示、其技术效果是否可以预料等。

1）要素关系改变的发明

要素关系改变的发明，是指发明与现有技术相比，其形状、尺寸、比例、位置及作用关系等发生了变化。

（1）如果要素关系的改变没有导致发明效果、功能及用途的变化，或者发明效果、功能及用途的变化是可预料到的，则发明不具备创造性。

案例2-72

现有技术公开了一种刻度盘固定不动、指针转动式的测量仪表，一项发明是指针不动而刻度盘转动的同类测量仪表，该发明与现有技术之间的区别仅是要素关系的调换，即"动静转换"。这种转换并未产生预料不到的技术效果，所以这种发明不具备创造性。

（2）如果要素关系的改变导致发明产生了预料不到的技术效果，则发明具有突出的实质性特点和显著的进步，具备创造性。

案例2-73

一项有关剪草机的发明，其特征在于刀片斜角与公知的不同，其斜角可以保证刀片的自动研磨，而现有技术中所用刀片的角度没有自动研磨的效果。该发明通过改变要素关系，产生了预料不到的技术效果，因此具备创造性。

2）要素替代的发明

要素替代的发明，是指已知产品或方法的某一要素由其他已知要素替代的发明。

（1）如果发明是相同功能的已知手段的等效替代，或者是为解决同一技术问题，用已知最新研制出的具有相同功能的材料替代公知产品中的相应材料，或者是用某一公知材料替代公知产品中的某材料，而这种公知材料的类似应用是已知的，且没有产生预料不到的技术效果，则该发明不具备创造性。

案例2-74

一项涉及泵的发明，与现有技术相比，该发明中的动力源是液压马达，替代了现有技术中使用的电机，这种等效替代的发明不具备创造性。

（2）如果要素的替代能使发明产生预料不到的技术效果，则该发明具有突出的实质性特点和显著的进步，具备创造性。

3）要素省略的发明

要素省略的发明，是指省去已知产品或者方法中的某一项或多项要素的发明。

（1）如果发明省去一项或多项要素后其功能也相应地消失，则该发明不具备创造性。

案例2-75

一种涂料组合物发明，与现有技术的区别在于不含防冻剂。由于取消使用防冻剂后，该涂料组合物的防冻效果也相应消失，因而该发明不具备创造性。

（2）如果发明与现有技术相比，发明省去一项或多项要素（例如，一项产品发明省去了一个或多个零、部件或者一项方法发明省去一步或多步工序）后，依然保持原有的全部功能，或者带来预料不到的技术效果，则具有突出的实质性特点和显著的进步，该发明具备创造性。

（四）判断发明创造性时需考虑的其他因素

发明是否具备创造性，通常应当根据《专利审查指南》第二部分第四章第3.2节所述的审查基准进行审查。应当强调的是，当申请属于以下情形时，审查员应当予以考虑，不应轻易作出发明不具备创造性的结论。

1. 发明解决了人们一直渴望解决但始终未能获得成功的技术难题

如果发明解决了人们一直渴望解决但始终未能获得成功的技术难题，这种发明具有突出的实质性特点和显著的进步，具备创造性。

案例2-76

自有农场以来，人们一直期望解决在农场牲畜（如奶牛）身上无痛而且不损坏牲畜表皮地打上永久性标记的技术问题，某发明人基于冷冻能使牲畜表皮着色这一发现而发明的一项冷冻"烙印"的方法成功地解决了这个技术问题，该发明具备创造性。

2. 发明克服了技术偏见

技术偏见，是指在某段时间内、某个技术领域中，技术人员对某个技术问题普遍存在的、偏离客观事实的认识，它引导人们不去考虑其他方面的可能性，阻碍人们对该技术领域的研究和开发。如果发明克服了这种技术偏见，采用了人们由于技术偏见而舍弃的技术手段，从而解决了技术问题，则这种发明具有突出的实质性特点和显著的进步，具备创造性。

案例2-77

对于电动机的换向器与电刷间界面，通常认为越光滑接触越好，电流损耗也越小。一项发明将换向器表面制出一定粗糙度的细纹，结果其电流损耗更小，优于光滑表面。该发明克服了技术偏见，具备创造性。

3. 发明取得了预料不到的技术效果

发明取得了预料不到的技术效果，是指发明同现有技术相比，其技术效果产生"质"的变化，具有新的性能；或者产生"量"的变化，超出人们预期的想象。这种"质"的或者"量"的变化，对所属技术领域的技术人员来说，事先无法预测或者推理出来。当发明产生了预料不到的技术效果时，一方面说明发明具有显著的进步，同时也反映出发明的技术方案是非显而易见的，具有突出的实质性特点，该发明具备创造性。

案例2-78

一种物质 C 的制造方法，其核心内容是，物质 A 和物质 B 在 63 ～ 65℃的温度范围内转化成物质 C。现有技术中，已知物质 A 和物质 B 在 50 ～ 130℃温度范围内转化成物质 C 时，物质 C 的产量通常随温度的增加而增加。而本方案在原先未被研究的 63 ～ 65℃的温度范围内转化，物质 C 的产量明显地超过预期值，这是本领域技术人员预料不到的。因此该方案具有创造性。

4. 发明在商业上获得成功

当发明的产品在商业上获得成功时，如果这种成功是由于发明的技术特征直接导致的，则一方面反映了发明具有有益效果，同时也说明了发明是非显而易见的，因而这类发明具有突出的实质性特点和显著的进步，具备创造性。但是，如果商业上的成功是由于其他原因所致，例如由于销售技术的改进或者广告宣传造成的，则不能作为判断创造性的依据。

（五）创造性判断中需要注意的问题

不管发明者在创立发明的过程中是历尽艰辛，还是唾手而得，都不应当影响对该发明创造性的评价。绝大多数发明是发明者创造性劳动的结晶，是长期科学研究或者生产实践的总结。但是，也有一部分发明是偶然做出的。例如，公知的汽车轮胎具有很好的强度和耐磨性能，它曾经是由于一名工匠在准备黑色橡胶配料时，把决定加入 3% 的碳黑错用为 30% 而造成的。事实证明，加入 30% 碳黑生产出来的橡胶具有原先不曾预料到的高强度和耐磨性能，尽管它是由于操作者偶然的疏忽而造成的，但不影响该发明具备创造性。

对创造性的判断是在了解了发明内容之后才作出，因而容易对发明的创造性估计偏低，从而犯"事后诸葛亮"的错误。对发明的创造性评价是由发明所属技术领域的技术人员依据申请日以前的现有技术与发明进行比较而作出的，以减少和避免主观因素的影响。

在创造性的判断过程中，考虑发明的技术效果有利于正确评价发明的创造性。

发明是否具备创造性是针对要求保护的发明而言的，因此，对发明创造性的评价应当针对权利要求限定的技术方案进行。发明对现有技术作出贡献的技术特征，例如，使发明产生预料不到的技术效果的技术特征，或者体现发明克服技术偏见的技术特征，应当写入权利要求中；否则，即使说明书中有记载，评价发明的创造性时也不予考虑。此外，创造性的判断，应当针对权利要求限定的技术方案整体进行评价，即评价技术方案是否具备创造性，而不是评价某一技术特征是否具备创造性。

（六）实用新型的创造性判断

《专利审查指南》第一部分第二章第 11 节中规定："初步审查中，审查员对于实用新型专利申请是否明显不具备新颖性和创造性进行审查"。

《专利审查指南》第四部分第六章第 4 节中规定："在实用新型专利创造性的审查中，应当考虑其技术方案中的所有技术特征，包括材料特征和方法特征。"

《专利审查指南》第四部分第六章第4节中还规定："实用新型专利创造性审查的有关内容，包括创造性的概念、创造性的审查原则、审查基准以及不同类型发明的创造性判断等内容参照本指南第二部分第四章的规定。"

但是，根据《专利法》第22条第3款的规定，创造性，是指同申请日以前与现有技术相比，该发明有突出的实质性特点和显著的进步，该实用新型有实质性特点和进步。由上述规定可知，实用新型专利创造性判断的审查原则以及其判断方法与发明创造性的判断基本没有区别，在审查基准方面两者总体上也没有区别，只是按照《专利法》第22条第3款的规定，实用新型专利创造性的标准应当低于发明专利创造性的标准。

具体说来，两者在创造性判断标准上的不同，主要体现在现有技术中是否存在"技术启示"。也就是说，在判断现有技术中是否存在技术启示时，实用新型专利与发明专利存在区别，这种区别体现在下述两个方面。

1. 现有技术的领域

对于发明专利，不仅要考虑该发明所属的技术领域，还要考虑其相近或相关的技术领域，以及该发明所要解决的技术问题能够促使本领域的技术人员到其中去寻找技术手段的其他技术领域。

而对于实用新型专利，一般着重于考虑该实用新型专利所属的技术领域。但是现有技术中给出明确的启示，例如现有技术中有明确的记载，促使本领域的技术人员到相近或者相关的技术领域寻找有关技术手段的，可以考虑其相近或者相关的技术领域。例如，一件实用新型专利涉及一种电梯门的门板，在评价该实用新型的创造性时，经过检索获得了一篇关于电梯门板的对比文件，在该对比文件中明确记载了"电梯门板的设计也可以参考建筑物门板的结构"。在这种现有技术的明确启示下，本领域技术人员则可以到建筑物门板这一相近领域去寻找相关对比文件来评价该实用新型专利的创造性。

2. 现有技术的数量

对于发明专利，可以引用一项、两项或者多项现有技术评价其创造性。

而对于实用新型专利，一般情况下可以引用一项或者两项现有技术评价其创造性，对于由现有技术通过"简单的叠加"而成的实用新型专利，可以根据情况引用多项现有技术评价其创造性。

例如：一件实用新型专利要求保护一种可置换表面的水上浮动平台，它由浮筒体构成，单个浮筒体的角面设有凸耳以及凸耳上的耳孔，供插销插入连接；浮筒体的四个侧面有相互吻合的凸凹形状，以便于相互连接；在浮筒体上表面设有十字形凹槽，从而容纳电缆。评价该实用新型的创造性涉及三篇现有技术。第一篇现有技术公开了一种组合式浮筒（相当于水上浮动平台），该组合式浮筒包括浮体（相当于浮筒体）和嵌置件（相当于插销），单个浮体四角设置有凸耳板，凸耳板上设有连接孔（相当于耳孔）。第二篇现有技术公开了一种浮筒，浮筒各侧面皆由凹部和凸部的波形表面组合而成，当浮筒结合在一起时该凹部和凸部可以相互卡合。第三篇现有技术涉及一种浮筒，公开了"浮筒体上表面设置有十字形凹槽，可以在十字形凹槽内安装电缆和管线"的技术内容。由上可知，上述三篇现有技术已经公开了本实用新型专利要求保护的技术方案的所有技术特征。并且这些技术特征在现有技术中的作用与在本实用新型专利中的作用完全相同，它们之间没有功能上的相互作用关系，其总的技术效果为各组合部分效果的总和，并没有带来更加优越的效果。因此，本领域技术人员在上述三篇现有技术的基础上得出本实用新型专利要求保护的技术方案，并不需要付出创造性的劳动。因此该技术方案属于现有技术的简单的叠加，不具备实质性特点和进步，不具备专利法第 22 条第 3 款规定的创造性。

四、实用性

根据《专利法》第 22 条第 1 款的规定，授予专利权的发明和实用新型应当具备新颖性、创造性和实用性。因此，申请专利的发明和实用新型具备实用性是授予其专利权的必要条件之一。

一项发明或者实用新型要想获得专利保护，应当是一项能够适于实际应用的发明或者实用新型。换言之，发明或实用新型不能是抽象的、纯理论性的，应当是一项能够在实践中实现的发明或实用新型，虽然不需要达到直接应用于产业阶段的要求，但是至少应当具备将来有应用的可能性。也就是说，发明或实用新型一旦付诸实践，就能够解决技术领域中某一个技术问题。

（一）实用性的概念

根据《专利法》第 22 条第 4 款的规定，实用性是指发明或者实用新型申请的主题应当能够在产业上制造或者使用，并且能够产生积极效果。

授予专利权的发明或者实用新型，应当是能够解决技术问题，并且能够应用的发明或者实用新型。换句话说，如果申请的是一种产品（包括发明和实用新型），那么该产品应当在产业中能够制造，并且能够解决技术问题；如果申请的是一种方法（仅限发明），那么这种方法应当在产业中能够使用，并且能够解决技术问题。在产业上能够制造或者使用的技术方案，是指符合自然规律、具有技术特征的任何可实施的技术方案。这些方案并不一定意味着使用机器设备，或者制造一种物品，还可以包括例如驱雾的方法，或者将能量由一种形式转换成另一种形式的方法。

所谓产业，包括工业、农业、林业、水产业、畜牧业、交通运输业以及文化体育、生活用品和医疗器械等行业。

能够产生积极效果，是指发明或者实用新型专利申请在提出申请之日，其产生的经济、技术和社会的效果是所属技术领域的技术人员可以预料到的。这些效果应当是积极的和有益的。积极效果并不是要求发明创造必须是完美无缺的，而是说发明创造不应导致技术上的明显倒退或者整体变劣。如果导致技术上的明显倒退或者整体变劣就不具有积极效果。例如，移动电话从模拟制式发展到数字制式，从数字制式发展到智能模式，自动化程度越来越高，但缺陷也很明显，移动电话的电量消耗得更快，待机时间相对短，较早的 2G/3G 移动电话的待机时间反而更长。所以，积极效果不是苛求十全十美、完美无缺的效果。通常，只要专利申请要求保护的技术方案不是明显无益、脱离社会需要，即认为满足关于实用性规定中的"能够产生积极效果"的要求。

（二）实用性的审查原则

判断发明或者实用新型专利申请的实用性时，应当遵循如下两个方面的原则。

一方面，应当以申请日提交的说明书（包括附图）和权利要求书所公开的整体技术内容为依据，而不仅仅局限于权利要求所记载的内容。当仅根据权利要求记载的技术方案难以判断其是否具有实用性时，需要结合说明书公开的内容进行判断。如果根据权利要利要求所记载的内容就可以清楚地确定权利要求请求保护的方案明显不能在产业中被制造或使用或者明显不能够产生积极效果，则这种情况下，只需根据权利要求所记载的内容即可得出该权利要求不具备实用性的结论。当仅根据权利要求记载的技术方案难于判断其是否具有实用性时，应当以申请日提交的说明书（包括附图）和权利要求书所公开的整体技术内容为依据，结合说明书公开的内容进行审查，而不仅仅局限于权利要求所记载的内容需要结合说明书公开的内容进行判断。

另一方面，实用性与所申请的发明或者实用新型是怎样创造出来的或者是否已经实施无关。实用性要求发明或者实用新型应当能够制造或者使用，但并不意味着发明或者实用新型必须已经得到实施，只要从理论上能够确认可以实现即可。

（三）判断实用性的基准

判断发明或者实用新型的实用性，应当以《专利法》第 22 条第 4 款为基准。以下给出专利代理实践中实用性判断的常见情形。

1. 无再现性

具有实用性的发明或者实用新型专利申请主题，应当具有再现性。反之，无再现性的发明或者实用新型专利申请主题不具备实用性。再现性，是指所属技术领域的技术人员，根据公开的技术内容，能够重复实施专利申请中为解决技术问题所采用的技术方案。这种重复实施不得依赖任何随机的因素，并且实施结果应该是相同的。

应当注意的是，申请发明或者实用新型专利的产品的成品率低与不具有再现性是有本质区别的。前者是能够重复实施，只是由于实施过程中未能确保某些技术条件（如环境洁净度、温度等）而导致成品率低；而不具有再现性是指，在确保发明或者实用新型专利申请所需全部技术条件下，所属技术领域的技术人员仍不可能重复实现该技术方案所要求达到的结果。

2. 违背自然规律

具有实用性的发明或者实用新型专利申请应当符合自然规律。违背自然规律的发明或者实用新型专利申请是不能实施的，因此不具备实用性。需要注意的是，那些违背能量守恒定律的发明或者实用新型专利申请的主题，如永动机，必然是不具备实用性的。

3. 利用独一无二的自然条件的产品

具备实用性的发明或者实用新型专利申请不得是由自然条件限定的独一无二的产品。利用特定的自然条件建造的自始至终都是不可移动的唯一产品不具备实用性。应当注意的是，不能因为上述利用独一无二的自然条件的产品不具备实用性，而认为其构件本身也不具备实用性。例如，利用特定自然条件的原材料所获得的产品通常不能被认为是利用独一无二的自然条件的产品。例如，利用长白山上的无污染冰水制造饮料。在该发明中，虽然生产中利用的原材料是特定的，但是生产所获得的产品不是独一无二的，可以在产业上制造和使用。

4. 人体或者动物的非治疗目的的外科手术方法

外科手术方法，是指使用器械对有生命的人体或者动物体实施的剖开、切除、缝合、纹刺等创伤性或者介入性治疗或处置的方法。

外科手术方法包括治疗目的和非治疗目的的手术方法。以治疗为目的的外科手术方法属于不授予专利权的主题；非治疗目的的外科手术方法，由于是以有生命的人或动物为实施对象，无法在产业上使用，因此不具备实用性。例如，为非治疗目的的美容而实施的外科手术方法，或者采用外科手术从活牛身体上摘取牛黄的方法（注意，这里的目的是摘取牛黄，若以治疗牛胆结石症为目的，采用外科手术从活牛身体上摘取牛黄的方法则属于治疗目的的外科手术方法），以及为辅助诊断而采用的外科手术方法，例如实施冠状造影之前采用的外科手术方法等。

需要说明的是，牲畜、家禽等的屠宰方法不属于非治疗目的的外科手术方法，其可以在产业上使用，具备实用性。单纯的美容方法（即不介入人体或不产生创伤的美容方法，包括在皮肤、毛发、指甲、牙齿外部可为人们所视的部位局部实施的、非治疗目的的身体除臭、保护、装饰或者修饰方法）是非治疗目的的，其可以在美容院实施，可以在产业上使用，具有实用性。

5. 测量人体或动物体在极限情况下的生理参数的方法

测量人体或动物体在极限情况下的生理参数需要将被测对象置于极限环境中，这会对人或动物的生命构成威胁，不同的人或动物个体可以耐受的极限条件是不同的，需要有经验的测试人员根据被测对象的情况来确定其耐受的极限条件，因此这类方法无法在产业上使用，不具备实用性。例如，通过逐渐降低人或动物的体温，以测量人或动物对寒冷耐受程度的测量方法，不具备实用性。又如，利用降低吸入气体中氧气分压的方法逐级增加冠状动脉的负荷，并通过动脉血玉的动态变化观察冠状动脉的代偿反应，以测量冠状动脉代谢机能的非侵入性的检查方法，不具备实用性。

6. 无积极效果

具备实用性的发明专利申请或者实用新型专利申请的技术方案应当能够产生预期的积极效果。明显无益、脱离社会需要的发明专利申请或者实用新型专利申请的技术方案不具备实用性。一项技术方案可能存在某些方面的缺陷，例如，请求保护的药物具有毒副作用，但在其他方面有益，则应当认为该技术方案能够产生预期的积极效果。

需要说明的是，对积极效果的判断是看发明或者实用新型能否产生预期的积极效果，而不能依据该发明是否被社会采用或产生足够的经济效益进行判断。事实上，许多产品发明专利可能都不会被社会采用，或者实施后也没能产生足够的经济效益，但它们的技术方案是能够产生积极效果的。

五、单一性及分案申请

一件专利申请应当限于一项发明创造，这就是专利申请的单一性原则。该原则为各国专利制度所普遍采用。采用单一性原则，是为了防止申请人在一件专利申请中囊括内容上无关或者关系不大的多项发明创造，便于专利局对专利申请进行处理、检索和审查，便于授予专利权之后权利人行使权利、承担义务，也便于公众有效地利用专利文献。但是，单一性原则并不是绝对的。在有些情况下，两项或者两项以上的发明创造密切相关，实际上是在一个总的构思基础上形成的，在这种情况下若要求申请人分成两件或多件申请要求保护未免过于苛求，因此国际上均允许将几项密切相关的发明创造放在一件专利申请中合案申请，在这种情况下仍认为该合案申请满足单一性的规定。

《专利法》第31条第1款及《专利法实施细则》第39条对发明或者实用新型专利申请的单一性作了规定。《专利法实施细则》第48条、第49条对不符合单一性的专利申请的分案及其修改作了规定。

（一）单一性的概念

单一性，是指一件发明或者实用新型专利申请应当限于一项发明或者实用新型，属于一个总的发明构思的两项以上发明或者实用新型，可以作为一件申请提出。也就是说，如果一件申请包括几项发明或者实用新型，则只有在所有这几项发明或者实用新型之间有一个总的发明构思使之相互关联的情况下才被允许。这是专利申请的单一性要求。

《专利法实施细则》第 39 条规定，可以作为一件专利申请提出的属于一个总的发明构思的两项以上的发明或者实用新型，应当在技术上相互关联，包含一个或者多个相同或者相应的特定技术特征，其中特定技术特征是指每一项发明或者实用新型作为整体，对现有技术作出贡献的技术特征。《专利法》第 31 条第 1 款所称的"属于一个总的发明构思"是指具有相同或者相应的特定技术特征。

（二）单一性的判断原则

单一性判断的基本原则是，针对权利要求中记载的技术方案，判断其实质性内容是否属于一个总的发明构思，即判断这些技术方案中是否包括使它们在技术上相互关联的一个或者多个相同或者相应的特定技术特征。这一判断是根据权利要求的内容来进行的，必要时可以参照说明书和附图的内容。但是应当注意，单一性判断针对的是要求保护的发明，即权利要求书的内容，仅在说明书中记载的内容不是单一性判断的对象。

一般情况下，只需要判断独立权利要求之间的单一性，从属权利要求与其所引用的独立权利要求之间不存在缺乏单一性的问题。因为从属权利要求包括其引用的权利要求的所有技术特征，用附加技术特征对引用的权利要求作进一步的限定，它们之间不存在缺乏单一性的问题。

需要说明的是，单一性的判断方法和判断结果与权利要求的撰写方式和排列顺序无关。无论两项以上的发明是在各自的独立权利要求中要求保护，还是在同一项权利要求中作为并列选择的技术方案要求保护，都应当按照相同的标准判断单一性。也就是说，针对在同一个权利要求中要求保护的各个并列的技术方案，也需要进行单一性判断。

（三）单一性的判断方法

单一性判断需要确定特定技术特征，特定技术特征是体现发明对现有技术作出贡献的技术特征，是相对于现有技术而言的，只有考虑了现有技术之后（通常是经过检索之后）才能确定特定技术特征。但是这并不意味着所有的单一性判断都要经过检索，在检索之前通过适当的分析也可以直接判断某些申请的单一性。

1. 检索前单一性的判断

如果几项发明之间没有包括相同或者相应的技术特征，或者虽然包括相同或者相应的技术特征，但是这些技术特征均属于本领域惯用的技术手段，没有对现有技术作出贡献，则这几项发明之间不可能包括相同或者相应的特定技术特征，因而明显不具有单一性。

一件包括多项发明的专利申请，只要不存在所有要求保护的发明都包括的相同或者相应的技术特征，就可以在检索前判定该申请不属于一个总的发明构思，不具有单一性，不能作为一件申请提出。

案例 2-79

某申请包括如下独立权利要求：

权利要求 1：一种探照灯，具有特征 A 和 B。

权利要求 2：一种探照灯，具有特征 B 和 C。

权利要求 3：一种探照灯，具有特征 A 和 C。

技术特征 A、B、C 互不相同也不相应。虽然这三项权利要求两两之间都包括相同的技术特征，但是不存在这三项权利要求都包括的相同或者相应的特定技术特征，因此无须检索就可以判断这三项权利要求不属于一个总的发明构思，明显不具有单一性。而对于这三项权利要求中两两之间的单一性判断则需检索后才能进行，也就是说，要通过检索判断技术特征 A、B、C 是否是使发明相对于现有技术具备新颖性和创造性的技术特征，进而对三个权利要求中两两之间的单一性作出判断。

案例 2-80

某申请包括如下独立权利要求：

权利要求 1：一种汽车，包括四个车轮和方向控制器 A。

权利要求2：一种汽车，包括四个车轮和发动机B。

其中，技术特征A和B既不相同也不相应。权利要求1和2仅有的相同或者相应的技术特征为"包括四个车轮"，无须检索就可以判定该技术特征属于本领域的惯用技术手段，不可能体现发明对现有技术作出的贡献，因而权利要求1和2之间明显不具有单一性。

2. 检索后单一性的判断

如果要求保护的两项以上的发明中具有相同或者相应的技术特征，而且这些相同或者相应的技术特征又不属于本领域惯用的技术手段，那么，这些技术特征是否属于相同或者相应的特定技术特征的判断，就需要通过检索并借助检索出的现有技术才能给出结论。也就是说，对于不明显缺乏单一性的两项以上发明，需要经过检索才能判断它们之间的单一性。

检索后单一性的判断可以针对独立权利要求，也可以针对从属权利要求。

1）独立权利要求的单一性判断

通过检索确定相关的现有技术之后，可以采用以下方法分析独立权利要求的单一性：第一步：将第一项发明（通常为独立权利要求1）的主题与相关的现有技术进行比较，以确定从发明的整体上看对现有技术作出贡献的特定技术特征。第二步：判断第二项发明（通常为其他并列独立权利要求）中是否存在一个或者多个与第一项发明相同或者相应的特定技术特征，从而确定这两项发明是否在技术上相关联。第三步：如果在发明之间存在一个或者多个相同或者相应的特定技术特征，即存在技术上的关联，则可以得出它们属于一个总的发明构思的结论。相反，如果各项发明之间不存在技术上的关联，则它们不属于一个总的发明构思，不具有单一性。

需要说明的是，在否定了第一独立权利要求的新颖性或创造性的情形下，与其并列的其余独立权利要求之间是否还属于一个总的发明构思，应当重新确定。

案例2-81

某申请包括如下独立权利要求：

权利要求1：一种化合物X。

权利要求 2：一种制备化合物 X 的方法，其特征为 A。

权利要求 3：化合物 X 作为杀虫剂的应用。其中，化合物 X 是这三项权利要求仅有的相同的技术特征。这三项权利要求的关系可能有如下两种情形。

情形一：如果经过检索，确定化合物 X 与现有技术相比具有新颖性和创造性，那么上述权利要求 1～3 包括了相同的特定技术特征，属于一个总的发明构思，具有单一性。

情形二：如果经过检索，发现化合物 X 与现有技术相比不具有新颖性或创造性，则权利要求 1 不能被授予专利权。在这种情况下，权利要求 2 和 3 之间的相同的技术特征仍为化合物 X，但是，由于化合物 X 不是特定技术特征，而且权利要求 2 和 3 之间也没有其他相同或者相应的特定技术特征，因此权利要求 2 和 3 不属于一个总的发明构思，不具有单一性。

在某些情况下，要求保护的各项发明之间的相同或者相应的技术特征非常明显，这时可以先找出各项发明之间所有的相同或者相应的技术特征，再通过检索判断这些技术特征是否体现发明对现有技术作出了贡献，即是否为特定技术特征，从而判断这些发明之间的单一性。

2）从属权利要求的单一性判断

一般情况下只需要考虑独立权利要求之间的单一性，从属权利要求与其所引用的独立权利要求之间不存在缺乏单一性问题。

在一项独立权利要求由于缺乏新颖性、创造性等原因而不能被授予专利权的情况下，并列的从属权利要求之间有可能存在缺乏单一性的问题。

案例 2-82

某申请包括如下独立权利要求：

权利要求 1：一种显示器，具有特征 A 和 B。

权利要求 2：根据权利要求 1 所述的显示器，具有另一特征 C。

权利要求 3：根据权利要求 1 所述的显示器，具有另一特征 D。

其中，权利要求 1 所述的显示器不具有创造性，而特征 C 和 D 分别是体现发明对现有技术作出贡献的技术特征，并且两者完全不相关。权利要求 1 为仅有的独立权利要求，权利要求 2、3 分别引用权利要求 1，是权利要求 1

的并列的从属权利要求。由于权利要求 1 不具有创造性，权利要求 2 中的特定技术特征 C 与权利要求 3 中的特定技术特征 D 既不相同也不相应，因此，权利要求 2 和权利要求 3 之间没有单一性。

（四）符合单一性的常见撰写方式

属于一个总的发明构思的两项以上发明的权利要求可以按照以下六种方式之一撰写；但是，不属于一个总的发明构思的两项以上独立权利要求，即使按照所列举的六种方式中的某一种方式撰写，也不能允许在一件申请中请求保护：

（1）不能包括在一项权利要求内的两项以上产品或者方法的同类独立权利要求；

（2）产品和专用于制造该产品的方法的独立权利要求；

（3）产品和该产品的用途的独立权利要求；

（4）产品、专用于制造该产品的方法和该产品的用途的独立权利要求；

（5）产品、专用于制造该产品的方法和为实施该方法而专门设计的设备的独立权利要求；

（6）方法和为实施该方法而专门设计的设备的独立权利要求。

其中，第（1）种方式中所述的"同类"是指独立权利要求的类型相同，即一件专利申请中所要求保护的两项以上发明仅涉及产品发明，或者仅涉及方法发明。只要有一个或者多个相同或者相应的特定技术特征使多项产品类独立权利要求之间或者多项方法类独立权利要求之间在技术上相关联，则允许在一件专利申请中包含多项同类独立权利要求。

第（2）至第（6）种方式涉及的是两项以上不同类独立权利要求的组合。

对于产品与专用于生产该产品的方法独立权利要求的组合，该"专用"方法使用的结果就是获得该产品，两者之间在技术上相关联。但"专用"并不意味该产品不能用其他方法制造。

对于产品与该产品用途独立权利要求的组合，该用途应当是由该产品的特定性能决定的，它们在技术上相关联。

对于方法与为实施该方法而专门设计的设备独立权利要求的组合，除了该"专门设计"的设备能够实施该方法外，该设备对现有技术作出的贡献还应当与该方法对现有技术作出的贡献相对应。但是，"专门设计"的含义并不是指该设备不能用来实施其他方法，或者该方法不能用其他设备来实施。

不同类独立权利要求之间是否按照引用关系撰写，只是形式上的不同，不影响它们的单一性。例如，与一项产品 A 独立权利要求相并列的一项专用于制造该产品 A 的方法独立权利要求，可以写成"权利要求 1 的产品 A 的制造方法，……"也可以写成"产品 A 的制造方法，……"。

所列六种方式并非穷举，也就是说，在属于一个总的发明构思的前提下，除上述排列组合方式外，还允许有其他的方式。

（五）单一性判断方法举例

1. 同类独立权利要求的单一性

案例 2-83

权利要求 1：一种传送带 X，特征为 A。

权利要求 2：一种传送带 Y，特征为 B。

权利要求 3：一种传送带 Z，特征为 A 和 B。

现有技术中没有公开具有特征 A 或 B 的传送带，从现有技术来看，具有特征 A 或 B 的传送带不是显而易见的，且 A 与 B 不相关。

权利要求 1 和权利要求 2 没有记载相同或相应的技术特征，也就不可能存在相同或者相应的特定技术特征，因此，它们在技术上没有相互关联，不具有单一性。权利要求 1 中的特征 A 是体现发明对现有技术作出贡献的特定技术特征，权利要求 3 中包括了该特定技术特征 A，两者之间存在相同的特定技术特征，具有单一性。类似地，权利要求 2 和权利要求 3 之间存在相同的特定技术特征 B，具有单一性。

案例 2-84

权利要求 1：一种发射器，特征在于视频信号的时轴扩展器。

权利要求 2：一种接收器，特征在于视频信号的时轴压缩器。

权利要求 3：一种传送视频信号的设备，包括权利要求 1 的发射器和权利要求2的接收器。

现有技术中既没有公开也没有暗示在本领域中使用时轴扩展器和时轴压缩器，这种使用不是显而易见的。

权利要求1的特定技术特征是视频信号时轴扩展器，权利要求2的特定技术特征是视频信号时轴压缩器，它们之间相互关联不能分开使用，两者是彼此相应的特定技术特征，权利要求1与2有单一性；权利要求3包含了权利要求1和2两者的特定技术特征，因此它与权利要求1或与权利要求2均有单一性。

案例2-85

权利要求1：一种插头，特征为A。

权利要求2：一种插座，特征与A相应。

现有技术中没有公开和暗示具有特征A的插头及相应的插座，这种插头和插座不是显而易见的。

权利要求1与2具有相应的特定技术特征，其要求保护的插头和插座是相互关联且必须同时使用的两种产品，因此有单一性。

案例2-86

权利要求1：一种用于直流电动机的控制电路，所说的电路具有特征A。

权利要求2：一种用于直流电动机的控制电路，所说的电路具有特征B。

权利要求3：一种设备，包括一台具有特征A的控制电路的直流电机。

权利要求4：一种设备，包括一台具有特征B的控制电路的直流电机。

从现有技术来看，特征A和B分别是体现发明对现有技术作出贡献的技术特征，而且特征A和B完全不相关。

特征A是权利要求1和3的特定技术特征，特征B是权利要求2和4的特定技术特征，但A与B不相关。因此，权利要求1与3之间或者权利要求2与4之间有相同的特定技术特征，因而有单一性；而权利要求1与2或4之间，或者权利要求3与2或4之间没有相同或相应的特定技术特征，因而无单一性。

案例 2-87

权利要求 1：一种灯丝 A。

权利要求 2：一种用灯丝 A 制成的灯泡 B。

权利要求 3：一种探照灯，装有用灯丝 A 制成的灯泡 B 和旋转装置 C。

与现有技术公开的用于灯泡的灯丝相比，灯丝 A 是新的并具有创造性。

该三项权利要求具有相同的特定技术特征灯丝 A，因此它们之间有单一性。

案例 2-88

权利要求 1：一种制造产品 A 的方法 B。

权利要求 2：一种制造产品 A 的方法 C。

权利要求 3：一种制造产品 A 的方法 D。

与现有技术相比，产品 A 是新的并具有创造性。

产品 A 是上述三项方法权利要求的相同的特定技术特征，这三项方法 B、C、D 之间有单一性。当然，产品 A 本身还可以有一项产品权利要求。如果产品 A 是已知的，则其不能作为特定技术特征，这时应重新判断这三项方法的单一性。

案例 2-89

权利要求 1：一种树脂组合物，包括树脂 A、填料 B 及阻燃剂 C。

权利要求 2：一种树脂组合物，包括树脂 A、填料 B 及抗静电剂 D。

本领域中树脂 A、填料 B、阻燃剂 C 及抗静电剂 D 分别都是已知的，且 A、B 组合不体现发明对现有技术的贡献，而 A、B、C 的组合形成了一种性能良好的不易燃树脂组合物，A、B、D 的组合也形成了一种性能良好的防静电树脂组合物，它们分别具有新颖性和创造性。

尽管这两项权利要求都包括相同的特征 A 和 B，但是，A、B 及 A、B 组合都不体现发明对现有技术的贡献，权利要求 1 的特定技术特征是 A、B、C 组合，权利要求 2 的特定技术特征是 A、B、D 组合，两者不相同也不相应，因此，权利要求 2 与权利要求 1 没有单一性。

2. 不同类独立权利要求的单一性

案例2-90

权利要求1：一种化合物X。

权利要求2：一种制备化合物X的方法。

权利要求3：化合物X作为杀虫剂的应用。

（1）第一种情况：化合物X具有新颖性和创造性。

化合物X是这三项权利要求相同的技术特征。由于它是体现发明对现有技术作出贡献的技术特征，即特定技术特征，因此，权利要求1至3存在相同的特定技术特征，权利要求1、2和3有单一性。

（2）第二种情况：通过检索发现化合物X与现有技术相比不具有新颖性或创造性。

权利要求1不具有新颖性或创造性，不能被授予专利权。权利要求2和3之间的相同技术特征仍为化合物X，但是，由于化合物X对现有技术没有作出贡献，故不是相同的特定技术特征，而且，权利要求2和3之间也没有相应的特定技术特征。因此，权利要求2和3之间不存在相同或相应的特定技术特征，缺乏单一性。

案例2-91

权利要求1：一种高强度、耐腐蚀的不锈钢带，主要成分为（按%重量计）Ni=2.0～5.0，Cr=15～19，Mo=1～2及平衡量的Fe，带的厚度为0.5～2.0mm，其伸长率为0.2%时屈服强度超过50kg/mm^2。

权利要求2：一种生产高强度、耐腐蚀不锈钢带的方法，该带的主要成分为（按%重量计）Ni=2.0～5.0，Cr=15～19，Mo=1～2及平衡量的Fe，该方法包括以下次序的工艺步骤：

（1）热轧至2.0～5.0mm的厚度；

（2）退火该经热轧后的带子，退火温度为800～1000℃；

（3）冷轧该带子至0.5～2.0mm厚度；

（4）退火：温度为1120～1200℃，时间为2～5min。

与现有技术相比，伸长率为 0.2% 时屈服强度超过 50kg/mm^2 的不锈钢带具备新颖性和创造性。

权利要求 1 与权利要求 2 之间有单一性。该产品权利要求 1 的特定技术特征是伸长率为 0.2% 时屈服强度超过 50kg/mm^2。方法权利要求 2 中的工艺步骤正是为生产出具有这样的屈服强度的不锈钢带而采用的加工方法，虽然在权利要求 2 的措词中没有体现出这一点，但是从说明书中可以清楚地看出。因此，这些工艺步骤就是与产品权利要求 1 所限定的强度特征相应的特定技术特征。

本例的权利要求 2 也可以写成引用权利要求 1 的形式，而不影响它们之间的单一性，如：

权利要求 2：一种生产权利要求 1 的不锈钢带的方法，包括以下工艺步骤：[步骤（1）至（4）同前所述，此处省略。]

案例 2-92

权利要求 1：一种含有防尘物质 X 的涂料。

权利要求 2：应用权利要求 1 所述的涂料涂布制品的方法，包括以下步骤：（1）用压缩空气将涂料喷成雾状；（2）将雾状的涂料通过一个电极装置 A 使之带电后再喷涂到制品上。

权利要求 3：一种喷涂设备，包括一个电极装置 A。

与现有技术相比，含有物质 X 的涂料是新的并具有创造性，电极装置 A 也是新的并具有创造性。但是，用压缩空气使涂料雾化以及使雾化涂料带电后再直接喷涂到制品上的方法是已知的。

权利要求 1 与 2 有单一性，其中含 X 的涂料是它们相同的特定技术特征；权利要求 2 与 3 也有单一性，其中电极装置 A 是它们相同的特定技术特征。但权利要求 1 与 3 缺乏单一性，因为它们之间缺乏相同或者相应的特定技术特征。

案例 2-93

权利要求 1：一种处理纺织材料的方法，其特征在于用涂料 A 在工艺条件 B 下喷涂该纺织材料。

权利要求 2：根据权利要求 1 的方法喷涂得到的一种纺织材料。

权利要求 3：权利要求 1 方法中用的一种喷涂机，其特征在于有一喷嘴 C 能使涂料均匀分布在纺织材料上。

现有技术中公开了用涂料处理纺织品的方法，但是，没有公开权利要求 1 的用一种特殊的涂料 A 在特定的工艺条件 B 下（如温度、辐照度等）喷涂的方法，而且，权利要求 2 的纺织材料具有预想不到的特性。喷嘴 C 是新的并具有创造性。

权利要求 1 的特定技术特征是由于选用了特殊的涂料而必须相应地采用的特定的工艺条件；而在采用该特殊涂料和特定工艺条件处理之后得到了权利要求 2 所述的纺织材料，因此，权利要求 1 与权利要求 2 具有相应的特定技术特征，有单一性。权利要求 3 的喷涂机与权利要求 1 或 2 无相应的特定技术特征，因此权利要求 3 与权利要求 1 或 2 均无单一性。

案例 2-94

权利要求 1：一种制造方法，包括步骤 A 和 B。

权利要求 2：为实施步骤 A 而专门设计的设备。

权利要求 3：为实施步骤 B 而专门设计的设备。

没有检索到任何与权利要求 1 方法相关的现有技术文献。

步骤 A 和 B 分别为两个体现发明对现有技术作出贡献的特定技术特征，权利要求 1 与 2 或者权利要求 1 与 3 之间有单一性。权利要求 2 与 3 之间由于不存在相同的或相应的特定技术特征，因而没有单一性。

案例 2-95

权利要求 1：一种燃烧器，其特征在于混合燃烧室有正切方向的燃料进料口。

权利要求 2：一种制造燃烧器的方法，其特征在于其中包括使混合燃烧室形成具有正切方向燃料进料口的步骤。

权利要求 3：一种制造燃烧器的方法，其特征在于浇铸工序。

权利要求 4：一种制造燃烧器的设备，其特征在于该设备有一个装置 X，该装置使燃料进料口按正切方向设置在混合燃烧室上。

权利要求5：一种制造燃烧器的设备，其特征在于有一个自动控制装置D。

权利要求6：一种用权利要求1的燃烧器制造碳黑的方法，其特征在于其中包括使燃料从正切方向进入燃烧室的步骤。

现有技术公开了具有非切向的燃料进料口和混合室的燃烧器，从现有技术来看，带有正切方向的燃料进料口的燃烧器既不是已知的，也不是显而易见的。

权利要求1、2、4与6有单一性，它们的特定技术特征都涉及正切方向的进料口。而权利要求3或5与权利要求1、2、4或6之间不存在相同或相应的特定技术特征，所以权利要求3或5与权利要求1、2、4或6之间无单一性。此外，权利要求3与5之间也无单一性。

（六）分案申请

1. 分案的几种情况

一件申请有下列不符合单一性情况的，审查员应当要求申请人对申请文件进行修改（包括分案处理），使其符合单一性要求。

（1）原权利要求书中包含不符合单一性规定的两项以上发明。

原始提交的权利要求书中包含不属于一个总的发明构思的两项以上发明的，应当要求申请人将该权利要求书限制至其中一项发明（一般情况是权利要求1所对应的发明）或者属于一个总的发明构思的两项以上的发明，对于其余的发明，申请人可以提交分案申请。

（2）在修改的申请文件中所增加或替换的独立权利要求与原权利要求书中的发明之间不具有单一性。

在审查过程中，申请人在修改权利要求时，将原来仅在说明书中描述的发明作为独立权利要求增加到原权利要求书中，或者在答复审查意见通知书时修改权利要求，将原来仅在说明书中描述的发明作为独立权利要求替换原独立权利要求，而该发明与原权利要求书中的发明之间缺乏单一性。在此情况下，审查员一般应当要求申请人将后增加或替换的发明从权利要求书中删除。申请人可以对该删除的发明提交分案申请。

（3）独立权利要求之一缺乏新颖性或创造性，其余的权利要求之间缺乏单一性。

某一独立权利要求（通常是权利要求1）缺乏新颖性或创造性，导致与其并列的其余独立权利要求之间，甚至其从属权利要求之间失去相同或者相应的特定技术特征，即缺乏单一性，因此需要修改，对于因修改而删除的主题，申请人可以提交分案申请。例如，一件包括产品、制造方法及用途的申请，经检索和审查发现，产品是已知的，其余的该产品制造方法独立权利要求与该产品用途独立权利要求之间显然不可能有相同或者相应的特定技术特征，因此它们需要修改。

上述情况的分案，可以是申请人主动要求分案，也可以是申请人按照审查员要求而分案。应当指出，由于提出分案申请是申请人自愿的行为，所以审查员只需要求申请人将不符合单一性要求的两项以上发明改为一项发明，或者改为属于一个总的发明构思的两项以上发明，至于修改后对其余的发明是否提出分案申请，完全由申请人自己决定。

另外，针对一件申请，可以提出一件或者一件以上的分案申请，针对一件分案申请还可以以原申请为依据再提出一件或者一件以上的分案申请。

2. 分案申请应当满足的要求

分案申请应当满足如下要求。

1）分案申请的文本

分案申请应当在其说明书的起始部分，即发明所属技术领域之前，说明本申请是哪一件申请的分案申请，并写明原申请的申请日、申请号和发明创造名称。

在提交分案申请时，应当提交原申请文件的副本；要求优先权的，还应当提交原申请的优先权文件副本。

2）分案申请的内容

分案申请的内容不得超出原申请记载的范围。否则，应当以不符合《专利法实施细则》第49条第1款或者《专利法》第33条的规定为理由驳回该分案申请。

3）分案申请的说明书和权利要求书

分案以后的原申请与分案申请的权利要求书应当分别要求保护不同的发

明；而它们的说明书可以允许有不同的情况。例如，分案前原申请有 A、B 两项发明；分案之后，原申请的权利要求书若要求保护 A，其说明书可以仍然是 A 和 B，也可以只保留 A；分案申请的权利要求书若要求保护 B，其说明书可以仍然是 A 和 B，也可以只是 B。

六、同样的发明创造的判断和处理

根据《专利法》第 9 条的规定，同样的发明创造只能授予一项专利权。该条款规定了不能重复授予专利权的原则。我们知道，专利权的基本含义是赋予专利权人禁止他人未经其许可实施发明创造的权利。对于同样的发明创造，无论是同一人提出两件以上专利申请，还是不同人分别提出两件以上专利申请，即使在符合授予专利权的条件下，也不能授予两项专利权，否则在这项专利权之间就会发生冲突，这就是禁止重复授权原则。

（一）对同样的发明创造的判断原则

根据《专利法》第 9 条的规定，同样的发明创造只能授予一项专利权。两个以上的申请人分别就同样的发明创造申请专利的，专利权授予最先申请的人。

上述条款规定了不能重复授予专利权的原则。禁止对同样的发明创造授予多项专利权，是为了防止权利之间存在冲突。

对于发明或实用新型，《专利法》第 9 条或《专利法实施细则》第 47 条中所述的"同样的发明创造"是指两件或两件以上申请（或专利）中存在的保护范围相同的权利要求。

《专利法》第 64 条第 1 款规定："发明或者实用新型专利权的保护范围以其权利要求的内容为准，说明书及附图可以用于解释权利要求的内容。"为了避免重复授权，在判断是否为同样的发明创造时，应当将两件发明或者实用新型专利申请或专利的权利要求书的内容进行比较，而不是将权利要求书与专利申请或专利文件的全部内容进行比较。

判断时，如果一件专利申请或专利的一项权利要求与另一件专利申请或专利的某一项权利要求保护范围相同，应当认为它们是同样的发明创造。

两件专利申请或专利说明书的内容相同，但其权利要求保护范围不同的，应当认为所要求保护的发明创造不同。例如，同一申请人提交的两件专利申请的说明书都记载了一种产品以及制造该产品的方法，其中一件专利申请的权利要求书要求保护的是该产品，另一件专利申请的权利要求书要求保护的是制造该产品的方法，应当认为要求保护的是不同的发明创造。应当注意的是，权利要求保护范围仅部分重叠的，不属于同样的发明创造。例如，权利要求中存在以连续的数值范围限定的技术特征的，其连续的数值范围与另一件发明或者实用新型专利申请或专利权利要求中的数值范围不完全相同的，不属于同样的发明创造。

案例 2-96

申请 1 的权利要求：一种血压计用袖带，包括：流体袋和挠性构件，该流体袋上具有从该流体袋的宽度方向上的侧端部延伸的挡止部，该挡止部从该侧端部向该挠性构件侧折弯的同时，在该挠性构件侧以不能移动的方式固定。

申请 2 的权利要求：一种血压计用袖带，包括：流体袋和挠性构件，该流体袋上具有从该流体袋的宽度方向上的侧端部延伸的挡止部，该挡止部从该侧端部向该挠性构件侧折弯的同时，在该挠性构件侧以不能移动的方式固定，由此该流体袋被固定在该挠性构件上。

对比两件申请的权利要求，均记载了流体袋具有挡止部，挡止部从流体袋的宽度方向侧端部向挠性构件侧折弯，在该挠性构件侧固定。由于上述结构必然产生将流体袋固定在挠性构件上的效果，无论是否存在特征"由此该流体袋被固定在该挠性构件上"，其结果都是客观存在的。因此申请 2 的权利要求增加的该特征对权利要求的保护范围没有产生影响，二者实际是相同的技术方案，属于同样的发明创造。

案例 2-97

申请 1 的权利要求：一种装置，包含 A、B、C 和 D。

申请 2 的权利要求：一种装置，包含 A、B、C 和 D，该装置提高了数据采集准确率。

对比两件申请的权利要求，虽然申请 2 的权利要求增加了效果特征"该装置提高了数据采集准确率",但其声称的数据采集准确率高的效果仅仅是依赖于与申请 1 的权利要求记载的相同结构实现的,具有这种效果特征并不意味着该装置有所改变,即这种效果特征没有对权利要求的技术方案产生限定作用,从而认定这两项权利要求属于同样的发明创造。

案例 2-98

申请 1 的权利要求:一种用于喝水的玻璃杯,其特征在于……

申请 2 的权利要求:一种用于喝咖啡的玻璃杯,其特征在于……

这两项权利要求的区别仅在于产品的用途不同,即分别为"喝水"和"喝咖啡"。由于用途的不同或者盛放东西的不同并没有使玻璃杯的结构或材质发生变化,因此该用途限定没有隐含权利要求请求保护的产品在结构和 / 或组成上发生变化,二者实际保护了相同的技术方案,属于同样的发明创造。

案例 2-99

申请 1 的权利要求 1:一种托盘,由托板和支撑立柱组成,托板为夹层板,其表面为薄木板或玻璃板,中间夹层为蜂窝芯。

权利要求 2:根据权利要求 1 的托盘,其中托板厚度为 10～15.5mm。

申请 2 的权利要求 1:一种托盘,由托板和支撑立柱组成,托板为夹层板,其表面为玻璃板,中间夹层为蜂窝芯。

权利要求 2:根据权利要求 1 的托盘,其中托板厚度为 10～15.5mm 或 25～30mm 或 42～47mm,且其表面为玻璃板。

在该案例中,就权利要求 1 而言,申请 1 的权利要求 1 记载了两个并列的技术方案,申请 2 的权利要求 1 记载了其中一个技术方案,因此申请 1 的权利要求与申请 2 的权利要求属于同样的发明创造。

就权利要求 2 而言,申请 2 的权利要求 2 记载了 3 个并列的技术方案,分别为托板厚度为 10～15.5mm 的托盘、托板厚度为 25～30mm 的托盘以及托板厚度为 42～47mm 的托盘。申请 1 的权利要求 2 记载了其中的一个技术方案,即托板厚度为 10～15.5mm 的托盘,此申请 1 的权利要求 2 与申请 2 的权利要求 2 属于同样的发明创造。

案例 2-100

申请 1 的权利要求：三层结构的地板，由三种木板制成。

申请 2 的权利要求：三层结构的地板，由三种木板拼接制成。

两项权利要求的区别在于申请 2 的权利要求对"地板"增加了"拼接"的方法限定，因为用拼接方法生产出的地板与用其他方法制成的地板具有不同的结构，因此"拼接"对于申请 2 的权利要求的保护范围起限定作用，二者是不同的技术方案，不属于同样的发明创造。

案例 2-101

申请 1 的权利要求：一种托板，其厚度为 25 ～ 30mm。

申请 2 的权利要求：一种托板，其厚度为 27 ～ 32mm。

申请 1 和申请 2 的权利要求所要求保护的托板，分别涉及一个连续的数值范围，均应作为一个整体进行考虑，因此两项权利要求请求保护不同的技术方案，不属于同样的发明创造。

案例 2-102

申请 1 的权利要求：一种托板，其厚度为 25 ～ 30mm。

申请 2 的权利要求：一种托板，其厚度为 30mm。

申请 1 的权利要求所要求保护的托板，涉及一个连续的数值范围，应当作为一个整体进行考虑，因此与申请 2 的权利要求相比，保护了不同的技术方案，不属于同样的发明创造。

（二）对同样的发明创造的处理

1. 对两件专利申请的处理

1）申请人相同

在审查过程中，对于同一申请人同日（指申请日，有优先权的指优先权日）就同样的发明创造提出两件专利申请，并且这两件申请符合授予专利权的其他条件的，应当就这两件申请分别通知申请人进行选择或者修改。申请人期满不答复的，相应的申请被视为撤回。经申请人陈述意见或者进行修改后仍不符合《专利法》第9条第1款规定的，两件申请均予以驳回。在判断是否是同一申请人时应注意，申请人部分相同的不视为同一申请人。

2）申请人不同

在审查过程中，对于不同的申请人同日（指申请日，有优先权的指优先权日）就同样的发明创造分别提出专利申请，并且这两件申请符合授予专利权的其他条件的，应当根据《专利法实施细则》第47条第1款的规定，通知申请人自行协商确定申请人。申请人期满不答复的，其申请被视为撤回；协商不成，或者经申请人陈述意见或进行修改后仍不符合《专利法》第9条第1款规定的，两件申请均予以驳回。

案例2-103

申请人甲于2005年5月9日完成一项发明创造，并于2005年8月12日向专利局提交专利申请；申请人乙于2005年11月12日向专利局提交涉及同样的发明创造的专利申请，并要求享有申请日为2005年8月12日的在先申请的优先权。假设两件申请均符合其他授权条件且申请人乙要求的优先权成立，专利局将根据《专利法实施细则》（2010年修订）第41条第1款的规定，通知甲乙两位申请人自行协商确定申请人。若申请人期满不答复，则相应申请被视为撤回；若甲乙两位申请人协商不成，或者陈述意见或进行修改后仍不符合《专利法》第9条第1款规定的，专利局将驳回两件申请。

2. 对一件专利申请和一项专利权的处理

在对一件专利申请进行审查的过程中，对于同一申请人同日（指申请日，有优先权的指优先权日）就同样的发明创造提出的另一件专利申请已经被授予专利权，并且尚未授权的专利申请符合授予专利权的其他条件的，应当通知申请人进行修改。申请人期满不答复的，其申请被视为撤回。经申请人陈述意见或者进行修改后仍不符合《专利法》第9条第1款规定的，应当驳回其专利申请。

根据《专利法》第 9 条第 1 款的规定，对于同一申请人同日对同样的发明创造既申请实用新型又申请发明专利的，在先获得的实用新型专利权尚未终止，并且申请人在申请时分别作出说明的，除通过修改发明专利申请外，申请人还可以通过放弃实用新型专利权避免重复授权。该法条中涉及的"同日"仅指申请日，不包括优先权日。在实践中，如果该发明专利申请符合授予专利权的其他条件，专利局将通知申请人进行选择或者修改，申请人选择放弃已经授予的实用新型专利权的，应当在答复审查意见通知书时附交放弃实用新型专利权的书面声明。此时，对那件符合授权条件、尚未授权的发明专利申请，专利局将发出授权通知书，并将放弃上述实用新型专利权的书面声明转至专利局有关审查部门，由专利局予以登记和公告，公告上会注明上述实用新型专利权自公告授予发明专利权之日起终止。

案例 2-104

2005 年 7 月 4 日，某公司向专利局提交了一件实用新型专利申请。2006 年 4 月 5 日，该公司以中文向专利局提交了一件 PCT 国际申请，并要求前述实用新型申请的优先权。2006 年 6 月 6 日，该实用新型专利申请被专利局公告授予专利权。2007 年 9 月 5 日，该公司就该国际申请办理了进入中国国家阶段的手续，要求获得发明专利权。该国际申请经实质审查符合授予发明专利权的条件，而且准备授予的发明专利权与已经授予的实用新型专利权保护范围相同。

根据《专利法》第 9 条第 1 款的规定，同一申请人针对同样的发明创造既申请实用新型专利又申请发明专利的情况下，想要通过放弃实用新型专利获得发明专利保护的前提条件之一是两件申请的实际申请日要相同，不包括其中一件申请的申请日与另一件申请的优先权日相同等其他涉及优先权日的情形。该案例中，由于已授权的实用新型专利的申请日与待授权的发明专利的优先权日相同而实际申请日不同，所以此种情形下申请人不能获得 PCT 国际申请的专利权。申请人可以通过修改发明专利申请的权利要求保护范围来克服与已授权实用新型专利存在的同样的发明创造的缺陷。

需要说明的是，当同一申请人就同样的发明创造既申请实用新型专利又申请发明专利时，个别情况下也会出现实用新型专利申请尚未授权，而其发明专利已经授权的情况。此时，申请人不可以放弃其已经获得的发明专利权转而获得实用新型专利权。原因在于，一方面，《专利法》第 9 条第 1 款没有对禁止重复授权原则规定这种例外情况。另一方面，发明专利具有更高的稳定性，而且申请人需要缴纳数额不低的实质审查请求费，没有理由使人信服申请人有必要采取放弃发明转而保留实用新型专利权的做法。

应当注意，通常只有当在审专利申请已满足其他授权条件时，审查员才会发出避免重复授予专利权通知书或审查意见通知书，提出该申请不符合《专利法》第 9 条第 1 款规定的审查意见。但为节约程序，审查员也可以随其他审查意见一并指出本申请可能不符合《专利法》第 9 条第 1 款规定的问题，供申请人参考。

七、涉及计算机程序的发明专利申请的审查

随着计算机和网络技术的发展，发明借助计算机程序来实现变得越来越普遍，特别是在通信、计算机等领域，发明专利申请大多数都会涉及计算机程序。涉及计算机程序的发明专利申请的审查具有一定的特殊性，在本节主要是针对这些特殊性进行说明。

（一）涉及计算机程序的发明专利申请的概念

涉及计算机程序的发明是指为解决发明提出的问题，全部或部分以计算机程序处理流程为基础，通过计算机执行按上述流程编制的计算机程序，对计算机外部对象或者内部对象进行控制或处理的解决方案。所说的对外部对象的控制或处理包括对某种外部运行过程或外部运行装置进行控制，对外部数据进行处理或者交换等；所说的对内部对象的控制或处理包括对计算机系统内部性能的改进，对计算机系统内部资源的管理，对数据传输的改进等。涉及计算机程序的解决方案并不必须包含对计算机硬件的改变。

此处提到的计算机程序本身是指为了能够得到某种结果而可以由计算机等具有信息处理能力的装置执行的代码化指令序列，或者可被自动转换成代码化指令序列的符号化指令序列或者符号化语句序列。计算机程序本身包括源程序和目标程序。

（二）涉及计算机程序的权利要求的审查

1. 单纯的智力活动规则和方法

根据《专利法》第 25 条第 1 款第（二）项的规定，对智力活动的规则和方法不授予专利权。

涉及计算机程序的发明专利申请的权利要求如果属于下面的两种情况，则认为该权利要求是智力活动规则和方法。

第一种情况，如果一项权利要求仅仅涉及一种算法或数学计算规则，或者计算机程序本身或仅仅记录在载体（如磁带、磁盘、光盘、磁光盘、ROM、PROM、VCD、DVD 或者其他的计算机可读介质）上的计算机程序，或者游戏的规则和方法等，则该权利要求属于智力活动的规则和方法，不属于专利保护的客体。

案例 2-105

权利要求：一种用来判定介质的程序产品，该程序产品包括：

专用信息获取装置，用来取得有关介质的专用值的信息，其中关于专用值的信息记录在预形成于介质里的摆动凹槽；

正当性判定装置，用来基于关于专用值的信息来判定介质的正当性；

读准许装置，用来在介质被正当性判定装置判定为正当时准许读入主程序；

读禁止装置，用来在介质被正当性判定装置判定为不正当时禁止读入主程序。

该权利要求的主题名称是"程序产品"，所以不考虑其具体限定内容是什么，均认为其要求保护的是计算机程序本身，属于《专利法》第 25 条第 1 款第（二）项规定的不授予专利权的客体。

第二种情况，如果一项权利要求除其主题名称之外，对其进行限定的全部内容仅仅涉及一种算法或者数学计算规则，或者程序本身，或者游戏的规则和方法等，则该权利要求实质上仅仅涉及智力活动的规则和方法，不属于专利保护的客体。例如，仅由所记录的程序限定的计算机可读存储介质或者一种计算机程序产品，或者仅由游戏规则限定的、不包括任何技术性特征，例如不包括任何物理实体特征限定的计算机游戏装置等，由于其实质上仅仅涉及智力活动的规则和方法，因而不属于专利保护的客体。但是，如果专利申请要求保护的介质涉及其物理特性的改进，例如叠层构成、磁道间隔、材料等，则不属此列。

案例2-106

权利要求：一种计算机可读存储介质，其存储用于电子数据交换的计算机程序，其中，所述计算机程序使得计算机执行以下步骤：

确定步骤，……

选择步骤，……

执行步骤，……

该权利要求请求保护一种计算机可读存储介质，除主题名称外，对其进行限定的全部内容仅仅涉及计算机程序本身，因此该权利要求属于《专利法》第25条第1款第（二）项规定的不授予专利权的客体。

2. 限定内容部分涉及智力活动规则和方法

除上述的情况之外，如果一项权利要求在对其进行限定的全部内容中既包含智力活动的规则和方法的内容，又包含技术特征，例如，在对上述游戏装置等限定的内容中既包括游戏规则，又包括技术特征，则该权利要求就整体而言并不是一种智力活动的规则和方法，不应当依据《专利法》第25条排除其获得专利权的可能性。

在这种情况下，虽然权利要求不能依据《专利法》第25条排除其获得专利权的可能性，但是需要进一步判断该权利要求是否符合《专利法》第2条第2款有关发明的定义。根据《专利法》第2条第2款的规定，发明是指对产品、方法或者其改进所提出的新的技术方案。涉及计算机程序的发明专利申请只有构成技术方案才是专利法保护的客体，如以下案例。

案例2-107

一种采用计算机程序控制橡胶模压成型工艺的方法，其特征在于包括以下步骤：

通过温度传感器对橡胶硫化温度进行采样;

响应所述硫化温度计算橡胶制品在硫化过程中的正硫化时间;

判断所述的正硫化时间是否达到规定的正硫化时间;

当所述正硫化时间达到规定的正硫化时间时即发出终止硫化信号。

该权利要求的方案是利用计算机程序控制橡胶模压成型工艺过程,其目的是防止橡胶的过硫化和欠硫化,解决的是技术问题,该方法通过执行计算机程序完成对橡胶模压成型工艺进行的处理,反映的是根据橡胶硫化原理对橡胶硫化时间进行精确、实时控制,利用的是遵循自然规律的技术手段,由于精确实时地控制了硫化时间,从而使橡胶产品的质量大为提高,所获得的是技术效果。因此,该发明专利申请是一种通过执行计算机程序实现工业过程控制的解决方案,属于《专利法》第 2 条第 2 款规定的技术方案,属于专利保护的客体。

案例 2-108

一种向用户提供兼具成长类及问答类游戏方式的计算机游戏方法,其特征在于,该方法包括:

提问步骤,当使用者通过计算机游戏装置进入该计算机游戏的游戏环境时,从存储的题目资料、对应该题目资料的答案资料及游戏进度资料中调出对应该游戏进度的问题资料,并将问题资料显示给使用者;

成绩判断步骤,根据提供的问题资料判断使用者所输入的答案是否与存储的对应该题目的答案资料一致,若是,则进到下一步骤,若否,则返回提问步骤;

改变游戏状态步骤,依据成绩判断步骤的判断结果及所存储的问答成绩记录资料,决定受使用者操作的游戏角色在该计算机游戏中的等级、装备或环境,若答对问题的次数达到一定的标准,则其等级、装备或环境会相应升级、增加;若未达到一定的次数标准,则其等级、装备或环境不予改变。

对于该权利要求,其方案是利用公知计算机执行问答游戏过程控制的程序,从而形成将问答类游戏及成长类游戏结合在一起的计算机游戏方法,该方法通过问答以及改变游戏角色状态的方式，使游戏角色和环境在问答过程中相应变化。该解决方案虽然通过游戏装置进入计算机游戏环境并通过执行计算机程序对游戏过程进行控制，但该游戏装置是公知的游戏装置，对游戏过程进行的控制既没有给游戏装置的内部性能如数据传输、内部资源管理等带来改进，也没有给游戏装置的构成或功能带来任何技术上的改变。而该方案所要解决的问题是如何根据人的主观意志来兼顾两种游戏的特点，不构成技术问题，采用的手段是根据人为制定的活动规则将问答类游戏和成长类游戏结合，而不是技术手段，获得的效果仅仅是对问答类游戏和成长类游戏结合的过程进行管理和控制，该效果仍然只是对游戏过程或游戏规则的管理和控制，而不是技术效果。因此，该发明专利申请不属于《专利法》第 2 条第 2 款规定的技术方案，不属于专利保护的客体。

案例 2-109

　　一种以自定义学习内容的方式学习外语的系统，其特征在于包括：
　　学习机，将选择出的学习资料输入给该学习机；
　　文件接收模块，接收用户所传送的语言文件；
　　文件分割模块，将所述语言文件分割成至少一个独立句子；
　　句子分割模块，将所述独立句子分割成多个分割单元。
　　造句式语言学习模块，将所述分割单元输出给用户，并接受用户自己重组的句子，将所述独立句子与用户自己重组输入的句子进行比较，根据预先确定的评分标准给出得分分数，将分数输出给所述学习者。

　　对于该权利要求，其方案是利用一组计算机程序功能模块构成学习系统，这些功能模块能够接收用户确定并传送的语言文件，将其中的句子和用户重组的句子进行比较，并将比较结果输出给用户。该系统虽然通过学习机执行计算机程序来实现对学习过程的控制，但该学习机是公知的电子设备，对外语语句所进行的分割、重组、对比和评分既没有给学习机的内部性能带来改进，也没有给学习机的构成或功能带来任何技术上的改变。而该系统解决的问题是如何根据用户的主观愿望确定学习内容，不构成技术问题，所采用的手段是人为制订了学习规则，并按照规则的要求来进行，不受自然规律的约束，因而未利用技术手段，该方法可以使用户根据自身需求自行确定学习内容，进而提高学习效率，所获得的不是符合自然规律的技术效果。因此，该发明专利申请不属于《专利法》第2条第2款规定的技术方案，不属于专利保护的客体。

3. 涉及汉字编码方法及计算机汉字输入方法

汉字编码方法属于一种信息表述方法，它与声音信号、语言信号、可视显示信号或者交通指示信号等各种信息表述方式一样，解决的问题仅取决于人的表达意愿，采用的解决手段仅是人为规定的编码规则，实施该编码方法的结果仅仅是一个符号／字母数字串，解决的问题、采用的解决手段和获得的效果也未遵循自然规律。因此，仅仅涉及汉字编码方法的发明专利申请属于《专利法》第25条第1款第（二）项规定的智力活动的规则和方法，不属于专利保护的客体。

例如，一项发明专利申请的解决方案仅仅涉及一种汉语字根编码方法，这种汉语字根编码方法用于编纂字典和利用所述字典检索汉字，该发明专利申请的汉字编码方法仅仅是根据发明人的认识和理解，人为地制定编码汉字的相应规则，选择、指定和组合汉字编码码元，形成表示汉字的代码／字母数字串。该汉字编码方法没有解决技术问题，未使用技术手段，且不具有技术效果。因此，该发明专利申请的汉字编码方法属于《专利法》第25条第1款第（二）项规定的智力活动的规则和方法，不属于专利保护的客体。

但是，如果把汉字编码方法与该编码方法可使用的特定键盘相结合，构成计算机系统处理汉字的一种计算机汉字输入方法或者计算机汉字信息处理方法，使计算机系统能够以汉字信息为指令，运行程序，从而控制或处理外部对象或者内部对象，则这种计算机汉字输入方法或者计算机汉字信息处理方法构成《专利法》第2条第2款所说的技术方案，不再属于智力活动的规则和方法，而属于专利保护的客体。

对于这种由汉字编码方法与该编码方法所使用的特定键盘相结合而构成的计算机汉字输入方法的发明专利申请，在说明书及权利要求书中应当描述该汉字输入方法的技术特征，必要时，还应当描述该输入方法所使用键盘的技术特征，包括该键盘中对各键位的定义以及各键位在该键盘中的位置等。

例如，发明专利申请的主题涉及一种计算机汉字输入方法，包括从组成汉字的所有字根中选择确定数量的特定字根作为编码码元的步骤、将这些编码码元指定到所述特定键盘相应键位上的步骤、利用键盘上的特定键位根据汉字编码输入规则输入汉字的步骤。

该发明专利申请涉及将汉字编码方法与特定键盘相结合的计算机汉字输入方法，通过该输入方法，使计算机系统能够运行汉字，增加了计算机系统的处理功能。该发明专利申请要解决的是技术问题，采用的是技术手段，并能够产生技术效果，因此该发明专利申请构成技术方案，属于专利保护的客体。

八、包含算法特征或商业规则和方法特征的发明专利申请的审查

为全面贯彻党中央、国务院关于加强知识产权保护的决策部署，回应创新主体对进一步明确涉及人工智能等新业态新领域专利申请审查规则的需求，专利审查指南对涉及人工智能、"互联网＋"、大数据以及区块链等一般包含算法或商业规则和方法等智力活动的规则和方法特征的审查进行了规定和细化，本节旨在根据《专利法》及其实施细则，对这类申请的审查特殊性进行介绍。

（一）审查基准

审查应当针对要求保护的解决方案，即权利要求所限定的解决方案进行。在审查中，不应当简单割裂技术特征与算法特征或商业规则和方法特征等，而应将权利要求记载的所有内容作为一个整体，对其中涉及的技术手段、解决的技术问题和获得的技术效果进行分析。

1. 根据《专利法》第 25 条第 1 款第（二）项的审查

如果权利要求涉及抽象的算法或者单纯的商业规则和方法，且不包含任何技术特征，则这项权利要求属于《专利法》第 25 条第 1 款第（二）项规定的智力活动的规则和方法，不应当被授予专利权。例如，一种基于抽象算法且不包含任何技术特征的数学模型建立方法，属于《专利法》第 25 条第 1 款第（二）项规定的不应当被授予专利权的情形。再如，一种根据用户的消费额度进行返利的方法，该方法中包含的特征全部是与返利规则相关的商业规则和方法特征，不包含任何技术特征，属于《专利法》第 25 条第 1 款第（二）项规定的不应当被授予专利权的情形。

如果权利要求中除了算法特征或商业规则和方法特征，还包含技术特征，该权利要求就整体而言并不是一种智力活动的规则和方法，则不应当依据《专利法》第25条第1款第（二）项排除其获得专利权的可能性。

2. 根据《专利法》第2条第2款的审查

如果要求保护的权利要求作为一个整体不属于《专利法》第25条第1款第（二）项排除获得专利权的情形，则需要就其是否属于《专利法》第2条第2款所述的技术方案进行审查。

对一项包含算法特征或商业规则和方法特征的权利要求是否属于技术方案进行审查时，需要整体考虑权利要求中记载的全部特征。如果该项权利要求记载了对要解决的技术问题采用了利用自然规律的技术手段，并且由此获得符合自然规律的技术效果，则该权利要求限定的解决方案属于《专利法》第2条第2款所述的技术方案。例如，如果权利要求中涉及算法的各个步骤体现出与所要解决的技术问题密切相关，如算法处理的数据是技术领域中具有确切技术含义的数据，算法的执行能直接体现出利用自然规律解决某一技术问题的过程，并且获得了技术效果，则通常该权利要求限定的解决方案属于《专利法》第2条第2款所述的技术方案。

3. 新颖性和创造性的审查

对包含算法特征或商业规则和方法特征的发明专利申请进行新颖性审查时，应当考虑权利要求记载的全部特征，所述全部特征既包括技术特征，也包括算法特征或商业规则和方法特征。

对既包含技术特征又包含算法特征或商业规则和方法特征的发明专利申请进行创造性审查时，应将与技术特征功能上彼此相互支持、存在相互作用关系的算法特征或商业规则和方法特征与所述技术特征作为一个整体考虑。"功能上彼此相互支持、存在相互作用关系"是指算法特征或商业规则和方法特征与技术特征紧密结合、共同构成了解决某一技术问题的技术手段，并且能够获得相应的技术效果。

例如，如果权利要求中的算法应用于具体的技术领域，可以解决具体技术问题，那么可以认为该算法特征与技术特征功能上彼此相互支持、存在相互作用关系，该算法特征成为所采取的技术手段的组成部分，在进行创造性审查时，应当考虑所述的算法特征对技术方案作出的贡献。

　　再如，如果权利要求中的商业规则和方法特征的实施需要技术手段的调整或改进，那么可以认为该商业规则和方法特征与技术特征功能上彼此相互支持、存在相互作用关系，在进行创造性审查时，应当考虑所述的商业规则和方法特征对技术方案作出的贡献。

　　4. 审查示例

　　（1）属于《专利法》第 25 条第 1 款第（二）项范围之内的包含算法特征或商业规则和方法特征的发明专利申请，不属于专利保护的客体。

案例2-110

一种建立数学模型的方法

　　发明内容：发明专利申请的解决方案是一种建立数学模型的方法，通过增加训练样本数量，提高建模的准确性。该建模方法将与第一分类任务相关的其他分类任务的训练样本也作为第一分类任务数学模型的训练样本，从而增加训练样本数量，并利用训练样本的特征值、提取特征值、标签值等对相关数学模型进行训练，并最终得到第一分类任务的数学模型，克服了由于训练样本少导致过拟合而建模准确性较差的缺陷。

　　申请的权利要求：一种建立数学模型的方法，其特征在于，包括以下步骤：根据第一分类任务的训练样本中的特征值和至少一个第二分类任务的训练样本中的特征值，对初始特征提取模型进行训练，得到目标特征提取模型；其中，所述第二分类任务是与所述第一分类任务相关的其他分类任务；根据所述目标特征提取模型，分别对所述第一分类任务的每个训练样本中的特征值进行处理，得到所述每个训练样本对应的提取特征值；将所述每个训练样本对应的提取特征值和标签值组成提取训练样本，对初始分类模型进行训练，得到目标分类模型；将所述目标分类模型和所述目标特征提取模型组成所述第一分类任务的数学模型。

　　分析及结论：该解决方案不涉及任何具体的应用领域，其中处理的训练样本的特征值、提取特征值、标签值、目标分类模型以及目标特征提取模型都是抽象的通用数据，利用训练样本的相关数据对数学模型进行训练等处理过程是一系列抽象的数学方法步骤，最后得到的结果也是抽象的通用分类数学模型。该方案是一种抽象的模型建立方法，其处理对象、过程和结果都不涉及与具体应用领域的结合，属于对抽象数学方法的优化，且整个方案并不包括任何技术特征，该发明专利申请的解决方案属于《专利法》第 25 条第 1 款第（二）项规定的智力活动的规则和方法，不属于专利保护客体。

（2）为了解决技术问题而利用技术手段并获得技术效果的包含算法特征或商业规则和方法特征的发明专利申请，属于《专利法》第 2 条第 2 款规定的技术方案，因而属于专利保护的客体。

案例 2-111

一种卷积神经网络模型的训练方法

发明内容：发明专利申请的解决方案是，在各级卷积层上对训练图像进行卷积操作和最大池化操作后，进一步对最大池化操作后得到的特征图像进行水平池化操作，使训练好的 CNN 模型在识别图像类别时能够识别任意尺寸的待识别图像。

申请的权利要求：一种卷积神经网络 CNN 模型的训练方法，其特征在于，所述方法包括：获取待训练 CNN 模型的初始模型参数，所述初始模型参数包括各级卷积层的初始卷积核、所述各级卷积层的初始偏置矩阵、全连接层的初始权重矩阵和所述全连接层的初始偏置向量；获取多个训练图像；在所述各级卷积层上，使用所述各级卷积层上的初始卷积核和初始偏置矩阵，对每个训练图像分别进行卷积操作和最大池化操作，得到每个训练图像在所述各级卷积层上的第一特征图像；对每个训练图像在至少一级卷积层上的第一特征图像进行水平池化操作，得到每个训练图像在各级卷积层上的第二特征图像；根据每个训练图像在各级卷积层上的第二特征图像确定每个训练图像的特征向量；根据所述初始权重矩阵和初始偏置向量对每个特征向量进行处理，得到每个训练图像的类别概率向量；根据所述每个训练图像的类别概率向量及每个训练图像的初始类别，计算类别误差；基于所述类别误差，对所述待训练 CNN 模型的模型参数进行调整；基于调整后的模型参数和所述多个训练图像，继续进行模型参数调整的过程，直至迭代次数达到预设次数；将迭代次数达到预设次数时所得到的模型参数作为训练好的 CNN 模型的模型参数。

分析及结论：该解决方案是一种卷积神经网络 CNN 模型的训练方法，其中明确了模型训练方法的各步骤中处理的数据均为图像数据以及各步骤如何处理图像数据，体现出神经网络训练算法与图像信息处理密切相关。该解决方案所解决的是如何克服 CNN 模型仅能识别具有固定尺寸的图像的技术问题，采用了在不同卷积层上对图像进行不同处理并训练的手段，利用的是遵循自然规律的技术手段，获得了训练好的 CNN 模型能够识别任意尺寸待识别图像的技术效果。因此，该发明专利申请的解决方案属于专利法第 2 条第 2 款规定的技术方案，属于专利保护客体。

案例 2-112

一种共享单车的使用方法

发明内容：发明专利申请提出一种共享单车的使用方法，通过获取用户终端设备的位置信息和对应一定距离范围内的共享单车的状态信息，使用户可以根据共享单车的状态信息准确地找到可以骑行的共享单车进行骑行，并通过提示引导用户进行停车，该方法方便了共享单车的使用和管理，节约了用户的时间，提升了用户体验。

申请的权利要求：一种共享单车的使用方法，其特征在于，包括以下步骤：步骤一，用户通过终端设备向服务器发送共享单车的使用请求；步骤二，服务器获取用户的第一位置信息，查找与所述第一位置信息对应一定距离范围内的共享单车的第二位置信息，以及这些共享单车的状态信息，将所述共享单车的第二位置信息和状态信息发送到终端设备，其中第一位置信息和第二位置信息是通过 GPS 信号获取的；步骤三，用户根据终端设备上显示的共享单车的位置信息，找到可以骑行的目标共享单车；步骤四，用户通过终端设备扫描目标共享单车车身上的二维码，通过服务器认证后，获得目标共享单车的使用权限；步骤五，服务器根据骑行情况，向用户推送停车提示，若用户将车停放在指定区域，则采用优惠资费进行计费，否则采用标准资费进行计费；步骤六，用户根据所述提示进行选择，骑行结束后，用户进行共享单车的锁车动作，共享单车检测到锁车状态后向服务器发送骑行完毕信号。

分析及结论：该解决方案涉及一种共享单车的使用方法，所要解决的是如何准确找到可骑行共享单车位置并开启共享单车的技术问题，该方案通过执行终端设备和服务器上的计算机程序实现了对用户使用共享单车行为的控制和引导，反映的是对位置信息、认证等数据进行采集和计算的控制，利用的是遵循自然规律的技术手段，实现了准确找到可骑行共享单车位置并开启共享单车等技术效果。因此，该发明专利申请的解决方案属于专利法第 2 条第 2 款规定的技术方案，属于专利保护的客体。

案例 2-113

一种区块链节点间通信方法及装置

申请内容概述：发明专利申请提出一种区块链节点通信方法和装置，区块链中的业务节点在建立通信连接之前，可以根据通信请求中携带的 CA 证书以及预先配置的 CA 信任列表，确定是否建立通信连接，从而减少了业务节点泄露隐私数据的可能性，提高了区块链中存储数据的安全性。

申请的权利要求：一种区块链节点通信方法，区块链网络中的区块链节点包括业务节点，其中，所述业务节点存储证书授权中心 CA 发送的证书，并预先配置有 CA 信任列表，所述方法包括：第一区块链节点接收第二区块链节点发送的通信请求，其中，所述通信请求中携带有第二区块链节点的第二证书；确定所述第二证书对应的 CA 标识；判断确定出的所述第二证书对应的 CA 标识，是否存在于所述 CA 信任列表中；若是，则与所述第二区块链节点建立通信连接；若否，则不与所述第二区块链节点建立通信连接。

分析及结论：本申请要解决的问题是联盟链网络中如何防止区块链业务节点泄露用户隐私数据的问题，属于提高区块链数据安全性的技术问题，通过在通信请求中携带 CA 证书并预先配置 CA 信任列表的方式确定是否建立连接，限制了业务节点可建立连接的对象，利用的是遵循自然规律的技术手段，获得了业务节点间安全通信和减少业务节点泄露隐私数据可能性的技术效果。因此，该发明专利申请的解决方案属于《专利法》第 2 条第 2 款规定的技术方案，属于专利保护的客体。

（3）未解决技术问题，或者未利用技术手段，或者未获得技术效果的包含算法特征或商业规则和方法特征的发明专利申请，不属于《专利法》第 2 条第 2 款规定的技术方案，因而不属于专利保护的客体。

案例 2-114

一种消费返利的方法

申请内容概述：发明专利申请提出一种消费返利的方法，通过计算机执行设定的返利规则给予消费的用户现金券，从而提高了用户的消费意愿，为商家获得了更多的利润。

申请的权利要求：一种消费返利的方法，其特征在于，包括以下步骤：用户在商家进行消费时，商家根据消费的金额返回一定的现金券，具体地，商家采用计算机对用户的消费金额进行计算，将用户的消费金额 R 划分为 M 个区间，其中，M 为整数，区间 1 到区间 M 的数值由小到大，将返回现金券的额度 F 也分为 M 个值，M 个数值也由小到大进行排列；根据计算机的计算值，判断当用户本次消费金额位于区间 1 时，返利额度为第 1 个值，当用户本次消费金额位于区间 2 时，返利额度为第 2 个值，依次类推将相应区间的返利额度返回给用户。

分析及结论：该解决方案涉及一种消费返利的方法，该方法是由计算机执行的，其处理对象是用户的消费数据，所要解决的是如何促进用户消费的问题，不构成技术问题，所采用的手段是通过计算机执行人为设定的返利规则，但对计算机的限定只是按照指定的规则根据用户消费金额确定返利额度，不受自然规律的约束，因而未利用技术手段，该方案获得的效果仅仅是促进用户消费，不是符合自然规律的技术效果。因此，该发明专利申请不属于专利法第 2 条第 2 款规定的技术方案，不属于专利保护的客体。

案例2-115

一种基于用电特征的经济景气指数分析方法

申请内容概述：发明专利申请通过统计各项经济指标和用电指标，来评估待检测地区的经济景气指数。

申请的权利要求：一种基于地区用电特征的经济景气指数分析方法，其特征在于，包括以下步骤：根据待检测地区的经济数据和用电数据，选定待检测地区的经济景气指数的初步指标，其中，所述初步指标包括经济指标和用电指标；通过计算机执行聚类分析方法和时差相关分析法，确定所述待检测地区的经济景气指标体系，包括先行指标、一致指标和滞后指标；根据所述待检测地区的经济景气指标体系，采用合成指数计算方法，获取所述待检测地区的经济景气指数。

分析及结论：该解决方案是一种经济景气指数的分析和计算方法，该方法是由计算机执行的，其处理对象是各种经济指标、用电指标，解决的问题是对经济走势进行判断，不构成技术问题，所采用的手段是根据经济数据和用电数据对经济情况进行分析，仅是依照经济学规律采用经济管理手段，不受自然规律的约束，因而未利用技术手段，该方案最终可以获得用于评估经济的经济景气指数，不是符合自然规律的技术效果，因此该解决方案不属于专利法第2条第2款规定的技术方案，不属于专利保护的客体。

（4）在进行创造性审查时，应当考虑与技术特征在功能上彼此相互支持、存在相互作用关系的算法特征或商业规则和方法特征对技术方案作出的贡献。

案例2-116

一种基于多传感器信息仿人机器人跌倒状态检测方法

申请内容概述：现有对仿人机器人步行时跌倒状态的判定主要利用姿态信息或ZMP点位置信息，但这样判断是不全面的。发明专利申请提出了基于多传感器检测仿人机器人跌倒状态的方法，通过实时融合机器人步态阶段信息、姿态信息和ZMP点位置信息，并利用模糊决策系统，判定机器人当前的稳定性和可控性，为机器人下一步动作提供参考。

申请的权利要求：一种基于多传感器信息仿人机器人跌倒状态检测方法，其特征在于包含如下步骤：（1）通过对姿态传感器信息、零力矩点 ZMP 传感器信息和机器人步行阶段信息进行融合，建立分层结构的传感器信息融合模型；（2）分别利用前后模糊决策系统和左右模糊决策系统来判定机器人在前后方向和左右方向的稳定性，具体步骤如下：①根据机器人支撑脚和地面之间的接触情况与离线步态规划确定机器人步行阶段；②利用模糊推理算法对 ZMP 点位置信息进行模糊化；③利用模糊推理算法对机器人的俯仰角或滚动角进行模糊化；④确定输出隶属函数；⑤根据步骤①～步骤④确定模糊推理规则；⑥去模糊化。

分析及结论：对比文件1公开了仿人机器人的步态规划与基于传感器信息的反馈控制，并根据相关融合信息对机器人稳定性进行判断，其中包括根据多个传感器信息进行仿人机器人稳定状态评价，即对比文件1公开了发明专利申请的解决方案中的步骤（1），该解决方案与对比文件1的区别在于采用步骤（2）的具体算法的模糊决策方法。基于申请文件可知，该解决方案有效地提高了机器人的稳定状态以及对其可能跌倒方向判读的可靠性和准确率。姿态信息、ZMP 点位置信息以及步行阶段信息作为输入参数，通过模糊算法输出判定仿人机器人稳定状态的信息，为进一步发出准确的姿势调整指令提供依据。因此，上述算法特征与技术特征在功能上彼此相互支持、存在相互作用关系，相对于对比文件1，确定发明实际解决的技术问题为：如何判断机器人稳定状态以及准确预测其可能的跌倒方向。上述模糊决策的实现算法及将其应用于机器人稳定状态的判断均未被其他对比文件公开，也不属于本领域公知常识，现有技术整体上并不存在使本领域技术人员改进对比文件1以获得要求保护发明的启示，要求保护的发明技术方案相对于最接近的现有技术是非显而易见的，具备创造性。

案例2-117

一种物流配送方法

申请内容概述：在货物配送过程中，如何有效提高货物配送效率以及降低配送成本，是发明专利申请所要解决的问题。在物流人员到达配送地点后，可以通过服务器向订货用户终端推送消息的形式同时通知特定配送区域的多个订货用户进行提货，达到了提高货物配送效率以及降低配送成本的目的。

申请的权利要求：一种物流配送方法，其通过批量通知用户取件的方式来提高物流配送效率，该方法包括：当派件员需要通知用户取件时，派件员通过手持的物流终端向服务器发送货物已到达的通知；服务器批量通知派件员派送范围内的所有订货用户；接收到通知的订货用户根据通知信息完成取件；其中，服务器进行批量通知具体实现方式为，服务器根据物流终端发送的到货通知中所携带的派件员 ID、物流终端当前位置以及对应的配送范围，确定该派件员 ID 所对应的、以所述物流终端的当前位置为中心的配送距离范围内的所有目标订单信息，然后将通知信息推送给所有目标订单信息中的订货用户账号对应的订货用户终端。

分析及结论：对比文件 1 公开了一种物流配送方法，其由物流终端对配送单上的条码进行扫描，并将扫描信息发送给服务器以通知服务器货物已经到达；服务器获取扫描信息中的订货用户信息，并向该订货用户发出通知；接收到通知的订货用户根据通知信息完成取件。发明专利申请的解决方案与对比文件 1 的区别在于批量通知用户订货到达，为实现批量通知，方案中服务器、物流终端和用户终端之间的数据架构和数据通信方式均做出了相应调整，取件通知规则和具体的批量通知实现方式在功能上彼此相互支持、存在相互作用关系。相对于对比文件 1，确定发明实际解决的技术问题是如何提高订单到达通知效率进而提高货物配送效率。从用户角度来看，用户可以更快地获知订货到达情况的信息，也提高了用户体验。由于现有技术并不存在对上述对比文件 1 做出改进从而获得发明专利申请的解决方案的技术启示，该解决方案具备创造性。

九、化学领域发明专利申请的审查

化学领域发明专利申请由于其领域的特殊性，对申请文件的撰写方面就存在着与其他领域的一些不同要求，相应地，在审查方面也有一些特殊的规定，下面主要就这些特殊规定进行说明。

在本书的第一章第三节第六部分对化学领域的发明专利申请的说明书和权利要求书的撰写要求进行了说明，相关内容在此不再重复，下面仅针对未提及的其他方面进行说明。

（一）化学发明的新颖性

1. 化合物的新颖性

（1）专利申请要求保护一种化合物的，如果在一份对比文件中记载了化合物的化学名称、分子式（或结构式）等信息，使所属技术领域的技术人员认为要求保护的化合物已经被公开，则该化合物不具备新颖性，但申请人能提供证据证明在申请日之前无法获得该化合物的除外。

如果依据一份对比文件中记载的结构信息不足以认定要求保护的化合物与对比文件公开的化合物之间的结构异同，但在结合该对比文件记载的其他信息，包括物理化学参数、制备方法和效果实验数据等进行综合考量后，所属技术领域的技术人员有理由推定二者实质相同，则要求保护的化合物不具备新颖性，除非申请人能提供证据证明结构确有差异。

（2）通式不能破坏该通式中一个具体化合物的新颖性。一个具体化合物的公开使包括该具体化合物的通式权利要求丧失新颖性，但不影响该通式所包括的除该具体化合物以外的其他化合物的新颖性。一系列具体的化合物能破坏该系列中相应的化合物的新颖性。一个范围的化合物（如 C1～C4）能破坏该范围内两端具体化合物（C1 和 C4）的新颖性，但若 C4 化合物有几种异构体，则 C1～C4 化合物不能破坏每个单独异构体的新颖性。

（3）天然物质的存在本身并不能破坏该发明物质的新颖性，只有对比文件中公开的与发明物质的结构和形态一致或者直接等同的天然物质，才能破坏该发明物质的新颖性。

2. 组合物的新颖性

1）仅涉及组分时的新颖性判断

一份对比文件公开了由组分（A+B+C）组成的组合物甲，如果

（i）发明专利申请为组合物乙（组分：A+B），并且权利要求采用封闭式撰写形式，如"由 A+B 组成"，即使该发明与组合物甲所解决的技术问题相

同，该权利要求仍具备新颖性。

（ii）上述发明组合物乙的权利要求采用开放式撰写形式，如"含有A+B"，且该发明与组合物甲所解决的技术问题相同，则该权利要求无新颖性。

（iii）上述发明组合物乙的权利要求采取排除法撰写形式，即指明不含C，则该权利要求仍有新颖性。

2）涉及组分含量时的新颖性判断

涉及组分含量时的新颖性判断适用《专利审查指南》第二部分第三章第3.2.4节的规定。

3. 用物理化学参数或者用制备方法表征的化学产品的新颖性

（1）对于用物理化学参数表征的化学产品权利要求，如果无法依据所记载的参数对由该参数表征的产品与对比文件公开的产品进行比较，从而不能确定采用该参数表征的产品与对比文件产品的区别，则推定用该参数表征的产品权利要求不具备《专利法》第22条第2款所述的新颖性。

（2）对于用制备方法表征的化学产品权利要求，其新颖性审查应针对该产品本身进行，而不是仅仅比较其中的制备方法是否与对比文件公开的方法相同。制备方法不同并不一定导致产品本身不同。

如果申请没有公开可与对比文件公开的产品进行比较的参数以证明该产品的不同之处，而仅仅是制备方法不同，也没有表明由于制备方法上的区别为产品带来任何功能、性质上的改变，则推定该方法表征的产品权利要求不具备《专利法》第22条第2款所述的新颖性。

4. 化学产品用途发明的新颖性

一种新产品的用途发明由于该产品是新的而自然具有新颖性。

一种已知产品不能因为提出了某一新的应用而被认为是一种新的产品。例如，产品X作为洗涤剂是已知的，那么一种用作增塑剂的产品X不具有新颖性。但是，如果一项已知产品的新用途本身是一项发明，则已知产品不能破坏该新用途的新颖性。这样的用途发明属于使用方法发明，因为发明的实质不在于产品本身，而在于如何去使用它。例如，上述原先作为洗涤剂的产品X，后来有人研究发现将它配以某种添加剂后能作为增塑剂用。那么如何配制、选择什么添加剂、配比多少等就是使用方法的技术特征。这时，审查员应当评价该使用方法本身是否具备新颖性，而不能凭产品X是已知的认定该使用方法不具备新颖性。

对于涉及化学产品的医药用途发明，其新颖性审查立考虑以下方面：

（1）新用途与原已知用途是否实质上不同。仅仅表述形式不同而实质上属于相同用途的发明不具备新颖性。

（2）新用途是否被原已知月途的作用机理、药理作用所直接揭示。与原作用机理或者药理作用直接等同的用途不具有新颖性。

（3）新用途是否属于原已知用途的上位概念。已知下位用途可以破坏上位用途的新颖性。

（4）给药对象、给药方式、途径、用量及时间间隔等与使用有关的特征是否对制药过程具有限定作用。仅仅体现在用药过程中的区别特征不能使该用途具有新颖性。

（二）化学发明的创造性

1. 化合物的创造性

（1）判断化合物发明的创造性，需要确定要求保护的化合物与最接近现有技术化合物之间的结构差异，并基于进行这种结构改造所获得的用途和 / 或效果确定发明实际解决的技术问题，在此基础上，判断现有技术整体上是否给出了通过这种结构改造以解决所述技术问题的技术启示。需要注意的是，如果所属技术领域的技术人员在现有技术的基础上仅仅通过合乎逻辑的分析、推理或者有限的试验就可以进行这种结构改造以解决所述技术问题，得到要求保护的化合物，则认为现有技术存在技术启示。

（2）发明对最接近现有技术化合物进行的结构改造所带来的用途和 / 或效果可以是获得与已知化合物不同的用途，也可以是对已知化合物某方面效果的改进。在判断化合物创造性时，如果这种用途的改变和 / 或效果的改进是预料不到的，则反映了要求保护的化合物是非显而易见的，应当认可其创造性。

（3）需要说明的是，判断亿合物发明的创造性时，如果要求保护技术方案的效果是已知的必然趋势所导致的，则该技术方案没有创造性。例如，现有技术的一种杀虫剂 AR，其中 R 为 C1 ～ C3 的烷基，并且已经指出杀虫效果随着烷基 C 原子数的增加而提高。如果某申请的杀虫剂是 $A-C_4H_9$，杀虫效果比现有技术的杀虫效果有明显提高。由于现有技术中指出了提高杀虫效果的必然趋势，因此该申请不具备创造性。

2. 化学产品用途发明的创造性

1）新产品用途发明的创造性

对于新的化学产品，如果该用途不能从结构或者组成相似的已知产品预见到，可认为这种新产品的用途发明有创造性。

2）已知产品用途发明的创造性

对于已知产品的用途发明，如果该新用途不能从产品本身的结构、组成、分子量、已知的物理化学性质以及该产品的现有用途显而易见地得出或者预见到，而是利用了产品新发现的性质，并且产生了预料不到的技术效果，可认为这种已知产品的用途发明有创造性。

（三）化学发明的单一性

1. 马库什权利要求的单一性

如果一项申请在一个权利要求中限定多个并列的可选择要素，则构成"马库什"权利要求。马库什权利要求同样应当符合《专利法》第31条第1款及《专利法实施细则》第39条关于单一性的规定。如果一项马库什权利要求中的可选择要素具有相类似的性质，则应当认为这些可选择要素在技术上相互关联，具有相同或相应的特定技术特征，该权利要求可被认为符合单一性的要求。这种可选择要素称为马库什要素。

当马库什要素是化合物时，如果满足下列标准，应当认为它们具有类似的性质，该马库什权利要求具有单一性：

（1）所有可选择化合物具有共同的性能或作用；和

（2）所有可选择化合物具有共同的结构，该共同结构能够构成它与现有技术的区别特征，并对通式化合物的共同性能或作用是必不可少的；或者在不能有共同结构的情况下，所有的可选择要素应属于该发明所属领域中公认的同一化合物类别。

"公认的同一化合物类别"是指根据本领域的知识可以预期到该类的成员对于要求保护的发明来说其表现是相同的一类化合物。也就是说，每个成员都可以互相替代，而且可以预期所要达到的效果是相同的。

案例 2-118

权利要求 1：通式为

的化合物，式中 R^1 为吡啶基；R^2 ~ R^4 是甲基、甲苯基或苯基，……该化合物是用作进一步提高血液吸氧能力的药物。

通式中吲哚部分构成所有马库什化合物的共有部分，但是由于现有技术中存在以所述吲哚部分为共同结构且具有增强血液吸氧能力的化合物，因此吲哚部分不能够构成权利要求 1 通式化合物与现有技术的区别技术特征，所以无法根据吲哚部分判断权利要求 1 的单一性。

在该案例中，权利要求 1 通式化合物将吲哚上的 R^1 基团改变为 3-吡啶基，其作用是进一步提高血液吸氧能力，因此，可以将 3-吡啶基吲哚部分看作是对通式化合物的作用不可缺少的，是区别于现有技术的共同结构，所以该马库什权利要求具有单一性。

案例 2-119

权利要求 1：通式为

的化合物，式中 $100 \geq n \geq 50$，X 为

在该案例中，说明书中指出，所述化合物是由已知的聚亚己基对苯二甲酸酯的端基经酯化制得的。当酯化成（Ⅰ）时，具有抗热降解性能；但当酯化成（Ⅱ）时，因为有"$CH_2=CH$"存在而不具有抗热降解性能。因此，它们没有共同的性能，所以该马库什权利要求不具有单一性。

案例2-120

权利要求1：一种杀线虫组合物，含有作为活性成分的以下通式化合物：

式中，m、$n=1$、2 或 3；X 代表 O、S；R^3 代表 H、C1～C8 烷基；R^1 和 R^2 代表 H、卤素、C1～C3 烷基；Y 代表 H、卤素、胺基；……

在该案例中，该通式的所有化合物，虽具有共同的杀线虫作用，但是，它们分别为五元、六元或七元环化合物，并且是不同类别的杂环化合物，因此它们没有共同的结构；同时根据本领域的现有技术不能够预期到这些化合物对于发明来说具有相同的表现，可以相互代替并且得到相同的效果。所以该马库什权利要求不具有单一性。

案例2-121

权利要求1：一种除草组合物，包括有效量的A和B两种化合物的混合物和稀释剂或惰性载体，A是2,4-二氯苯氧基醋酸；B选自如下化合物：硫酸铜，氯化钠，氨基磺酸铵，三氯醋酸钠，二氯丙酸，3-氨基-2,5-二氯苯甲酸，联苯甲酰胺，碘苯腈，2-(1-甲基-正丙基)4,6-二硝基苯酚，二硝基苯胺和三嗪。

在该案例中，由于马库什要素B没有共同的结构而且不能根据本领域内现有技术预期这些马库什要素B的各类化合物在作除草成分时可以相互替代并且得到相同结果，因而在该发明的相关技术中也不能被认为是属于同一类化合物，而是属于如下不同类的化合物：(a)无机盐：硫酸铜，氯化钠，氨基磺酸铵；（b）有机盐或酸：三氯醋酸钠，二氯丙酸，3-氨基-2,5-二氯苯甲酸；（c）酰胺：联苯甲酰胺；（d）腈：碘苯腈；（e）苯酚：2-(1-甲基-正丙基)4,6-二硝基苯酚；（f）胺：二硝基苯胺；（g）杂环：三嗪，所以权利要求1所要求保护的发明不具有单一性。

案例 2-122

权利要求1：烃类气相氧化催化剂，含有 X 或 X+A。

在说明书中，X 使 RCH_3 氧化成 RCH_2OH，X+A 使 RCH_3 氧化成 $RCOOH$。这两种催化剂具有共同的作用，都是用于 RCH_3 的氧化，虽然 X+A 使 RCH_3 氧化得更完全，但作用是相同的，并且这两种催化剂都具有区别于现有技术并对该共同作用是必不可少的共同成分 X，所以权利要求1具有单一性。

2. 中间体与最终产物的单一性

中间体与最终产物之间同时满足以下两个条件，则有单一性：

（i）中间体与最终产物有相同的基本结构单元，或者它们的化学结构在技术上密切相关，中间体的基本结构单元进入最终产物；

（ii）最终产物是直接由中间体制备的，或者直接从中间体分离出来的。

由不同中间体制备同一最终产物的几种方法，如果这些不同的中间体具有相同的基本结构单元，允许在同一件申请中要求保护。

用于同一最终产物的不同结构部分的不同中间体，不能在同一件申请中要求保护。

案例 2-123

权利要求1：

权利要求 2：

在该案例中，以上中间体与最终产物的化学结构在技术上密切相关，中间体的基本结构单元进入最终产物，并可从该中间体直接制备最终产物。因此，权利要求 1 和 2 有单一性。

案例 2-124

权利要求 1：一种无定型聚异戊二烯（中间体）

权利要求 2：一种结晶聚异戊二烯（最终产物）

在该案例中，无定型聚异戊二烯经过拉伸后直接得到结晶型的聚异戊二烯，它们的化学结构相同，该两项权利要求有单一性。

（四）涉及生物技术领域发明专利申请的新颖性

1）基因

如果某蛋白质本身具有新颖性，则编码该蛋白质的基因的发明也具有新颖性。

2）重组蛋白

如果以单一物质形式被分离和纯化的蛋白质是已知的，那么由不同的制备方法定义的、具有同样氨基酸序列的重组蛋白的发明不具有新颖性。

3）单克隆抗体

如果抗原 A 是新的，那么抗原 A 的单克隆抗体也是新的。但是，如果某已知抗原 A′ 的单克隆抗体是已知的，而发明涉及的抗原 A 具有与已知抗原 A′ 相同的表位，即推定已知抗原 A′ 的单克隆抗体就能与发明涉及的抗原

A 结合。在这种情况下，抗原 A 的单克隆抗体的发明不具有新颖性，除非申请人能够根据申请文件或现有技术证明，申请的权利要求所限定的单克隆抗体与对比文件公开的单克隆抗体的确不同。

（五）涉及生物技术领域发明专利申请的创造性

生物技术领域发明创造性的判断，同样要判断发明是否具备突出的实质性特点和显著的进步。判断过程中，需要根据不同保护主题的具体限定内容，确定发明与最接近的现有技术的区别特征，然后基于该区别特征在发明中所能达到的技术效果确定发明实际解决的技术问题，再判断现有技术整体上是否给出了技术启示，基于此得出发明相对于现有技术是否显而易见。

生物技术领域的发明创造涉及生物大分子、细胞、微生物个体等不同水平的保护主题。在表征这些保护主题的方式中，除结构与组成等常见方式以外，还包括生物材料保藏号等特殊方式。创造性判断需要考虑发明与现有技术的结构差异、亲缘关系远近和技术效果的可预期性等。

1. 涉及遗传工程的发明的创造性

1）基因

如果某结构基因编码的蛋白质与已知的蛋白质相比，具有不同的氨基酸序列，并具有不同类型的或改善的性能，而且现有技术没有给出该序列差异带来上述性能变化的技术启示，则编码该蛋白质的基因发明具有创造性。

如果某蛋白质的氨基酸序列是已知的，则编码该蛋白质的基因的发明不具有创造性。但是，如果某蛋白质已知而其氨基酸序列是未知的，那么只要本领域技术人员在该申请提交时可以容易地确定其氨基酸序列，编码该蛋白质的基因发明就不具有创造性。但是，上述两种情形下，如果该基因具有特定的碱基序列，而且与其他编码所述蛋白质的、具有不同碱基序列的基因相比，具有本领域技术人员预料不到的效果，则该基因的发明具有创造性。如果一项发明要求保护的结构基因是一个已知结构基因的可自然获得的突变的结构基因，且该要求保护的结构基因与该已知结构基因源于同一物种，也具有相同的性质和功能，则该发明不具备创造性。

2）多肽或蛋白质

如果发明要求保护的多肽或蛋白质与已知的多肽或蛋白质在氨基酸序

列上存在区别，并具有不同类型的或改善的性能，而且现有技术没有给出该序列差异带来上述性能变化的技术启示，则该多肽或蛋白质的发明具有创造性。

3）重组载体

如果发明针对已知载体和/或插入基因的结构改造实现了重组载体性能的改善，而且现有技术没有给出利用上述结构改造以改善性能的技术启示，则该重组载体的发明具有创造性。

如果载体与插入的基因都是已知的，通常由它们的结合所得到的重组载体的发明不具有创造性。但是，如果由它们的特定结合形成的重组载体的发明与现有技术相比具有预料不到的技术效果，则该重组载体的发明具有创造性。

4）转化体

如果发明针对已知宿主和/或插入基因的结构改造实现了转化体性能的改善，而且现有技术没有给出利用上述结构改造以改善性能的技术启示，则该转化体的发明具有创造性。

如果宿主与插入的基因都是已知的，通常由它们的结合所得到的转化体的发明不具有创造性。但是，如果由它们的特定结合形成的转化体的发明与现有技术相比具有预料不到的技术效果，则该转化体的发明具有创造性。

5）融合细胞

如果亲代细胞是已知的，通常由这些亲代细胞融合所得到的融合细胞的发明不具有创造性。但是，如果该融合细胞与现有技术相比具有预料不到的技术效果，则该融合细胞的发明具有创造性。

6）单克隆抗体

如果抗原是已知的，采用结构特征表征的该抗原的单克隆抗体与已知单克隆抗体在决定功能和用途的关键序列上明显不同，且现有技术没有给出获得上述序列的单克隆抗体的技术启示，且该单克隆抗体能够产生有益的技术效果，则该单克隆抗体的发明具有创造性。

如果抗原是已知的，并且很清楚该抗原具有免疫原性（例如，由该抗原的多克隆抗体是已知的或者该抗原是大分子多肽就能得知该抗原明显具有免疫原性），那么仅用该抗原限定的单克隆抗体的发明不具有创造性。但是，如果该发明进一步由分泌该抗原的单克隆抗体的杂交瘤限定，并因此使其产生了预料不到的效果，则该单克隆抗体的发明具有创造性。

2. 涉及微生物的发明的创造性

1）微生物本身

与已知种的分类学特征明显不同的微生物（即新的种）具有创造性。如果发明涉及的微生物的分类学特征与已知种的分类学特征没有实质区别，但是该微生物产生了本领域技术人员预料不到的技术效果，那么该微生物的发明具有创造性。

2）有关微生物应用的发明

对于微生物应用的发明，如果发明中使用的微生物是已知的种，并且该微生物与已知的、用于同样用途的另一微生物属于同一个属，那么该微生物应用的发明不具有创造性。但是，如果与应用已知的、属于同一个属中的另一微生物相比，该微生物的应用产生了预料不到的技术效果，那么该微生物应用的发明具有创造性。如果发明中所用的微生物与已知种的微生物具有明显不同的分类学特征（即发明所用的微生物是新的种），那么即使用途相同，该微生物应用的发明也具有创造性。

（六）涉及生物技术领域发明专利申请的实用性

1. 由自然界筛选特定微生物的方法

这种类型的方法由于受到客观条件的限制，且具有很大随机性，因此在大多数情况下都是不能重现的。例如从某省某县某地的土壤中分离筛选出一种特定的微生物，由于其地理位置的不确定和自然、人为环境的不断变化，再加上同一块土壤中特定的微生物存在的偶然性，致使不可能在发明专利有效期二十年内能重现地筛选出同种同属、生化遗传性能完全相同的微生物体。因此，由自然界筛选特定微生物的方法，一般不具有工业实用性，除非申请人能够给出充足的证据证明这种方法可以重复实施，否则这种方法不能被授予专利权。

2. 通过物理、化学方法进行人工诱变生产新微生物的方法

这种类型的方法主要依赖于微生物在诱变条件下所产生的随机突变，这种突变实际上是 DNA 复制过程中的一个或者几个碱基的变化，然后从中筛选出具有某种特征的菌株。由于碱基变化是随机的，因此即使清楚记载了诱

变条件，也很难通过重复诱变条件而得到完全相同的结果。这种方法在绝大多数情况下不符合《专利法》第 22 条第 4 款的规定，除非申请人能够给出足够的证据证明在一定的诱变条件下经过诱变必然得到具有所需特性的微生物，否则这种类型的方法不能被授予专利权。

第三节   申请文件修改

在专利申请过程中，为了使申请符合《专利法》及其实施细则规定的要求，对申请文件的修改可能会进行多次。

《专利法实施细则》第 57 条第 1 款规定："发明专利申请人在提出实质审查请求时以及在收到国务院专利行政部门发出的发明专利申请进入实质审查阶段通知书之日起的 3 个月内，可以对发明专利申请主动提出修改。"《专利法实施细则》第 57 条第 2 款规定："实用新型或者外观设计专利申请人自申请日起 2 个月内，可以对实用新型或者外观设计专利申请主动提出修改。"这是对申请文件的修改时机的规定。《专利法实施细则》第 57 条第 3 款规定："申请人在收到国务院专利行政部门发出的审查意见通知书后对专利申请文件进行修改的，应当针对通知书指出的缺陷进行修改。"这是对申请文件的修改方式的规定。

《专利法》第 33 条规定："申请人可以对其专利申请文件进行修改，但是，对发明和实用新型专利申请文件的修改不得超出原说明书和权利要求书记载的范围，对外观设计专利申请文件的修改不得超出原图片或者照片表示的范围。"《专利法》第 33 条对申请文件的修改内容进行了规定。

一、修改的时机

（一）发明

根据《专利法实施细则》第 57 条第 1 款的规定，对于发明专利申请，申请人仅在下述两种情形下可对其发明专利申请文件进行主动修改：

（1）在提出实质审查请求时；

（2）在收到专利局发出的发明专利申请进入实质审查阶段通知书之日起的 3 个月内。

在发明专利申请的初步审查程序中，如果申请人根据《专利法实施细则》第 57 条的规定提出了主动修改文本的，审查员除对补正书进行形式审查外，仅需对主动修改的提出时机是否符合《专利法实施细则》第 57 条的规定进行核实。符合规定的，作出合格的处理意见后存档；不符合规定的，作出供实质审查参考的处理意见后存档。对主动修改文本的内容不进行审查，留待实质审查时处理。

在发明的实质审查程序中，申请人在提出实质审查请求时，或者在收到专利局发出的发明专利申请进入实质审查阶段通知书之日起的 3 个月内，对发明专利申请进行了主动修改的，无论修改的内容是否超出原说明书和权利要求书记载的范围，均应当以申请人提交的经过该主动修改的申请文件作为审查文本。申请人在上述规定期间内多次对申请文件进行了主动修改的，以最后一次提交的申请文件为审查文本。

在发明的实质审查程序中，如果申请人是在上述两种情形规定的期间外，对发明专利申请进行了主动修改，一般不会被接受，所提交的经修改的申请文件，不会作为审查文本。专利局会在审查意见通知书中告知此修改文本不作为审查文本的理由，并以之此前的能够接受的文本作为审查文本。"此前的能够接受的文本"指的是不考虑上述修改文件的情况下依请求原则确定的文本，即申请人依据符合《专利法》及其实施细则规定的时机提交的请求审查的文本。但是如果审查员在阅读该经修改的文件后认为其消除了原申请文件存在的应当消除的缺陷、又符合《专利法》第 33 条的规定、且在该修改文本的基础上进行审查将有利于节约审查程序，也有可能接受该经修改的申请文件作为审查的文本。

（二）实用新型和外观设计

根据《专利法实施细则》第 57 条第 2 款的规定，实用新型和外观设计专利申请人自申请日起 2 个月内，可以对实用新型或者外观设计专利申请主动提出修改。

对于申请人的主动修改，审查员应当首先核对提出修改的日期是否在自申请日起 2 个月内。对于超过 2 个月的修改，如果修改的文件消除了原申请文件存在的缺陷，并且具有被授权的前景，则该修改文件可以接受。对于不予接受的修改文件，审查员应当发出视为未提出通知书。

对于在 2 个月内提出的主动修改，审查员应当审查其修改是否超出原说明书和权利要求书记载的范围。修改超出原说明书和权利要求书记载的范围的，审查员应当发出审查意见通知书，通知申请人该修改不符合《专利法》第 33 条的规定。申请人陈述意见或补正后仍然不符合规定的，审查员可以根据《专利法》第 33 条和《专利法实施细则》第 50 条的规定作出驳回决定。

二、修改的方式

《专利法实施细则》第 57 条第 3 款对申请文件的修改方式进行了规定，申请人在收到国务院专利行政部门发出的审查意见通知书后对专利申请文件进行修改的，应当针对通知书指出的缺陷进行修改。

（一）发明

发明在初步审查过程中，对于申请人针对审查意见通知书或者补正通知书进行答复时提交的经修改的申请文件，审查员只需判断所做的修改是否明显超出原说明书和权利要求书记载范围进行审查。修改明显超范围的，例如申请人修改了数据或者扩大了数值范围，或者增加了原说明书中没有相应文字记载的技术方案的权利要求，或者增加一页或者数页原说明书或者权利要求中没有记载的发明的实质内容，审查员应当发出审查意见通知书，通知申请人该修改不符合《专利法》第 33 条的规定，申请人陈述意见或者补正后仍不符合规定的，审查员可以作出驳回决定。

在发明的实质审查程序中，在答复审查意见通知书时，对申请文件进行修改的，如果修改的方式不符合《专利法实施细则》第 57 条第 3 款的规定，则这样的修改文本一般不予接受。例如，申请人在答复第一次审查意见通知书时，在权利要求书中增加了新的独立权利要求，该独立权利要求限定的技术方案在原权利要求书中未出现过，则这样的修改方式不符合《专利法实施细则》第 57 条第 3 款的规定，属于不能接受的情形。这是因为，如果申请人通过增加在原权利要求书中没有出现过的新的独立权利要求的方式对申请文件进行修改，那么审查员需要对该新的独立权利要求重新进行检索和审查，因此在审查员发出第一次审查意见通知书后，应当避免出现这样的修改。需要注意的是，如果增加的新的独立权利要求是由原来的包含有并列可选择的技术方案的一个独立权利要求分解而来的，或是由一个撰写不当的包含了两个技术方案例如产品和产品的制造方法的权利要求分解而来，则不属于此种应当予以限制的情况。

然而，对于虽然修改的方式不符合《专利法实施细则》第 57 条第 3 款的规定，但其内容与范围满足《专利法》第 33 条要求的修改，只要经修改的文件消除了原申请文件存在的缺陷，并且具有被授权的前景，这种修改就可以被视为是针对通知书指出的缺陷进行的修改，因而经此修改的申请文件可以接受。这样处理有利于节约审查程序。如果申请人答复审查意见通知书时提交的修改文本不是针对通知书指出的缺陷作出的，审查员不予接受时，审查员应当发出审查意见通知书，说明不接受该修改文本的理由，要求申请人在指定期限内提交符合《专利法实施细则》第 57 条第 3 款规定的修改文本。同时应当指出，到指定期限届满日为止，申请人所提交的修改文本如果仍然不符合《专利法实施细则》第 57 条第 3 款规定或者出现其他不符合《专利法实施细则》第 57 条第 3 款规定的内容，审查员将针对修改前的文本继续审查，如作出授权或驳回决定。如果审查员对当前修改文本中符合要求的部分文本有新的审查意见，可以在本次通知书中一并指出。

（二）实用新型和外观设计

对于申请人答复通知书时所作的修改，审查员应当审查该修改是否超出原说明书和权利要求书记载的范围以及是否针对通知书指出的缺陷进行修改。对于申请人提交的包含有并非针对通知书所指出的缺陷进行修改的修改文件，如果其修改符合《专利法》第 33 条的规定，并消除了原申请文件存在的缺陷，且具有授权的前景，则该修改可以被视为是针对通知书指出的缺陷进行的修改，经此修改的申请文件应当予以接受。对于不符合《专利法实施细则》第 57 条第 3 款规定的修改文本，审查员可以发出通知书，通知申请人该修改文本不予接受，并说明理由，要求申请人在指定期限内提交符合《专利法实施细则》第 57 条第 3 款规定的修改文本，同时应当指出，如果申请人再次提交的修改文本仍然不符合《专利法实施细则》第 57 条第 3 款的规定，审查员将针对修改前的文本继续审查，例如作出授权或驳回决定。

如果申请人提交的修改文件超出了原说明书和权利要求书记载的范围，审查员应当发出审查意见通知书，通知申请人该修改不符合《专利法》第 33 条的规定。申请人陈述意见或补正后仍然不符合规定的，审查员可以根据《专利法》第 33 条和《专利法实施细则》第 44 条的规定作出驳回决定。

三、修改的内容和范围

根据《专利法》第 33 条的规定，申请人可以对其专利申请文件进行修改，但是，对发明和实用新型专利申请文件的修改不得超出原说明书和权利要求书记载的范围，对外观设计专利申请文件的修改不得超出原图片或者照片表示的范围。

该规定是为了符合"先申请原则"。在"先申请原则"下，如果满足专利法的相关规定，专利权授予最先提出申请的人。如果修改的内容超出了原说明书和权利要求书记载的范围，申请人在保留原申请日的同时添加新的内容，会造成对其他申请人不公平的后果。

下面针对修改进行的说明适用于发明，大多数也适用于实用新型，但由于实用新型不保护方法，所以与方法用途等有关的内容不适用于实用新型。

（一）申请人的修改

原说明书和权利要求书记载的范围包括原说明书和权利要求书文字记载的内容和根据原说明书和权利要求书文字记载的内容，以及根据说明书附图能直接地、毫无疑义地确定的内容。申请人在申请日提交的原说明书和权利要求书记载的范围，是审查上述修改是否符合《专利法》第 33 条的依据，申请人向专利局提交的优先权文件的内容，不能作为判断申请文件的修改是否符合《专利法》第 33 条的依据。

判断修改是否超范围的基本原则：一是原说明书和权利要求书有无文字记载，二是根据原说明书和权利要求书文字记载的内容以及说明书附图能否直接地、毫无疑义地确定。"直接地、毫无疑义地确定的内容"是指：虽然在申请文件中没有明确的文字记载，但所属技术领域的技术人员根据原权利要求书和说明书文字记载的内容以及说明书附图，可以唯一确定的内容。

1. 允许的修改

这里所说的"允许的修改"，主要指符合《专利法》第33条规定的修改。

1）对权利要求书的修改

对权利要求书的修改主要包括：通过增加或变更独立权利要求的技术特征，或者通过变更独立权利要求的主题类型或主题名称以及其相应的技术特征，来改变该独立权利要求请求保护的范围；增加或者删除一项或多项权利要求；修改独立权利要求，使其相对于最接近的现有技术重新划界；修改从属权利要求的引用部分，改正其引用关系，或者修改从属权利要求的限定部分，以清楚地限定该从属权利要求请求保护的范围。对于上述修改，只要经修改后的权利要求的技术方案已清楚地记载在原说明书和权利要求书中，就应该允许。

允许的对权利要求书的修改，包括下述各种情形：

（1）在独立权利要求中增加技术特征，对独立权利要求作进一步的限定，以克服原独立权利要求无新颖性或创造性、缺少解决技术问题的必要技术特征、未以说明书为依据或者未清楚地限定要求专利保护的范围等缺陷。只要增加了技术特征的独立权利要求所述的技术方案未超出原说明书和权利要求书记载的范围，这样的修改就应当被允许。

（2）变更独立权利要求中的技术特征，以克服原独立权利要求未以说明书为依据、未清楚地限定要求专利保护的范围或者无新颖性或创造性等缺陷。只要变更了技术特征的独立权利要求所述的技术方案未超出原说明书和权利要求书记载的范围，这种修改就应当被允许。

对于含有数值范围技术特征的权利要求中数值范围的修改，只有在修改后数值范围的两个端值在原说明书和 / 或权利要求书中已确实记载且修改后的数值范围在原数值范围之内的前提下，才是允许的。例如，权利要求的技术方案中，某温度为 20 ～ 90℃，对比文件公开的技术内容与该技术方案的区别是其所公开的相应的温度范围为 0 ～ 100℃，该文件还公开了该范围内的一个特定值 40℃，因此，审查员在审查意见通知书中指出该权利要求无新颖性。如果发明专利申请的说明书或者权利要求书还记载了 20 ～ 90℃ 范围内的特定值 40℃、60℃ 和 80℃，则允许申请人将权利要求中该温度范围修改成 60 ～ 80℃或者 60 ～ 90℃。

（3）变更独立权利要求的类型、主题名称及相应的技术特征，以克服原独立权利要求类型错误或者缺乏新颖性或创造性等缺陷。只要变更后的独立权利要求所述的技术方案未超出原说明书和权利要求书记载的范围，就可允许这种修改。

（4）删除一项或多项权利要求，以克服原第一独立权利要求和并列的独立权利要求之间缺乏单一性，或者两项权利要求具有相同的保护范围而使权利要求书不简要，或者权利要求未以说明书为依据等缺陷，这样的修改不会超出原权利要求书和说明书记载的范围，因此是允许的。

（5）将独立权利要求相对于最接近的现有技术正确划界。这样的修改不会超出原权利要求书和说明书记载的范围，因此是允许的。

（6）修改从属权利要求的引用部分，改正引用关系上的错误，使其准确地反映原说明书中所记载的实施方式或实施例。这样的修改不会超出原权利要求书和说明书记载的范围，因此是允许的。

（7）修改从属权利要求的限定部分，清楚地限定该从属权利要求的保护范围，使其准确地反映原说明书中所记载的实施方式或实施例，这样的修改不会超出原说明书和权利要求书记载的范围，因此是允许的。

上面对权利要求书允许修改的几种情况作了说明，由于这些修改符合《专利法》第33条的规定，因而是允许的。但经过上述修改后的权利要求书是否符合《专利法》及其实施细则的其他所有规定，还有待审查员对其进行继续审查。对于答复审查意见通知书时所作的修改，审查员要判断修改后的权利要求书是否已克服了审查意见通知书所指出的缺陷，这样的修改是否造成了新出现的其他缺陷；对于申请人所作出的主动修改，审查员应当判断该修改后的权利要求书是否存在不符合《专利法》及其实施细则规定的其他缺陷。

2）对说明书及其摘要的修改

对于说明书的修改，主要有两种情况，一种是针对说明书中本身存在的不符合《专利法》及其实施细则规定的缺陷作出的修改，另一种是根据修改后的权利要求书作出的适应性修改，上述两种修改只要不超出原说明书和权利要求书记载的范围，则都是允许的。

允许的说明书及其摘要的修改包括下述各种情形。

（1）修改发明名称，使其准确、简要地反映要求保护的主题的名称。如果独立权利要求的类型包括产品、方法和用途，则这些请求保护的主题都应当在发明名称中反映出来。发明名称应当尽可能简短，一般不得超过 25 个字，特殊情况下，例如，化学领域的某些专利申请，可以最多 40 个字。

（2）修改发明所属技术领域。该技术领域是指该发明在国际专利分类表中的分类位置所反映的技术领域。为便于公众和审查员清楚地理解发明和其相应的现有技术，应当允许修改发明所属技术领域，使其与国际专利分类表中最低分类位置涉及的领域相关。

（3）修改背景技术部分，使其与要求保护的主题相适应。独立权利要求按照《专利法实施细则》第 23 条的规定撰写的，说明书背景技术部分应当记载与该独立权利要求前序部分所述的现有技术相关的内容，并引证反映这些背景技术的文件。如果审查员通过检索发现了比申请人在原说明书中引用的现有技术更接近所要求保护的主题的对比文件，则应当允许申请人修改说明书，将该文件的内容补入这部分，并引证该文件，同时删除描述不相关的现有技术的内容。应当指出，这种修改实际上使说明书增加了原申请的权利要求书和说明书未曾记载的内容，但由于修改仅涉及背景技术而不涉及发明本身，且增加的内容是申请日前已经公知的现有技术，因此是允许的。

（4）修改发明内容部分中与该发明所解决的技术问题有关的内容，使其与要求保护的主题相适应，即反映该发明的技术方案相对于最接近的现有技术所解决的技术问题。当然，修改后的内容不应超出原说明书和权利要求书记载的范围。

（5）修改发明内容部分中与该发明技术方案有关的内容，使其与独立权利要求请求保护的主题相适应。如果独立权利要求进行了符合《专利法》及其实施细则规定的修改，则允许该部分作相应的修改；如果独立权利要求未作修改，则允许在不改变原技术方案的基础上，对该部分进行理顺文字、改正不规范用词、统一技术术语等修改。

（6）修改发明内容部分中与该发明的有益效果有关的内容。只有在某（些）技术特征在原始申请文件中已清楚地记载，而其有益效果没有被清楚地提及，但所属技术领域的技术人员可以直接地、毫无疑义地从原始申请文件中推断出这种效果的情况下，才允许对发明的有益效果作合适的修改。

（7）修改附图说明。申请文件中有附图，但缺少附图说明的，允许补充所缺的附图说明；附图说明不清楚的，允许根据上下文作出合适的修改。

（8）修改最佳实施方式或者实施例。这种修改中允许增加的内容一般限于补入原实施方式或者实施例中具体内容的出处以及已记载的反映发明的有益效果数据的标准测量方法（包括所使用的标准设备、器具）。如果由检索结果得知原申请要求保护的部分主题已成为现有技术的一部分，则申请人应当将反映这部分主题的内容删除，或者明确写明其为现有技术。

（9）修改附图。删除附图中不必要的词语和注释，可将其补入说明书文字部分之中；修改附图中的标记使之与说明书文字部分相一致；在文字说明清楚的情况下，为使局部结构清楚起见，允许增加局部放大图；修改附图的阿拉伯数字编号，使每幅图使用一个编号。

（10）修改摘要。通过修改使摘要写明发明的名称和所属技术领域，清楚地反映所要解决的技术问题、解决该问题的技术方案的要点以及主要用途；删除商业性宣传用语；更换摘要附图，使其最能反映发明技术方案的主要技术特征。

（11）修改由所属技术领域的技术人员能够识别出的明显错误，即语法错误、文字错误和打印错误。对这些错误的修改应当是所属技术领域的技术人员能从说明书的整体及上下文看出的唯一的正确答案。

2. 不允许的修改

作为一个原则，凡是对说明书（及其附图）和权利要求书作出不符合《专利法》第33条规定的修改，均是不允许的。

具体地说，如果申请的内容通过增加、改变和/或删除其中的一部分，致使所属技术领域的技术人员看到的信息与原申请记载的信息不同，而且又不能从原申请记载的信息中直接地、毫无疑义地确定，那么，这种修改就是不允许的。

这里所说的申请内容，是指原说明书（及其附图）和权利要求书记载的内容，不包括任何优先权文件的内容。

1）不允许的增加

不能允许的增加内容的修改，包括下述几种。

（1）将某些不能从原说明书（包括附图）和/或权利要求书中直接明确认定的技术特征写入权利要求和/或说明书。

（2）为使公开的发明清楚或者使权利要求完整而补入不能从原说明书（包括附图）和/或权利要求书中直接地、毫无疑义地确定的信息。

（3）增加的内容是通过测量附图得出的尺寸参数技术特征。

（4）引入原申请文件中未提及的附加组分，导致出现原申请没有的特殊效果。

（5）补入了所属技术领域的技术人员不能直接从原始申请中导出的有益效果。

（6）补入实验数据以说明发明的有益效果，和/或补入实施方式和实施例以说明在权利要求请求保护的范围内发明能够实施。

（7）增补原说明书中未提及的附图，一般是不允许的；如果增补背景技术的附图，或者将原附图中的公知技术附图更换为最接近现有技术的附图，则应当允许。

2）不允许的改变

不能允许的改变内容的修改，包括下述几种。

（1）改变权利要求中的技术特征，由不明确的内容改成明确具体的内容而引入原申请文件中没有的新的内容，超出了原权利要求书和说明书记载的范围。

案例2-125

原权利要求涉及制造橡胶的成分，不能将其改成制造弹性材料的成分，除非原说明书已经清楚地指明。

案例2-126

原权利要求请求保护一种自行车闸，后来申请人把权利要求修改成一种车辆的闸，而从原权利要求书和说明书不能直接得到修改后的技术方案。这种修改也超出了原权利要求书和说明书记载的范围。

（2）将原申请文件中的几个分离的特征，改变成一种新的组合，而原申请文件没有明确提及这些分离的特征彼此间的关联。

案例 2-127

某申请的权利要求如下：

1. 一种利用超声波强化提取龙眼果皮黄色素的方法，其步骤如下：（1）原料预处理……（2）按一定液/固比，加入适量的浸提剂进行超声提取……。

2：根据权利要求 1 所述的方法，其特征在于：所用浸提剂为 40%～60% 的乙醇溶液（每 L 滴加 1～2mL 37% 的浓盐酸）或浓度为 70%～90% 的乙醇溶液。

4：根据权利要求 1 所述的方法，其特征在于：超声波功率为 100～1800W，占空比为 10%～80%，温度为 10～60℃，液固比为 2:1～50:1(v/w，体积/质量)，果皮粉碎细度为 20～160 目，提取时间 5～50min，烘干温度为 30～70℃。

在实质审查过程中，申请人对权利要求书进行了修改。将权利要求 2 的全部附加技术特征和权利要求 4 的其中一个附加技术特征"液固比为 2:1～50:1（v/w，体积/质量）"加入权利要求 1，形成了新的权利要求 1。

案例 2-128

某申请的权利要求如下：

1. 一种利用污水制取再生水的方法，其特征在于：将污水送入酶促生物过滤装置内，经酶促无机生物滤料层与空气进行气液相接触，进而降解水中残留的污染物……。

说明书中关于"酶促无机生物滤料层"的内容记载如下：酶促无机生物滤料含有 $20\mu g/g$ 的微生物生长促进剂 Co^{2+}，具有活性为 1.0mg/L，填料以 75% 的黏土为主骨料，以重量百分比 25% 泥煤为辅骨料，并加入含骨料总重量 8% 的造孔剂及增强剂，该增强剂重量配比为 Fe_2O_3：木屑：Na 盐或 K 盐＝ 4:8:1。

在实质审查过程中，申请人在权利要求 1 中增加了如下特征"所述酶促无机生物滤料层由微生物生长促进剂 Co^{2+}，以黏土为主骨料和以泥煤为辅骨料的填料，造孔剂及以 Fe_2O_3、木屑、Na 盐或 K 盐制成的增强剂构成"，即仅在权利要求 1 中增加了原说明书记载的酶促无机生物滤料层的组分特征而未增加相应组分的含量特征。

对于上述两种举例的情形，均是申请人将申请文件中不同技术方案的技术特征重新组合后得到的新的技术方案，是否修改超范围？

事实上，审查将申请文件记载的不同方案的技术特征重新组合后得到的新的技术方案是否超范围时，审查员应当从本领域技术人员的角度判断组合后的技术方案是否以文字记载在原说明书和权利要求书中、或者可否由原说明书和权利要求书文字记载的内容以及说明书附图直接地、毫无疑义地确定，而不能以组合后的技术方案的技术特征均在原说明书和权利要求书中有文字记载为判断标准而简单地得出不超范围的结论。而且，组合后的技术方案是否超范围与其保护范围相对于组合前的技术方案的保护范围是否扩大或缩小没有必然联系，因此也不能以组合后的技术方案相对于组合前的技术方案的保护范围缩小为由而得出不超范围的结论。

案例 2-127 中，如果本领域技术人员根据说明书的内容认定权利要求 4 中的各个特征如液固比、果皮粉碎细度、超声波功率、占空比、温度和提取时间等之间是固定的配合关系，即权利要求 4 中的技术特征"液固比为 2:1 ～ 50:1（v/w，体积 / 质量）"与该权利要求中的其他技术特征之间的关联是固定的，则对于组合后的权利要求 1 的技术方案而言，虽然其全部技术特征均在原说明书和权利要求书中有记载，但认为其技术方案在原说明书和权利要求书中没有记载，而且也不能从原说明书和权利要求书文字记载的内容以及说明书附图直接地、毫无疑义地确定，因此组合后的权利要求 1 修改超范围。除非本领域技术人员根据说明书的内容可以认定权利要求 4 中的技术特征"液固比为 2:1 ～ 50:1（v/w，体积 / 质量）"不仅适用于与该权利要求中的其他技术特征的组合，而且也适用于本发明所述方法的其他方案，在这种情况下，可以认为组合后的权利要求 1 修改不超范围。

案例 2-128 中，本领域技术人员根据说明书的内容可以认定，在利用污水制取再生水的方法中所用的酶促无机生物滤料层的相应组分与说明书所限定的相应含量相互联系，彼此不独立。所以，尽管组合后的权利要求 1 的全部技术特征均在原说明书中有记载，但组合后的权利要求 1 的技术方案本身在原说明书和权利要求书中没有记载，而且也不能从原说明书和权利要求书文字记载的内容以及说明书附图直接地、毫无疑义地确定，因此组合后的权利要求 1 修改超范围。

（3）改变说明书中的某些特征，使得改变后反映的技术内容不同于原申请文件记载的内容，超出了原说明书和权利要求书记载的范围。

案例 2-129

一件有关多层层压板的发明专利申请，其原申请文件中描述了几种不同的层状安排的实施方式，其中一种结构是外层为聚乙烯。如果申请人修改说明书，将外层的聚乙烯改变为聚丙烯，那么，这种修改是不允许的。因为修改后的层压板完全不同于原来记载的层压板。

案例 2-130

原申请文件中限定温度条件为 10℃或者 300℃，后来说明书中修改为 10 ～ 300℃，如果根据原申请文件记载的内容不能直接地、毫无疑义地得到该温度范围，则该修改超出了原说明书和权利要求书记载的范围。

案例 2-131

原申请文件中限定组合物的某成分的含量为 10% 或者 20% ～ 60%，后来说明书中修改为 10% ～ 60%，如果根据原申请文件记载的内容不能直接地、毫无疑义地得到该含量范围，则该修改超出了原说明书和权利要求书记载的范围。

案例 2-132

申请人答复审查意见通知书时在权利要求 1 中增加了特征"在所述隔热层体的内壁和外壁的空隙侧的面上设有防辐射层"。原说明书中记载了"在所述隔热层体的内壁和外壁的空隙侧的面上设有由铜或铝等金属箔形成的防辐射层"以及"至少在所述隔热层体的内壁的面上设置铜或铝等金属镀层或箔，形成防辐射层"。申请人将申请文件中的具体特征改变为一般特征时，如何判断修改是否超范围？

根据《专利审查指南》第二部分第八章第 5.2.3.2 节"不允许的改变"的规定，改变说明书中的某些特征，使得改变后反映的技术内容不同于原申请文件记载的内容，则超出了原说明书和权利要求书记载的范围。具体地，若申请文件中只记载了具体特征，例如只记载了"螺旋弹簧支持物"，则不能由原申请文件直接地、毫无疑义地确定出对应于该具体特征的一般特征"弹性支持物"，事实上上述改变将一个具体的螺旋弹簧支持方式扩大到了一切可能的弹性支持方式，使所反映的技术内容不同于原申请记载的内容，超出了原说明书和权利要求书记载的范围。

本案例中，原说明书仅记载了"由铜、铝等金属镀层或箔制成的防辐射层"这样的具体特征，而修改后的权利要求将其改变为"防辐射层"这样的一般特征，本领域技术人员不能直接地、毫无疑义地确定出相应于该具体特征的一般特征"防辐射层"，"防辐射层"显然包含了由金属材料和非金属材料制成的防辐射层两种情形，上述改变将一个具体的由铜、铝等金属制成的防辐射层扩大到了包含金属材料和非金属材料制成的防辐射层，使得所反映的技术内容不同于原申请记载的内容，超出了原说明书和权利要求书记载的范围。

3）不允许的删除

不能允许删除某些内容的修改，包括下述几种。

（1）从独立权利要求中删除在原申请中明确认定为发明的必要技术特征的那些技术特征，即删除在原说明书中始终作为发明的必要技术特征加以描述的那些技术特征；或者从权利要求中删除一个与说明书记载的技术方案有关的技术术语；或者从权利要求中删除在说明书中明确认定的关于具体应用范围的技术特征。

例如，将"有肋条的侧壁"改成"侧壁"。又例如，原权利要求是"用于泵的旋转轴密封……"，修改后的权利要求是"旋转轴密封"。上述修改都是不允许的，因为在原说明书中找不到依据。

（2）从说明书中删除某些内容而导致修改后的说明书超出了原说明书和权利要求书记载的范围。

例如，一件有关多层层压板的发明专利申请，其说明书中描述了几种不同的层状安排的实施方式，其中一种结构是外层为聚乙烯。如果申请人修改说明书，将外层的聚乙烯这一层去掉，那么，这种修改是不允许的。因为修改后的层压板完全不同于原来记载的层压板。

（3）如果在原说明书和权利要求书中没有记载某特征的原数值范围的其他中间数值，而鉴于对比文件公开的内容影响发明的新颖性和创造性，或者鉴于当该特征取原数值范围的某部分时发明不可能实施，申请人采用具体"放弃"的方式，从上述原数值范围中排除该部分，使得要求保护的技术方案中的数值范围从整体上看来明显不包括该部分，由于这样的修改超出了原说明书和权利要求书记载的范围，因此除非申请人能够根据申请原始记载的内容证明该特征取被"放弃"的数值时，本发明不可能实施，或者该特征取经"放弃"后的数值时，本发明具有新颖性和创造性，否则这样的修改不能被允许。例如，要求保护的技术方案中某一数值范围为 $A = 20 \sim 80$，对比文件公开的技术内容与该技术方案的区别仅在于其所述的数值范围为 $B = 5 \sim 45$，因为 A 与 B 部分重叠，故该权利要求无新颖性。申请人采用具体"放弃"的方式对 A 进行修改，排除 A 中与 B 相重叠的部分，即 $20 \sim 45$，将要求保护的技术方案中该数值范围修改为 $A > 45$ 至 $A = 80$。如果申请人不能根据原始记载的内容和现有技术证明本发明在 $A > 45$ 至 $A = 80$ 的数值范围相对于对比文件公开的 $B = 5 \sim 45$ 具有创造性，也不能证明 A 取 $20 \sim 45$ 时，本发明不能实施，则这样的修改不能被允许。

（二）审查员依职权修改

通常，对申请的修改应当由申请人以正式文件的形式提出。对于申请文件中个别文字、标记的修改或者增删及对发明名称或者摘要的明显错误的修改，审查员可以依职权进行，并通知申请人。

例如，某申请原说明书中记载了一种竞赛用自行车，其中所述自行车车轮的每根辐条长度为 25m。申请人要求将辐条长度由 25m 修改为 25cm。问题：①本案中辐条长度为 25m 是否属于明显错误？实践中认定为明显错误的情形主要有哪些？②本案中如果辐条长度为 25m 属于明显错误，那么是否允许申请人修改且如何修改才符合要求？实践中允许申请人修改明显错误时应当考虑的因素有哪些？

实践中可以认定为明显错误的情形，主要有如下两种：①本领域技术人员能够识别出的语法错误、文字错误和打印错误；②本领域技术人员根据原申请文件和公知常识，针对具体技术特征而非整个技术方案进行客观判断后，认定某技术特征明显不符合技术常理或生活常理，从而使得例如包含该技术特征的技术方案明显不能解决技术问题，达到技术效果，这样的错误属于明显错误。例如本案中自行车的辐条长度为 25m 即为明显错误。

实践中是否允许申请人修改明显错误且如何修改才符合要求，审查员应当在考虑《专利法》第 33 条的基础上，综合考虑至少如下三个因素之一：①技术上的高度合理性，审查实践中主要从技术原理、技术标准、技术常识和技术上的可实现性等角度考虑。允许的修改在技术上应当具有高度合理性。高度合理性是指修改后的内容从技术角度看具有极大的可能性和合理性。如果申请人主张的对明显错误的修改方式具有两种或者两种以上的修改可能、且没有一种修改可能明显占优势，则修改不具备高度合理性。②明显错误的可能形成原因，审查实践中主要考虑计量单位打印错误、小数点标记错误、方向／方位指示错误以及字形字音相近等造成的打印错误等是否具有高度可能性。③在本申请文件的其他部分或者与本申请文件相关联的其他文件中是否有相应记载。例如在本申请文件的其他部分中针对某技术特征的解释、补充说明以及记载该技术特征的次数，分案申请的原申请中的相应记载等均可以作为判断是否允许修改的参考依据。

需要注意的是，审查员应当慎重对待明显错误的修改。通常情况下，审查员可以在通知书中指出申请文件中存在的明显错误，但不应提出修改建议；审查员应当基于申请人主张的明显错误的修改方式，在综合考虑上述三方面因素的情况下判断是否允许进行明显错误的修改。

例如，本案中如果申请人主张计量单位 m 为明显错误，并且将计量单位 m 修改为 cm，则应当认为这种修改在技术上是高度合理的，因为相比较其他计量单位，自行车的辐条长度为 25cm 从技术角度看具有极大的可能性和合理性；而且从明显错误的可能形成原因看，申请人将计量单位 cm 误输入为

m 的可能性也非常大，因此允许申请人将辐条长度修改为 25cm。

又例如，本案中如果申请人主张的不是计量单位错误而是数字错误并且将辐条的长度由 25m 修改为 0.20m，则不认为这种修改在技术上是高度合理的，因为申请人主张的数字错误具有多种修改可能而且没有一种修改明显占优势，例如还可能修改为 0.21m、0.22m、0.28m 等；另外从明显错误的可能形成原因看，申请人将数字 0.20 误输入为 25 的可能性也非常小，因此不允许申请人将辐条长度修改为 0.20m。

再例如，本案中如果申请人主张的不是计量单位或者数字错误而是小数点错误，并且将辐条长度由 25m 修改为 0.25m，则应当认为这种修改在技术上是高度合理的，因为相比较 2.5m、0.025m 等可能的修改方式，自行车的辐条长度为 0.25m 从技术角度看具有极大的可能性和合理性；而且从明显错误的可能形成原因看，申请人将数值 0.25m 误输入为 25m 的可能性也较大，因此允许申请人将辐条长度修改为 0.25m。

第四节　审查意见答复

对专利局发出的审查意见通知书，申请人应当在通知书指定的期限内作出答复。申请人需要根据审查意见通知书的内容确定答复的方式，可以仅仅是意见陈述书，也可以进一步包括经修改的申请文件（替换页和/或补正书）。恰当的答复一方面有利于专利申请获得授权，另一方面也有利于获得恰当的专利权。本节主要介绍如何进行审查意见的答复。

一、答复的方式

申请人在其答复中对审查意见通知书中的审查意见提出反对意见或者对申请文件进行修改时，应当在其意见陈述书中详细陈述其具体意见，或者对修订内容是否符合相关规定以及如何克服原申请文件存在的缺陷予以说明。例如当申请人在修改后的权利要求中引入新的技术特征以克服审查意见通知书中指出的该权利要求不具有创造性的缺陷时，应当在其意见陈述书中具体指出该技术特征可以从说明书的哪些部分得到，并说明修改后的权利要求具有创造性的理由，这样有利于审查员充分考虑其意见以作出正确的审查结论；如果申请人对申请文件进行了修改，无论是实质性修改，还是文字修改，都应当在意见陈述书中予以说明，以利于审查员核实其修改。

对于审查意见通知书，申请人应当采用专利局规定的意见陈述书或补正书的方式，在指定的期限内作出答复。申请人提交的无具体答复内容的意见陈述书或补正书，也是申请人的正式答复，对此审查员可理解为申请人未对审查意见通知书中的审查意见提出具体反对意见，也未克服审查意见通知书所指出的申请文件中存在的缺陷。

申请人对审查意见通知书进行答复的态度应该是积极的，是否同意审查员的审查意见，是否对申请文件进行修改以克服审查员指出的缺陷，都应该在其提交的意见陈述书及修改文本中有所体现，而敷衍了事不利于审查程序的正常进行，因此专利审查指南对此给以严格的限制。如果申请人仅提交了无具体答复内容的意见陈述书或补正书，如仅在意见陈述书中陈述"鉴于案情复杂，申请人需仔细斟酌，容后答复"或者不陈述具体意见而是提出与审查员会晤的要求等，这样的意见陈述书从文件的格式上符合相关规定，经受理部门受理后相应的答复期限消除，但这样的答复既未对审查员的审查意见发表意见，也未修改申请文件，申请案卷的状态仍然是审查员发出前次通知书时的状态，影响了行政工作的效率。对于没有具体答复内容的意见陈述书或补正书，视为申请人已经清楚申请文件存在的缺陷而不予以克服，如果该缺陷属于驳回理由，则审查员可以据此作出驳回决定。

申请人的答复应当提交给专利局受理部门。直接提交给审查员的答复文件或征询意见的信件不视为正式答复，不具备法律效力。

专利局收到申请人的答复之后即可以开始后续的审查程序，如果后续审查程序的通知书或者决定已经发出，对于此后在原答复期限内申请人再次提交的答复，审查员不予考虑。如何考虑申请人在答复期限内提交多次答复的情况，涉及兼顾申请人的利益和行政效率的问题。如果待答复期限届满再开始后续的审查程序，虽然充分考虑了部分申请人的利益，但却与绝大多数申请人的想加快审查、尽早得到专利权的愿望相悖。由于申请人是否提交多次答复不可预知，因此行之有效的做法是专利局收到申请人的答复后即开始后续程序，并非等到答复期限届满再确认答复文本并进行审查。因此，实践中审查员收到申请人的答复之后即开始后续审查，审查意见或结论作出后，申请案卷进入流程，此时若收到申请人的再次答复，即使该答复是在原答复期限内，实审员也无法接受该答复以重新作出审查意见。

在答复审查意见通知书之前，首先需要理解审查意见，具体地，需要核实审查所针对的文本，理解审查意见通知书中的倾向性意见，如果审查员引用了对比文件，还需要对该对比文件进行分析，下面从这几个方面详细说明。

（一）核实审查所针对的文本

审查意见通知书包括第一次审查意见通知书和后续的审查意见通知书。审查意见通知书均由通知书表格和通知书正文组成。

审查所依据的文本在通知书表格中有相应的记录，申请人需要首先根据通知书表格核实审查文本是否为所期望的文本。因为除了申请日递交的申请文件之外，对于发明专利申请，有可能在初步审查程序中申请人应审查员发出的意见通知书或者补正通知书对申请文件进行过修改，也有可能申请人在《专利法实施细则》第 57 条第 1 款中规定的主动修改时机对申请文件进行了主动修改，审查员应当按照请求原则，针对申请人最后一次提交的文本进行审查，即使不采用该文本，也应当在通知书正文中说明理由。

如果确实是审查员对审查文本认定错误，在该情况下，申请人可以进一步判断针对该通知书进行答复是否有困难，如果没有困难，也可以进行答复，必要时与审查员电话沟通说明一下情况。若是由于审查员对审查文本认定错误导致申请人答复困难，可以在意见陈述中说明该情况，也可以事先与审查员电话沟通来决定如何处理。

（二）判断审查意见通知书中的倾向性意见

审查意见通知书的倾向性意见包括三种情况：

第一种是专利申请文件仅存在形式缺陷，具有授权前景，通常只要针对通知书中指出的形式缺陷对权利要求书和 / 或说明书进行修改就可授予专利权（以下简称"肯定性结论意见"）。例如，审查意见通知书中指出的缺陷仅是说明书和权利要求书不符合《专利法实施细则》第 20 条至第 26 条的规定。

第二种是专利申请文件中存在不可克服的实质性缺陷，授权前景不乐观，如果意见陈述书没有足够理由来改变审查员的观点，该专利申请将被驳回（以下简称"否定性结论意见"）。"否定性结论意见"常见于所有权利要求都存在《专利法实施细则》的第 59 条所规定的可予以驳回的缺陷，或者说明书没有充分公开而不符合《专利法》的第 26 条第 3 款的规定，或者全部主体都不具备实用性等。

第三种是专利申请文件中部分内容存在实质性缺陷，如果申请人通过意见陈述或者申请文件的修改能够克服通知书中所指出的实质性缺陷，则申请有授权前景，如果不能克服实质性缺陷，则申请会被驳回（以下简称"不定性结论意见"）。"不定性结论意见"介于"肯定性结论意见"和"否定性结论意见"之间，申请能否获得授权很大程度上取决于申请人的答复。例如，部分权利要求不具备新颖性和创造性、部分权利要求得不到说明书的支持、独立权利要求缺少必要技术特征等。

（三）对比文件的分析

当审查意见通知书中引用对比文件时，申请人需要核实以下对比文件的相关信息。对比文件的作用主要用于评述权利要求不具备新颖性或者创造性，有时在确定权利要求之间的单一性时也会使用到对比文件。对比文件有可能是一份也可能是多份。

如果在审查意见通知书中，审查员是将对比文件用作现有技术，则申请人需要核实对比文件的公开日是否在本申请的申请日之前，在本申请的申请日当天公开的技术不能构成现有技术。

如果审查员是将对比文件用作抵触申请，一方面需要核实该对比文件的申请日是否在本申请的申请日之前（不包括申请日当天），该对比文件的公开日是否在本申请的申请日之后（包括申请日当天），另一方面核实用作抵触申请的对比文件是否为在中国提出的专利申请，还需要核实审查员是否将该抵触申请用作评述新颖性，因为抵触申请不能用于评述创造性。

抵触申请还有另外一种情况，就是进入中国国家阶段的国际专利申请（PCT 申请），即申请日以前由任何单位或者个人提出、并在申请日之后由专利局作出公布或公告的涉及同样的发明或者实用新型的国际专利申请。可以用作抵触申请的 PCT 申请，应当有中国专利局公布的文本，而不是仅有本申请的申请日之后公开的"WO"国际公布文本。对于中国专利局作为国际受理局的PCT申请来说也是同样的，除有"WO"国际公布文本以外，还应当有进入国家阶段时由中国专利局公布的"CN"公开文本。

上述提到的申请日，如果有优先权，均指优先权日。

（四）分析审查意见通知书并确定答复策略

在答复审查意见之前，应认真全面地研究审查意见通知书（对比文件）以及专利申请说明书的内容，对审查意见的正确性进行判断，在此基础上确定答复审查意见的方式。

对审查意见通知书中指出的每一个问题，申请人都应当判断审查意见是否正确，如果认为正确，则需要对申请文件进行修改并进行意见陈述；如果认为审查意见不正确，可以不对申请文件进行修改，通过意见陈述的方式详细论述理由。

在答复审查意见过程中，要全面答复，一方面针对审查意见通知书中的每一条意见都要进行答复，否则有可能由于遗漏未答复的问题而导致申请被驳回。另外，也可以针对申请人自己发现的而审查意见通知书中没有指出的问题一并修改并在意见陈述书中进行说明，这样有利于节约程序。

申请人还应当注意不要错过答复期限，审查意见通知书中会指定答复期限。

二、常见典型问题的答复

（一）新颖性的答复

针对新颖性的审查意见，申请人在对审查意见的正确性进行判断时，判断方法如下：

（1）若该权利要求保护的技术方案未被对比文件公开，则说明权利要求的技术方案具有新颖性。通常来说，如果权利要求中的某个技术特征既没有被对比文件明确公开也没有被隐含公开，就可以确定权利要求的技术方案没有被对比文件公开。

（2）若该权利要求保护的技术方案被对比文件公开，再判断对比文件公开的方案能否适用于与权利要求的技术方案相同的技术领域，能否解决相同的技术问题，获得相同的技术效果。若是，则说明权利要求的技术方案不具有新颖性。

专利审查指南中规定了新颖性判断的 5 种常见的情形，即相同内容的发明或者实用新型（此处包括隐含公开），具体（下位）概念与一般（上位）概念，惯用手段的直接置换，数值和数值范围，以及包含性能、参数、用途或制备方法等特征的产品权利要求。

在针对新颖性进行意见陈述时，通常还应该适当对该权利要求相对于对比文件具备创造性的理由进行论述。

在独立权利要求具备新颖性和创造性的情况下，同时还应该简单陈述一下从属权利要求也具备新颖性和创造性。

（二）创造性的答复

在判断创造性的审查意见是否正确时，申请人也应当按照三步法的思路。

第一步，审查意见通知书中会确定最接近的现有技术，并认定该最接近的现有技术披露了权利要求中的哪些技术特征。申请人需要核实一下审查意见中对该事实的认定是否正确。

第二步，确定权利要求与最接近的现有技术之间的区别特征，并分析基于该区别特征权利要求的方案实际解决的技术问题。申请人应当核实审查意见中第二步找出的区别特征是否正确全面，因为区别特征经常是多个，另外还要核实审查意见中确定的发明实际解决的技术问题是否正确全面，当区别特征的个数比较多时，实际解决的问题可能也是多个。

第三步，判断现有技术中是否存在结合启示，即是否显而易见。申请人需要分析审查意见中第三步针对显而易见的分析是否正确，这是确定发明是否具备创造性非常关键的一步。

不具备创造性的典型情形包括：

（1）区别特征为公知常识（一篇对比文件＋公知常识）；

（2）区别特征为与最接近的现有技术相关的技术手段（一篇对比文件两个技术方案的结合）；

（3）区别特征为另一份对比文件中披露的相关技术手段，该技术手段在该对比文件中所起的作用与该区别特征在要求保护的发明中为解决该重新确定的技术问题所起的作用相同（两篇或多篇对比文件的结合）。

在实际的审查意见中，也有可能针对一项权利要求同时用到上述几种情况，即区别特征中一部分是公知常识，另外一部分被其他的对比文件公开。

相应地，申请人就需要核实审查意见中认定的公知常识或惯用技术手段是否确实是本领域的公知常识或惯用技术手段。如果不是公知常识或惯用技术手段，且审查意见中认定的公知常识或惯用技术手段恰恰是本发明与现有技术的区别所在，即本发明的改进之处，此时在答复时可不修改权利要求，要求审查员举证；如果审查意见中认定的公知常识或惯用技术手段是本领域的公知常识或惯用技术手段，只能修改权利要求。

对于区别特征被其他的对比文件公开的情况，需要核实区别特征是否确实被其他对比文件公开，以及在其他对比文件中所起的作用是否与该区别特征在本发明所起的作用相同。如果作用不同，通常认为现有技术没有结合的启示，可通过意见陈述的方式来说明权利要求具备创造性的理由。

（三）涉及不授权主题

《专利法》第 2 条对可授权的客体作了规定。

《专利法》第 5 条和第 25 条对不授予专利权的客体作了规定。

如果审查意见指出权利要求不属于专利保护的客体，申请人认可，也没有修改的余地，则需要删除相应的权利要求，应用《专利法》第 5 条和第 25 条时大多属于这种情况。

《专利法》第 2 条对可授权的客体作了规定。发明是指对产品、方法或其改进所提出的新的技术方案。专利审查指南对技术方案作了解释，即技术方案是对要解决的技术问题所采取的利用了自然规律的技术手段的集合。技术手段通常是由技术特征来体现。未采用技术手段解决技术问题，以获得符合自然规律的技术效果的方案，不属于《专利法》第 2 条规定的客体。相应地，在进行意见陈述时，也是根据"三技术原则"，即解决的技术问题、利用的符合自然规律的技术手段、产生的技术效果来陈述理由。

（四）涉及公开不充分

《专利法》第 26 条第 3 款规定，说明书应当对发明或实用新型作出清楚、完整的说明，以所属领域的技术人员能够实现为准。

通常，存在以下几种情况时认为说明书存在公开不充分的问题：①说明书中只给出任务和／或设想，或者只表明一种愿望和／或结果。②说明书中给出了技术手段，但该手段是含糊不清，无法实施。③说明书中给出了技术手段，但所属技术领域的技术人员采用该手段不能解决所要解决的技术问题。④申请的主题为由多个技术手段构成的技术方案，对于其中一个技术手段，所属技术领域的技术人员按照说明书记载的内容不能实现。⑤说明书中仅给出了具体的技术方案，但未给出实验数据，而该方案又必须依赖实验结果加以证实才能成立。

如果审查意见中指出说明书公开不充分，申请人经核实不同意审查员的观点时，可以进行意见陈述，逼常按照如下思路来陈述：本申请说明书中记载的要解决的技术问题、提供的解决方案是什么、实施例公开了怎么样的方案、所公开的方案能够实现本发明的目的或获得相应的技术效果。必要的时候可以提供证据进行证明，证据的使用应当满足所引证的内容在对比文件中唯一确定，且将该内容直接引入而不需要增加任何技术内容。如果一个或多个证据记载的内容相互矛盾，造成无法确认请求保护的技术方案的内容；或者如果一个或多个证据表明某一技术特征具有多种含义，而这些含义并非都能实现本发明；或者虽然申请人提供了证据证明某一技术手段属于现有技术，但该技术手段不能直接与申请说明书中记载的内容相结合，则使用的证据被认为是无效的证据。

但如果申请人经核实发现说明书确实存在公开不充分的问题时，如果说明书全部主题都公开不充分，申请将倾向于被驳回，可以选择放弃。但如果仅是部分主题公开不充分，可以删除与公开不充分的主题相应的权利要求。

（五）权利要求不清楚

如果审查意见指出权利要求不符合《专利法》第 26 条第 4 款，存在不清楚的问题时，主要是指权利要求的保护范围不清楚，而权利要求的保护范围应当根据其所用词语的含义来理解，所以通常主要表现为权利要求的主题名称不清楚，或者是限定内容中的用词不清楚造成的，或者权利要求之间的引用关系不清楚。

当申请人核实审查意见正确时，通常需要修改申请文件。若不同意审查员的观点，也可仅进行意见陈述。

（六）缺少必要技术特征

必要技术特征是指，发明或者实用新型为解决其技术问题所不可缺少的技术特征，其总和足以构成发明或者实用新型的技术方案，使之区别于背景技术中所述的其他技术方案。根据《专利法实施细则》第 23 条第 2 款的规定，独立权利要求应当记载解决技术问题的必要技术特征。

针对此类审查意见，申请人应当判断审查员所指出的缺少的特征是否为必要技术特征。判断某一技术特征是否为必要技术特征，应当从所解决的技术问题出发并考虑说明书描述的内容。从说明书中记载的本发明的目的或者要解决的技术问题出发，分析独立权利要求是否缺少必要技术特征，若说明书解决的问题有多个，则该独立权利要求只要能解决其中一个问题即可。

如果确实缺少必要技术特征，则在独立权利要求中增加相应的特征。如果不缺少，则进行意见陈述说明理由，意见陈述的角度也应当是权利要求的方案能够解决技术问题。

（七）权利要求得不到说明书的支持

《专利法》第 26 条第 4 款规定，权利要求书应当以说明书为依据，是指权利要求应当得到说明书的支持。

权利要求通常由说明书记载的一个或者多个实施方式或实施例概括而成。如果权利要求概括的范围过大，导致其中包含不能够解决本发明的技术问题的方案时，或者包含了发明人推测的内容而该内容并不确定是否能够解决本发明的技术问题时，通常审查员会指出权利要求得不到说明书的支持。

如果申请人认为审查意见正确，就需要修改权利要求。如果不同意审查意见，则进行意见陈述，应当具体陈述权利要求概括的所有方案都能够解决本发明的技术问题的理由。

（八）修改超范围

根据《专利法》第 33 条的规定，对发明和实用新型专利申请文件的修改不得超出原说明书和权利要求书记载的范围。

如果申请人认为审查意见正确，就需要修改申请文件。如果不同意审查意见，则进行意见陈述。

需要注意的是，权利要求是否得到说明书支持并不是判断对权利要求的修改是否超出原始记载范围的标准。例如，在申请文件的撰写阶段，权利要求可以根据说明书的内容进行上位概括，如果概括合理，权利要求是能够得到说明书的支持的。但是在申请文件递交专利局之后，如果对权利要求的修改的内容是根据说明书的内容概括得到的，则这种修改通常是不允许的，不符合《专利法》第33条的规定。所以，对申请文件的撰写非常重要，一旦递交之后，修改的范围就非常受限制了。

（九）同样的发明创造

《专利法》第9条规定了同样的发明创造只能授予一项专利权。但是，同一申请人同日对同样的发明创造既申请实用新型又申请发明专利，先获得的实用新型专利权尚未终止，且申请人声明放弃该实用新型专利权的，可以授予发明专利权。其中"同样的发明创造"是指两件或两件以上申请（或专利）中存在的保护范围相同的权利要求。

能够导致重复授权的情况常见于：同一申请人或不同申请人同日提交的发明和实用新型；母案和分案的权利要求保护范围相同。

所以针对此类审查意见，申请人需要对比权利要求的技术特征，以确定是否为同样的发明创造。

对于母案和分案的情况，确实存在是同样的发明创造时，通常修改权利要求。

对于《专利法》第9条"但是"之后的情况时，可以修改发明的权利要求，也可以放弃实用新型。

（十）单一性

单一性，是指一件发明或者实用新型专利申请应当限于一项发明或实用新型，属于一个总的发明构思的两项以上的发明或实用新型，可以作为一件申请提出。这在《专利法》第31条第1款中给出了规定。

当权利要求之间确实存在不具备单一性的问题时，申请人可以有两种处理方式：

第一种，进行修改，独立权利要求之间具有相同或者相应的特定技术特征。

第二种，删除权利要求，也可以针对删除的权利要求提出分案申请。

综上，将审查意见中通常会指出的几种实质性问题进行了说明，申请人在答复审查意见时，不能盲目按照审查意见进行修改，应当仔细分析审查意见，对审查意见的正确性进行判断，在判断的基础上确定相应的答复方式。

三、审查意见答复实例

1. 案情描述

案情描述：案例使用本教材第一章第四节中撰写完成的"一种挂在横杆上的衣架挂钩"。审查员针对该申请文件进行审查，第一次审查意见通知书的要点是独立权利要求 1 相对于审查员检索到的对比文件 1 不具备新颖性。

审查员在审查意见通知书中给出的对比文件如下：

对比文件 1（CN1XXXXXXXX A）公开的用于展示衣物的衣架挂钩参见下图。其中图 1 是对比文件 1 衣架挂钩的侧视图；图 2 是对比文件 1 衣架挂钩的正视图。

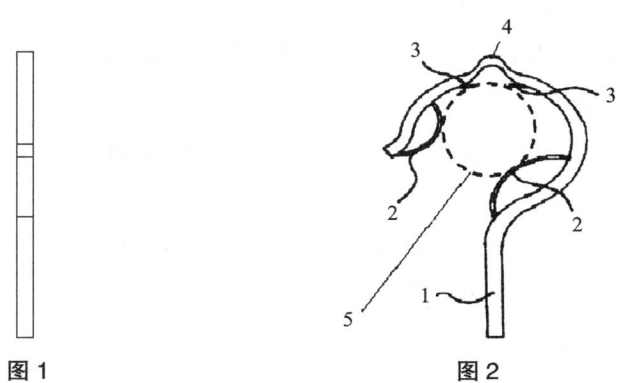

图 1　　　　　　　　　　　图 2

对比文件 1 涉及一种用于在服装店中向顾客展示衣物的衣架的挂钩。该衣架挂钩具有挂钩 1，该挂钩 1 相对置的两部分的内侧各设有一个凸部 2 和一个突片 3。当展示架杆 5 被夹持时，凸部 2 和突片 3 均与展示架杆 5 的外圆周表面形成线接触，从而可以将挂钩较为牢靠地固定在展示架杆 5 上，使其不易被碰掉或者被风刮落。该凸部 2 可以是中空的（如图 2 所示），也可以是实体的。挂钩 1 的顶部具有小突起弧 4，其所起的作用是当支撑衣物的衣架悬挂在绳子上时，突片 3 和小突起弧 4 便构成了容纳绳子的空间。

2. 修改权利要求书

申请人首先核实了对比文件 1 属于现有技术，然后阅读审查意见通知书，在此基础上将本发明与对比文件 1 进行了对比分析，发现对比文件 1 已经公开权利要求 1 的技术方案，但是并没有公开从属权利要求的方案。因此，申请人将从属权利要求 2 的附加技术特征增加到独立权利要求 1 中，对其他权利要求的序号进行了适应性调整。修改后的权利要求书如下：

1. 一种用于挂在横杆上的衣架挂钩，该衣架挂钩具有两个夹持部（17，18；27，28）以及连接所述两个夹持部上部的弯曲部（16；26），其中一个夹持部（17；27）具有自由端（19；29），另一个夹持部（18；28）具有与衣架本体（12；22）相连接的连接端（13；23），所述两个夹持部（17，18；27，28）的相向内侧上设置有突起物（15；25），当该挂钩挂在横杆（10）上时，所述突起物（15；25）与横杆（10）的外圆周表面线接触，其特征在于：所述突起物（15；25）沿横杆（10）轴向的宽度大于两个夹持部（17，18；27，28）沿横杆（10）轴向的宽度。

2. 根据权利要求 1 所述的衣架挂钩，其特征在于：所述弯曲部（26）上靠近所述具有自由端（29）的夹持部（27）的部位设有一个迂回部（30），该迂回部（30）的曲率半径小于所述弯曲部（26）其他部位的曲率半径。

3. 根据权利要求 1 或 2 所述的衣架挂钩，其特征在于：所述突起物（25）呈山脊形状或者半圆柱状。

4. 根据权利要求 1 或 2 所述的衣架挂钩，其特征在于：设置在所述两个夹持部（17，18；27，28）的相向内侧的突起物（15；25）各有两个。

5. 根据权利要求 4 所述的衣架挂钩，其特征在于：每个夹持部（27，28）上的两个突起物（25）之间的连接部分呈 V 形凹陷。

6. 根据权利要求 1 或 2 所述的衣架挂钩，其特征在于：该衣架挂钩由弹性材料制成。

7. 根据权利要求 1 或 2 所述的衣架挂钩，其特征在于：该衣架挂钩为弯曲的板状结构。

3. 意见陈述书

在对审查意见通知书进行答复时，申请人对申请文件进行修改的同时，还应当进行意见陈述，例如：

尊敬的审查员：

首先感谢您为审查此申请所付出的辛勤劳动。

申请人认真研读了您××××年××月××日发出的针对申请号为×××××××××的第一次审查意见通知书，根据审查意见通知书正文中所指出的问题，对本申请的申请文件进行了修改，并陈述意见。

一、申请文件的修改包括：

针对审查员认为权利要求1不具备创造性的问题，申请人对申请文件进行了修改，具体地，将从属权利要求2中的附加技术特征"所述突起物（15；25）沿横杆（10）轴向的宽度大于两个夹持部（17，18；27，28）沿横杆（10）轴向的宽度"增加到了独立权利要求1中。该修改未超出原说明书和权利要求书记载的范围，符合《专利法》第33条的规定。

二、意见陈述：

1. 申请人认真分析了审查意见通知书中提供的对比文件1（CN1×××××××××A）。经修改后的独立权利要求1与对比文件1相比，区别在于"所述突起物（15；25）沿横杆（10）轴向的宽度大于两个夹持部（17，18；27，28）沿横杆（10）轴向的宽度"。所以，权利要求1的技术方案没有被对比文件1公开，其相对于对比文件1具备《专利法》第22条第2款规定的新颖性。

基于该区别特征，本发明相对于对比文件1实际解决的技术问题是提供一种能带来更好夹持效果的衣架挂钩，从而进一步增强其在横杆上的固定性能。

在对比文件1公开的衣架挂钩中，虽然衣架的挂钩内侧上设置凸部和突片，但当衣架挂钩本体采用较细的棒状材料时，衣架挂钩与架杆之间的接触面会较小，所产生的夹持力也会较小，从而衣架挂钩在横杆上还是容易产生滑动和扭动，特别是在风大时仍然会从横杆上吹落。

而本发明经修改后的独立权利要求1请求保护的衣架挂钩，通过将夹持部上的突起物加宽，当衣架挂钩挂在横杆上时，加大了突起物与横杆的外圆周表面相接触的部分，这样的衣架挂钩不需采用较粗的材料就能增加挂钩的夹持力，进一步增强了衣架挂钩在横杆上的固定性能。

另外，上述区别特征并未被其他现有技术公开，也不是本领域的公知常识。所以，现有技术并没有提供任何技术启示以将上述区别特征应用到对比文件1中以得到本发明的技术方案。

综上，本发明相对于对比文件1具有突出的实质性特点和显著的进步，具备《专利法》第22条第3款规定的创造性。

2. 在独立权利要求1具备新颖性和创造性的情况下，其从属权利要求2～7也具备《专利法》第22条第2款和第3款规定的新颖性和创造性。

综上所述，申请人认为修改后的权利要求书克服了审查员在一通中指出的缺陷。请审查员考虑申请人对其权利要求的修改以及上述意见陈述，并对本案继续审查，期待着本申请能早日授权！如审查员认为修改后的文件还存在妨碍授权的缺陷，希望能够不吝指出，申请人愿意与审查员配合使本申请早日得以授权。

第三章 | 专利复审

根据专利法第 41 条的规定，国务院专利行政部门对复审请求进行受理和审查，并作出决定。复审请求案件包括对初步审查和实质审查程序中驳回专利申请的决定不服而请求复审的案件。

当事人对国务院专利行政部门的复审决定不服，依法向人民法院起诉的，复审和无效审理部可出庭应诉。

一、专利复审请求程序概述

复审程序是因申请人对驳回决定不服而启动的救济程序，同时也是专利审批程序的延续。

对专利局作出的驳回决定不服的，专利申请人可以向复审和无效审理部提出复审请求。复审请求不是针对专利局作出的驳回决定的，不予受理。

被驳回申请的申请人属于共同申请人的，如果复审请求人不是全部申请人，复审和无效审理部应当通知复审请求人在指定期限内补正；期满未补正的，其复审请求视为未提出。

复审请求书（包括附具的证明文件和修改后的申请文件）经复审和无效审理部形式审查合格后转交给审查部门进行前置审查，并由审查部门提出前置审查意见。前置审查意见分为下列三种类型：

（1）复审请求成立，同意撤销驳回决定。

（2）复审请求人提交的申请文件修改文本克服了申请中存在的缺陷，同意在修改文本的基础上撤销驳回决定。

（3）复审请求人陈述的意见和提交的申请文件修改文本不足以使驳回决

定被撤销，因而坚持驳回决定。

前置审查意见属于第（1）种或者第（2）种类型的，复审和无效审理部不再进行合议审查，应当根据前置审查意见作出复审决定，通知复审请求人，并且由审查部门继续进行审批程序。审查部门不得未经复审和无效审理部作出复审决定而直接进行审批程序。

而对于前置审查意见属于第（3）种类型的，复审和无效审理部针对复审请求进行合议审查。合议审查的案件，应当由三或五人组成的合议组负责审查，其中包括组长一人、主审员一人、参审员一或三人。

在复审程序中，合议组一般仅针对驳回决定所依据的理由和证据进行审查，不承担对专利申请全面审查的义务。但是为了提高专利授权的质量，避免不合理地延长审批程序，合议组可以依职权对驳回决定未提及的明显实质性缺陷进行审查。

在复审程序中，对发明专利申请驳回决定未指出的明显实质性缺陷的审查可以从以下几个方面进行考虑：

（1）是否存在明显不属于专利保护客体、明显不具备实用性、明显公开不充分以及明显修改超范围的情况。

案例3-1

合议组如果发现前审程序中申请人对申请文件所作的修改明显不符合《专利法》第33条的规定但在驳回决定中未指出的，应当予以指出。

（2）是否存在明显存在无法对复审请求进行有效审查的缺陷的情况。

案例3-2

驳回决定以权利要求不具备创造性为由作出，在复审程序中，合议组认为该权利要求因不清楚而无法确定其保护范围，从而不存在审查创造性的基础，则合议组可以引入《专利法》第26条第4款对该权利要求进行审查。

（3）驳回决定仅指出权利要求之间存在引用关系的某些权利要求存在缺陷，而未指出其他权利要求存在同样的缺陷，不引入对所述缺陷的审查将得出不合理审查结论的情况。

案例3-3

驳回决定指出独立权利要求 1 相对于对比文件 1 不具备新颖性，从属权利要求 2 相对于对比文件 1 不具备创造性。在复审程序中，合议组经审查认定权利要求 1 相对于对比文件 1 具备新颖性，但权利要求 2 相对于对比文件 1 不具备创造性。此时，合议组应当引用对比文件 1 对权利要求 1 的创造性进行审查。

复审请求审查决定（以下简称复审决定）分为下列三种类型：

①复审请求不成立，维持驳回决定。

②复审请求成立，撤销驳回决定。

③专利申请文件经复审请求人修改，克服了驳回决定所指出的缺陷，在修改文本的基础上撤销驳回决定。

上述第②种类型包括下列情形：

（ⅰ）驳回决定适用法律错误的；

（ⅱ）驳回理由缺少必要的证据支持的；

（ⅲ）审查违反法定程序的，例如，驳回决定以申请人放弃的申请文本或者不要求保护的技术方案为依据；在审查程序中没有给予申请人针对驳回决定所依据的事实、理由和证据陈述意见的机会；驳回决定没有评价申请人提交的与驳回理由有关的证据，以至可能影响公正审理的；

（ⅳ）驳回理由不成立的其他情形。

复审决定撤销原审查部门作出的决定的，复审和无效审理部应当将有关的案卷返回审查部门，继续审批程序。

审查部门应当执行复审决定，不得以同样的事实、理由和证据作出与该复审决定意见相反的决定。

复审请求因期满未答复而被视为撤回的，复审程序终止。

在作出复审决定前，复审请求人撤回其复审请求的，复审程序终止。

已受理的复审请求因不符合受理条件而被驳回请求的，复审程序终止。

复审决定作出后复审请求人不服该决定的，可以根据《专利法》第 41 条第 2 款的规定在收到复审决定之日起三个月内向人民法院起诉；在规定的期限内未起诉或者人民法院的生效判决维持该复审决定的，复审程序终止。

二、复审程序中对申请文件的修改

在提出复审请求、答复复审通知书（包括复审请求口头审理通知书）或者参加口头审理时，复审请求人可以对申请文件进行修改。但是，所作修改应当符合《专利法》第 33 条和《专利法实施细则》第 66 条的规定。

根据《专利法实施细则》第 66 条的规定，复审请求人对申请文件的修改应当仅限于消除驳回决定或者复审通知书指出的缺陷。下列情形通常不符合上述规定：

（1）修改后的权利要求相对于驳回决定针对的权利要求扩大了保护范围。

（2）将与驳回决定针对的权利要求所限定的技术方案缺乏单一性的技术方案作为修改后的权利要求。

（3）改变权利要求的类型或者增加权利要求。

（4）针对驳回决定指出的缺陷未涉及的权利要求或者说明书进行修改。但修改明显文字错误，或者修改与驳回决定所指出缺陷性质相同的缺陷的情形除外。

在复审程序中，复审请求人提交的申请文件不符合《专利法实施细则》第 66 条规定的，合议组一般不予接受，并应当在复审通知书中说明该修改文本不能被接受的理由，同时对之前可接受的文本进行审查。如果修改文本中的部分内容符合《专利法实施细则》第 66 条的规定，合议组可以对该部分内容提出审查意见，并告知复审请求人应当对该文本中不符合《专利法实施细则》第 66 条规定的部分进行修改，并提交符合规定的文本，否则合议组将以之前可接受的文本为基础进行审查。

三、对复审通知书的答复

针对一项复审请求，合议组可以采取书面审理、口头审理或者书面审理与口头审理相结合的方式进行审查。

根据《专利法实施细则》第 67 条第 1 款的规定，有下列情形之一的，合议组应当发出复审通知书（包括复审请求口头审理通知书）或者进行口头审理：

（1）复审决定将维持驳回决定。

（2）需要复审请求人依照《专利法》及其实施细则和《专利审查指南》有关规定修改申请文件，才有可能撤销驳回决定。

（3）需要复审请求人进一步提供证据或者对有关问题予以说明。

（4）需要引入驳回决定未提出的理由或者证据。

针对合议组发出的复审通知书，复审请求人应当在收到该通知书之日起一个月内针对通知书指出的缺陷进行书面答复；期满未进行书面答复的，其复审请求视为撤回。复审请求人提交无具体答复内容的意见陈述书的，视为对复审通知书中的审查意见无反对意见。

针对合议组发出的复审请求口头审理通知书，复审请求人应当参加口头审理或者在收到该通知书之日起一个月内针对通知书指出的缺陷进行书面答复；如果该通知书已指出申请不符合《专利法》及其实施细则和《专利审查指南》有关规定的事实、理由和证据，复审请求人未参加口头审理且期满未进行书面答复的，其复审请求视为撤回。

第四章 专利无效

根据《专利法》第 45 条和第 46 条第 1 款的规定，国务院专利行政部门对专利权无效宣告请求进行受理和审查，并作出决定。

当事人对国务院专利行政部门的决定不服，依法向人民法院起诉的，复审和无效审理部可出庭应诉。

一、专利无效宣告请求程序概述

1. 无效宣告请求的形式审查

复审和无效审理部收到无效宣告请求书后，应当进行形式审查。

（1）无效宣告请求客体。

无效宣告请求的客体应当是已经公告授权的专利，包括已经终止或者放弃（自申请日起放弃的除外）的专利。无效宣告请求不是针对已经公告授权的专利的，不予受理。

复审和无效审理部作出宣告专利权全部或者部分无效的审查决定后，当事人未在收到该审查决定之日起 3 个月内向人民法院起诉或者人民法院生效判决维持该审查决定的，针对已被该决定宣告无效的专利权提出的无效宣告请求不予受理。

（2）无效宣告请求人资格。

请求人属于下列情形之一的，其无效宣告请求不予受理：

①请求人不具备民事诉讼主体资格的。

②以授予专利权的外观设计与他人在申请日以前已经取得的合法权利相冲突为理由请求宣告外观设计专利权无效，但请求人不能证明是在先权利人

或者利害关系人的。

③专利权人针对其专利权提出无效宣告请求且请求宣告专利权全部无效、所提交的证据不是公开出版物或者请求人不是共有专利权的所有专利权人的。

④多个请求人共同提出一件无效宣告请求的，但属于所有专利权人针对其共有的专利权提出的除外。

（3）委托手续。

请求人或者专利权人在无效宣告程序中委托专利代理机构的，应当提交无效宣告程序授权委托书，且专利权人应当在委托书中写明委托权限仅限于办理无效宣告程序有关事务。在无效宣告程序中，即使专利权人此前已就其专利委托了在专利权有效期内的全程代理并继续委托该全程代理的机构的，也应当提交无效宣告程序授权委托书。

请求人和专利权人委托了相同的专利代理机构的，复审和无效审理部应当通知双方当事人在指定期限内变更委托；未在指定期限内变更委托的，后委托的视为未委托，同一日委托的，视为双方均未委托。

同一当事人与多个专利代理机构同时存在委托关系的，当事人应当以书面方式指定其中一个专利代理机构作为收件人；未指定的，复审和无效审理部将在无效宣告程序中最先委托的专利代理机构视为收件人；最先委托的代理机构有多个的，复审和无效审理部将署名在先的专利代理机构视为收件人；署名无先后（同日分别委托）的，复审和无效审理部应当通知当事人在指定期限内指定；未在指定期限内指定的，视为未委托。

当事人可以委托公民代理，参照有关委托专利代理机构的规定办理。公民代理的权限仅限于在口头审理中陈述意见和接收当庭转送的文件。

对于下列事项，代理人需要具有特别授权的委托书：①专利权人的代理人代为承认请求人的无效宣告请求；②专利权人的代理人代为修改权利要求书；③代理人代为和解；④请求人的代理人代为撤回无效宣告请求。

2.无效宣告请求的合议审查

在无效宣告程序中，合议组通常仅针对当事人提出的无效宣告请求的范围、理由和提交的证据进行审查，不承担全面审查专利有效性的义务。

合议组根据案件审查需要将有关文件转送有关当事人，需要指定答复期限的，指定答复期限为一个月。当事人期满未答复的，视为当事人已得知转送文件中所涉及的事实、理由和证据，并且未提出反对意见。

合议组根据当事人的请求或者案情需要可以决定对无效宣告请求进行口头审理。

在无效宣告程序中，有下列情形之一的，合议组可以向双方当事人发出无效宣告请求审查通知书：①当事人主张的事实或者提交的证据不清楚或者有疑问的。②专利权人对其权利要求书主动提出修改，但修改不符合专利法及其实施细则和审查指南有关规定的。③需要依职权引入当事人未提及的理由或者证据的。④需要发出无效宣告请求审查通知书的其他情形。审查通知书的内容所针对的有关当事人应当在收到该通知书之日起 1 个月内答复。期满未答复的，视为当事人已得知通知书中所涉及的事实、理由和证据，并且未提出反对意见。

3. 无效宣告请求审查决定的送达、登记和公告

根据《专利法》第 46 条第 1 款的规定，国务院专利行政部门应当将无效宣告请求审查决定送达双方当事人，即请求人和专利权人。

对于涉及侵权案件的无效宣告请求，在无效宣告请求审理开始之前曾通知有关人民法院或者地方知识产权管理部门的，合议组作出决定后，应当将审查决定和无效宣告审查结案通知书送达有关人民法院或者地方知识产权管理部门。

根据《专利法》第 46 条第 1 款的规定，国务院专利行政部门作出宣告专利权无效（包括全部无效和部分无效）的审查决定后，当事人未在收到该审查决定通知之日起 3 个月内向人民法院起诉或者人民法院生效判决维持该审查决定的，由国务院专利行政部门予以登记和公告。

4. 无效宣告程序的终止

请求人在合议组对无效宣告请求作出审查决定之前，撤回其无效宣告请求的，无效宣告程序终止，但合议组认为根据已进行的审查工作能够作出宣告专利权无效或者部分无效的决定的除外。

请求人未在指定的期限内答复口头审理通知书，并且不参加口头审理，其无效宣告请求被视为撤回的，无效宣告程序终止，但合议组认为根据已进行的审查工作能够作出宣告专利权无效或者部分无效的决定的除外。

已受理的无效宣告请求因不符合受理条件而被驳回请求的，无效宣告程序终止。

在合议组对无效宣告请求作出审查决定之后，当事人未在收到该审查决定之日起 3 个月内向人民法院起诉，或者人民法院生效判决维持该审查决定的，无效宣告程序终止。

在合议组作出宣告专利权全部无效的审查决定后，当事人未在收到该审查决定之日起 3 个月内向人民法院起诉，或者人民法院生效判决维持该审查决定的，针对该专利权的所有其他无效宣告程序终止。

二、无效宣告请求书

无效宣告请求书中应当明确无效宣告请求范围，未明确的，复审和无效审理部应当通知请求人在指定期限内补正；期满未补正的，无效宣告请求视为未提出。

无效宣告理由仅限于《专利法实施细则》第 69 条第 2 款规定的理由，并且应当以《专利法》及其实施细则中有关的条、款、项作为独立的理由提出。无效宣告理由不属于《专利法实施细则》第 69 条第 2 款规定的理由的，不予受理。

《专利法实施细则》第 69 条第 2 款规定的理由，是指被授予专利的发明创造不符合《专利法》第 2 条、第 19 条第 1 款、第 22 条、第 23 条、第 26 条第 3 款、第 26 条第 4 款、第 27 条第 2 款、第 33 条或者本细则第 11 条、第 23 条第 2 款、第 49 条第 1 款的规定，或者属于《专利法》第 5 条、第 25 条规定的情形，或者依照《专利法》第 9 条规定不能取得专利权。

请求人应当在无效宣告请求书中具体说明无效宣告理由，提交有证据的，应当结合提交的所有证据具体说明。请求人未具体说明无效宣告理由的，或者提交有证据但未结合提交的所有证据具体说明无效宣告理由的，或者未指明每项理由所依据的证据的，其无效宣告请求不予受理。

请求人在提出无效宣告请求之日起 1 个月内可增加无效宣告理由或证据，但应当在该期限内对所增加的无效宣告理由具体说明，或者结合该证据具体说明相关的无效宣告理由；否则，合议组不予考虑。

三、无效宣告请求的审查

1. 审查原则

在无效宣告程序中，除总则规定的原则外，还应当遵循一事不再理原则、当事人处置原则和保密审查原则。

（1）一事不再理原则是指对已作出审查决定的无效宣告案件涉及的专利权，以同样的理由和证据再次提出无效宣告请求的，不予受理和审理。如果再次提出的无效宣告请求的理由或者证据因时限等原因未被在先的无效宣告请求审查决定所考虑，则该请求不属于上述不予受理和审理的情形。

（2）当事人处置原则是指请求人可以放弃全部或者部分无效宣告请求的范围、理由及证据。在无效宣告程序中，当事人有权自行与对方和解，合议组可以给予双方当事人一定的期限进行和解，并暂缓作出审查决定，直至任何一方当事人要求合议组作出审查决定，或者合议组指定的期限已届满。

在无效宣告程序中，专利权人针对请求人提出的无效宣告可以请求主动缩小专利权保护范围且相应的修改文本已被合议组接受的，视为专利权人承认大于该保护范围的权利要求自始不符合《专利法》及其实施细则的有关规定。在无效宣告程序中，专利权人声明放弃部分权利要求或者多项外观设计中的部分项的，视为专利权人承认该项权利要求或者外观设计自始不符合《专利法》及其实施细则的有关规定。

（3）保密审查原则是指在作出审查决定之前，合议组的成员不得私自将自己、其他合议组成员、负责审批的主任委员或者副主任委员对该案件的观点明示或者暗示给任何一方当事人。

为了保证公正执法和保密，合议组成员原则上不得与一方当事人会晤。

2. 审查方式

在无效宣告程序中，针对不同的情形，合议组可以选择下面的四种审查方式进行审查。

第一种，合议组已将无效宣告请求文件转送专利权人，并且指定答复期限届满后，无论专利权人是否答复，专利权人未要求进行口头审理，合议组认为请求人提交的证据充分，其请求宣告专利权全部无效的理由成立的，可以直接作出宣告专利权全部无效的审查决定；在这种情况下，请求人请求宣告无效的范围是宣告专利权部分无效的，合议组也可以针对该范围直接作出宣告专利权部分无效的决定。专利权人提交答复意见的，将答复意见随直接作出的审查决定一并送达请求人。

第二种，合议组已将无效宣告请求文件转送专利权人，并且指定答复期限届满后，无论专利权人是否答复，合议组认为请求人请求宣告无效的范围部分成立，可能会作出宣告专利权部分无效的决定的，合议组应当发出口头审理通知书，通过口头审理结案。专利权人提交答复意见的，将答复意见随口头审理通知书一并送达请求人。

第三种，合议组已将无效宣告请求文件转送专利权人，在指定答复期限内专利权人已经答复，合议组认为专利权人提交的意见陈述理由充分，将会作出维持专利权的决定的，合议组应当根据案情，选择发出转送文件通知书或者无效宣告请求审查通知书进行书面审查，或者发出口头审理通知书随附转送文件通知书，通过口头审理结案。

第四种，合议组已将无效宣告请求文件转送专利权人，在指定答复期限内专利权人没有答复，合议组认为请求人提交的证据不充分，其请求宣告专利权无效的理由不成立，将会作出维持专利权的决定的，合议组应当根据案情，选择发出无效宣告请求审查通知书进行书面审查，或者发出口头审理通知书，通过口头审理结案。

在发出口头审理通知书后，由于当事人原因未按期举行口头审理的，合议组可以直接作出审查决定。

参加口头审理的每方当事人及其代理人的数量不得超过四人。回执中写明的参加口头审理人员不足四人的，可以在口头审理开始前指定其他人参加口头审理。一方有多人参加口头审理的，应当指定其中之一作为第一发言人进行主要发言。

在口头审理中，当事人有权请求审案人员回避；无效宣告程序中的当事人有权与对方当事人和解；有权在口头审理中请出具过证言的证人就其证言出庭作证和请求演示物证；有权进行辩论。无效宣告请求人有权请求撤回无效宣告请求，放弃无效宣告请求的部分理由及相应证据，以及缩小无效宣告请求的范围。专利权人有权放弃部分权利要求及其提交的有关证据。复审请求人有权撤回复审请求；有权提交修改文件。

当事人应当遵守口头审理规则，维护口头审理的秩序；发言时应当征得合议组同意，任何一方当事人不得打断另一方当事人的发言；辩论中应当摆事实、讲道理；发言和辩论仅限于合议组指定的与审理案件有关的范围；当事人对自己提出的主张有举证责任，反驳对方主张的，应当说明理由；口头审理期间，未经合议组许可不得中途退庭。

当事人不能在指定日期参加口头审理的，可以委托其专利代理师或者其他人代表出庭。

当事人依照《专利法》第 18 条规定委托专利代理机构代理的，该机构应当指派专利代理师参加口头审理。

3. 审查范围

在无效宣告程序中，合议组通常仅针对当事人提出的无效宣告请求的范围、理由和提交的证据进行审查，不承担全面审查专利有效性的义务。但在一些必要的情况下可以依职权进行审查。

4. 无效宣告程序中专利文件的修改

1）修改原则

发明或者实用新型专利文件的修改仅限于权利要求书，其原则是：①不得改变原权利要求的主题名称。②与授权的权利要求相比，不得扩大原专利的保护范围。③不得超出原说明书和权利要求书记载的范围。④一般不得增加未包含在授权的权利要求书中的技术特征。外观设计专利的专利权人不得修改其专利文件。

2）修改方式

在满足上述修改原则的前提下，修改权利要求书的具体方式一般限于权利要求的删除、技术方案的删除、权利要求的进一步限定、明显错误的修正。

权利要求的删除是指从权利要求书中去掉某项或者某些项权利要求，例如独立权利要求或者从属权利要求。

技术方案的删除是指从同一权利要求中并列的两种以上技术方案中删除一种或者一种以上技术方案。

权利要求的进一步限定是指在权利要求中补入其他权利要求中记载的一个或者多个技术特征，以缩小保护范围。

案例 4-1

某授权公告的权利要求书包括权利要求 1～4，权利要求 2～4 分别从属于权利要求 1。在先无效决定宣告权利要求 1、3 无效，维持权利要求 2、4

有效。针对请求人再次提出的无效宣告请求，专利权人以授权公告的权利要求为基础将权利要求 2 和 3 合并成新的独立权利要求 1，权利要求 2 和 4 合并成新的独立权利要求 2。

根据专利审查指南的相关规定，对于已被生效决定宣告部分无效的专利，在其后的无效宣告程序中，权利要求的修改基础应为被维持有效的部分，而非授权公告的权利要求；但是，在以合并方式对权利要求进行修改时，对于权利要求是否从属于同一独立权利要求应当以授权公告的权利要求书作为判断依据。

所以在该案例中，由于权利要求 1、3 已经被宣告无效，因此新的独立权利要求 1 不符合专利审查指南的相关规定；但是，权利要求 2、4 在授权公告的权利要求书中均从属于权利要求 1，因此由权利要求 2 和 4 合并形成的新的权利要求符合审查指南的相关规定。

5. 无效宣告请求审查决定的类型

无效宣告请求审查决定分为下列三种类型：①宣告专利权全部无效；②宣告专利权部分无效；③维持专利权有效。

宣告专利权无效包括宣告专利权全部无效和部分无效两种情形。根据《专利法》第 47 条的规定，宣告无效的专利权视为自始即不存在。一项专利被宣告部分无效后，被宣告无效的部分应视为自始即不存在，但是被维持的部分（包括修改后的权利要求）也同时应视为自始即存在。

四、无效宣告程序中外观设计专利的审查

在本部分主要介绍外观设计专利无效宣告请求程序中有关《专利法》第 23 条和第 9 条的审查。

《专利法》第 23 条规定："授予专利权的外观设计，应当不属于现有设计；也没有任何单位或者个人就同样的外观设计在申请日以前向国务院专利行政部门提出过申请，并记载在申请日以后公告的专利文件中。"

授予专利权的外观设计与现有设计或者现有设计特征的组合相比，应当具有明显区别。

授予专利权的外观设计不得与他人在申请日以前已经取得的合法权利相

冲突。

本法所称现有设计，是指申请日以前在国内外为公众所知的设计。

《专利法》第9条规定，同样的发明创造只能授予一项专利权。

（一）判断的主体和客体

在判断外观设计是否符合《专利法》第23条第1款、第2款规定时，应当基于涉案专利产品的一般消费者的知识水平和认知能力进行评价。

在对外观设计专利进行审查时，将进行比较的对象称为判断客体。其中被请求宣告无效的外观设计专利简称涉案专利，与涉案专利进行比较的判断客体简称对比设计。

（二）根据《专利法》第23条第1款的审查

不属于现有设计，是指在现有设计中，既没有与涉案专利相同的外观设计，也没有与涉案专利实质相同的外观设计。在涉案专利申请日以前任何单位或者个人向国务院专利行政部门提出并且在申请日以后（含申请日）公告的同样的外观设计专利申请，称为抵触申请。其中，同样的外观设计是指外观设计相同或者实质相同。

判断对比设计是否构成涉案专利的抵触申请时，应当以对比设计所公告的专利文件全部内容为判断依据。与涉案专利要求保护的产品的外观设计进行比较时，判断对比设计中是否包含有与涉案专利相同或者实质相同的外观设计。例如，涉案专利请求保护色彩，对比设计所公告的为带有色彩的外观设计，即使对比设计未请求保护色彩，也可以将对比设计中包含有该色彩要素的外观设计与涉案专利进行比较；又如，对比设计所公告的专利文件含有使用状态参考图，即使该使用状态参考图中包含有不要求保护的外观设计，也可以将其与涉案专利进行比较，判断是否为相同或者实质相同的外观设计。

（三）根据《专利法》第23条第2款的审查

《专利法》第23条第2款规定："授予专利权的外观设计与现有设计或者现有设计特征的组合相比，应当具有明显区别。"涉案专利与现有设计或者现有设计特征的组合相比不具有明显区别是指如下三种情形。

（1）涉案专利与相同或者相近种类产品现有设计相比不具有明显区别；

（2）涉案专利是由现有设计转用得到的，二者的设计特征相同或者仅有细微差别，且该具体的转用手法在相同或者相近种类产品的现有设计中存在启示；

（3）涉案专利是由现有设计或者现有设计特征组合得到的，所述现有设计与涉案专利的相应设计部分相同或者仅有细微差别，且该具体的组合手法在相同或者相近种类产品的现有设计中存在启示。

对于涉案专利是由现有设计通过转用和组合之后得到的，应当依照（2）、（3）所述规定综合考虑。

应当注意的是，上述转用和/或组合后产生独特视觉效果的除外。

现有设计特征，是指现有设计的部分设计要素或其结合，如现有设计的形状、图案、色彩要素或其结合，或者现有设计的某组成部分的设计，如整体外观设计产品中的零部件的设计。

（四）根据《专利法》第23条第3款的审查

一项外观设计专利权被认定与他人在申请日（有优先权的，指优先权日）之前已经取得的合法权利相冲突的，应当宣告该项外观设计专利权无效。

他人，是指专利权人以外的民事主体，包括自然人、法人或者其他组织。

合法权利，是指依照中华人民共和国法律享有并且在涉案专利申请日仍然有效的权利或者权益。包括商标权、著作权、企业名称权（包括商号权）、肖像权以及知名商品特有包装或者装潢使用权等。

在申请日以前已经取得，是指在先合法权利的取得日在涉案专利申请日之前。

相冲突，是指未经权利人许可，外观设计专利使用了在先合法权利的客体，从而导致专利权的实施将会损害在先权利人的相关合法权利或者权益。

在无效宣告程序中请求人应就其主张进行举证，包括证明其是在先权利的权利人或者利害关系人以及在先权利有效。

在先商标权，是指在涉案专利申请日之前，他人在中华人民共和国法域内依法受到保护的商标权。未经商标所有人许可，在涉案专利中使用了与在先商标相同或者相似的设计，专利的实施将会误导相关公众或者导致相关公众产生混淆，损害商标所有人的相关合法权利或者权益的，应当判定涉案专利权与在先商标权相冲突。在先商标与涉案专利中含有的相关设计的相同或者相似的认定，原则上适用商标相同、相似的判断标准。对于在中国境内为相关公众广为知晓的注册商标，在判定权利冲突时可以适当放宽产品种类。

在先著作权，是指在涉案专利申请日之前，他人通过独立创作完成作品或者通过继承、转让等方式合法享有的著作权。其中作品是指受《中华人民共和国著作权法》及其实施条例保护的客体。在接触或者可能接触他人享有著作权的作品的情况下，未经著作权人许可，在涉案专利中使用了与该作品相同或者实质性相似的设计，从而导致涉案专利的实施将会损害在先著作权人的相关合法权利或者权益的，应当判定涉案专利权与在先著作权相冲突。

（五）根据《专利法》第 9 条的审查

《专利法》第 9 条所述的同样的发明创造对于外观设计而言，是指要求保护的产品外观设计相同或者实质相同。对比时应当将所有设计要素进行整体对比。

涉案专利包含多项外观设计的，应当将每项外观设计分别与对比设计进行对比。如果涉案专利中的一项外观设计与另一件专利中的一项外观设计相同或者实质相同，应当认为他们是同样的发明创造。

五、无效宣告程序中实用新型专利的审查

针对实用新型专利提出无效宣告请求的理由可参见《专利法实施细则》第 69 条第 2 款所列出的相关条款。本部分仅针对《专利法》第 22 条第 3 款进行说明。

根据《专利法》第 22 条第 3 款的规定，发明的创造性，是指与现有技术相比，该发明具有突出的实质性特点和显著的进步；实用新型的创造性，是指与现有技术相比，该实用新型具有实质性特点和进步。因此，实用新型专利创造性的标准应当低于发明专利创造性的标准。

实用新型专利创造性审查的有关内容，包括创造性的概念、创造性的审查原则、审查基准等与发明都是相同的。

但是，两者在创造性判断标准上的不同，主要体现在现有技术中是否存

在"技术启示"。在判断现有技术中是否存在技术启示时，发明专利与实用新型专利存在区别，这种区别体现在下述两个方面。

1）现有技术的领域

对于发明专利而言，不仅要考虑该发明专利所属的技术领域，还要考虑其相近或者相关的技术领域，以及该发明所要解决的技术问题能够促使本领域的技术人员到其中去寻找技术手段的其他技术领域。

对于实用新型专利而言，一般着重于考虑该实用新型专利所属的技术领域。但是现有技术中给出明确的启示，例如现有技术中有明确的记载，促使本领域的技术人员到相近或者相关的技术领域寻找有关技术手段的，可以考虑其相近或者相关的技术领域。

2）现有技术的数量

对于发明专利而言，可以引用一项、两项或者多项现有技术评价其创造性。

对于实用新型专利而言，一般情况下可以引用一项或者两项现有技术评价其创造性，对于由现有技术通过"简单的叠加"而成的实用新型专利，可以根据情况引用多项现有技术评价其创造性。

六、无效宣告程序中对于同样发明创造的处理

根据《专利法实施细则》第 69 条的规定，被授予专利权的发明创造不符合《专利法》第 9 条的，属于无效宣告理由。

《专利法》第 9 条所述的同样的发明创造，对于发明和实用新型而言，是指要求保护的发明或者实用新型相同；对于外观设计而言，是指要求保护的产品外观设计相同或者实质相同。

（一）专利权人相同

1. 授权公告日不同

任何单位或者个人认为属于同一专利权人的具有相同申请日（有优先权的，指优先权日）的两项专利权不符合《专利法》第 9 条第 1 款的规定而请求复审和无效审理部宣告其中授权在前的专利权无效的，在不存在其他无效宣告理由或者其他理由不成立的情况下，复审和无效审理部应当维持该项

专利权有效。如果是请求复审和无效审理部宣告其中授权在后的专利权无效的，复审和无效审理部经审查后认为构成同样的发明创造的，应当宣告该项专利权无效。

如果上述两项专利权为同一专利权人同日（仅指申请日）申请的一项实用新型专利权和一项发明专利权，专利权人在申请时根据《专利法实施细则》第47条第2款的规定作出过说明，且发明专利权授予时实用新型专利权尚未终止，在此情形下，专利权人可以通过放弃授权在前的实用新型专利权以保留被请求宣告无效的发明专利权。

2. 授权公告日相同

任何单位或者个人认为属于同一专利权人的具有相同申请日（有优先权的，指优先权日）和相同授权公告日的两项专利权不符合《专利法》第9条第1款规定的，可以请求复审和无效审理部宣告其中一项专利权无效。

无效宣告请求人仅针对其中一项专利权提出无效宣告请求的，合议组经审查后认为构成同样的发明创造的，应当宣告被请求宣告无效的专利权无效。

两项专利权均被提出无效宣告请求的，一般应合并审理。经审查认为构成同样的发明创造的，合议组应当告知专利权人上述两项专利权构成同样的发明创造，并要求其选择仅保留其中一项专利权。专利权人选择仅保留其中一项专利权的，在不存在其他无效宣告理由或者其他理由不成立的情况下，合议组应当维持该项专利权有效，宣告另一项专利权无效。专利权人未进行选择的，合议组应当宣告两项专利权无效。

（二）专利权人不同

任何单位或者个人认为属于不同专利权人的两项具有相同申请日（有优先权的，指优先权日）的专利权不符合《专利法》第9条第1款规定的，可以分别请求宣告这两项专利权无效。

两项专利权均被提出无效宣告请求的，一般应合并审理。经审查认为构成同样的发明创造的，合议组应当告知两专利权人上述两项专利权构成同样的发明创造，并要求其协商选择仅保留其中一项专利权。两专利权人经协商共同书面声明仅保留其中一项专利权的，在不存在其他无效宣告理由或者其他理由不成立的情况下，合议组应当维持该项专利权有效，宣告另一项专利权无效。专利权人协商不成未进行选择的，合议组应当宣告两项专利权无效。

无效宣告请求人仅针对其中一项专利权提出无效宣告请求，合议组经审查认为构成同样的发明创造的，应当告知双方当事人。专利权人可以请求宣告另外一项专利权无效，并与另一专利权人协商选择仅保留其中一项专利权。专利权人请求宣告另外一项专利权无效的，按照本节前述规定处理；专利权人未请求宣告另一项专利权无效的，合议组应当宣告被请求宣告无效的专利权无效。

七、无效宣告程序中的证据

在无效宣告程序中，通常当事人对自己提出的无效宣告请求所依据的事实或者反驳对方无效宣告请求所依据的事实有责任提供证据加以证明。没有证据或者证据不足以证明当事人的事实主张的，由负有举证责任的当事人承担不利后果。

证据是外文的，当事人应当提交中文译文，未在举证期限内提交中文译文的，该外文证据视为未提交。

对于域外证据及香港、澳门、台湾地区形成的证据，该证据应当经所在国公证机关予以证明，并经中华人民共和国驻该国使领馆予以认证，或者履行中华人民共和国与该所在国订立的有关条约中规定的证明手续。但在下面几种情况下不需要办理证明手续：①该证据是能够从除香港、澳门、台湾地区外的国内公共渠道获得的，如从国家知识产权局专利局获得的国外专利文件，或者从公共图书馆获得的国外文献资料。②有其他证据足以证明该证据真实性的。③对方当事人认可该证据的真实性的。

当事人也可以在举证期限内提交物证。当事人提交物证的，应当在举证期限内提交足以反映该物证客观情况的照片和文字说明，具体说明依据该物证所要证明的事实。

关于证据的调查收集，也可以应当事人在举证期限内提出的申请，合议组认为确有必要时，可以调查收集。

证据应当由当事人质证，未经质证的证据，不能作为认定案件事实的依据。合议组对证据进行审核。

证据中最常见的是出版物，具体可包括书刊类出版物、产品说明书类证据、带有版权标识的出版物、标准、音像制品类出版物以及涉及互联网信息的证据等。

审核认定出版物的真实性和公开日非常重要。

第五章 | 专利诉讼

第一节　专利纠纷概述

根据专利法及其实施细则及最高人民法院有关司法解释的规定，人民法院受理的专利纠纷案件的种类有十几种，主要涉及行政纠纷及民事纠纷案件两大类。行政诉讼是指，公民、法人或者其他组织认为行政机关和行政机关工作人员的行政行为侵犯其合法权益，而向人民法院提起的以行政机关为被告的诉讼。因此，行政纠纷也就是我们通常所说的"民告官"的行政诉讼案件。民事纠纷是指，公民之间、法人之间、其他组织之间以及他们相互之间因财产关系和人身关系发生的纠纷，是平等民事主体之间的民事纠纷，因该类纠纷提起的诉讼是民事诉讼。

行政诉讼同民事诉讼相比有较大的不同，二者的区别主要体现在：

第一，诉讼的前提不同。提起民事诉讼是基于一方当事人的民事实体权利受到侵害或与另一方当事人就实体权利义务关系发生争议；而提起行政诉讼则是基于原告对行政机关作出的具体行政行为有异议。

第二，诉讼的主体不同。行政诉讼中的原告只能是认为行政行为侵犯其合法权益的行政管理相对人（包括公民、法人或其他组织），而被告也只能是实施该行政行为的行政机关或法律、法规、规章授权行使行政权力的组织；而民事诉讼中的主体无此特点，民事诉讼发生于平等的民事主体之间。

第三，举证责任规则不同。行政诉讼中的举证责任应当由被告承担，被告对作出的行政行为负有举证责任，应当提供作出该行政行为的证据和所依据的规范性文件，原告只需要提供在行政程序中曾经提出过的申请材料，被诉行政行为造成损害的证据；而民事诉讼中，当事人不论是原告还是被告，对自己提出的主张，有责任提供证据，也就是"谁主张，谁举证"。只有在法律有特别规定的情况下，实行举证责任倒置，如新产品制造方法发明专利侵权，制造同样产品的单位或个人对其产品制造方法不同于专利方法承担举证责任。

第四，适用的程序法律规范不同。民事诉讼适用民事诉讼法；行政诉讼适用行政诉讼法。两种程序存在不同。例如，在是否可以适用调解程序解决纠纷问题上，通过调解解决争议，是民事诉讼的结案方式之一；而法院审理行政案件，是对行政机关的行政行为的合法性进行审查，不能通过被告与原告相互妥协达成调解协议来解决争议。

一、专利行政纠纷

专利行政案件，是指当事人不服专利主管机关所作出的行政行为，以专利主管机关作为被告而起诉到人民法院要求撤销、变更行政决定的纠纷案件。

《专利法》第 3 条第 1 款规定："国务院专利行政部门负责管理全国的专利工作；统一受理和审查专利申请，依法授予专利权。"目前，我国主管专利的国家机关是国家知识产权局。国家知识产权局的主要任务是受理和审查专利申请，对符合专利法规定条件的发明创造授予专利权。

根据《专利法》第 41 条第 2 款的规定，专利申请人对国务院专利行政部门驳回申请的决定不服的，可以自收到通知之日起三个月内向国务院专利行政部门请求复审。第 46 条第 2 款规定："对国务院专利行政部门宣告专利权无效或者维持专利权的决定不服的，可以自收到通知之日起三个月内向人民法院起诉。人民法院应当通知无效宣告请求程序的对方当事人作为第三人参加诉讼。"目前，复审和无效审理部具体负责对专利申请人对国务院专利行政部门驳回申请的决定不服而提出的复审请求、对授予专利权的发明创造提出的无效宣告请求进行审查，并分别作出复审决定和无效宣告请求审查决定。

《专利法》第 3 条第 2 款规定："省、自治区、直辖市人民政府管理专利工作的部门负责本行政区域内的专利管理工作。"同时，根据《专利法》第65条和第68条的规定，管理专利工作的部门可以根据当事人的申请，责令侵权人立即停止侵权行为，并就侵犯专利权的赔偿数额进行调解，对假冒专利的行为责令改正并予公告，没收违法所得，可以并处违法所得五倍以下的罚款。

根据上述法律规定，国家知识产权局及地方管理专利工作的部门依法做出的行政决定，主要是代表国家和地方政府在行使管理职能，在被管理者对行政决定不服时，都可能引发与管理者之间的纠纷。当事人对国家知识产权局以及地方管理专利工作的部门所作出的行政决定不服，而起诉到人民法院要求撤销、变更行政决定的专利纠纷案件，统称为专利行政纠纷案件。

二、专利民事纠纷

专利民事纠纷案件大体可划分为4类。

一是专利权属纠纷，包括专利申请权纠纷案件；专利权权属纠纷案件；职务发明创造发明人、设计人奖励、报酬纠纷案件；发明人、设计人资格纠纷案件等。

二是专利合同纠纷，包括专利申请权转让合同纠纷案件；专利权转让合同纠纷案件；专利实施许可合同纠纷案件；专利代理合同纠纷案件等。

三是侵犯专利权纠纷，包括侵犯专利权纠纷案件；假冒他人专利纠纷案件；发明专利申请公布后、专利权授予前使用费纠纷案件。

四是临时性措施纠纷，即程序性纠纷案件，包括诉前申请停止侵权纠纷案件；诉前申请财产保全纠纷案件。

其他相关的纠纷案件还包括：标准必要专利使用费纠纷案件；确认不侵害专利权纠纷案件；专利权宣告无效后返还费用纠纷案件；因恶意提起专利诉讼损害责任纠纷。

（一）专利权属纠纷

专利权归属纠纷案件，是指一项发明创造被正式授予专利权之后，当事人之间就谁应当是该发明创造的真正权利人而发生权利归属争议。从主体上讲，这类纠纷是获得专利权的人（可能不是实际权利人），致使实际权利人向人民法院起诉，要求享有专利权，从而形成民法上的确认之诉。

专利申请权权属纠纷，是指一项发明创造在申请专利之前或者申请专利后，授予专利权以前，当事人之间就谁应当有申请专利的权利而发生的纠纷。严格地说，专利申请权纠纷实际上就是指就申请专利的权利发生的争议。从实践看，涉及专利申请权的纠纷主要包括两种情形：其一，关于是职务发明创造还是非职务发明创造的纠纷；其二，关于依合同完成的发明创造，谁有权申请专利的纠纷。

专利权权属纠纷与专利申请权纠纷虽然有相似之处，但它们是两类不同的专利纠纷。其主要区别表现为：

第一，争议发生的时间不同。专利申请权纠纷发生在专利申请过程中，或者专利申请后，授予专利权之前，而专利权权属纠纷则发生在授予专利权之后。

第二，争议的发明创造所处的法律状态不同。专利申请权纠纷争议的发明创造正处在专利申请或者审批过程中；而专利权权属纠纷争议的发明创造已经国务院专利行政部门公告，并获得专利权。

第三，争议的焦点不同。专利申请权纠纷争议的是谁有权申请专利；而专利权权属纠纷争议的则是对已经批准的专利权应当归谁所有，即谁是真正的专利权人。

第四，处理结果不同。专利申请权纠纷解决后，国务院专利行政部门只需在专利申请文件中对申请人或发明人、设计人作出变更，审查便可以继续进行；专利权权属纠纷解决后，国务院专利行政部门将依据人民法院的生效判决，依照《专利法实施细则》的规定，在专利公报上公告专利权人的姓名或名称、地址的变更。

（二）专利合同纠纷

专利合同主要是指与专利权有关的技术合同。根据《中华人民共和国民法典》（以下简称《民法典》）第843条的规定，技术合同分为技术开发合同、技术转让合同、技术许可合同、技术咨询合同和技术服务合同五种。目前，在我国技术市场交易中，技术许可合同和技术转让合同占了很大比重，其中，又以专利实施许可合同为多，专利权转让合同和专利申请权转让合同数量也在逐年增加。

专利合同纠纷主要是指在专利申请权转让合同或者专利技术转让合同、专利实施许可合同等技术合同中各方当事人就权利义务的履行和合同条款的解释等方面发生的争议。

（三）侵犯专利权纠纷

侵犯专利权纠纷案件，是指侵权人实施了侵犯他人专利权的行为，专利权人或利害关系人就侵权人的侵权行为提起的争议。侵犯专利权纠纷包括侵犯专利权纠纷案件；假冒他人专利纠纷案件；发明专利申请公布后、专利权授予前使用费纠纷案件。

侵犯专利权又称"专利侵权"，是指在专利权有效期限内，行为人未经专利权人许可，以生产经营为目的实施其专利的行为。侵犯专利权引起纠纷的，当事人可以协商解决；不愿协商或者协商不成的，专利权人或者利害关系人可以向人民法院起诉，也可以请求管理专利工作的部门处理。即当事人可以选择通过行政途径或者司法途径对其权利进行救济，或者两种救济途径同时使用即先请求行政调处，以迅速制止侵权行为，再向法院提起诉讼，以彻底制止侵权行为并获得赔偿。也就是说，行政机关依职权或者依当事人申请作出行政处理决定过程中，不影响当事人向人民法院提起相关民事诉讼。即，行政机关对侵权行为进行行政处罚之后权利人仍然可以向人民法院提起民事诉讼，请求民事赔偿。但法院在审理民事赔偿案件中，并不依据行政机关已经作出的认定侵权结论为前提，法院对是否侵权可以依法重新作出认定。

第二节　专利行政诉讼

一、专利行政诉讼的种类

根据作出行政决定的机关不同、决定的内容不同，专利行政案件可以分为以下三类：

（一）针对地方管理专利工作的部门做出行政决定提起诉讼

依照《专利法》及其实施细则的规定，地方管理专利工作的部门具有执法职能，它们可以根据当事人的申请或者依职权解决以下专利纠纷。

1. 责令停止专利侵权行为

依照《专利法》第65条的规定，未经专利权人许可，实施其专利，即侵犯其专利权，引发纠纷的，专利权人或者利害关系人可以请求管理专利工作的部门处理。管理专利工作的部门处理时，认定侵权行为成立的，可以责令侵权人立即停止侵权行为。这种行政决定属于行政行为，当事人不服的，可以自收到通知之日起15日内，向人民法院提起行政诉讼。侵权人期满不起诉又不停止侵权行为的，管理专利工作的部门可以申请人民法院强制执行。

2. 处罚假冒他人专利行为

根据《专利法》第68条的规定：假冒专利的，除依法承担民事责任外，由负责专利执法的部门责令改正并予公告，没收违法所得，可以处违法所得五倍以下的罚款；没有违法所得或者违法所得在五万元以下的，可以处二十五万元以下的罚款；构成犯罪的，依法追究刑事责任。

负责专利执法的部门处罚假冒专利行为是专利法授予的权利，其有权依法主动查处。当事人对处罚决定不服的，可以在法定期限内向有管辖权的人民法院提起行政诉讼。

3. 对专利代理机构或者专利代理师的惩戒行为

根据《专利代理惩戒规则（试行）》的规定，各省、自治区、直辖市知识产权局分别设立专利代理惩戒委员会，对专利代理机构及专利代理师的违纪违法行为予以惩戒。对专利代理机构的惩戒包括警告、通报批评、停止承接新代理业务3～6个月。对专利代理师的惩戒分为警告、通报批评、收回专利代理师执业证书等。当事人对惩戒委员会作出的决定不服的，可以在收到惩戒决定书之日起2个月内依法申请复议。对复议决定仍不服的，可以向人民法院提起行政诉讼。

此外，管理专利工作的部门可以处理以下民事纠纷，包括：调解侵权损害赔偿数额、调解临时保护期间的费用纠纷、调解专利申请权纠纷、调解专利权归属纠纷、调解职务发明创造的发明人或者设计人与单位之间发生的奖金或者报酬纠纷、调解发明人、设计人资格纠纷、调解实施开放许可纠纷。调解不成的，当事人可以以原来的对方当事人为被告，重新向人民法院提起民事诉讼。

（二）针对国家知识产权局做出行政决定提起诉讼

对国家知识产权局依据《专利法》、《行政复议法》及其实施条例、《行政复议规程》作出的行政决定不服的，可以提起行政诉讼。

1. 不服国家知识产权局作出的实施强制许可决定的案件

《专利法》第 53 条至第 56 条规定了四种强制许可的情况。

《专利法》第 63 条规定，专利权人对国务院专利行政部门关于实施强制许可的决定不服的，可以自收到通知之日起 3 个月内向人民法院起诉。

2. 不服国家知识产权局专利局作出的实施强制许可使用费裁决的案件

《专利法》第 62 条规定："取得实施强制许可的单位或者个人应当付给专利权人合理的使用费，或者依照中华人民共和国参加的有关国际条约的规定处理使用费问题。付给使用费的，其数额由双方协商；双方不能达成协议的，由国务院专利行政部门裁决。"

根据《专利法》第 63 条的规定：专利权人和取得实施强制许可的单位或者个人对国务院专利行政部门关于实施强制许可的使用费的裁决不服的，可以自收到通知之日起 3 个月内向人民法院起诉。

提起这类专利行政诉讼的前提，是国务院专利行政部门已作出强制许可的决定，而当事人之间仅仅因强制许可使用费数额不能达成协议，由国务院专利行政部门作出裁决，当事人又不服的情况下提起的诉讼。

3. 不服国务院专利行政部门行政复议决定案件

根据《行政复议法》及其实施条例，公民、法人或者其他组织认为具体行政行为侵犯其合法权益，可以提起行政复议。对行政复议决定不服的，可以提起行政诉讼，但是法律规定行政复议决定为最终裁决的除外。

国家知识产权局作为一个国家行政机关，在行使行政管理职权过程中，会做出许多行政行为。根据《国家知识产权局行政复议规程》的规定，当事人对国家知识产权局的行政行为不服或产生争议，可以自知道该行政行为之日起 60 日内提出行政复议申请。国家知识产权局设立复议机构审理复议案件。原则上，复议机构应当自受理行政复议申请之日起 60 日内作出。复议申请人或者第三人对复议决定不服的，可以在收到复议决定书之日起 15 日内向北京知识产权法院起诉。

此外，根据《国家知识产权局行政复议规程》的规定，有权申请行政复议的公民、法人或者其他组织向人民法院提起行政诉讼，人民法院已经依法受理的，不得向国家知识产权局申请行政复议。向国家知识产权局申请行政复议，行政复议机构已经依法受理的，在法定行政复议期限内不得向人民法院提起行政诉讼。国家知识产权局受理行政复议申请后，发现在受理前或者受理后当事人向人民法院提起行政诉讼并且人民法院已经依法受理的，驳回行政复议申请。也就是，对于国家知识产权局的行政行为，当事人也可以依据行政诉讼法的相关规定，自知道或者应当知道作出行政行为之日起 6 个月内，直接提起行政诉讼。

（三）针对国家知识产权局做出的授权、确权行政决定提起诉讼

1. 不服复审和无效审理部维持驳回申请复审决定的案件

根据《专利法》第 41 条的规定："专利申请人对国务院专利行政部门驳回申请的决定不服的，可以自收到通知之日起三个月内向国务院专利行政部门请求复审。国务院专利行政部门复审后，作出决定，并通知专利申请人。专利申请人对国务院专利行政部门的复审决定不服的，可以自收到通知之日起三个月内向人民法院起诉。"

具体说，这类案件是指专利申请人作为原告，对匡家知识产权局专利局作出驳回其专利申请、不授予其专利权的决定不服，经过申请，由复审和无效审理部审查后，复审和无效审理部仍作出维持国家知识产权局专利局的驳回决定，这时，专利申请人以国家知识产权局作为被告，向人民法院提起专利行政诉讼。

这类纠纷主要有以下两种情况：

第一种情况是对形式审查阶段驳回发明、实用新型、外观设计专利申请人的复审决定不服而发生的纠纷。

我国对发明专利的审查采取形式审查（初步审查）加实质审查的全面审查制，而对实用新型和外观设计则实行初步审查制。

初步审查主要是进行明显缺陷审查和格式审查。

对发明专利申请的初步审查，主要内容是看：发明专利申请是否明显属于《专利法》第 2 条第 2 款、第 5 条或者第 25 条的规定，或者明显不符合《专利法》第 17 条、第 18 条第 1 款的规定，或者明显不符合《专利法》第 31 条第 1 款、第 33 条和《专利法实施细则》的相关规定。

对实用新型专利申请的初步审查，主要内容是看：实用新型专利申请是否明显属于《专利法》第 2 条第 3 款、第 5 条、第 25 条的规定，或者不符合《专利法》第 17 条、第 18 条第 1 款的规定，或者明显不符合《专利法》第 26 条第 3 款、第 4 款、第 31 条第 1 款、第 33 条和《专利法实施细则》的相关规定，或者依照《专利法》第 9 条规定不能取得专利权。

对外观设计专利申请的初步审查，主要内容是看：外观设计专利申请是否明显属于《专利法》第 2 条第 4 款、第 5 条的规定，或者不符合《专利法》第 17 条、第 18 条第 1 款的规定，或者明显不符合《专利法》第 31 条第 2 款、第 33 条和《专利法实施细则》的相关规定，或者依照《专利法》第 9 条规定不能取得专利权。

对发明、实用新型和外观设计专利申请，不符合上述规定的，国家知识产权局专利局将向申请人发出审查意见通知书，要求申请人在指定期限内陈述意见或者补正。申请人陈述意见或者补正后，国家知识产权局专利局仍然认为明显不符合《专利法》及其实施细则规定的，则作出驳回专利申请的决定。

专利申请人对专利局驳回专利申请的决定不服的，可以在收到通知之日起 3 个月内，向复审和无效审理部请求复审。复审和无效审理部经过复审审查，作出复审决定，并通知申请人。

复审和无效审理部作出的复审决定结果有两种：一种是撤销国家知识产权局专利局的驳回决定。那么，专利申请将恢复到国家知识产权局专利局作出驳回决定前的状态，审查程序继续进行；另一种是维持国家知识产权局专利局的驳回决定。在这种情况下，专利申请人对复审和无效审理部驳回复审请求的决定不服的，可以在法定期限内向人民法院起诉，由人民法院按照行政诉讼程序经过审理后，作出最终裁决。

在专利行政纠纷案件中，由于判断一项发明专利申请在内容上是否有明显缺陷、在格式上是否符合法律要求比较容易，因此，人民法院审判这类专利行政案件的难度不是很大，一般可以不聘请技术专家担任陪审员，而只是在查清事实的基础上，从法律上作出判断。

第二种情况是对实质审查阶段驳回发明专利申请的复审决定不服而发生的纠纷。

根据《专利法》的规定，授予专利权的发明专利，应当具备新颖性、创造性和实用性。也就是说，要具备专利性。

我国对发明专利的审查，是由国家知识产权局专利局根据申请人提出的实质审查请求，对其申请进行实质审查。当然，专利局认为必要的时候，也可以自行对发明专利申请进行实质审查。这就是说，一项发明专利申请经过初步审查后，即便公布了申请的技术内容，也还不能算得到了专利权，还须按程序进行实质审查。如果申请人无正当理由，逾期不请求实质审查，该发明专利申请即被视为撤回。

国家知识产权局专利局对于发明专利申请"三性"的审查是按照新颖性、创造性和实用性逐一进行的，审查中对某一项实质性条件产生疑问时，便会及时向专利申请人发出审查意见通知书，要求申请人限期答复。申请人及时作了答复，并符合要求时专利审查将继续进行；如专利申请人的答复不符合要求，该发明专利申请将会被驳回。在发明专利申请被驳回的情况下，发明专利申请人对专利局驳回申请的决定不服的，可以在收到通知之日起3个月内，向复审和无效审理部请求复审。复审和无效审理部接受发明专利申请人的复审请求后，经过复审审查，作出复审决定。

复审决定的内容也会出现两种情况：一种是撤销专利局的驳回决定，这时，专利局应当按照复审决定的结果执行，继续将后续审查工作完成；另一种是维持专利局的驳回决定。发明专利申请人对复审和无效审理部作出的维持专利局的驳回决定，即驳回发明专利申请人复审请求的决定不服的，可以在收到通知书后的法定期限内向人民法院提起行政诉讼。

发明专利申请在实质审查阶段被驳回，情况比较复杂。可能是遇到了新颖性障碍，也可能是遇到了创造性或者实用性等其他问题。人民法院审判这类案件一般应当根据案情的需要，聘请技术调查官作陪审员或者技术顾问，以便更好地对争议的发明创造的技术内容进行分析，作出公正合法的判断。

2. 不服国家知识产权局专利权无效宣告请求决定案件

专利权被授予后，任何单位或者个人认为该专利权的授予不符合专利法规定的，都可以请求复审和无效审理部宣告该专利权无效。请求人应当向复审和无效审理部提交请求书，说明理由，必要时应当附具有关文件。在进行无效宣告审查过程中，复审和无效审理部应当将专利权无效宣告请求书的副本和有关文件的副本送交专利权人，要求其在指定的期限内陈述意见。专利权人无正当理由期满不答复的，被视为无反对意见。对作出意见陈述的，复审和无效审理部将进行审查。如果认为专利权人的陈述意见不能驳倒无效请求理由，复审和无效审理部将同对待被视为无反对意见一样，便有可能作出宣告该专利权无效或者部分无效的决定。

根据《专利法》第 46 条的规定，"国务院专利行政部门对宣告专利权无效的请求应当及时审查和作出决定，并通知请求人和专利权人。宣告专利权无效的决定，由国务院专利行政部门登记和公告。对国务院专利行政部门宣告专利权无效或者维持专利权的决定不服的，可以自收到通知之日起三个月内向人民法院起诉。人民法院应当通知无效宣告请求程序的对方当事人作为第三人参加诉讼。"

具体说，这类案件是指专利权人或者无效宣告请求人作为原告，对国家知识产权局（复审和无效审理部）作出的宣告专利权无效或者维持专利权有效的决定不服，以国家知识产权局作为被告，向人民法院提起的专利行政诉讼。

实践中，这类专利行政案件主要有三种情况：

第一，专利权人作为原告，对国家知识产权局（复审和无效审理部）作出的宣告专利权无效或者部分无效的决定不服提起的专利行政诉讼；

第二，无效宣告请求人作为原告，对国家知识产权局（复审和无效审理部）作出的宣告专利权有效或者部分有效的决定不服，提起的专利行政诉讼；

第三，专利权人和无效宣告请求人分别作为原告，均对国家知识产权局（复审和无效审理部）作出的专利权部分有效、部分无效的决定不服，提起的专利行政诉讼。

在前两种情况下，无效宣告请求人或者专利权人作为专利无效决定的相对人，应当以第三人的身份参加专利行政诉讼。

二、专利行政诉讼的特点

行政诉讼是个人、法人或其他组织认为国家机关作出的行政行为侵犯其合法权益而向法院提起的诉讼。根据行政诉讼法的相关原理，较之于民事诉讼，行政诉讼需遵循如下特有原则：①选择复议原则；②审查行政行为合法性原则；③行政行为不因诉讼而停止执行原则；④不适用调解原则；⑤被告负举证责任原则；⑥司法变更权有限原则。而专利行政诉讼既有民事诉讼的特点，又有行政诉讼的特点。

专利行政诉讼和其他专利民事诉讼的共同点在于：无论是专利行政诉讼，还是专利民事诉讼，都是人民法院确认或者保护专利申请人、专利权人及其他利害关系人合法权益，保障专利法正确实施的司法活动，它们都具有技术性、专业性很强的特点。这两种诉讼的共同任务在于：鼓励发明创造与技术创新，保护公平竞争，促进科学技术的现代化，推动国际间的科学技术合作，加快我国的社会主义现代化建设。但是，它们之间的区别也是显而易见的，如诉讼的客体不同、案件的性质不同、受理的法院不同、适用的实体法和程序法不同、对违法行为的制裁手段也不同等。

专利行政诉讼和其他行政诉讼一样，其诉讼活动均受我国行政诉讼法的调整。专利行政诉讼与其他行政诉讼有许多共同性。主要表现在：诉讼收案范围都是法定的，其目的是保障公民、法人和其他组织的合法权益不受行政违法行为的侵犯，保障行政机关依法有效地行使职权，提高行政管理效率；诉讼客体都是审查和确认行政机关依据其职权所作出的行政决定是否合法、正确；被告都是恒定的国家专利行政主管机关；举证责任主要在被告一方；在审理中不适用反诉和调解程序等。

专利行政诉讼的特殊性又决定了它与其他行政诉讼具有如下不同的特点。

（一）专利行政诉讼被告的单一性

专利行政诉讼的被告，是指被原告起诉指控侵犯其行政法上的合法权益或者与之发生行政争义，而由人民法院通知应诉的专利行政主管机关。在行政诉讼中行政机关始终为被告，而不能作为原告，这是行政诉讼的一大特点。一般行政诉讼的被告可以是全国各级行政机关，而大部分专利行政诉讼的被告主要是针对国务院专利行政部门（即国家知识产权局）以及数量有限、依法设定的地方管理专利工作的部门。有权对专利申请进行审查授权的行政机关仅指国务院专利行政部门；有权作出专利确权或无效决定的也仅有国家知识产权局。从这个意义上讲，专利行政诉讼的被告比较单一。

作为被告的国家知识产权局以及地方管理专利工作的部门在专利行政诉讼中，有应诉和答辩的权利，但是不得提起反诉，即行政机关无起诉权和反诉权。

（二）专利行政诉讼管辖的确定性

专利行政诉讼被告的单一性，决定了它在诉讼管辖上的确定性。由于国家知识产权局办公地点设在首都北京，因此，以国家知识产权局作为被告的专利行政案件，均由被告所在地北京市的人民法院管辖。又由于专利行政诉讼的技术性、专业性较强，最高人民法院在有关司法解释中规定，专利行政案件实行指定管辖，即一律由北京知识产权法院作为第一审法院，最高人民法院知识产权法庭作为第二审法院。这一规定明显不同于其他行政案件。一般的行政案件，为了与作为被告行政机关所在地分散而又众多的特点相适应，一般是分别由分布在全国各地的人民法院管辖，并以地域管辖为主，重点放在基层人民法院。

（三）专利行政诉讼的交叉性

在专利行政案件中，宣告专利权无效请求人和专利权人对复审和无效审理部宣告发明专利权无效或者维持专利权的决定不服，向人民法院起诉的专利行政案件，其中绝大多数是由于被控专利侵权人在专利侵权诉讼中提出反诉而形成的。这部分专利行政案件与专利侵权诉讼交叉进行。即先有专利侵权诉讼，在专利侵权诉讼中，一旦被告向复审和无效审理部请求宣告该专利权无效，这时，复审和无效审理部就会依法启动专利权无效审查程序，同时，专利侵权诉讼可能会中止审理。如果专利权人或无效宣告请求人对复审和无效审理部宣告专利权无效或者维持专利权有效的决定不服，并向北京知识产权法院提起专利行政诉讼，那么，需待专利行政诉讼作出该专利权有效或者无效的判决发生法律效力后，专利侵权诉讼才会重新恢复审理。

在以地方管理专利工作的部门为被告的专利行政诉讼中，有时也难免遇到由于当事人向复审和无效审理部提出宣告专利权无效而引发另一个专利行政诉讼，造成前一个专利行政诉讼不得不中止程序，等待专利权效力的终审判决之后，才能就前一个专利行政诉讼作出行政决定的情况。

这样就形成两个独立的诉讼，而且这两个独立的诉讼相互交叉，既有民事与行政的交叉，也有行政与行政的交叉。这种循环式的交叉诉讼是其他行政诉讼所绝对没有的一个显著特点。

（四）专利行政诉讼内容与各个领域的技术密切相关

在专利行政诉讼案件审理中，人民法院不仅要审查专利行政机关作出行政行为的合法性，更多的要审查作出行政决定的事实依据是否充足，这一审查往往涉及专利的新颖性、创造性、实用性问题，说明书是否充分公开问题等，这些均与各个技术领域的专业技术相关。而且，专利行政案件审理的结果往往要对涉案发明创造或者外观设计的专利性作出表态。由此可见，它的审查范围往往超出普通的行政案件审查范围。

（五）单方诉讼与双方诉讼

一个专利行政诉讼是属于单方诉讼还是双方诉讼，取决于行政机关作出的具体行政行为是单方行政行为还是双方（多方）行政行为。以行政法律关系相对方参与意思表示的作用为标准，可以将行政行为分为单方行政行为与双方（多方）行政行为。单方行政行为是指不需要相对方同意，仅依行政主体单方意思即可成立的行政行为，如不授予专利权的行政决定；双方（多方）行政行为是指需要相对方同意、行政主体与相对方达成一致的意思表示才能成立的行政行为，如专利权授予后，有人请求宣告该专利权无效，这时行政机关作出的专利权是否有效的行政决定。

行政决定的相对人对行政机关作出的行政决定不服起诉到法院就进入了行政诉讼阶段。针对单方行政行为提起的诉讼是单方诉讼，针对双方（多方）行政行为提起的诉讼是双方诉讼。专利行政诉讼中既有单方诉讼，也有双方诉讼。

三、审理专利行政案件的原则

（一）专利行政案件审理范围应以行政决定范围为限的原则

专利行政案件的起因是当事人对国家知识产权局所作出的行政行为不服，而国家知识产权局的行政行为是根据当事人的申请和依据法定程序作出的。比如，关于一项专利申请是否符合专利法的形式要件、是否符合专利性条件、无效宣告请求理由是否成立等，都要经过复审和无效审理部进行审查，作出决定。当事人如果对复审决定或者无效宣告请求审查决定不服向人民法院起诉，人民法院在审查国家知识产权局复审和无效审理部作出的这些决定正确与否时，应审查该决定的作出有无事实作为根据；适用法律、法规是否正确；有无违反法定程序；有无超越职权。对行政处理决定未涉及的问题，即使原告人请求人民法院一并审理，人民法院也不能审理，更不能一揽子作出判决。对行政机关尚未审查的问题，法院当然不能对其审查正确与否表态。

例如，国家知识产权局以某项专利申请属于《专利法》第 25 条规定，即不属于专利法的保护范围而驳回该发明专利申请，申请人请求复审，复审和无效审理部经审查作出维持驳回决定，申请人不服便可以向人民法院提起行政诉讼。人民法院在审理这件专利行政案件时，只能围绕复审和无效审理部作出的维持驳回决定是否正确进行审查，审查该发明申请是否属于专利法的保护范围。如果法院经审理认为该专利申请不属于《专利法》第 25 条的内容，即属于专利法的保护范围，但明显不符合专利性要求，人民法院也不能以该发明专利申请不符合专利性为由，认定复审和无效审理部所作出的复审决定正确，判决维持该行政决定；而应当认定复审和无效审理部的复审决定错误，予以撤销，使该申请重新进入审查程序。因为，根据当事人的申请，在复审和无效审理部的复审决定中，只涉及《专利法》第 25 条即专利法保护范围问题，而未涉及专利性审查问题。法院如果直接以该发明申请明显不符合"三性"要求而判决维持复审和无效审理部的驳回申请决定，显然超出了复审和无效审理部所作出的行政行为的界限。

又如，无效宣告请求人仅以某项专利申请无新颖性而要求复审和无效审理部宣告该发明专利权无效。复审和无效审理部经过审查，认为该发明专利具备新颖性，从而作出驳回请求人的无效宣告请求，维持该发明专利权有效的决定。这时，请求人如果不服无效宣告审查决定，可以向人民法院提起行政诉讼。即使该原告起诉时，将该发明专利权无新颖性、创造性和实用性均作为无效理由，并提供相应证据，要求人民法院宣告该发明专利权无效，撤销专利还有复审和无效审理部的无效决定，人民法院也只能审查复审和无效审理部作出的行政决定是否正确，即只审查该发明专利权是否具备新颖性，而不能同时审查创造性和实用性，因为创造性和实用性问题，请求人在进行无效宣告请求时并未提出，复审和无效审理部也未进行审查，人民法院不应代替复审和无效审理部履行职责，就此作出结论。人民法院经过审理，只要该发明专利权具备新颖性，就应当维持复审和无效审理部的决定。如果当事人不满，其应当以该发明专利权缺乏创造性和实用性为理由，另行请求宣告该专利权无效，由复审和无效审理部重新就其创造性和实用性问题作出无效决定。

当然，复审和无效审理部作出行政决定，一般是以当事人请求为准，请求人请求的范围就是复审和无效审理部行政审查的范围。少数情况下，复审和无效审理部也可以依职权进行审查。不论哪种情况，复审和无效审理部作出审查决定后，就确定了专利行政案件的审理范围。但是，如果复审和无效审理部漏掉了请求人请求审查的事项，则是得不到司法判决支持的。即在行政决定中是否缺少了请求人请求复审和无效审理部进行审查的内容，也是人民法院专利行政案件负责的范围。例如，无效宣告请求人提出三条无效理由，而复审和无效审理部只审查了其中两条就认定专利权有效，驳回了无效宣告请求人的申请。在行政诉讼中，法院将对三个理由全部进行审查，以确定无效决定的理由是否正确。

有一种情况值得注意，无效宣告请求人以某一项专利权缺乏"三性"为由，请求宣告该专利权无效，而复审和无效审理部经过审查，认为仅凭该专利无新颖性一项就可以宣告该专利权无效，并以此作出行政决定，如果法院经过审理认为该专利确实不具有新颖性，即可以判定维持无效决定，而无须再对创造性和实用性进行审查，因为专利必须同时具备新颖性、创造性和实用性三个要件，只要缺少"三性"中的一项，即可宣告该专利权无效。而如果法院经过审理认为，该专利已具备新颖性要件，无效决定认为其不具备新颖性是错误的，那么，法院应当判决撤销复审和无效审理部的无效决定，责令复审和无效审理部在认定该专利有新颖性的条件下，继续审查其是否具备创造性和实用性条件，并重新作出无效审查决定。

（二）对行政行为合法性进行审查的原则

这一原则是处理行政诉讼中人民法院与行政机关相互关系，确定人民法院行政审判职能的基本准则。

行政审判职能要受行政诉讼法立法目的的制约。人民法院处理行政案件，既要保护公民、法人和其他组织的合法权益，又要维护和监督行政机关依法行使职权。在什么范围内处理行政机关的职权行为，法院应当首先考虑公民、法人和其他组织的意志。行政审判必须以诉讼请求为前提，以权利救济为出发点。如果当事人提出请求，人民法院就应当在当事人请求的范围内，运用国家行政审判权为当事人提供法律保护。这种保护必须通过正确处理与行政机关职权行为的关系来实现。

怎样确定人民法院与行政机关的关系，还要考虑立法目的所要求的维护与监督的统一，维护指的是运用国家司法权力使行政机关的行政行为获得肯定和最终的法律效力，使行政争议得到最终的解决；而监督则指的是对违法的行政行为，予以撤销使其不具有或者丧失法律效力，或者要求行政机关在法定期限内履行法定职责或重新作出行政行为。实现维护和监督统一的前提和基础，就是对行政机关行政行为的合法性进行审查。

所谓合法性审查就是依据法律对行政行为进行检查核实并作出法律评价。

《中华人民共和国行政诉讼法》（以下简称《行政诉讼法》）第6条规定："人民法院审理行政案件，对行政行为是否合法进行审查。"该条款中的"合法性审查"，主要包括三个方面。

1. 司法审查的对象是行政行为

人民法院在对行政行为的审查过程中，应当对行政行为所依据的行政规章与法律、法规是否一致进行审查。如果行政规章与法律、法规不相抵触，同其他行政规章也没有矛盾，人民法院即予以适用，作为判断行政行为是否合法的根据；如果行政规章与法律、法规相抵触，则不予适用；如果地方人民政府制定、发布的规章与国务院部委制定发布的规章不一致，以及国务院部委制定发布的规章之间不一致，应当由最高人民法院送请国务院作出解释或者裁决。

2. 人民法院的审查原则上限于合法性问题

判断行政行为合法性的条件，《行政诉讼法》第70条作了规定：主要证据不足的；适用法律、法规错误的；违反法定程序的；超越职权的；滥用职权的；明显不当的。由此可见，立法者认为合法性审查不等于法律审查。此外，《行政诉讼法》第64条规定，人民法院在审理行政案件中，对于公民、法人或者其他组织认为行政行为所依据的国务院部门和地方人民政府及其部门制定的规范性文件不合法，在对行政行为提起诉讼时，一并请求审查的规范性文件，经审查认为该规范性文件不合法的，不作为认定行政行为合法的依据，并向制定机关提出处理建议。

3. 司法审查的表达方式是判断性评价

人民法院的司法审查必须作出能够对行政机关产生法律后果的影响的决定。根据行政诉讼法的规定，人民法院的行政审判是对行政行为进行合法性审查。法院对违法的行政行为不能进行制裁，也不能直接规定行政机关怎样进行行政管理。一个不可违背的规则是：人民法院不能代替行政机关行使国家行政管理权。一般地说，人民法院只能作出行政行为是否合法的评价。合法的，予以维持；违法的，予以撤销；不作为违法的，要求行政机关依照法律行使职权。只有在法定的例外情况下，才能对行政决定进行变更。变更的条件是，行政行为属于行政处罚的和显失公平的。除此之外，人民法院不能对行政行为作变更判决。对专利行政主管机关作出的行政行为的审查更是如此。经过司法审判，法院认为行政决定合法的予以维持；违法的予以撤销，对于有些在程序或者事实认定上有错误的，还可以判决行政机关重新作出行政决定，而不是代替行政机关进行审查。

（三）保障当事人诉讼权利平衡的原则

行政诉讼当事人的诉讼权利是不对等的，这种诉讼权利的不对等，主要由行政法律关系中双方权利义务的不对等造成的。行政机关为了实现公共利益行使国家权力，需要遵循依法行政的原则办事。在行政中，它们既代表国家行政机关，又以当事人的身份参加诉讼。这既与刑事诉讼中的检察机关的公诉人不同，又与一般的民事诉讼当事人不同。公民、法人和其他组织则是为了保护自己个人或单位的利益参加诉讼，有权处分自己的权益，身份比较单一清楚。行政诉讼法要根据实体法的性质规定其应有的诉讼权利，行政机关与公民、法人和其他组织的诉讼权利义务必定是不对等的；但为了实现法律地位平等原则的要求，使双方的诉讼力量具有可对抗性，行政诉讼法有必要在诉讼权利义务的配置上作些特别的处理，这称为诉讼权利的平衡原则。

诉讼权利的平衡原则是支配行政诉讼当事人诉讼权利义务的基本因素。在行政诉讼中，行政机关不再对对方当事人提出什么实体法的要求，行政机关要求对方所作的已经在行政行为中提出了，行政机关在行政诉讼中所希望达到的，是人民法院依法维持合法的行政行为，强制执行某些行政行为，所以，行政机关没有起诉、反诉的权利。但是，行政机关作为被告，有委托代理权、提供证据权、答辩权、申请回避、辩论权、上诉权和申请执行权。原告是原行政管理关系中的被管理者或者受到行政行为不利影响的当事人，相对行政机关是比较软弱的一方，很可能会慑于或者屈于行政压力改变或收回自己的真实意志。为了防止这种情况的发生，切实保护他们的合法权利，行政诉讼法使用让行政被告承担特殊义务和强化原告权利的方法，巩固和支持原告的诉讼地位。例如，行政被告承担举证责任，不得在诉讼中自行向原告和证人收集证据等。

这里有一个观念问题值得重视。在我国，非常流行的观点认为，个人与国家两者总是处于不平等的地位，国家永远高高在上，个人则永远附属于国家，国家有权支配个人的一切行为，而个人则要无条件地服从国家。这种观点深入人心，并几乎为所有人所接受。个人与国家地位不平等的观念深深地影响着人们的思维方式和行为方法，隐约制约着我国法制，尤其是行政法制的发展。

在专利授权、专利权无效等程序中，国家知识产权局的行政行为代表着国家，而行政行为的相对人是个人或者单位，二者是不平等的，是管理者与被管理者的关系。但是，在行政诉讼中，尤其是在法庭上，国家知识产权局与原告诉讼权利应当是平衡的，双方必须依据行政诉讼法的规定享受诉讼权利，承担诉讼义务。这时，代表国家的国家知识产权局不能有因为自己代表国家而高原告一等的思想，更不能因此而产生不愿参加诉讼接受监督的想法。

第三节　专利权属诉讼

一、专利权属

（一）职务发明创造与非职务发明创造

1.职务发明创造与非职务发明创造的概念

职务发明创造，是指发明人或设计人在执行本单位的任务，或者主要是利用本单位的物质条件或物质帮助所完成的发明创造。

非职务发明创造也称自由发明，是指公民在没有得到所在单位的物质帮助，与单位的业务范围无关的情况下所完成的发明创造，即除了职务发明创造以外的其他发明创造，均属于非职务发明创造。

非职务发明创造有两种情况：一是不在职的个体人员和离休、退休一年以上的人员做出的发明创造；二是在职的工作人员不是为了执行本单位分配的任务，也不在单位的业务和范围内，在未曾得到本单位物质帮助的情况下完成的发明创造。

2.判断职务发明与非职务发明的法律依据

要判断哪些发明创造属于职务发明，哪些发明创造属于非职务发明，必须依据法律的规定。

《专利法》第 6 条规定：执行本单位的任务或者主要是利用本单位的物质技术条件所完成的发明创造为职务发明创造，职务发明创造申请专利的权利属于该单位；申请被批准后，该单位为专利权人。该单位可以依法处置其职务发明创造申请专利的权利和专利权，促进相关发明创造的实施和运用。非职务发明创造，申请专利的权利属于发明人或设计人，申请被批准后，该发明人或者设计人为专利权人。利用本单位的物质技术条件所完成的发明创造，单位与发明人或者设计人订有合同，对申请专利的权利和专利权的归属作出约定的，从其约定。

《专利法实施细则》第 13 条对此作了解释性规定：专利法第 6 条所称执

行本单位的任务所完成的职务发明创造是指：①在本职工作中作出的发明创造；②履行本单位交付的本职工作之外的任务所作出的发明创造；③退休、调离原单位后或者劳动、人事关系终止后1年内作出的，与其在原单位承担的本职工作或者原单位分配的任务有关的发明创造。《专利法》第6条所称本单位，包括临时工作单位；专利法第6条所称本单位的物质技术条件，是指本单位的资金、设备、零部件、原材料或者不对外公开的技术信息和资料等。

《专利法》及其实施细则规定的上述条件是并列关系，发明创造只要符合其中条件之一，就应认定该发明创造为职务发明创造。

《专利法》及其实施细则的上述规定，是判断职务发明与非职务发明的法定界限。这些规定是以承认知识有价值、承认专利权可以私有、承认技术垄断为前提的，其立法目的是调整单位和个人在发明创造活动中的利益关系。正确处理好单位和个人之间的这种利益关系，将会直接影响到单位进行发明创造的热情及个人发明创造的积极性。专利法在确定权利归属及其分享原则时，立足于我国国情，始终贯穿和体现了鼓励发明创造的原则。

3. 应当划清的几个界限

《专利法》和专利法实施细则虽然对如何区分职务发明创造和非职务发明创造作了规定，但由于其规定较笼统，实践中的具体情况又较复杂，经常会出现因为对法条理解不同，而得出不同结论的情况。结合实例，我们将企业及发明人、设计人在实践中容易遇到的具体问题分别分析如下：

1）技术方案完成与专利申请日

根据《专利法》及其实施细则的规定，申请发明与实用新型专利的发明创造必须是技术方案。该技术方案完成时应是完整的、能够付诸实现的、具备实用性的。

一般来说，作为一项发明创造已经提出专利申请，应当认为这项技术方案完成了，完成的标志是向国务院专利行政部门提交了权利要求书、说明书等记载着技术内容的专利申请文件，即提交专利申请的时间是专利申请日。

但是，在实践中，申请专利的技术方案的实际完成时间往往要早于专利申请日。由于种种原因，有的发明人并不急于提出专利申请：有的发明人在与单位协商由谁申请专利；有的是想将技术方案进一步完善后再申请；有的是想先制造些样品，看看在市场上是否有销路，然后再决定是否申请专利；有的是自己不想申请专利，想作为技术秘密保护起来或者转让出去等。无论如何，作为一项已经完成的技术方案应当有它的存在方式，即有它的载体，如数据齐全的图纸资料、样品样机等。如果有证据证明在专利申请日之前技术方案已完成，且与申请专利的技术方案相同，也可以依证据认定专利技术方案的完成日。但如果仅仅是脑子里有了构思、有个设想或想法，则不能说明技术方案已经完成。

一旦发生了职务发明与非职务发明之争，认定争议的标的即技术方案是何时完成是十分重要的，这对案件的最终结论的认定也非常关键，这时就应当明确以下原则：

（1）有确凿证据证明技术方案的完成早于专利申请日的，而且该技术方案与申请专利的技术方案无本质区别，或者与专利权利要求内容相同，应该以该技术方案实际完成日期作为判断权利归属的时间依据。但对这种证据审查必须慎之又慎，防止当事人出具假证，因为已有专利申请文件存在，要想勾画出和专利申请相似的草图、编造一些假的技术资料是十分容易的。因此，证据不足或者不可靠的，不能采信。

（2）无充足证据证明技术方案是何时完成的，或者先完成的技术方案与申请专利的技术方案有本质区别的，应以专利申请日和专利申请文件为依据，进行权利归属的判断。

（3）只是口头表达过自己的构思，或者证据证明的技术方案不完整的，不能认为是技术方案的完成。

2）什么是发明人的"本职工作"

对本职工作的解释既不宜太窄，也不宜过宽，窄了可能会损害单位的权益，宽了不利于调动职工群众发明创造的积极性。要作出一个适用于各种情况的明确解释是很困难的，关键是单位领导对发明人应当完成的工作任务或者其业务范围的界限应予以明确划定，即根据其职责范围来确定本职工作的范围。属于其职责范围内的，便可认定是其本职工作。

对"本职工作"应作出如下理解："本职"的范围就是发明人或者设计人的职务范围，即具体的工作责任、工作职责的范围，而不是指单位的业务范围，也不是指个人所学专业的业务范围。因此，不能认为，凡属同发明人从事的专业工作或业务有某种联系的发明创造，均属于职务发明。这种认识，对"本职工作"的解释就过宽了。

工作人员的职务不仅是指现在，而且也包括过去。所以，《专利法实施细则》规定：退休、调离原单位后或者劳动、人事关系终止后1年内作出的，与其在原单位承担的本职工作或者原单位分配的任务有关的发明创造。

（1）单位业务（经营）范围与本职工作。

作为一个法人，单位都有其从事的业务范围。企业的经营范围应当由工商行政管理机关核准，在经营过程中如果超越了经营范围，应被认为是违法的、无效的。但根据宪法的规定，每一个公民都有搞发明创造的权利和自由，因此，严格地说，单位的业务（经营）范围与单位内部人员所搞的发明创造内容范围是无关的，不能要求职工只能在单位的业务（经营）范围内搞发明创造。

但在认定一项发明创造的权利归属时，就不宜强调单位的业务（经营）范围与发明创造的归属完全无关了。在判断一项发明创造是否属于职务发明创造时，应当考虑这项发明与单位的业务（经营）范围、与个人的职责范围即本职工作的关系。

一般说来，发明人完成的发明创造与本单位的经营范围完全无关，不属于单位经营范围内的成果，不可能属于本单位的职务技术成果。但反过来，发明人完成的发明创造与单位的业务范围相同时，就要看发明人具体的本职工作范围是什么，不能一概认定与单位业务范围相同的发明创造一律为职务发明创造。

（2）厂长职权与本职工作。

在一般情况下，厂长不应成为与本厂业务有关的非职务发明人，原因有两个方面：一方面，厂长是企业的法定代表人，全权负责企业各方面的工作，所以，不能仅仅理解为厂长只做行政领导工作，而业务和技术问题则不在厂长的职责范围之内。厂长搞出的发明创造，只要目的在于解决本厂生产技术上的问题，就应认定为职务发明，因为，为了更好地完成本厂的生产任务，无论采取何种措施，都在厂长的职责范围之内。另一方面，作为一厂之长，其法律地位决定了厂长可以了解和参与本厂的各项科研、生产活动，这种特殊的便利条件是其他人所不具备的，特别是可以随意利用单位不向外公开的技术图纸、资料等物质条件。如果认可厂长利用这些便利条件完成的与本厂业务有关的发明为非职务发明，显然是不公平的。

在有些特殊情况下，厂长也可以作为与本厂业务有关的非职务的发明人，主要有三种情况：第一，聘用的厂长，进厂前就其已完成的发明创造与工厂有合同约定的；第二，厂长上任或调进厂当厂长以前，有证据证明已完成了发明创造成果；第三，厂长搞出的发明创造虽然与工厂业务有关，但该业务是非法定的或超越工厂经营范围的。在上述几种情况下，其发明创造不论该厂是否正在实施，是否正在为企业创利，其权利仍然应当归厂长个人所有。

实践中，产生这类纠纷往往不是厂长在位期间，而是厂长离开原厂之后，因此，应当依据证据，查明事实，作出公正判断。

（3）各类专业人员与本职工作。

确认各类专业人员，如医生、教师、在职研究生、博士生、司机等的本职工作时，应当从严掌握，范围不可过宽，否则，将会不利于调动这些人员搞发明创造的积极性。在认定这些专业人员搞出的发明是否属于职务发明创造时，也同其他人员一样，不仅要看是否属于本职工作，还需要用其他标准衡量。

（4）"利用上班时间"是否属于本职工作。

在判断专利权归属时，有人认为在完成发明创造过程中，是否利用了上班时间是判断的标准之一，或者认为是否为本职工作，要看从事发明创造工作所使用的时间，即时间也是判定是否在职工作的一个重要的判别因素，即凡在工作时间内作出的或利用了工作时间完成的发明创造，一律应当确认为是职务发明创造。也有人指出，当争议的焦点围绕是否利用工作时间时，要着重审查发明人是否完成了本职工作，而凡是符合下列条件之一的，应视为科技、管理人员完成了本职工作：第一，在法定的工作时间范围内，按岗位责任制的要求，保质保量完成本单位交给的任务的；第二，按时按质按量完成技术经济承包或任务包干合同、协议规定的各项任务的；第三，按授课时制的规定，保证教学质量，完成授课和辅导任务的。科技、管理人员在完成本职工作后，只要未利用本单位的物质技术条件，尽管占用了工作时间，所完成的发明创造，一般也应属于非职务发明创造。

这种以上下班时间为标准，以是否利用了工作时间为尺度，区分职务发明与非职务发明的做法，是没有法律依据的，也是不科学的。

科技人员在完成发明创造期间，常常废寝忘食、夜以继日、不分八小时内外地进行工作。在具体认定是否利用了工作时间时，往往是复杂的，尤其是对脑力劳动而言，很难划分上班下班。因此，《专利法》和《专利法实施细则》，都没有把是否利用工作时间作为区分职务发明与非职务发明的依据。也就是说，一项发明是在工作时间还是在业余时间完成的，对于判断它的权利归属是无关紧要的。尽管该项发明主要是利用业余时间完成的，只要它是属于该工作人员应完成的工作任务或者属于他的职务范围之内的，就应算是职务发明；相反，一项发明如果不属于法定发明人的职务范围，尽管发明人曾在上班时间也做过（有时只能是推定），也应认定为非职务发明。

3）发明人的"本单位"如何认定

我国所有制形式是国有、集体、私有等多种体制共存。人们有各种不同的就职形式，所以，应根据具体情况认定发明人或者设计人的"本单位"。

（1）职工所在的工作单位为"本单位"。

人员编制及工资关系所在单位是职工的本单位，该职工的工作安排及工资指标均进入所在单位的计划。但本单位不能是上级主管部门，也不能是下属单位或其他单位。

（2）借调人员从事工作的单位应视为"本单位"。

借调是我国的一种就职形式，职工在原单位领取工资，在借调单位从事工作，这种情况多为全民所有制单位之间或者下级对上级单位工作的支持和协助。

借调单位是将借调人员的工资纳入计划，其工作列入该单位的工作范围，借调人员往往承担一定的职责，从形式上已是该单位的一员。借调时间一般较长，几年或十几年，因此，应将该单位视为借调人员的"本单位"。

但对短期借调人员"本单位"的认定，则还应考虑发明创造主要完成的时间是在借调期间还是在原单位期间，从而对其"本单位"作出正确的认定。

（3）受聘的专业人员应将聘任单位视为"本单位"。

为提高技术研发、管理水平，许多乡镇企业、科技开发企业和新型集体企业聘任了专职的技术人员和管理人员，有些科技人员还受聘成为这些企业的科技领班。这些受聘人员有的已退休，有的受原单位领导委托，在受聘单位做领导或管理工作，虽然在原单位领取工资，但是聘任单位负责向原单位提供该职工的工资、福利、奖金等费用，并按比例向受聘人员原所在单位缴纳管理费用。因此，实质上聘任单位支付了受聘职工的工资及一切福利，受聘人员已成为聘任单位的一员。在这种情况下，聘任单位应视为受聘人员的"本单位"。

（4）受聘的兼职人员与聘任单位是合同关系。

兼职人员的情况比较复杂，原则可以分为两大类：一类是属于名义上的兼职人员，仅仅是出于名义上的原因和工作开展中的横向联系而设立的"挂名"人员。对于这种人员，聘任单位不能视为该兼职人员的"本单位"。另一类兼职人员是企业、事业单位为完成某些工作而专门聘任的兼职人员，他们在原单位享有正常劳动和福利待遇的同时，又受聘于兼职单位。正如人们常说的"业余兼职"或者"星期日工程师"。这种人无论是否在兼职单位正常上班，都接受兼职单位支付的工资或者劳动报酬，有些人甚至在兼职单位还享有与正式职工同等的劳保、医疗、住房等福利待遇。一般来说，他们在兼职单位都有具体的工作任务，他们与兼职单位的关系，实际上是一种合同性质的关系，他们与聘任单位的权利义务范围，也多是靠合同约定，其中有关技术成果权属的约定，只要不违反有关法律规定，就应按约定办理。如果合同无明确约定，兼职人员的发明创造若与兼职单位的工作任务有关，或者主要是利用了兼职单位的物质技术条件，可以考虑作出的发明创造权利归两个单位或者发明人个人与聘用单位双方共有。

（5）技术协会一般不能视为会员的"本单位"。

各种技术协会均属于群众团体，它们的目的之一就是组织同行业或者跨行业的技术人员搞业余的技术攻关、技术改造，为生产建设服务。技术协会与会员之间只是邀请关系，并非行政领导或者业务指导关系。因此，作为组织协作的技术协会不能视为会员的"本单位"。技术协会一般也不能作为专利申请人或者职务发明创造的所有者。

4）关于"本单位交付的任务"

所谓"本单位交付的任务"，应当是指发明人或者设计人本职工作之外的任务。它是指工作人员根据单位领导的要求承担的短期、长期或者临时的任务，如参加为特定的目的临时设立的研究、开发、设计小组等。

如何判断是否为领导交付的任务？第一，是否有充分的证据，是否有任务书。该证据应说明此项工作是本单位纳入计划的工作，并已指派某人完成，可以是会议纪要、计划书、通知书、决定书等。第二，是否有领导具体的支持与安排。对于列入单位计划的工作，必须要有具体的完成手段和保证，其中应有人员组成、研发时间、设备或者材料、经费、研制场所等具体措施。具备上述条件，才能属于领导交付的任务。在实践中，应当注意的是，一般号召、要求，不能作为本单位交付的任务。

5）关于"主要是利用本单位的物质技术条件"

正确理解"主要是利用本单位的物质技术条件所完成的发明创造"这一条款，必须从两个方面理解它的含义。

一方面，应当明确物质条件的利用是为了完成某个技术方案（发明创造），而不是为了实施某个技术方案（发明创造）。这一点在实践中常被混为一谈。从目前的一些专利权属纠纷可以看出，有些单位了解到本单位或者外单位或者已退、离休的科技人员掌握某项技术方案，考虑到实施可能会给单位带来经济效益，便决定出资、进行生产试验，投资建厂房、购设备、买原材料，实施其技术方案。该发明创造实施过程中，发明人一旦申请专利，单位便提出权利归属争议，认为自己出了资，技术方案是在单位最终完成的，应当享有专利权，至少应当是权利共有等。对于这种情况，人民法院处理时，也容易以"利用了单位的物质技术条件"为理由，将该发明创造认定为职务发明创造或者共有发明创造。因为，该技术方案在单位投资前在技术上是否可行，是否已处于可以申请专利的状态，它与后来申请的专利在技术特征上有何区别等，不易举证和查证，而单位出了资金，建了厂房，购买了设备和原材料等事实，则显而易见，这种认识和做法对正确区分职务发明创造与非职务发明创造是十分有害的。

根据《专利法》第 2 条对发明、实用新型和外观设计所下的定义可以看出，只要是一个完整的"技术方案"或"新设计"就可以申请专利。也就是说，在申请专利时，并不要求该技术方案已付诸实施或已有相应的产品被制造出来。事实上，许多已获专利权的发明创造未进入实施阶段就已消亡了。因此，认定申请专利的技术方案完成过程中是否主要利用了本单位的物质技术条件，绝不能以是否实施为标准。

　　为此，人民法院处理专利权属纠纷，涉及是否利用本单位物质技术条件问题的判断时，一定要查清物质技术条件的利用目的是什么，是为了搞发明创造，还是为实施发明创造；是哪个阶段的利用，是利用在从事发明创造活动中，还是在将发明创造转化为产品的过程中。这对依法公正处理专利权属纠纷是至关重要的。

　　另一方面，在实践中，很多发明创造的产生是利用了单位的物质技术条件，但根据专利法规定并非凡是利用了或与单位的物质技术条件沾边就属于职务发明创造，而必须是在完成发明创造的过程中"主要是利用本单位的物质技术条件"。其含义是：

　　（1）必须是利用了单位的"物质技术条件"。

　　所谓物质条件，是指单位的资金、设备、零部件、原材料或者不向外公开的技术资料等，特别是属于单位所有的技术资料。2000 年前的《专利法》仅强调物质条件，2000 年修改后的专利法则增加"技术"二字，其原因在于，实践中过去较多关注"物质条件"，而忽视了"技术条件"。如果仅使用了单位的介绍信、银行账号以及利用了单位已公开的技术资料的不在此列。而这里的"资金"也非指工资。工资是指一般劳动报酬，用于人的再生产，与为搞发明创造而使用的物质条件不同。

　　（2）必须是利用了"本单位"的物质技术条件。

　　也就是说，在发明创造完成过程中，利用外单位物质技术条件的，本单位无权作为实际权利人提出异议。

　　（3）必须"主要是"利用了本单位的物质技术条件。

　　这里有一个质与量的界限，可根据具体情况作出认定。主要有以下几种情况：

　　第一，在发明创造完成过程中，仅利用了本单位少量的物质条件，如办公用纸、笔、墨水等，对本单位经济无影响或影响不大，并已及时支付了费用或者双方同意用支付费用方式解决的。

　　第二，在发明创造完成过程中，虽然少量地利用了本单位的物质条件，但这种利用并未对该发明创造的完成起主要作用，且发明人和单位均同意用支付一定费用的方式解决。

　　第三，利用本单位的物质条件、费用较大或者该物质技术条件在发明创造完成过程中起了主要作用，如果缺少这种物质技术条件，该发明创造就可能完不成。

对于这三种情况中的前两种，利用本单位的物质条件不应认为是"主要"的，只有第三种情况才应认定为"主要是"利用了本单位的物质条件。

应当注意的是，只有同时符合上述三个条件，才能认为该发明创造的完成"主要是利用本单位的物质技术条件"，也才能认定为职务发明，其原因就在于，这种发明创造的完成同单位在物质上、技术上的帮助有密不可分的关系，没有这种物质和技术帮助，该发明创造是不可能完成的。

6）利用本单位物质技术条件完成的发明创造，其权利归属可以约定

2000年修正的《专利法》第6条增加了一款内容，即：利用本单位的物质技术条件完成的发明创造，单位与发明人或者设计人订有合同，对申请专利的权利和专利权的归属作出约定的，从其约定。2008年修正的《专利法》和现行《专利法》均延续了该规定。这一规定为划分专利申请权及专利权归属时增加了一个新的途径。应当明确的是：

（1）并非一切的发明创造都可以用合同约定的方式明确专利申请权及专利权的归属，而仅限于发明人或者设计人利用本单位物质技术条件完成的发明创造的情况。

（2）既然是合同约定，该合同必须依法成立，依法有效，不存在胁迫、欺诈或者违反法律的情况，尤其不能存在显失公平的情况。在实践中，应当防止有的发明人或者设计人与单位的负责人勾结在一起，用订立合同的方式，将职务发明创造通过合同约定归属为非职务发明创造，损害单位的利益。

（3）对虽然有合同，但合同中关于权属约定不明的，对合同中权属约定显失公平的，应当宣告其合同无效，其针对的专利申请权及专利权归属仍应依法作出认定。

7）关于工作人员"退休、调离原单位后或者劳动、人事关系终止后1年内作出的，与其在原单位承担的本职工作或者原单位分配的任务有关的发明创造"

随着科技人员合理流动政策的实行，科技人员流动的现象增多了。这些人在流动过程中作出的发明创造，应当由谁申请专利？是职务发明创造还是非职务发明创造？为了解决这些问题，《专利法实施细则》划定了一个时间

界限。对于这一规定，有几个具体问题应当明确：

第一，"1年内"的起算日。"1年内"的起算日应以正式办理完调离或者退职、退休手续之日起计算。

第二，发明创造"作出的"日期确定。一般情况下，应以专利申请日推定为该发明创造的作出日期。一项发明创造的实际作出日期肯定应当在专利申请日以前，但有时很难有充足证据证明它的完成日期，而在专利申请日，该发明创造的完整方案已经向国务院专利行政部门提交，因此，将专利申请日作为发明创造的完成日更容易认定。当然，如果有充分确凿的证据证明专利申请之前实际完成日的，应当以实际完成该发明创造的日期为"作出的"日期。

第三，对"有关"的理解。"与其在原单位承担的本职工作或者分配的任务有关的发明创造"中的"有关"一词，范围应包括两个方面：一是在完成本职工作中作出的；二是完成本单位交付的任务过程中作出的。

第四，停薪留职、内部调动工作可适用《专利法实施细则》的规定在停薪留职、内部调动工作等情况下，对其所作出的发明创造权利归属进行认定时，可以参照《专利法实施细则》的规定。

（二）发明人或者设计人

专利法所称的发明人或者设计人，是指对发明创造的实质性特点作出了创造性贡献的人。对于非职务发明创造来说，发明人和设计人与申请人、专利权人一般是一致的；而对于职务发明创造来说，发明人和设计人与专利申请人、专利权人是不一致的。正因如此，后者往往容易产生纠纷。

就发明人或者设计人发生的争议主要是围绕署名权问题，在署名这种名誉权之后还涉及"一奖两酬"的经济利益。同时，这种争议往往和谁应当是专利申请人、专利权人争议搅在一起，解决起来难度较大。

1. 对发明创造作出了创造性贡献

解决这种纠纷关键在于，正确判断哪些人对发明创造作出了创造性贡献。在一项发明创造完成过程中，参加研究工作的每个人的作用不尽相同。有的是研究课题的提出者，有的是课题组织领导者，有的直接从事研究工作，有的负责后勤工作，有的从事数据处理等。如果细致划分，任何一项职务发明创造的都要由三部分人参加。

（1）组织领导者：这部分人多为各级科技管理部门的行政领导，他们负责下达任务，提供经费、物质条件和调配工作人员。

（2）科技辅助人员：他们参加该项课题的基本试验、分析化验和数据处理等工作。

（3）研究人员：他们设计、构思课题内容，制定技术路线和实施方案，遇到难题设法给予解决。

对发明创造作出创造性贡献的应当是上述第三种研究人员，即对该项发明创造整体构思、设计并对关键技术的解决作出了创造性贡献的人。在完成发明创造过程中，若是只负责组织领导工作的人，为物质条件的利用提供方便的人或者从事其他科研辅助工作的人，则不应被认为是该项发明创造的发明人或者设计人，因为这些人虽然对发明创造的完成也作了不同程度的贡献，但不属于创造性贡献。

第一种人，在课题研究过程中，作出了总体设计构思，并且提出的技术方案有先进性、创造性、实用性；

第二种人，在技术成果完成过程中，对解决该项成果技术方案中的关键技术问题起了骨干和指导作用；

第三种人，始终负责该课题研究，并为解决关键技术作出创造性贡献。

具备以上三种情况之一者才称得上发明创造的主要完成者。当然，一项发明创造的完成者可能为一个人，也可能是多个人。如为多个人，应视每个人对完成发明创造所作贡献大小依次排列名次，均为共同发明人。

2. 正确处理好几个方面的关系

在区分谁是发明人或设计人时，应当注意以下几个方面的关系。

1）课题负责人与具体研究者的关系

一般情况下，参加研究的课题负责人可以成为发明人或者共同发明人。但如果课题负责人仅仅是挂个名，未参与研究工作，不是发明创造的主要完成者，就不能作为发明人。

2）指导研究者与具体研究者的关系

一般情况下，指导者只是泛泛指导，不应成为发明人或者设计人。只有当具体研究者的工作是在指导者具体指导下完成的，或者在发明创造的完成中，指导者的意见起了较大作用时，指导研究者才能作为发明人或者共同发明人。

3）参与实验者与具体研究者的关系

实验者在发明创造完成过程中的作用是不可低估的。但是，由于实验者是根据研究者提出的目标、要求、计划进行操作，以得出实验数据，为研究者参考，因此，没有创新或者突出贡献的实验者不能作为发明人。只有当实验者在实验过程中有所创新，如发现并修正了研究者的错误，才有可能作为发明人或者共同发明人。例如，一名研究人员发明了一种医疗仪器，为了检验该仪器的临床效果，请几名医生作临床试验，那么，这几名医生不能作为该仪器的发明人；但如果其中一名医生在临床实验中发现了该仪器的重大缺陷，并指出了改进方案被研究者采用，该医生则可以作为发明人或者共同发明人。

4）协助完成者与具体完成者的关系

协作完成者一般是指为研究做了些辅助性工作的人，他们不能作为发明人或设计人，只有对发明创造的完成作出实质性贡献并承担了实质性风险的具体研究者，才能作为发明人或者设计人。

（三）职务发明人奖励与报酬

1. 奖励

《专利法实施细则》第 93 条第 1 款规定："被授予专利权的单位未与发明人、设计人约定也未在其依法制定的规章制度中规定专利法第十五条规定的奖励的方式和数额的，应当自公告授予专利权之日起 3 个月内发给发明人或者设计人奖金。一项发明专利的奖金最低不少于 4000 元；一项实用新型专利或者外观设计专利的奖金最低不少于 1500 元。"这一款明确了两点：其一，以我国国民收入的增长状况为依据，提高了奖金数额，分别将发明专利的奖金提高为最低不少于 4000 元，将实用新型或者外观设计的奖金提高为最低不少于 1500 元。其二，明确了发给奖金的时间，即"自公告授予专利权之日起3 个月内"。实践中，许多单位迟迟不发给发明人或设计人奖金，当有的发明人或者设计人想通过法律手段索取奖金时，往往已过诉讼时效，从而导致发明人或者设计人的权益难以得到保障。《专利法实施细则》规定了明确的时间界限，单位到时不向发明人或者设计人支付奖金的，即属违法。

《专利法实施细则》第 93 条第 2 款规定："由于发明人或者设计人的建议被其所属单位采纳而完成的发明创造，被授予专利权的单位应当从优发给奖金。"根据这一规定，可以得到从优奖金的首先必须是发明人或者设计人，而不是指某一具体专利案外提建议的人；其次是提出的建议被本单位采纳，并对完成发明专利具有积极意义或作用的人。从优发给奖金是指比《专利法实施细则》规定的最低标准要高，至于到底是多少才属于从优，则可根据各国有企业事业单位的经济等状况自行决定。

2. 报酬

根据《专利法实施细则》第 94 条的规定，被授予专利权的单位未与发明人、设计人约定也未在其依法制定的规章制度中规定《专利法》第 15 条规定的报酬的方式和数额的，应当依照《中华人民共和国促进科技成果转化法》（以下简称《促进科技成果转化法》）的规定，给予发明人或者设计人合理的报酬。

《促进科技成果转化法》第 44 条规定，职务科技成果转化后，由科技成果完成单位对完成、转化该项科技成果做出重要贡献的人员给予奖励和报酬。科技成果完成单位可以规定或者与科技人员约定奖励和报酬的方式、数额和时限。

《促进科技成果转化法》第 45 条规定，科技成果完成单位未规定、也未与科技人员约定奖励和报酬的方式和数额的，按照下列标准对完成、转化职务科技成果做出重要贡献的人员给予奖励和报酬：

（1）将该项职务科技成果转让、许可给他人实施的，从该项科技成果转让净收入或者许可净收入中提取不低于百分之五十的比例；

（2）利用该项职务科技成果作价投资的，从该项科技成果形成的股份或者出资比例中提取不低于百分之五十的比例；

（3）将该项职务科技成果自行实施或者与他人合作实施的，应当在实施转化成功投产后连续三至五年，每年从实施该项科技成果的营业利润中提取不低于百分之五的比例。

国家设立的研究开发机构、高等院校规定或者与科技人员约定奖励和报酬的方式和数额应当符合前款第（1）项至第（3）项规定的标准。

国有企业、事业单位依照本法规定对完成、转化职务科技成果做出重要贡献的人员给予奖励和报酬的支出计入当年本单位工资总额，但不受当年本单位工资总额限制、不纳入本单位工资总额基数。

为了确保职务发明创造的发明人或者设计人依法获得奖励和报酬的合法权益的实现，《专利法实施细则》第 102 条规定，职务发明创造的发明人、设计人与其单位发生的奖励和报酬纠纷，当事人可以请求管理专利工作的部门进行调解。不愿通过调解解决或者调解不成的，当事人还可以向人民法院提起民事诉讼。

根据《最高人民法院关于审理专利纠纷案件适用法律问题的若干规定》第 1 条第 7 项，将"职务发明创造发明人、设计人奖励、报酬纠纷案件"正式规定为专利纠纷案件，使发明人或者设计人一旦因奖励、报酬与原单位发生争议，寻求司法途径保护其合法利益有了明确的依据。

（四）共有专利权

1. 共有专利权的法律特征

《民法典》第 297 条规定：不动产或者动产可以由两个以上组织、个人共有。专利权是一种财产权，因此，也可以共有。所谓专利权共有是指一项获得专利权的发明创造由两个以上的单位、个人或者单位与个人共同所有。专利权共有的一般前提是共有人之间有合作或者委托关系。

专利权共有以下几个法律特征。

1）多主体性

即专利权的主体是由两个或两个以上单位、个人或单位与个人组成，单个主体不可能形成共有。

2）客体单一性

共有的专利权必须是同一发明创造，而且这一标的具有不可分割性。

3）权利处分上的协同性

共有专利权是当事人各方共同合作、委托或者协商一致的产物，在处分该专利权时一般需要全体共有人协商一致。

4）可以是共同共有，也可以是按份共有

《民法典》第 297 条还规定，共有包括按份共有和共同共有。第 298 条规定，按份共有人对共有的不动产或者动产按照其份额享有所有权；第299条规定，共同共有人对共有的不动产或者动产共同享有所有权。

共有专利权是一种无形财产，它作为一个整体，很难分割。共有专利权通过合同设定，既可以具有共同共有的特征，也可以属于按份共有范畴。有时人为地把共有专利权按共有人进行推定分割，这种人为分割成所谓"份额"，只与缴纳专利费用、转让专利权或者订立专利实施许可合同后分配报酬有关，而与共有人实施发明创造无关。

2. 共有专利权的几种主要形式

1）依合同的约定产生的共有

《专利法》第8条规定：两个以上单位或者个人合作完成的发明创造、一个单位或者个人接受其他单位或者个人委托所完成的发明创造，除另有协议的以外，申请专利的权利属于完成或者共同完成的单位或者个人；申请被批准后，申请的单位或者个人为专利权人。

《民法典》第859条和第860条对此又作了进一步规定：委托开发完成的发明创造，除法律另有规定或者当事人另有约定外，申请专利的权利属于研究开发人。研究开发人取得专利权的，委托人可以依法实施该专利。研究开发人转让专利申请权的，委托人享有以同等条件优先受让的权利。

合作开发完成的发明创造，申请专利的权利属于合作开发的当事人共有；当事人一方转让其共有的专利申请权的，其他各方享有以同等条件优先受让的权利。但是，当事人另有约定的除外。合作开发的当事人一方声明放弃其共有的专利申请权的，除当事人另有约定外，可以由另一方单独申请或者由其他各方共同申请。申请人取得专利权的，放弃专利申请权的一方可以免费实施该专利。合作开发的当事人一方不同意申请专利的，另一方或者其他各方不得申请专利。

在执行上述规定时，确定专利权共有时，应当注意以下三点。

（1）专利权共有依据的合同应当是技术合同，而不是非技术合同。

专利权或者专利申请权的共有，所依据的合同应当是技术合同，而不是经济合同或者其他非技术合同。

（2）应是技术开发合同，而不是技术转让合同或者技术入股联营合同。

在依当事人之间的合同确认专利共有时，所依据的合同应当是技术开发合同。技术开发合同可分为委托开发合同和合作开发合同。技术开发合同最显著的特点是当事人之间就新技术、新产品、新工艺和新材料及其系统的研究开发所订立的合同。如果合同标的针对的成果不符合"新"字，就谈不上技术开发合同，当然也就谈不上将开发成果申请专利，因为申请专利的发明创造要符合新颖性。当然，对技术开发合同标的"新"字，法律上的要求不是绝对的，而是相对于合同当事人而言的。

技术转让合同、技术许可合同与开发合同不同，它们应当以转让特定和现有的专利权、专利申请权、专利实施权、技术秘密使用权和转让权为内容。也就是说，技术转让合同和技术许可合同是以合同标的已经存在、权属明确为前提的，不包括转让尚待研究开发的技术成果。订立技术入股、联营合同更是如此。

可见，只有当事人之间订立的是技术开发合同，才有可能对开发完成的技术成果产生权利归属于谁或者共有的问题，其中包括专利申请权和专利权的共有。而依据技术转让合同、技术许可合同或者一方以技术入股、联营的合同不能产生专利申请权或者专利权的共有。如果技术转让合同、技术许可合同在履行过程中对技术成果有后续改进，从而产生了新的技术成果则属另一个问题。

（3）对履行技术许可合同（包括专利实施许可合同和技术秘密实施许可合同）后续改进条款产生的新的发明创造，专利申请权的归属应当依从合同约定。

所谓"后续改进"，是指在技术许可合同有效期内，合同一方或者双方当事人对作为合同标的专利技术或者非专利技术所作的革新和改良。这种革新和改良，可以是重大的具有突破性的技术创新和改进，也可以是在技术细节上所作的有实质意义的修正和改良。

《民法典》第 875 条规定：当事人可以按照互利的原则，在合同中约定实施专利、使用技术秘密后续改进的技术成果的分享办法；没有约定或者约定不明确，一方后续改进的技术成果，其他各方无权分享。这就是说，合同当事人之间可以就后续的改进技术成果的分享进行约定，这种约定只要不违反法律规定，对双方当事人就应当具有约束力。而如果没有约定或者约定不明的，则按照谁发明归谁所有的原则处理。

2）协商共有

根据《专利法》的规定，两个单位或者个人分别就相同的发明创造在同一天申请专利的，由双方协商解决申请人问题。协商的结果往往可能是双方成为共同申请人，当专利获得批准时，双方就成为共同专利权人。

《专利法》第9条规定，两个以上的申请人分别就同样的发明创造申请专利的，专利权授予最先申请的人。《专利法实施细则》第47条第1款规定："两个以上的申请人同日（指申请日；有优先权的，指优先权日）分别就同样的发明创造申请专利的，应当在收到国务院专利行政部门的通知后自行协商确定申请人。"《专利审查指南》第二部分第三章规定，在审查过程中，申请人期满不答复的，其申请被视为撤回；协商不成，或者经申请人陈述意见或者进行修改后仍不符合《专利法》第9条第1款规定的，两件申请均予以驳回。

3）因实际合作研究行为形成的共有

当事人之间在共同研究一项发明创造过程中没有协议，在完成发明后，怎样解决申请权或专利权归属问题？《专利法》第8条规定，两个以上单位或者个人合作完成的发明创造、一个单位或者个人接受其他单位或者个人委托所完成的发明创造，除另有协议的以外，申请专利的权利属于完成或者共同完成的单位或者个人；申请被批准后，申请的单位或者个人为专利权人。《民法典》第860条规定，合作开发完成的发明创造，申请专利的权利属于合作开发的当事人共有；当事人一方转让其共有的专利申请权的，其他各方享有以同等条件优先受让的权利。

按照以上规定，两个单位合作完成的发明创造且没有协议约定专利申请权归属的，申请专利的权利属于共同完成的单位，即专利权共有。

二、专利权属纠纷

（一）专利权属纠纷的种类

专利权属纠纷分为专利申请权纠纷和专利权权属纠纷，下面分别对进行阐述。

1. 专利申请权纠纷

专利申请权纠纷，是指一项发明创造在申请专利之前或者申请专利后，授予专利权以前，当事人之间就谁应当有申请专利的权利而发生的纠纷。严格地说，专利申请权纠纷实际上就是指就申请专利的权利发生的争议。

《最高人民法院关于审理专利申请权纠纷案件若干问题的通知》中规定，专利申请权纠纷案件包括：

（1）关于是职务发明创造还是非职务发明创造的纠纷案件；

（2）关于谁是发明创造的发明人或设计人的纠纷案件；

（3）关于协作（合同）完成或者接受委托完成的发明创造，谁有权申请专利的纠纷案件。

2. 专利权权属纠纷

专利权权属纠纷，是指一项发明创造被正式授予专利权之后，当事人之间就谁应当是该发明创造的真正权利人而发生权利归属争议。

从主体上讲，这类纠纷是获得专利权的人可能不是实际权利人，致使实际权利人向人民法院起诉，要求享有专利权，从而形成民法上的确认之诉。

专利权权属纠纷主要包括以下几种：

（1）属于单位的职务发明创造被个人作为非职务发明申请专利并获得了专利权而引起的纠纷。

（2）属于个人的非职务发明创造被单位作为职务发明申请专利并获得了专利权而引起的纠纷。

（3）一方完成或几方共同完成的发明创造被完成发明创造以外的人申请专利并获得了专利权而引起的纠纷。

（4）依据委托合同完成的发明创造，在合同无权利归属约定的情况下，该发明创造被委托方申请专利并获得了专利权而引起的纠纷。

（5）合作开发所完成的发明创造，在合同无权属约定，又无各方中一方声明放弃其共有的专利申请权的情况下，该发明创造被共有人中一方或几方申请专利并获得了专利权而引起的纠纷。

（二）专利权权属纠纷与专利申请权纠纷的区别

专利权归属纠纷与专利申请权纠纷虽然有相似之处，但它们是两类不同的专利纠纷。其主要区别表现为：

1. 争议发生的时间不同

专利申请权纠纷发生在专利申请过程中，或者专利申请后，授予专利权之前，而专利权权属纠纷则发生在授予专利权之后。

2. 争议的发明创造所处的法律状态不同

专利申请权纠纷争议的发明创造正处在专利申请或者审批过程中；而专利权权属纠纷争议的发明创造已经国务院专利行政部门公告，并获得专利权。

3. 争议的焦点不同

专利申请权纠纷争议的是谁有权申请专利；而专利权权属纠纷争议的则是对已经批准的专利权应当归谁所有，即谁是真正的专利权人。

4. 处理结果不同

专利申请权纠纷解决后，国务院专利行政部门只需在专利申请文件中对申请人或发明人、设计人作出变更，审查便可以继续进行；专利权权属纠纷解决后，国务院专利行政部门将依据人民法院的生效判决，依照《专利法实施细则》的规定，在专利公报上公告专利权人的姓名或名称、地址的变更。

第四节　专利侵权诉讼

一、专利侵权行为

现行专利制度下，侵犯专利权的行为主要包括《专利法》第 11 条所规定行为，具体而言，包括：

（一）制造专利产品的行为

制造专利产品的行为是指生产、加工受专利法保护的发明或者实用新型专利产品。也就是说，被控侵权人制造了他人专利权利要求书中所表达的完整的专利产品。这种专利产品可以是独立的专利产品，也可以是构成其他产品中的一个部分或者一个部件。判断是否构成制造专利产品的行为，并不取决于生产产品规模的大小和制造产品数量的多少，也不必审查行为人是用什么方法制造出来的，只要是未经专利权人许可，哪怕为生产经营目的仅制造了一件专利产品，也会构成侵犯专利权。

（二）使用专利产品的行为

使用专利产品的行为是指发明或者实用新型专利产品按照其用途付诸

应用。每一件专利产品，按照它的技术功能都可以有一种或者多种用途。那么，对于专利产品而言，只要行为人将其用途加以实现，不论是用了它的哪一种用途，也不管是反复使用还是一次性使用，都属于使用行为。使用专利产品既包括了对专利产品的单独使用，也包括了将专利产品作为其他产品的一部分或者一个部件的使用。对使用专利产品行为的认定与制造专利产品相类似。即未经专利权人许可，即使仅为生产经营目的使用了一次，在法律上也应当是被禁止的。

（三）许诺销售专利产品的行为

2000 年修改后的《专利法》赋予了发明专利和实用新型专利的专利权人"许诺销售"的禁止权。这一修改，不仅加大了对专利权的保护力度，也符合了 TRIPS 协议的要求。

所谓"许诺销售"，是指行为人明确表示愿意出售一种特定的专利产品的行为。从实现许诺销售的形式看，既可以是书面形式，也可以是口头形式；既可以是通过柜台展示或者演示的方式，也可以是通过广告、传真、网上发布信息等其他途径。例如，将专利产品陈列在商店中，列入拍卖清单或者为其做推销广告等。但是，许诺销售行为必须针对的是已经构成侵犯他人专利权的专利产品而言，而不能是权利人的凭空猜疑，即不能仅凭一份宣传广告、一个电话、传真等方式反映出的专利产品外观，或者对产品性能的一般介绍，就认定构成许诺销售侵权产品，而仍然应当在首先认定许诺销售行为针对的产品构成侵权的情况下，再认定其行为是否属于许诺销售。

许诺销售行为不同于销售行为，它表示的是提供销售的愿望，或者可以说是向不特定的人发出的要约邀请。按照《专利法》的规定，专利权人对未经许可的许诺销售行为，有权依法予以禁止。该项权利的直接意义在于，使专利人能够在侵权行为人进行侵权交易的早期阶段及时禁止"即发侵权"的行为，避免"销售行为"的实际发生，以减少专利权人由于侵权行为而带来的实际损失。但实际上，这种"即发侵权"行为尚未给专利权人造成实际损失，因此，从理论上讲，将"许诺销售"认定为侵权行为，是对传统的侵权构成要件学说的一大突破，即在没有实际损害发生的情况下，行为人也要承担侵权责任。对于专利权这种无形财产权，由于具有开发研制成本高、技术成果易扩散、权利人对其控制较为困难的特点，一旦受到侵权，会给权利人造成较为严重的损害，所以，法律给予权利人一种强化保护是十分必要的。

（四）销售专利产品的行为

销售专利产品与一般的货物买卖相同，即卖方将专利产品出售给买方，买方支付给卖方一定的价金。根据《专利法》的规定，专利产品的卖方可以是专利权人，也可以是经过专利权人许可实施专利的单位或者个人。但未经专利权人许可，任何单位或者个人都不允许擅自为生产经营目的销售专利产品，否则即构成侵犯专利权。

（五）进口专利产品的行为

专利权人有权禁止第三人从另外一个国家进口与其专利相同的专利产品，这就是所谓的进口权。我国《专利法》规定，专利权人享有对专利产品的进口权，有权禁止第三人将专利产品从其他国家进口到我国。这就是说，未经专利权人许可，擅自进口专利产品的行为也构成侵犯专利权。

（六）使用专利方法的行为

使用专利方法的行为是指使用了受专利法保护的方法发明专利。未经专利权人许可，为生产经营目的使用他人专利方法的行为，属于侵犯专利权的行为。但是，判断使用专利方法的行为与判断制造专利产品的行为有所不同。对制造专利产品而言，只看结果是否相同，而不问制造方法是否一样，只要最终的产品与专利产品相同，即使行为人使用的是与专利产品的实际制造方法不同的方法制造出来的，也属于制造专利产品的行为，也构成侵犯专利权。而对于方法专利而言，则不看实际制造出的产品如何，只看是否使用了该专利方法，即使使用该专利方法制造出不同产品，也构成使用专利方法的侵权行为；而使用了其他与专利方法不同的方法，即使制造出相同产品，也不能认为侵犯了方法专利权。

（七）使用、许诺销售、销售、进口依照专利方法直接获得的产品

根据世界上多数实行专利制度国家的做法和有关国际公约的规定，如果专利是一项产品的制造方法，专利权人不仅有权禁止他人未经许可使用该专

利方法，而且有权禁止他人未经许可使用、许诺销售、销售、进口依该专利方法直接获得的产品。这种规定的目的在于给产品制造方法专利的专利权人以更加有力的保护。《专利法》也作了上述规定。因此，未经专利权人许可，以经营为目的使用、许诺销售、销售、进口依照该专利方法直接获得的产品的行为，也是一种侵权行为。实际上，这里讲的"依专利方法直接获得的产品"应当是指"新产品'。如果一种方法专利，对它的使用结果制造出的是一种旧产品，专利权的保护范围并不能包含这种旧产品，这时只能保护获得专利权的制造方法；而如果专利制造方法可以制造出一种新产品，则对这种方法的保护可以延伸到对新产品的保护。

（八）制造、销售、许诺销售、或者进口外观设计专利产品的行为

外观设计专利保护的不是产品本身，而是产品上所呈现的外观设计。但对外观设计的专利保护又离不开产品，就是说，外观设计专利必须是指定在某一产品上使用的。任何单位或者个人未经专利权人许可，在为生产经营目的制造这一产品时，都不得使用该外观设计，或者不得销售、许诺销售、进口使用外观设计专利的产品，否则，就构成了侵犯他人外观设计专利权。

二、专利侵权判定

（一）发明和实用新型专利侵权判定

1. 发明和实用新型专利权保护范围的确定

1）申请人在确定专利权保护范围的法律依据

《专利法》第 64 条第 1 款规定："发明或者实用新型专利权的保护范围以其权利要求的内容为准，说明书及附图可以用于解释权利要求的内容。"根据这一规定，专利权的保护范围的大小是由权利要求决定的。当然，权利要求不是孤立的，它应当得到说明书的支持，在确定专利权的保护范围时，说明书可以对权利要求中不清楚的描述作出解释。

2）专利说明书在确定专利保护范围中的作用

根据《专利法》第 64 条的规定，确定专利保护范围的原则具有双重含义，一是发明或者实用新型专利的保护范围以其权利要求书表述的要求保

护的内容为准；二是说明书、附图可以用于解释权利要求。解释权利要求即是解释专利要求保护的内容。当专利权利要求的内容与说明书中记载的技术内容相一致时，即取得了说明书的支持，说明专利权利要求是确切的，是成立的；当专利权利要求的内容与说明书的内容有差异，不能准确地或者不能清楚地反映专利权利要求的内容时，则要依据说明书及附图对权利要求的内容予以解释、修正，使其合理、清楚地反映出专利要求保护的内容。这种解释与修正可以使专利权利要求的内容从不清楚到清楚，从要求过大到适当缩小，从要求过小到适度扩大。而专利保护范围则是以经过说明书正确解释的权利要求的内容而确定的。应当说，这是说明书在确定专利保护范围中所起的作用。

根据《专利法》第 26 条的规定，说明书应当对发明或者实用新型作出清楚、完整的说明，以所属技术领域的技术人员能够实现为准。权利要求书应当以说明书为依据，说明要求专利保护的范围。因此，在专利侵权诉讼中，专利说明书至少应当在以下几个方面发挥解释功能：

第一，在独立权利要求中的必要技术特征不易理解时，可以根据专利说明书记载的内容给予清楚的解释。

第二，在权利要求的保护范围较大时，根据专利说明书对权利要求作出的适当缩小的解释，以使权利得到说明书的支持，否则将可能损害公共利益。

第三，在权利要求的保护范围较小或者不确切时，根据专利说明书对专利权利要求作出的适当扩大的解释。在实践中，主要是有些专利文件将明显的、非必要的附加技术特征写入专利独立权利要求中，使独立权利要求的保护范围过小。对于这种情况，应当根据说明书的解释，省略专利独立权利要求中的附加技术特征，使专利独立权利要求的内容与专利说明书中描述的主要技术内容相对应。

3）实施例在确定专利保护范围中的作用

在专利说明书中，实施例或者具体的实施方式是说明书重要的组成部分，实施例越多，权利要求可以概括的程度越高。

对实施例或者实施方式的说明，可以使专利权利要求的每个技术特征具体化，从而使发明的实施具体化，使发明或者实用新型的可实施性得到充分支持。在专利说明书中，对每个实施例的描述应当使发明或者实用新型的内容、优点和效果以及对附图的说明浑然一体，使发明或者实用新型得到清楚完整的说明。应给出足以支持发明或者实用新型优点和效果的最好实施方式。

由此可见，实施例作为说明书的一部分，对确定专利的保护范围有重要意义。运用实施例解释权利要求时应注意以下几点：

第一，专利的保护范围不应当受说明书或者附图中所记载的实施例的约束，不论该实施例是否记入从属权利要求。

第二，在有些情况下，专利的技术范围允许限定为具体的实施例。这些情况包括：抽象的或者功能性的权利要求，仅按权利要求描述的技术方案不完整；权利要求的记载缺少必要技术特征；权利要求所记载的范围大于发明的详细说明书所记载的范围；权利要求所记载的全部为已知技术；权利要求所记载的技术方案从申请时的技术水平来看是未完成发明，但实施例为完成的发明；除实施例之外，权利要求所记载的技术方案不能达到说明书所声称的技术效果。

第三，因为独立权利要求应为记载构成发明的全部必要技术特征，所以不能认为说明书中的实施例只不过是个实施例而不予考虑，进而造成对专利的保护范围作扩大解释。

在世界知识产权组织各国专家进行协调的巴黎公约有关专利部分补充条约的草案中，也专款规定了实施例，指出：如果专利包含了发明的实施例或者该发明功能或效果的例子，权利要求书不应该解释或局限于这些例子。尤其，当一个产品或方法包含了一个在专利所披露的例子中未出现的附加特征、缺少这些例子中的特征、或者未达到目的或不具有这些例子中写明的或潜在的所有优点时，不能以这些事实将该产品或方法排除在权利要求的保护范围之外。这就是说，权利要求书不能受实施例的局限。

4）摘要与专利保护范围无关

根据《专利法》第26条的规定，摘要应当简要说明发明或者实用新型的技术要点。

《专利法实施细则》第26条指出：说明书摘要应当写明发明或者实用新型专利申请所公开内容的概要，即写明发明或者实用新型的名称和所属技术领域，并清楚地反映所要解决的技术问题、解决该问题的技术方案的要点以及主要用途。说明书摘要可以包含最能说明发明的化学式；有附图的专利申请，还应当提供一幅最能说明该发明或者实用新型技术特征的说明书附图作为摘要附图。摘要中不得使用商业性宣传用语。

由此可见，摘要是说明书公开内容的概括，它仅提供一种技术情报，不具有法律效力。摘要的内容不属于发明或者实用新型原始公开的内容，不能作为以后修改说明书或者权利要求书的依据，也不能用来解释权利要求书。可以说，摘要与专利的保护范围无关。因此，世界知识产权组织各国专家进行协调的《巴黎公约》有关专利部分补充条约草案明确指出，"专利的摘要不得用来确定专利的保护范围"。

2. 对专利权利要求的解释

根据专利权利要求确定专利权的保护范围时，要从以下三个方面考虑。

第一，专利权的保护范围以其权利要求的内容为准，而不是以权利要求的文字或者措词为准。权利要求记载的内容是确定发明或者实用新型专利权保护范围的直接依据，说明书和附图处于从属地位。一项技术构思尽管在说明书或者附图中有所体现，但是，如果在权利要求书中没有记载的，就不在专利权的保护范围之内。

第二，权利要求只是发明或者实用新型专利说明书所记载的必要构成事项的简明表述。为了搞清楚权利要求所表示技术方案的确切内容，应当参考和研究说明书及附图，了解发明或者实用新型的目的、作用和效果，以确定权利要求的确切内容。

第三，为了搞清楚权利要求中某些技术术语的准确含义，还可参考专利申请过程中申请人和国务院专利行政部门之间的来往文件，特别是专利权人在这些文件中所认可、承诺、确认或者放弃的技术内容。这对专利权保护范围的确定同样具有重要意义。

在这里，应当明确谁有权解释权利要求。在专利侵权诉讼中，谁来解释专利权利要求，不同的当事人有不同的看法。

一般情况下，原告总是认为，自己是专利权人，属于自己的发明创造当然只有自己讲得清楚，因此，专利保护范围的大小应当由专利权人解释。被告则往往认为，自己是公众利益的代表，对权利要求确定的保护范围大小的解释被告最有发言权。也有人认为，在中国获得专利权的任何一项发明创造都是经过国务院专利行政部门审查后授予的，国务院专利行政部门的审查员对专利的保护范围是最明白的，因此，应当由国务院专利行政部门的审查人员对专利的保护范围进行解释。其实，世界各国的法院在专利侵权诉讼中都会遇到这个问题，对于由谁来对专利权利要求进行解释，在看法上基本是一致的，就是只有法官才有权解释，在中国还有负责处理专利侵权纠纷的管理专利工作的部门的执法人员。

在美国，由于专利商标局对权利要求的解释和法院对权利要求的解释十分不同，在专利商标局的审查程序中给予权利要求与说明书一致的、最宽的合理解释。而在诉讼中因没有对权利要求进行补正的机会，故不用上述解释方法，而是采用法官解释的方法。

由世界知识产权组织编写的《知识产权法教程》也明确指出："什么东西在专利保护范围以内。在一般情况下，这是一切专利诉讼的关键问题。专利保护的范围由权利要求决定。这是各国共同的做法。而权利要求的含义要由法官解释。"有人担心，对专利权利要求的解释会涉及各个行业的专业技术问题，而法官是不懂技术只懂法律的人士，因此，法官解释权利要求会困难重重。实际上，这种担心是多余的。让法官解释专利权利要求，意思是法官有最终确定专利权保护范围的大小的权利，而确定的过程仍然要靠当事人举证、法庭调查、向专家咨询或者通过技术鉴定等多种手段才能完成。

3. 侵犯专利权的判定原则

1）全面覆盖原则

《专利法》第 11 条第 1 款规定："发明和实用新型专利权被授予后，除本法另有规定的以外，任何单位或者个人未经专利权人许可，都不得实施其专利，即不得为生产经营目的制造、使用、许诺销售、销售、进口其专利产品，或者使用其专利方法以及使用、许诺销售、销售、进口依照该专利方法直接获得的产品。"这是专利法授予专利权人的权利。

《专利法》第 64 条第 1 款规定："发明或者实用新型专利权的保护范围以其权利要求的内容为准，说明书及附图可以用于解释权利要求的内容。"

在判定专利侵权时，首先运用的是最简单、最常用的判定原则，即全面覆盖原则。运用这一原则的前提是，被控侵权物与专利技术相同，出现了仿制侵权产品的情况。所谓仿制侵权，或者说适用全面覆盖原则认定侵权，包括以下几种情况。

（1）字面侵权。

即仅从字面上分析比较就可以认定侵权物的技术特征与专利的必要技术特征相同，连技术特征的文字表述均相同。

（2）侵权物的技术特征与专利必要技术特征完全相同。

所谓完全相同，是指侵权物的技术特征与专利的技术特征相比，其专利权利要求书要求保护的全部必要技术特征均被侵权物的技术特征所覆盖，在侵权物中可以找到每一个专利的必要技术特征。

（3）专利独立权利要求中技术特征使用的是上位概念。

侵权物中出现的技术特征则是上位概念下的具体概念，亦属于技术特征相同。

（4）侵权物的技术特征数量多于专利的必要技术特征。

侵权物的技术特征与专利的技术特征相比，不仅包含了专利权利要求书中的全部必要技术特征，而且还增加了新的技术特征。

上述四种情况，均属于仿制侵权或称相同侵权，可适用全面覆盖原则判定被告之行为构成侵权。

2）等同原则

"等同原则"是专利侵权判定中的一项重要原则，它是指侵权物的技术特征同专利权利要求中记载的必要技术特征相比，表面上看有一个或若干个技术特征不相同，但实质上是用实质相同的方式或者相同的技术手段，替换了属于专利技术方案中的一个或若干个必要技术特征，使代替（侵权物）与被代替（专利技术）的技术特征产生了实质上相同的技术效果。对于这种情况，应当认为侵权物并未脱离专利技术的保护范围，因此仍应认定为侵权。

侵权物中与专利技术表面不相同的技术特征，即对专利技术方案中的技术特征起取代作用的技术特征，被称为专利技术方案中必要技术特征的"等同物"。在专利侵权的技术判断中，确立等同原则，其目的在于防止侵权人采用显然等同的要件或步骤，取代专利权利要求中的技术特征，从而避免在字面上直接与专利权利要求中记载的技术特征相同，以达到逃避侵权责任的目的。

2001 年 6 月 19 日最高人民法院发布《关于审理专利纠纷案件适用法律问题的若干规定》，第一次正式提出等同原则的理解与适用问题。该司法解释经过 2013 年、2015 年和 2020 年三次修正。2020 年修正的司法解释第 13 条第 1 款规定:《专利法》第 59 条第 1 款❶所称的"发明或者实用新型专利权的保护范围以其权利要求的内容为准,说明书及附图可以用于解释权利要求的内容",是指专利权的保护范围应当以权利要求记载的全部技术特征所确定的范围为准,也包括与该技术特征相等同的特征所确定的范围。这一规定,明确了《专利法》第 59 条第 1 款❷是人民法院在判定专利侵权时适用等同原则的法律依据。

该司法解释第 13 条第 2 款规定:"等同特征,是指与所记载的技术特征以基本相同的手段,实现基本相同的功能,达到基本相同的效果,并且本领域普通技术人员在被诉侵权行为发生时无须经过创造性劳动就能够联想到的特征。"这一款进一步明确了适用等同原则的条件。

根据《专利法》和最高人民法院司法解释的规定,结合我国多年司法实践中的判例,归纳等同原则的适用可以明确以下几点:

(1)"等同原则"中视为"等同"的技术特征,应当指专利独立权利要求中各项技术特征,即被认为是等同物的技术特征可能是专利权利要求中的区别技术特征,也可能是前序部分的公知技术特征,因为它们都是为完成发明目的而必不可少的技术特征。

(2)"等同原则"中的"等同",指的是技术方案中具体技术特征的技术功能、作用的等同,而且不是侵权物和专利两个技术方案的整体等同。等同物应当是指侵权物中替代专利权利要求中的技术特征,并非指整个侵权物将专利技术方案全部替换。有的学者认为,目前,我国所采用的是比较宽松的适用条件,基本上认同"整体等同"原则。按照这种原则,如果根据专利发明的技术构思,省略权利要求中重要性比较小的技术特征,而且对于所属技术领域的技术人员来说,这种省略又是容易做到的,应当以"等同原则"认定侵权成立。这种原则显然容易使专利的保护范围过大,损害公众的利益。❸

---

❶ 此处的《专利法》指的是 2008 年修正的《专利法》,该条款对应 2020 年修正的《专利法》第 64 条第 1 款。

❷ 同❶。

❸ 李德山. 日本最高法院首次确认在审判专利侵权案件中可适用等同原则 [N]. 中国专利报,1998-5-20(3).

这种概括与评价与我国目前司法实践并不完全相符。

（3）"等同原则"中"等同"的技术特征，与被代替的专利权利要求中记载的技术特征以基本相同的手段、实现基本相同的功能、达到基本相同的效果。这就要求必须逐一将等同技术特征与被代替的技术特征进行对比，并作出认定。对比的结果如果达到了三个基本相同，便成为适用等同原则的一个重要条件。

（4）"等同原则"中"等同"的技术特征，作为本领域的普通技术人员阅读了专利权利要求书之后，无需经过创造性劳动就能够联想到这种等同替代物，这也是适用等同原则的一个重要条件，即判断侵权物中的技术特征是否属于专利技术中某项必要技术特征的等同替代物时，应当从该争议的技术所属的技术领域的普通技术人员的技术水平出发。当被控侵权物所采取的等同手段或者使用的等同物作为该领域的普通技术人员很容易想到、是显而易见时，则应认定被侵权物使用了等同物。

（5）适用"等同原则"判断等同侵权的时间界限应以侵权行为发生日为准，而不是以专利申请日或者专利公开日为准。因为，发明专利保护期为 20 年，实用新型专利保护期为 10 年，在如此长的专利保护期限内，随着科学技术的快速发展，可能会出现一些专利申请或者专利公开的尚未认识到的等价手段。如果将判断等同侵权的时间界限不是确定在侵权行为发生日，而定在专利申请日或者专利公开日，那么一旦出现新的等价手段，侵权者就可以利用它来代替权利要求中的相应技术特征，从而逃避侵权责任，这样做显然对专利权人是不公平的。

（6）"等同原则"适用的例外。在专利侵权判定中，不能机械地运用"等同原则"，尤其是对以下几种情况不能适用"等同原则"：

第一，自由已有技术，也称"公知技术"。对于公知技术在公有领域中，任何人均有权无偿使用，不能认为使用已有公知技术会造成对他人专利的等同侵权。

第二，抵触申请或在先申请专利。在先申请人有权实施自己的发明创造。根据《专利法》第 22 条第 2 款规定，在被认为是现有技术的申请文件中，由他人向国务院专利行政部门提出过申请并且记载在申请日以后公布的专利申请文件中的同样的发明或者实用新型将会损害该申请日提出的专利申请的新颖性。为描述简便，在判断新颖性时，将被认为是现有技术中损害新颖性的专利申请，称为"抵触申请"。在专利侵权判断中，对抵触申请或在先申请专利的技术不适用"等同原则"。

第三，在专利申请中故意排除的事项，即先适用"禁止反悔原则"。

对上述三种情况，如果适用"等同原则"，将会造成给权利人以过分的保护，对第三者将带来预想不到的不利后果，有害法律的稳定性。这与等同原则本来欲达到的目的完全背道而驰。

总之，在专利侵权的技术判断中，确立等同原则，其目的在于防止侵权人采用显然等同的要件或步骤，以取代专利权利要求中的技术特征，从而避免在字面上直接与专利的权利要求相同，以达到逃避侵权责任的目的。但在具体运用这一原则时，应当认真分析对比，慎重作出判断。

目前，在我国专利司法实践中，等同原则虽常有适用，但标准、尺度并不统一，最高人民法院发布的司法解释明确了等同特征的条件，使人民法院在专利侵权判定中运用等同原则有了法律依据，但仍需要司法实践，并最终通过司法解释明确这一原则的具体适用条件。

3）禁止反悔原则

任何发明人要将自己的发明创造申请专利，都试图得到一个较宽的保护范围，但是，如果专利权利要求限定的保护范围过宽，就会侵害公众利益。因此，专利申请人为了获得专利权，有时不得不按照国务院专利行政部门审查员的意见，对专利权利要求中一些保护范围过宽、模糊的技术特征以及相似的技术方案或技术特征作出说明。在说明过程中，专利申请人往往不得不在技术上作出一些放弃、修改、承诺，否则就可能得不到专利权。而专利权人一旦这样做了，其在申请过程中已经放弃的东西，在专利侵权诉讼中不能允许再捡回来，即不允许专利权人出尔反尔。

在判断专利权的效力和判断是否构成侵犯专利权时，专利权人对专利权利要求的解释应当前后一致。法院不允许专利权人为了获得专利权，而在专利申请过程中对专利权利要求进行狭义或较窄的解释，而在侵权诉讼中为了证明他人侵权，又对专利权利要求进行广义的或者较宽的解释。这是专利侵权诉讼中的一项重要原则——禁止反悔原则。它的基本含义是，专利权人对其在申请专利过程中或者维持专利权有效的程序中，为了获得专利权，在与国务院专利行政部门之间的往来文件中所作的承诺、认可或放弃的内容，专利权人在侵权诉讼中不得反悔。

在专利侵权判定中适用禁止反悔原则应当把握以下要点：

第一，"禁止反悔原则"是适用"等同原则"时经常遇到的一个原则。在专利侵权诉讼中，如果按字面意思判定不侵权时，专利权人往往会主张适用"等同原则"认定侵权，而此时被告则可能会提出适用"禁止反悔原则"认定不构成侵权。由于禁止反悔原则涉及专利保护范围的确定，因此，应当优先适用。

第二，适用禁止反悔原则，必须依据专利文档。专利的保护范围是由专利的权利要求确定的，专利文档不是确定专利保护范围的依据，但它可以对权利要求所记载的内容起帮助限定、理解及证明的作用。法院可以根据当事人的主张，要求当事人提供相关证据，也可以到国务院专利行政部门调查核实相关证据。

第三，专利权人在专利审批或者专利无效程序中，通过书面形式承诺、认可、放弃、修改的内容，往往是为了缩小、澄清专利的保护范围，只有当这种承诺、认可、放弃行为与专利授权或维持专利权有效有关，构成了专利权有效的基础，对专利权有效起了作用时，在专利侵权诉讼中才不得反悔。

第四，在侵权诉讼中的被告不作请求时，法院不应主动适用禁止反悔原则。当被告提出请求时，被告必须提供专利权人在专利审查或者撤销、无效过程中所作出的承诺、认可、放弃、修改的专利文档加以证明，这样才能经过庭审质证，查清专利的保护范围，最终认定是否构成专利侵权。

4）捐献原则

捐献原则是专利侵权判定中的一项法律原则，其含义是，如果专利权人在专利说明书中公开了某个实施方案，但没有将其纳入或试图将其纳入权利要求的保护范围，则该实施方案被视为捐献给了公众，专利权人在主张专利权时不得试图通过等同原则等将其重新纳入权利要求的保护范围。

捐献原则是美国法院在审理专利侵权案件的过程中创立的司法规则。捐献原则和禁止反悔原则一样是对等同原则适用的限制。

最高人民法院2009年发布的《关于审理侵犯专利权纠纷案件应用法律若干问题的解释》第5条规定，对于仅在说明书或者附图中描述而在权利要求中未记载的技术方案。权利人在侵犯专利权纠纷案件中将其纳入专利权保护范围的，人民法院不予支持。换言之，如果专利权人在专利说明书中公开了某个实施方案，但在专利申请的审批过程中没有将其纳入或试图将其纳入权利要求的保护范围，则该实施方案被视为捐献给了公众。当专利申请被授权后，专利权人在主张专利权时不得试图通过等同原则等将其重新纳入权利要求的保护范围。

（二）外观设计的侵权判定

1. 外观设计专利权保护范围的确定

工业品外观设计必须是附着在产品上的新设计，产品一定有名称。申请外观设计专利时使用的产品名称，与产品外观设计的保护范围无关，但与判断外观设计侵权时确定的产品分类有关。

1）保护范围以产品的外观设计为准

外观设计专利权的保护范围以表示在图片或者照片中的该专利产品的外观设计为准。对外观设计的简要说明可以用于理解或者限定该外观设计的保护范围。

《专利法》第 2 条第 4 款规定："外观设计，是指对产品的整体或者局部的形状、图案或者其结合以及色彩与形状、图案的结合所作出的富有美感并适于工业应用的新设计。"由此可见，外观设计保护的是产品的外观设计而不是含有外观设计的产品。这一点同《专利法》第 64 条第 2 款的规定"外观设计专利权的保护范围以表示在图片或者照片中的该产品的外观设计为准，简要说明可以用于解释图片或者照片所表示的该产品的外观设计"似有不同，但本质上是一致的。《专利法》第 64 条第 2 款规定的是外观设计专利权的保护范围，而《专利法》第 2 条第 4 款规定的是对外观设计专利权保护对象如何确定。因此，应当明确外观设计的保护范围以产品的外观设计为准，而非以外观设计的产品为准。

从外观设计的定义可以看出，外观设计专利保护的范围是产品的整体或局部的形状、图案或者其结合以及色彩与形状、图案的结合。2021 年《专利法》关于外观设计专利保护的修改新增了关于局部外观设计的保护。这些内容用语言文字来表达十分困难，因此，专利法并不要求申请外观设计专利时提交权利要求书和说明书。那么，外观设计专利的保护范围怎样确定呢？

《专利法》第 27 条第 1 款规定："申请外观设计专利的，应当提交请求书、该外观设计的图片或者照片以及对该外观设计的简要说明等文件。"申请人提交的有关图片或者照片应当清楚地显示要求专利保护的产品的外观设计。再结合《专利法》第 64 条第 2 款的规定，可见，外观设计虽然不要求申请人提交权利要求书，但其权利要求还是有的，它具体表现在外观设计专利产品的图片或照片上。申请人应当就每件外观设计产品所需要保护的内容提交有关视图，以清楚地显示请求保护的对象，也就是说，外观设计专利的保护范围是依据专利权人在申请专利时向国务院专利行政部门提交的图片、照片及相关说明确定的。在进行侵权判断时也应当以此为依据确定外观设计的保护范围。

在外观设计专利侵权判断中，法院把被控侵权物和专利的图形或者照片中所展示的形状、图案及色彩进行比较，对比两者是否相同，是否相近似，一般不能拿原告的专利产品作比较。在许多情况下，专利权人提供的所谓的专利产品，和他向国务院专利行政部门申请专利时提供的产品造型、图案、色彩并不完全一致，甚至完全不一致，因此，法院不能拿专利权人实际生产、销售的外观设计产品作为侵权判断的依据。

如果专利权人在专利申请以后对产品的外观进行了改动，新的设计就可能不再受到原有的外观设计专利的保护了。在侵权判断中，作为比较的依据应当是申请人向国务院专利行政部门提交并且经过授权公告的图片、照片，而不应是专利权人在申请专利之后制造的专利产品。只有前者才是确定外观设计专利的保护范围的基准。

确定外观设计专利的保护范围，可以参照简要说明。在这里，简要说明仅仅是用以理解或者限定保护范围，比如设计要点是什么，是否强调保护色彩等，而并非对外观设计的保护范围作扩大或者缩小的解释。

2）"设计要点"的作用

外观设计专利权人在侵权诉讼中，应当提交其外观设计的"设计要点图"，说明其外观设计保护的独创部位及内容；专利权人在申请外观设计专利时已向国务院专利行政部门提交"设计要点图"，专利档案可以作为认定外观设计要点图的证据。

《专利法实施细则》规定，外观设计的简要说明应当写明外观设计产品的名称、用途，外观设计的设计要点，并指定一幅最能表明设计要点的图片或者照片。省略视图或者请求保护色彩的，应当在简要说明中写明。

在一个产品外观设计中，会有许多要素。要素是指一个产品中存在的全部可视的不可分割的最小单元。在实践中，对这些要素中哪些会构成外观设计的设计要点有不同理解：

第一，《专利法实施细则》规定：外观设计的简要说明应当写明使用该外观设计的产品的设计要点。这里强调的是使用时的设计要点，它是从设计人员的角度考虑的。

第二，《专利审查指南》规定，某些产品存在着容易引起一般消费者注意的部位，该部位称作该产品的"要部"。这是从一般消费者在购买商品时可能关注的角度考虑的。

第三，在实践中，外观设计产品的主要功能部位有时也被当做设计的要部，这是从产品的使用、发挥产品功能的角度考虑的。

上述三种对"要部"的理解，在有些外观设计产品中是一致的，但多数情况下是不一致的。如发生不一致，则在侵权判定中要求当事人提供并着重考虑的"设计要点"应当是指第一种情况下的"要部"。

3）涉及色彩的外观设计

产品外观设计专利双请求保护色彩与形状，色彩与图案，色彩、形状与图案组合的，权利人应当出具有国务院专利行政部门认可的相关证据，用以准确确定外观设计的保护范围。由于色彩或者色彩与图案结合时，很难用语言文字描述，所以必要时，法院会与国务院专利行政部门档案中的色彩内容进行核对，而不是仅依靠权利人提供的黑白两色公报图纸或照片复印件，更不是仅依据原告提供的色彩说明。

外观设计专利中有请求保护色彩的，应当将请求保护的色彩作为限定该外观设计专利权保护范围的要素之一，即在侵权判定中，应当将其所包含的形状、图案、色彩及其组合与被控侵权产品的形状、图案、色彩及其组合进行逐一对比。

4）侵权比较的方法

在外观设计保护中，应着重考虑它的形状、图案及其结合，以及色彩与形状、图案的结合。在进行侵权判断时应把握以下几点：

第一，以对形状的比较为主。

一项产品的外观设计必须体现在具有独立用途的工业产品外表上，也就是说，外观设计必须以产品为载体。产品的外观设计既可以是三维空间的立体造型设计，也可以是二维空间的平面设计。其所要保护的产品的具体形状，应以专利权人在申请专利时向国务院专利行政部门提交的照片、图纸上所呈现的形状为准。

对于三维空间的立体产品，作为外观设计专利，其形状应是主要的，因此，进行侵权判断也应以对比造型为主。在专利权人未作其他特别声明的情况下，只要形状相同或者相似，就可以认定侵权。

只有当形状已属于公知设计，而图案和色彩属于新设计时，才抛弃形状对比，考虑对比图案和色彩是否相同、相近似。

第二，对图案、色彩的比较应当一同考虑。

一般情况下，可以把外观设计的图案和色彩看作是形状（造型）的从属因素。图案和色彩是很难分开的，因为，任何一种产品至少有一种颜色，有时图案本身就是由色彩组成的。申请外观设计专利的产品色彩，是指用于产品上的颜色或颜色的组合，也就是说，色彩是不能脱离产品而单独存在的，同时该产品必须有固定的形状。由此可见，任何一项产品的外观设计都可以视为形状、图案、色彩三个要素的结合。在进行侵权判定时，应将三者结合起来考虑。

值得注意的是，当外观设计产品的形状是公知公用的、司空见惯的形状时，如装酒瓶的方盒、三角盒子等，应以对比图案和色彩为主；当外观设计是二维平面产品时，如标贴、瓶贴，也应以对比图案和色彩为主。

第三，突出保护色彩时，比较色彩应与事先声明相一致。

根据《专利法实施细则》的规定，同时请求色彩保护的外观设计专利申请，应当提交彩色图片或者照片一式两份，并在简要说明中注明"请求保护色彩"，而不必说明产品具体颜色。因为彩色很难用文字准确表达，尤其是当一件产品的外观色彩是由多种颜色组合时更是如此。在进行侵权判断时，如果外观设计专利产品中有要求保护色彩的内容，则当被控侵权产品与专利权人声明请求保护的色彩及色彩与形状、色彩与图案、色彩、形状与图案的结合相同，尽管这时产品的形状或者形状和图案可能是公知设计，也应当认定构成了侵犯专利权。

5）与公知设计的关系

外观设计专利权的保护范围不得延及该外观设计专利申请日或者优先权日之前已有的公知设计内容。

依照专利法的规定，外观设计专利保护的是产品上整体或者局部的新设计，符合新颖性条件是外观设计专利获权的首要条件。因此，在专利申请日或者优先权日之前已有的公知设计肯定不应当获得外观设计专利保护。这一条不仅是外观设计专利权的授权条件，也是外观设计侵权判定中应掌握的主要原则。

6）排除功能、效果等因素

外观设计专利权的保护范围应当排除仅起功能、效果作用，而一般消费者在正常使用中看不见或者不对产品产生美感作用的设计内容。

在确定外观设计专利的保护范围时，应当注意排除以下内容：

第一，排除产品的大小、材料、功能、技术性能、内容结构等。

第二，排除设计者的构思方法、设计者的观念、产品的图案中所使用的题材和文字的含义。

第三，排除使用该产品时不易见到的部位，不具有一般美学意义的部位，不会给一般消费者留下视觉印象的部位（设计）、产品的形状、图案以及色彩的微小变化。

所谓排除，是指这些因素在授权审查、专利无效审查时，均不予考虑，不属于外观设计的保护范围，因此，在侵权诉讼中，也不应当给予考虑，即认定被控侵权产品和专利设计是否相同、相近似时，不考虑这些因素。

2. 外观设计专利侵权的判断原则

根据《专利法》第 11 条第 2 款的规定，外观设计专利权被授予后，任何单位或者个人未经专利权人许可，都不得实施其专利，即不得为生产经营目的制造、许诺销售、销售、进口其外观设计专利产品，否则，即构成侵犯他人外观设计专利权。由于外观设计不同于发明和实用新型，因此，侵权判断的方法也有所不同。

1）同类产品的划分

第一，外观设计专利侵权判定中，应当首先审查被控侵权产品与专利产品是否属于同类产品。不属于同类产品的，不构成侵犯外观设计专利权。确定这个前提，对被控侵权产品与外观设计专利是否相似作出判断尤为重要。

第二，审查外观设计专利产品与侵权产品是否属于同类产品，应当依据商品销售的分类习惯和客观实际情况，并参照外观设计分类表，对两者是否属于同类产品作出认定。

外观设计专利授权审查和侵权判断都要考虑是否同类产品的问题，一般都不作跨类判断。但是，在怎样确定同类产品上，授权审查和侵权判断所采用的标准是完全不同的。在司法实践中，应当依据当事人提供的证据，按照被控侵权产品和外观设计专利产品的商品分类规律和习惯、根据商品销售和消费者购买的实际情况，来确定两者是否属于同一类产品，《国际外观设计分类表》只能作一个参照。

2）侵权判定的标准

第一，进行外观设计专利侵权判定，即判断被控侵权产品与外观设计专利产品是否构成相同或者相近似时，应当以普通消费者的眼光和审美观察能力为标准，不应以该外观设计专利所属领域的专业设计人员的眼光和审美观察能力为标准。

判断被控侵权产品与外观设计专利产品是否相同或者相近似，不同水平的人、站在不同的立场上、用不同的眼光，可能会得出完全相反的结论。因此，在外观设计侵权判断时，必须用相同的尺度，统一的标准，这就是以普通消费者的眼光和水平为尺度。这种判别标准与外观设计授权审查时使用的标准应当是不相同的。

第二，普通消费者作为一个特殊消费群体，是指该外观设计专利同类产品或者类似产品的购买群体或者使用群体。

当一项外观设计申请被授予专利权后，它的保护范围也随之确定。当发生外观设计专利侵权之后，判断外观设计专利侵权的标准应该是普通消费者，而不是所属领域的专业技术人员。

普通消费者并非任何公民，而是就某一类商品而言的购买者或者使用者。因为，只有购买商品的消费者或者使用商品的消费者，才能对该产品与同类其他产品的相同与相近似作出比较和判断。而作为某一类商品的观察者，能够看到该产品的人，并不一定是这类商品的消费者。也就是说，不同商品有不同的消费者，在进行判断时要根据个案的产品去划定其消费者群体。

3）侵权判定的方法

对被控侵权产品与专利产品的外观设计进行对比，应当进行整体观察与综合判断，看两者是否具有相同的美感。

在外观设计侵权判定中，在确定专利保护客体时，法院应当以专利外观设计的整体为准，即组成专利设计的各个外观设计要素应当作为一个完整的对象。不存在对单独要素的保护，也不存在对基于某些要素组合的保护。在专利权客体和被控侵权客体相比较后，判断是否相同或者相近似时，法院一般应当把握以下标准：

（1）如果两者的全部构成要素相同或者相近似，应当认为两者是相同的外观设计。

（2）如果两者的全部构成要素不相同或者不相近似，法院应当认为两者是不相同的外观设计。

（3）如果构成要素中的主要部分（要部）相同或相近似、次要部分不同，应当认为是两者相近似的设计。

（4）产品的大小、材料、内部构造和性能通常不能作为两者不相同和不相近似的判定依据，但可以考虑各部分之间的比例因素。

上述标准体现了在外观设计侵权判定中的"整体观察、综合判断"的原则。判断两件产品的外观设计是否相同或者相近似，应当从整体视觉效果上进行比较，不能过于注意局部的细微差别，要从一件产品外观设计的全部或者其主要构成上来确定是否相同或者相近似，特别要抓住产品的主要创作部位，也就是产品最吸引消费者注目的部分。有人称其为产品的常见部位或者易见部位的外观差异。例如，冰箱、家用信箱的正面，桌子的上面。如果产品的主要创作部位及整体的视觉效果和专利外观设计相同或者相近似，即使在其他局部有所不同，例如，在冰箱的底面、信箱的反面或桌子的底面造型和图案有所不同，一般仍认为两者是相同或者相近似的设计。如果非主要创作部位的变化引起整体视觉效果的变化，情况可能就不同了。

比较的重点应当是专利权人独创的富于美感的主要设计部分（要部）与被控侵权产品的对应部分，看被告是否抄袭、摹仿了原告外观设计中的新颖独创部分。

4）侵权判定比较对象

第一，进行侵权判定时，应当用被控侵权产品的外观设计同受专利保护的图片或者照片中反映出的外观设计相比较；当专利权人的产品外观设计与图片或者照片相同时，也可以直接比较两个产品的外观设计。

在外观设计专利侵权判断中，主要是将侵权产品或者侵权产品的图片、照片与外观设计专利的图片或者照片中展示的形状（造型）、图案及色彩进行比较，对比两者是否相同或者相近似。

应当注意的是，外观设计专利受到保护的是由专利权人在申请专利时提交的图片或照片中表示的某项产品的外观设计。产品是外观设计的必要载体，所以如果专利权人在申请以后将产品的外观进行改变，那么，这一产品就不可能受到原有的外观设计专利的保护。在侵权判断中，作为比较的依据应当是申请人在国务院专利行政部门申请专利时提交并经过授权公告的图片、照片，而不应是专利权人在申请专利之后制造的专利产品，因为，前者确定了外观设计专利的保护范围。

只有当专利产品的外观设计与专利权人申请外观设计时向国务院专利行政部门提交的图片与照片相同，并经双方当事人均认可时，才可以直接将两个产品的外观进行比较。

第二，在原告和被告均获得并实施了外观设计专利权的情况下，如果两个产品的外观设计构成相同或者相近似，则可以认定实施在后获得外观设计专利权的行为，侵犯了在先获得的外观设计专利权。

由于审查制度的原因，在司法实践中经常会出现外观设计的重复授权，或者出现类似从属外观设计的情况。根据专利法规定的先申请原则，在先申请的专利权应当给予保护。这时，没有必要等待原告去向复审和无效审理部请求宣告在后的专利权无效，换句话说，被告用自身也获得了相同或者相近似的外观设计专利权进行侵权抗辩是无意义的。

5）相同与相近似的认定

司法实践中，对比判断侵权产品与外观设计专利产品是否相同比较容易。一旦相同，认定侵权也无可争议。但现实生活中，侵权产品往往要改头换面，很少完全照搬照抄，如产品形状、大小发生变化，图案有所改变等，在这种情况下，就要判断侵权产品与外观设计专利产品是否相近似。在进行外观设计专利侵权判断时，相近似应当被认定为侵犯专利权。

（1）相同与相近似的判定依据。

判定是否构成对外观设计专利的侵权，认定标准是看被控侵权产品的外观设计与专利产品外观设计是否相同或者相近似，如果是，则构成侵犯外观设计专利权。

首先应当注意，相同或者相近似是判定外观设计是否构成侵权的标准，而外观设计授权及无效审查的标准是不相同和不相近似，这两个标准是同一尺度从相反方向所作的表述。而这种不同表述有重要意义，即在两种情况下，执法者观察思考问题的着眼点不同，正好相反。

此处所称相同或者相近似，应当主要指在视觉上、美感上的相同或者相近似。有人认为，依据专利法的规定，找不出被控侵权产品的外观设计与专利产品的外观设计不相同、不相近似，就构成了侵犯专利权。对于相同的情况，属于人为抄袭、仿制，按侵权对待尚可接受，那么，相近似也作为侵权则无法律依据。

在对侵权的认定中，并无标准上的具体规定。只能依据《专利法》第11条第2款、第64条第2款的规定进行推断。当侵权产品的外观设计与专利产品相同时，侵权无疑；当侵权产品的外观设计与专利产品的外观设计相近似时，可以认定侵权人抄袭、摹仿了他人专利产品外观设计中具有新颖性、富有美感的部分，因此，也构成对外观设计的侵权。

专利产品的外观设计与被控侵权产品的外观设计是否构成相同或者相近似，应当将两者进行比较。

第一，如果两者的形状、图案等主要设计部分（要部）相同，则应当认为两者是相同的外观设计；第二，如果构成要素中的主要设计部分（要部）相同或者相近似，次要部分不相同，则应当认为是相近似的外观设计；第三，如果两者的主要设计部分（要部）不相同或者不相近似，则应当认为是不相同的或者是不相近似的外观设计。

（2）排除产品大小、物质、内部构造及性能。

专利产品的外观设计与被控侵权产品的大小、材质、内部构造及性能，不得作为判定两者是否相同或者相近似的依据。

司法实践中，在具体进行外观设计侵权判断时，产品的大小、材质、内部构造及产品性能最容易被引起重视，被作为判定是否相同、相近似的注意点，但这些内容恰恰不是外观设计保护的内容，而是在授权审查中要被排除的内容，因此，在侵权判定中也同样不应当予以考虑。也就是说，在进行侵权判定时，被控侵权产品与专利产品大小的变化、材质的变化、结构的变化均可以不作考虑，不能认为是不相同的理由。

（3）排除公知设计部分。

对要求保护色彩的外观设计，应当先确定该外观设计的形状是否属于公知外观设计。如果是公知的，则应当仅对其图案、色彩作出判定；如果形状、图案、色彩均为新设计的内容，则应当以形状、图案、色彩三者的结合作出判定。

在申请外观设计专利时，当要求保护的外观设计主要部位着重于色彩时，申请人就必须声明要求保护色彩。这时，申请人除提交一份黑白照片外，还应当提交一份彩色照片，并在简要说明中注明请求保护色彩，而不必用文字说明具体的颜色。彩色很难用文字准确表达，尤其是当一件产品的外观色彩是多种颜色组合时更是如此。

在进行侵权判断时，如果外观设计专利要求保护的专指色彩，被控侵权产品与专利权人声明保护的色彩相同，就构成了侵权。

那么，怎样看待在一项外观设计中的形状、图案和色彩三者之间的关系呢？如果外观设计专利的图片和照片中没有说明要求保护色彩，那么，其他人在相同的产品中采用了与专利设计相同或相近似的形状，就构成了侵权；采用了与专利设计相同或者相近似的形状，并增加了色彩，仍然构成侵权。

如果专利请求保护色彩，那么，其他人在同类产品中采用了相同或者相近似的形状，色彩也相同，侵权成立；如果被控侵权物的形状不同或者不相近似，而色彩相同就不构成侵权；如果形状相同，色彩不同，则不构成专利侵权。

（4）单一要部和多个要部。

第一，在外观设计专利产品为单一要部的情况下，如果被控侵权产品与外观设计专利产品要部相同或者相近似，公知设计部分也相同或者相近似，则构成侵权；如果要部不相同，也不相近似，而公知设计部分相同或者相近似，则不构成侵权；如果要部相同或者相近似，公知设计部分不相同或者不相近似，则不构成侵权。

第二，在外观设计专利产品为多个要部的情况下，其中一个要部或者几个要部不相同，也不相近似，从整体上观察也不相同或者不相近似的，则不构成侵权；如果从整体上看，仍构成相同或者相近似的，则构成侵犯专利权。

3. 外观设计专利侵权的判断原则

在专利侵权诉讼中，被告可以举证证明自己被指控侵权的产品或者产品的制造方法也享有某项民事权利。如专利权人指控被告实施的行为侵犯了其专利权，被告则证明自己也获得了专利权，或者有商标权、属于知名商品特有的名称、包装、装潢、属于商业秘密等等。至于被告认为自己制造的产品或者使用的方法属于知名商品特有的名称、包装、装潢或者商业秘密，由于这些民事权利并不需要由某个国家机关审查授权，法院对此抗辩可以依法进行审查。而对被告能证明自己也获得了相同类别的专利权或者不同类别的专利权，获得了注册商标权等，这时就会出现权利冲突。

4. 权利冲突及其产生原因

在专利侵权诉讼中产生权利冲突，主要有以下两个原因：

一是根据专利法的规定，对实用新型和外观设计专利申请不进行实质审查，申请人的申请只要无明显不符合专利法规定条件的，大多可以被授予专利权。根据其他相关法律规定，有些民事权利或知识产权权利是自然产生或者在使用中产生的，如作品的著作权、知名商品特有的名称、包装、装潢及商业秘密权，因此，容易产生权利冲突。

二是有的权利人在权利形成过程中，不善于利用检索或者既有意"搭车""摹仿"，又想规避侵权，便将本不属于自己的权利通过一定的法律程序，使之变为自己的权利，从而构成与他人的权利相冲突。

5. 对权利冲突纠纷处理

审理专利侵权纠纷案件时，涉及权利冲突的案件应当注意几个基本原则。

1）公平原则

公平原则是《民法典》规定的一项原则，它要求民事主体应本着公平的观念实施民事行为，人民法院应当根据公平的观念处理民事纠纷。适用公平原则可以弥补法律规定的不足。由于民事活动本身十分复杂，法律不可能事无巨细地作出规定，在法律没有明确规定的情况下，可以适用公平原则。公平原则也是一项重要的司法原则。人民法院在审理民事案件中，应当根据公平合理的观念，使案件的审理既符合法律，又公平合理。

2）诚信原则

诚信原则是指民事主体在从事民事活动时，应当诚实、守信用，不得规避法律，不得以损害他人为目的而滥用民事权利。人民法院在审理民事纠纷案件中，当法律规定不足或不清时，可以从民法的宗旨出发，依据诚信原则，公平合理地处理民事纠纷。

3）保护在先权利原则

保护在先权利原则体现在专利法、商标法、著作权法等知识产权单行法中。侵犯他人在先权利获得的权利不应获得保护。但是，保护在先权利原则与专利的先申请原则、商标的先注册原则又有不同。一项新的发明创造如果不申请专利，它就不能获得专利法意义上的保护，但可以作为商业秘密予以保护；一个商品或者服务的标记如果不及时注册商标，它可以作为非注册商标使用，但不能受到像注册商标一样的保护。相同的发明创造、相同的商标谁先申请先注册谁就可能获得垄断权、排他权、独占权。而如果这种权利与他人的在先权利发生了冲突，仍然优先保护他人在先合法的民事权利。为此，最高人民法院在《关于审理专利纠纷案件适用法律问题的若干规定》中明确指出，人民法院受理的侵犯专利权纠纷案件，涉及权利冲突的，应当保护在先依法享有权利的当事人的合法权益。

若当事人以在后取得的专利权起诉在先的权利人实施了侵权行为的，在诉讼中，在先权利人对在后权利人的权利提出争议的，如反诉其专利权无效，法院应当中止侵权诉讼，先解决权利冲突。在后专利权被宣告无效的，则驳回当事人的起诉，也可以由当事人撤诉解决纠纷。如果在后专利权被维持有效的，在先权利也有效的，可以判定在先权利人不侵犯在后专利权，除非两者是从属专利的关系。对于涉及其他权利冲突的，也应依上述审判原则及方式处理。

三、专利侵权抗辩

（一）不侵犯专利权抗辩

在侵犯专利权诉讼中，被告以自己的行为不侵犯专利权为由进行抗辩是最常见的抗辩方式之一。根据相关法律法规和司法解释的规定，被告人进行不侵权抗辩的事实理由可以有很多，例如：

（1）被诉侵权技术方案的技术特征与权利要求记载的全部技术特征相比，缺少权利要求中记载的一项或一项以上技术特征的，不构成侵犯专利权。

（2）被诉侵权技术方案的技术特征与权利要求中对应技术特征相比，有一项或者一项以上的技术特征既不相同也不等同的，不构成侵犯专利权。

（3）被诉侵权技术方案省略权利要求中个别技术特征或者以简单或低级的技术特征替换权利要求中相应技术特征，舍弃或显著降低权利要求中与该技术特征对应的性能和效果从而形成变劣技术方案的，不构成侵犯专利权。

（4）任何单位或个人非生产经营目的制造、使用、进口专利产品的，不构成侵犯专利权。

经过法院审理，这些理由中只要有一个理由成立，则被告的行为就不构成侵犯专利权。

（二）现有技术与现有设计抗辩

现有技术又称"已有技术""公知技术"，是指专利申请日前在国内外出版物上公开发表、在国内公开使用或者以其他方式为公众所知的技术。现有技术是指已经进入公有领域的公知技术，任何人均可以无偿实施。任何公民和单位有权使用现有技术，这一权利不应当因为他人就现有技术获得专利权而受到损害。

在专利司法实践中，被告往往直接以自己实施的是现有技术或者原告申请专利并获得专利权的技术方案是现有技术，不应获得专利权为由作出不侵权抗辩。因此，"实施现有技术不侵权原则"，也称为"现有技术抗辩原则"。

在进行专利等同侵权判断时，应当考虑被指控侵权的客体是否落入自由现有技术范畴，当被告有证据证明被指控侵权客体属于原告专利申请日前的自由现有技术时，法院应该在作出专利等同侵权结论之前，将被指控侵权的客体与现有技术进行对比分析，看其相对于这些现有技术是否具有新颖性、创造性。如果缺乏新颖性或者创造性的话，则不允许将等同性范畴专利侵权扩展到现有技术范围，即应判决被告不构成侵权。

适用现有技术抗辩原则，首先有几点必须明确。

第一，运用现有技术进行侵权抗辩，这个现有技术不是指与专利技术相对应的某个、某几个技术特征，而应当是一个完整的技术方案，否则，就应归纳到等同原则的适用范围中进行讨论。

第二，运用现有技术进行侵权抗辩时，被告应该证明自己实施的是现有技术，而且这个公知技术是一个完整的公知技术，而不是拼凑而成的公知技术。

第三，被告不能用现有技术来攻击专利权的有效性，也就是说，用现有技术进行抗辩只能得出被控侵权产品是否构成侵权的结论，而不能得出专利权无效、法院不应予以保护的结论。"现有技术抗辩原则"有助于公平合理地调节专利权人和公众的合法权益。现实中有相当一部分专利不具备新颖性和创造性，由于专利无效或撤销审查的周期比较长，所以有的被告不愿因提无效请求而长期陷入诉讼纠纷中，而是直接向受诉法院提供证据，证明他所利用的技术属于申请日前已有技术。受诉法院经审查，被告使用的技术如确属于原告专利申请日前已有技术，可以直接确认被告不构成侵权，而不必舍近求远地请求宣告专利权无效❶。

（三）请求确认不侵犯专利权

1. 相关司法解释及案例

在 2020 年 12 月 14 日最高人民法院审判委员会第 1821 次会议通过的《最高人民法院关于修改〈民事案件案由规定〉的决定》（法〔2020〕346 号）第二次修正的《民事案件案由规定》中，"确认不侵害专利权纠纷"为第五部分知识产权与竞争纠纷的第 169 条规定的确认不侵害知识产权纠纷的第（1）项内容。

2002 年 7 月 12 日，最高人民法院民三庭针对江苏省高级人民法院《关于苏州龙宝公司诉苏州朗力福公司请求确认不侵犯专利权纠纷案的请示》作出批复，指出：依据民事诉讼法❷第 108 条和第 111 条的规定，对于符合条件的起诉，人民法院应当受理。本案中，由于被告朗力福公司向销售原告龙宝公司产品的商家发函称原告的产品涉嫌侵权，导致经销商停止销售原告的产品，使得原告的利益受到了损害，原告与本案有直接的利害关系；原告在起诉

---

❶　戴晓翔."自由已知技术抗辩原则"在司法审判中的运用"[N].中国知识产权报，2000-11-1（5）.
❷　此处为1991年颁布的《民事诉讼法》,第108条和第111条分别对应2023年修正的《民事诉讼法》第122条和第127条。

中，有明确的被告；有具体的诉讼请求和事实、理由；属于人民法院受理民事诉讼的范围和受诉人民法院管辖，因此，人民法院对本案应当予以受理。

本案中，原告向人民法院提起诉讼的目的，只是针对被告发函指控其侵权的行为而请求法院确认自己不侵权，并不主张被告的行为侵权并追究其侵权责任。以"请求确认不侵犯专利权纠纷"作为案由，更能直接地反映当事人争议的本质，体现当事人的请求与法院裁判事项的核心内容。

这一批复第一次明确了人民法院可以受理当事人提出的请求确认不侵犯专利权纠纷案件，并作为专利民事纠纷案件的一种。

从此之后，多家法院受理了这类纠纷。由于我国民事诉讼法中对请求确认不侵权诉讼无明文规定，在最高法院的批复发布后，在业界引起较大反响。又由于最高法院的几次批复涉及均针对下级法院请示的不同问题，而对这类案件的许多具体问题未作出全面的规定，造成司法实践中对许多问题的认识歧义。

首先，请求确认不侵权之诉属于何种性质？有观点认为，请求确认不侵犯专利权属于确认之诉。诉讼的目的是要求法院确认其实施的行为不构成对他人专利权的侵害。也有观点认为，请求确认不侵权之诉本质上仍是侵权之诉。只是侵权诉讼的原告应当是专利权人或者利害关系人，而请求确认不侵权之诉的原告是某项实施行为人。还有一种观点认为，请求确认不侵权实际上是专利侵权诉讼中的一种抗辩，它不应单独作为一种诉讼，法院立案后，专利权人一旦进入诉讼，请求确认不侵权之诉就应当转变为专利侵权之诉。而最高法院在前述相关司法批复中仅明确"确认不侵犯专利权诉讼属于侵权类案件"。实际上，仅明确至此是不够的，对于这一问题仍有待研究。

其次，请求确认不侵权纠纷案件怎样进行审理？在目前的司法实践中，这类案件从管辖到审理内容再到判决主文的写法，都存在许多争议问题。各地法院做法不统一，法官及学者的看法也不一致，亟待由立法或者司法解释作出明确规定。

2. 请求确认不侵权案件的审理

1）起诉条件

《民事诉讼法》第 122 条规定了 4 项民事案件的起诉条件，即原告是与本案有利害关系、有明确的被告、有具体的诉讼请求和事实及理由、属于人民法院受理民事诉讼的范围和受诉人民法院管辖。确认不侵犯专利权之诉也应符合上述条件。但是，原告请求人民法院确认不侵犯他人专利权应当具备什么样的事实和理由却有不同观点。

在实践中，对于有的行为人开发新产品或者新产品上市之前，为了防止被他人起诉侵犯专利权，于是先向法院起诉，请求法院作出一个不侵犯专利权的确认判决，应当说这种起诉虽然表面上符合《民事诉讼法》第 122 条的形式要件，但是也不应当予以立案。否则，就会造成滥诉。

2）诉讼管辖法院

从级别管辖上看，请求确认不侵犯专利权的案件应当按照最高人民法院关于特别指定管辖的规定，由有专利纠纷案件管辖权的中级人民法院审理。对此，实践中并无异议。

但是，在地域管辖上如何划分，实践中有较多争议。被告所在地人民法院有管辖权是无可争议的，主要争议在于是否应当以侵权行为地确定管辖法院。由于在司法解释中对侵权行为地的解释越来越宽，因此，原告认为专利权人发了警告信，原告收到警告信、律师函的地点就是侵权行为地，专利权人如果在报刊上刊登侵权声明，则报纸销售到何地，或者人们在何地可以看见该报纸，何地的法院就有管辖权。正因如此。目前，全国法院已受理的请求确认不侵犯专利权的案件无一例外都由原告所在地的法院管辖，这一情况应当引起注意。

请求确认不侵犯专利权之诉也属于民事纠纷案件，按照民事诉讼法规定的一般民事案件的管辖原则，应当以被告所在地和侵权行为地确定管辖为宜。尤其应当强调以被告所在地确定管辖为主，以侵权行为地法院管辖为辅，或者再加以条件限制，如可将律师函、警告信发出地、请求确认不侵权产品的销售地等作为侵权行为地，而不能以律师函、警告信的收发地，报刊的销售地作为侵权行为地，尤其不能以原告所在地确定管辖。只有这样才可以保护专利权人，对专利权人比较公平，也可以减少滥诉，防止地方保护主义。

3）合案审理还是分案审理

当一件专利侵权诉讼已经提起并在法院立案之后，被告人不应当就同一事实再以专利权人为被告，到另一法院起诉请求确认其不侵权。其只要在专利侵权诉讼中作出抗辩，并陈述理由及证据，其诉讼请求就可以得到满足。

相反，当一件请求确认不侵犯专利权的诉讼已经立案，这时被告即专利权人就同一事实向另外的法院提起专利侵权诉讼，法院应当可以受理。但是，在审理中，两个法院会发生审理上的冲突，先作出的判决结果会对后一个案件造成影响，或者产生矛盾。为了防止出现矛盾，做到统一司法，应当将这两个案件尽量合并审理。比如，请求确认不侵犯专利权的案件已立案，在答辩期间，被告即专利权人作出答辩，同时认为原告的行为构成侵犯专利权的，受诉法院应当立案，将两者作为同一案件并将案由确定为侵犯专利权诉讼，这样可以减少诉累，达到审判协调；如果在答辩期内，被告不作答辩，而到另一法院对原告提起侵犯专利权诉讼，这时，已立案的两个法院应当协商，将两个案件合并审理，且以立案侵权诉讼的法院审理为宜，虽然与民事诉讼法的规定不完全一致，但对审理这类案件是有利的，否则，法院的判决主文不易表述，且会对专利权人造成不公；如果在答辩期内，被告专利权人不作答辩，也不应诉。之后又另行起诉专利侵权的，法院可以分别审理，并分别作出判决，但应当注意协调判决结果的一致性。尤其是在被告即专利权人缺席的情况下，作出判决应当特别慎重。

4）审理及判决内容

审理请求确认不侵犯专利权案件与审理专利请求确认侵权案件在模式、步骤上是一致的。原告应举出相应的证据，如自己实施行为涉及的产品、方法，其主张不侵犯专利权的内容，如权利要求书及说明书等文本，其主张不侵权的理由等。这时，如果专利权人出庭应诉，法院审理的内容实际上就是围绕原告实施的行为是否构成了对被告专利权的侵犯。

由于原告主张自己的行为不侵权，在审理结果的判决主文中，如果侵犯专利权的结论成立，则应当判决驳回原告的诉讼请求；如果侵犯专利权的结论不成立，则应支持原告的诉讼请求，判决原告的实施行为不侵犯被告的专利权，至于原告的其他诉讼请求，如对被告发警告信给自己造成的名誉损失要求赔偿等请求则应当驳回。因为，请求确认不侵权之诉的判决不具有可执行性，也不应当具有给付之内容，当事人也无需申请强制执行，这一点与侵犯专利权诉讼的判决结果是不同的。

（四）反诉专利权无效及中止与不中止侵权诉讼

1. 反诉专利权无效

1）申何为反诉专利权无效

专利侵权诉讼往往伴随着反诉专利权无效，各国情况几乎都是如此。在越来越多的专利侵权诉讼中，被告大多采用反诉专利权无效以图从根本上否定他人的专利权效力，从而达到侵权诉讼不成立的目的。对于被告人的这种做法，从法律角度讲，是无可挑剔的，因为根据专利法的规定，这是被告的权利。

专利法中规定无效宣告程序，其目的在于：通过公众的监督，保证专利权的质量，维护公众的利益。因为专利权这种财产权的法律状态，不如其他有形财产权那样稳定。

一项发明创造要取得专利权，必须符合专利法规定的授予专利权的条件。然而，专利权是由国务院专利行政部门依据法定的程序审查后批准产生的。而在国务院专利行政部门的审批过程中，不可能做到绝对全面严格的审查。例如，在审查一项发明专利申请的新颖性时，就不可能做到对国内外的有关出版物进行无一遗漏的检索；又如，对实用新型和外观设计专利申请，并不对其进行全面的实质审查，而只进行初步审查或称形式审查。再加上其他一些主客观原因，使得在已批准的专利权中有少数不符合专利法规定的条件，这是在所难免的。可以说，国务院专利行政部门的授权过程仅仅是在完成一定的审查程序后，推定某一发明创造符合了法律规定的授权条件，然后授予专利权。显然，这种由法律推定而存在的财产权，其稳定性不及一般有形财产。在这种情况下，为了确保社会公共的利益，各国专利法都规定了补救措施，即专利权无效宣告程序。我国专利法也不例外。因此，在侵权诉讼中，被指控侵权的人如果能够运用好反诉专利权无效程序，不仅会使自己变被动为主动，维护自身合法权益，而且还可以维护公众使用公知技术的权利。可以说，为了保证专利的质量，必须设置专利权无效宣告程序，借助公众的力量，避免不符合专利条件的发明创造被授予专利权，以损害社会及公众的利益。

既然法律上设立了无效宣告请求审查程序，就不能怕启动它，尤其是在侵权诉讼中，通过反诉的形式提起无效程序，不能一律视为"钻法律空子"

和"为了拖延侵权诉讼"，不能以偏概全，只看到无效程序消极的一面，而看不到它积极的一面。而应当正确有效地运用无效程序，保护各方当事人的合法权益。

2）反诉专利权无效的特点

在侵权诉讼中，被指控侵权的被告提出反诉专利权无效，同一般民事诉讼中的被告提出的反诉不同，它主要有以下几个特点。

（1）当事人的诉讼地位不发生变化。

当专利侵权诉讼中的被控侵权人即被告提起反诉专利权无效时，就原来的侵权诉讼而言，反诉人仍处于被告的地位，专利权人或者利害关系人也仍然是侵权诉讼的原告。这与一般民事案件的反诉不同，在一般民事纠纷案件中，被告人提出反诉，这时反诉的提起会使得原诉当事人的诉讼地位发生变化，即本诉的被告变成了反诉的原告，本诉的原告变成了反诉的被告。

（2）对反诉管辖的法院不同。

专利侵权诉讼的被告提起专利权无效的反诉，并不是向受理侵权诉讼的人民法院提出，而是向复审和无效审理部提出。由复审和无效审理部进行审查，然后作出该专利权是否有效的审查决定。如果当事人对该决定不服，可以在法定期限内向北京知识产权法院提起专利行政确权诉讼。一般审理专利侵权案件的法院并不直接审理专利权是否有效的专利行政确权案件。而在一般的民事纠纷案件中，被告人提出反诉是向同一个人民法院直接提起，并由同一个人民法院管辖。

（3）反诉专利权无效的诉讼与专利侵权诉讼不能合并审理。

人民法院受理反诉的目的，在于简化程序，节省人力、物力和时间，避免在相关联的问题上作出相互矛盾的判决。为此，在一般的民事诉讼中，反诉只能向受理本诉的人民法院提起，反诉与本诉通常是合并审理的，但对专利侵权案件而言，就有所不同了。根据最高人民法院的有关规定，一方面，专利侵权诉讼应向各省、自治区、直辖市人民政府所在地的中级人民法院以及经最高人民法院特批的中级人民法院提起；另一方面，反诉专利权无效和请求宣告专利权无效或者部分无效的，又只能向复审和无效审理部提出请求。对专利权是否有效和是否侵犯专利权这两类案件不可以合并审理。这是因为，专利侵权诉讼一般属于民事诉讼范畴，而请求宣告专利权无效的结果，引起的是一场专利行政诉讼。对这两类案件的审理所适用的诉讼程序法是不同的。

这种情况并非仅存在于我国，世界上许多实行专利制度的国家都是如此。这样做的主要目的是为了保证在授予专利权及把握专利权是否有效的标准更加统一。至少在中国目前情况下，仍然将这两类纠纷性质作了区分，对这两类案件的审理所适用的诉讼程序法是不同的，所以还不可能合并审理。

3）提出反诉有无期限限制

一项发明创造被授予专利权后，要宣告其无效一般是没有时间限制的。根据《专利法》的规定，自国务院专利行政部门公告授予专利权之日起，任何单位或者个人认为该专利权的授予不符合《专利法》有关规定的，都可以请求复审和无效审理部宣告该专利权无效。由此可见，请求宣告专利权无效无时间限制，任何时候均可以提出。但是，在专利侵权诉讼中，被告反诉专利权无效是否有期限限制，在法律上无明文规定。

不过，在司法实践中，人们有一种普遍的认识，这就是在侵权诉讼中，被告如果反诉专利权无效，应当尽快提出。以供人民法院决定对专利侵权纠纷案件是否中止审理。否则，被告人在侵权诉讼中随时提起反诉，将会影响人民法院办案速度，还有可能被个别被告人利用，成为其拖延诉讼、继续侵权的保护伞。

根据最高人民法院相关司法解释的规定，在专利侵权诉讼中，被告若反诉专利权无效，最好的时机是在答辩期间提出。也就是说，人民法院受理专利侵权案件后，会向被告送达起诉状副本，这时被告如欲请求宣告该项专利权无效，须在答辩期间内向复审和无效审理部提出。并在答辩期间内，及时将复审和无效审理部发出的立案通知书一并交至法院。明确一个反诉专利权无效提起时间，其目的并不是要限定被告人只能在此期间提出请求，而主要是为了防止侵权人利用请求宣告专利权无效的手段，故意拖延专利侵权诉讼，继续实施侵权行为，使法院的审判工作陷入被动。

在答辩期间内，被告提起的专利权无效的反诉，将引起一系列法律后果，如法院将有可能中止侵权诉讼案的审理、复审和无效审理部将启动无效审查程序等。如果在答辩期间，被告不提出反诉，法院可能将不中止对侵权诉讼案件的审理，并作出判决。如果认定被告侵权，该生效判决已执行，这时被告再提出专利权无效宣告请求,法院将不予理睬。

在实践中,有时可能在侵权诉讼发生前,被告或者其他人已经就争议专利权提起了无效宣告请求,并在复审和无效审理部审查之中。这时,在专利侵权诉讼中的被告只需将相关证据提交法院即可,其法律后果与前述在答辩期间提出专利权无效是相同的。

在有些情况下,由于一些客观原因,如调查搜集证据有困难,被告人未能在答辩期间及时提出宣告专利权无效,而在诉讼的其他阶段才提出专利权无效,如果其宣告专利权无效的证据充足,也应得到与前述相同的法律后果。

4)反诉请求向谁提出

在专利侵权诉讼中反诉专利权无效,与一般民事侵权案件中被告提出反诉不同,不是向进行本诉的法院提出,也不是正诉与反诉合并审理,而是与一般情况下请求宣告一项专利权无效一样,正诉在人民法院审理,而反诉则应当向复审和无效审理部提出。

但是,在司法实践中,有的被告出于种种考虑,常常不愿去复审和无效审理部提出无效宣告请求,而是向人民法院或者管理专利工作的机关提供证据,证明专利权人手中的专利权已不符合专利条件,如指出该专利权早已是公知技术,不符合专利性,国内外早已生产销售等,要求法院或管理专利工作的机关在侵权诉讼中认定该专利权应该无效,或作出因该专利权不应当予以保护,因此被告使用相同技术的行为不构成侵权的判决或决定。但是,法院或管理专利工作的机关是无法接受该反诉的。

第一,专利侵权诉讼是要解决是否侵权的问题,一项有效的专利权当然是侵权诉讼的前提。专利权人针对一项发明创造或者外观设计获得了专利权,当这项专利权受到他人侵害时,就有权提起侵权诉讼,请求法律保护。此时,如果侵权人认为该专利权已失去新颖性或者不具备其他授予专利权的条件,应当走无效宣告程序。如果没有人提起无效宣告程序,无论是人民法院,还是管理专利工作的机关,都只能承认该专利权有效,并在其权利要求保护的范围内对侵权物作出是否侵权的判断。

第二,对一项发明创造或者外观设计申请是否应当授予专利权,这是国务院专利行政部门的法定职责;对一项已获得专利权的发明创造是否符合专利性条件作出判断,是否应予宣告无效,或者维持其有效、部分有效,是复审和无效审理部的法定职责。依据《专利法》的规定，对复审和无效审理部的具体行政执法行为即具体的行政决定，由专门的法院即北京知识产权法院和最高人民法院知识产权法庭进行司法监督。在授予专利权和宣告专利权无效的程序中，专利权的保护范围不得及于公知技术应当是作为一项原则遵守的。当然也难免出现漏网的情况，尤其是对实用新型专利和外观设计专利而言。

但是，"各司其职""各负其责""不得越权"这些基本的行政法律原则是不得随意突破的。设想如果全国有专利案件管辖权的近百个中高级人民法院在处理专利侵权纠纷中，都可以对专利权的效力作出认定，那么必将造成司法的混乱。如果数量众多的管理专利工作的部门在处理专利侵权纠纷中也如此效仿，造成的结果将更加混乱。因为这种认定，不仅仅涉及公知技术，而且涉及明显违反法律法规的技术，明显不属于专利法保护范围的技术等。所以说，专利权的保护范围不得及于公知技术的原则是正确的，但这个原则不能在专利侵权纠纷中由管理专利工作的部门或者人民法院随意、普遍加以适用。在专利侵权诉讼中，被控侵权人提出原告专利权应当被宣告无效等问题，不应属于本案正诉中应当解决的问题。

当然，有的被控侵权人虽然掌握对方专利权无效的有力证据，但为了不伤和气，表示"你不告我侵权，我也不请求宣告你专利权无效"，在此前提下，请求人民法院帮助调解侵权纠纷，这是可以的。但这里调解解决的仅仅是专利侵权纠纷，并不是调解专利权有效还是无效纠纷。

5）人民法院与复审和无效审理部的衔接

人民法院审理专利侵权诉讼，复审和无效审理部审查同一专利权的效力，这里会涉及两个机关的工作衔接问题。

在专利侵权诉讼中，被告如果欲提出反诉专利权无效，应将反诉请求书正本及有关证据材料递交复审和无效审理部，将副本及有关证据材料提交本诉法院，即审理专利侵权诉讼的法院，以供人民法院审查决定是否中止侵权诉讼时作为依据。

以往，被告提出反诉只是直接对复审和无效审理部，而人民法院并不知其是否已提出反诉专利权无效，有时只凭被告一说，或复审和无效审理部的立案通知书，人民法院就中止了侵权诉讼，这种做法过于简单，对当事人尤其是专利权人十分不利。而且可能造成无休止地延长对侵权诉讼的审理。

复审和无效审理部收到被告的无效宣告请求书后，应通知本诉人民法院。符合条件的应当发出立案通知书。当事人应当及时将立案通知书送交人民法院，并将复审和无效审理部对专利权无效案件的审理情况及进展及时告知人民法院。本诉法院对专利侵权诉讼是否中止审理，由人民法院视具体情况而定。

复审和无效审理部在作出宣告专利权无效、部分无效及有效的审查决定之后，当事人应立即将该决定和"无效宣告审查结案通知书"交本诉人民法院。如果当事人对复审委员会宣告专利权无效或维持专利权的决定不服，已在规定期限内向北京市中级人民法院提起行政诉讼，当事人还应当将行政诉讼的进展情况及时通知本诉人民法院。

受理专利侵权诉讼的法院，收到复审和无效审理部已经立案进行无效审查的通知后，应视案件具体情况，结合无效理由及审查相关证据，决定是否对本诉中止审理。对决定中止审理的，应当作出中止审理裁定。并且，一般情况下，对已经作出中止审理裁定的案件，应当等待复审和无效审理部作出最终审查结论后，包括行政诉讼全部结束后，专利权效力已经稳定的情况下，再恢复对本诉的审理。

复审和无效审理部的审查决定，对人民法院审理案件有直接影响。专利权的授予及决定专利权是否有效的权利，是由国家知识产权局行使的。法院在审理专利侵权诉讼中，遇到被告反诉专利权无效的情况，只能根据复审和无效审理部对该专利权效力及保护范围所作出的决定，对侵权案件作出结论。复审和无效审理部的决定，结果一般会有三种情况：

第一，宣告专利权无效。

第二，维持部分专利权有效、部分无效。

第三，维持原专利权有效。

针对第一种情况，经复审和无效审理部作出宣告专利权无效决定后，法院应根据宣告专利权无效决定，判决驳回原告起诉。原告申请撤诉的，应予准许。

针对第二、第三种情况，复审和无效审理部经审查作出维持部分专利权有效、部分无效或维持原专利权有效的决定，法院应继续专利侵权案件的审理。

人民法院在专利侵权纠纷案件审理过程中，如果被告人已反诉专利权无效，应当及时注意了解专利权无效案件审查的进展情况，及时与复审和无效审理部沟通，以防止作出有失公正的判决。

2. 中止侵权诉讼

1）中止诉讼的法律依据

《民事诉讼法》第 153 条第 1 款第（五）项规定，当出现本案必须以另一案的审理结果为依据，而另一案尚未审结的情形时，人民法院可以中止对本案的诉讼。可以说，《民事诉讼法》第 153 条是民事纠纷案件中止的法律依据，也是专利侵权诉讼中止的法律依据。

根据近 20 年的专利司法实践，发明、实用新型和外观设计被授予专利权后，权利人便可能提起侵权诉讼。此时，被告一旦反诉专利权无效，人民法院便处于两难境地，如果不中止对侵权案件的审理，直接作出判决，由于实用新型和外观设计专利未进行实质审查，很可能最终被宣告无效，造成对被告的不公平；如果中止诉讼，等待专利权无效的审查，结果审查时间又会很长，尤其是经过实质审查的发明专利，本来已过了较长的时间，又要等待很长时间，使专利侵权纠纷无休止地拖延，造成对专利权人的不公平。尽管如此，目前大多数法院还是根据最高人民法院的相关司法解释，采取慎重的态度，中止了对大多数侵权诉讼的审理，因此，专利侵权案件便被搁置，有的一拖多年，不仅对专利权保护不力，而且影响了司法信誉。此问题虽已讨论多年，但仍无解决良策。

根据《专利法》的规定，专利侵权纠纷涉及实用新型专利或者外观设计专利的，人民法院或者管理专利工作的部门可以要求专利权人或者利害关系人出具由国务院专利行政部门对相关实用新型或者外观设计进行检索、分析和评价后作出的专利权评价报告，作为审理、处理专利侵权纠纷的证据，对其专利权的专利性在诉讼前先拿出依据，在专利诉讼中，即便被告反诉专利权无效，法院也不必作出中止审理的裁定。而一旦作出了侵权判决，专利权人又被宣告无效的，法院也不必惊慌，还有《专利法》第 47 条作后盾。即在后被宣告无效的专利权对在先已经作出并已执行的侵权判决无追溯力，从而可以大大提高审理专利侵权案件的速度。

2）中止与不中止的运用

通过上述分析可见，在专利侵权诉讼中遇到反诉专利权无效的情况，要不要中止专利侵权诉讼是一个十分复杂的问题，也是对法官能否熟练运用法律作出正确决定的考验。

首先，是否中止侵权诉讼，其法律依据是《民事诉讼法》第153条。法院一旦作出裁定，当事人不可以上诉和申诉，且对双方当事人利益影响较大。因此，应当慎重。

其次，对前述最高法院对相关问题所作的司法解释，在适用时不应断章取义，应作全面理解，并结合具体案情，不宜机械僵化地照搬。

最后，在具体作出中止侵权诉讼的裁定时，可以考虑以下因素。

（1）发明专利侵权案件，被告反诉专利权无效的，一般可以不中止诉讼。但被告向人民法院提交的反诉专利权无效的理由及证据明显可以推翻该专利权效力的，或者法院经过对专利权效力进行判断，对其结果把握不准的，可以中止侵权诉讼。

（2）对实用新型专利侵权案件，专利权人提供检查报告，该报告无明显瑕疵的，被告在答辩期内反诉专利权无效，一般可以不中止侵权诉讼的审理。但是，被告反诉专利权无效的理由及证据明显可以证明该专利权应当被宣告无效的，应当中止侵权诉讼。

（3）对外观设计专利侵权案件，被告人反诉专利权无效的，一般应当中止侵权诉讼，除非反诉专利权无效的理由及证据明显站不住脚的，可以不中止诉讼。

（4）对侵权诉讼中的专利权已经过无效审查的，如果被告反诉专利权的理由及证据无新的变化，对侵权诉讼可以不中止审理；但如果被告反诉专利权无效有新的证据，并足以宣告该专利权无效的，应当中止侵权诉讼。

（5）在专利侵权诉讼中，被告反诉专利权无效的理由与其进行不侵权抗辩无直接关系的，如被告认为自己的产品与专利技术根本不同，不构成侵权，又以该专利无专利"三性"为由反诉专利权无效，经审查被告抗辩理由可以成立的，可以不中止侵权诉讼。

以上均是在决定是否中止专利侵权诉讼时考虑的一些因素，最重要的是要结合具体案件、案情，考虑被告反诉专利权所提出的理由及证据是否有理有力，这就要求法官对双方当事人的意见认真考虑。而具体在案件中遇到一审未中止专利侵权诉讼，二审是否可以中止及被告未提反诉专利权无效，其他人早已提出反诉无效是否也可以导致中止侵权纠纷等问题，都不应当一刀切，要看具体情况。

3）对以反诉为手段拖延侵权诉讼行为的对策

专利权无效宣告请求，本是对专利权进行公众监督的一种权利，其目的是维护社会公众的利益。但在个别人手中，反诉专利权无效成了一种拖延侵权诉讼、继续实施侵权行为的"武器"。在专利侵权诉讼中应当对这种现象引起重视，并采取必要的对策和措施。

第一，国家知识产权局、北京知识产权法院和最高人民法院知识产权法庭应当采取措施，加快对无效案件的审查速度，尤其是对在侵权诉讼中反诉无效的，国家知识产权局应配合人民法院或者管理专利工作的部门，从快审查，缩短审查周期。在现行法律允许的范围内，尽量简化程序、减少重复浪费，使专利权状态尽快稳定。就目前的无效宣告案件审查时间来看，审查周期仍显过长，使专利权不稳定状态持续时间过长，给侵权人以可乘之机。

第二，受理侵权纠纷的人民法院或者管理专利工作的部门，应加强与国家知识产权局的联系，对提起反诉专利权无效的实质性理由及证据可以作些了解，对专利权的稳定性从证据上作一些判断，对一些有把握的专利侵权案件和可以认定侵权人是以反诉为手段拖延诉讼时间的，尽量不中止对侵权纠纷的审理。

在专利权效力稳定的前提下，既然已查明侵权人是故意用反诉的手段拖延诉讼期间，继续实施侵权，就应当及时采取必要措施，抓紧审理，及时作出判决或决定。

第三，积极利用财产保全措施。根据最高人民法院的有关司法解释规定，专利权人提出诉讼保全申请并提供担保的，人民法院认为必要时，在裁定中止诉讼的同时，责令被告停止侵权行为或者采取其他制止侵权损失继续扩大的措施。只要专利权人对自己的专利权效力有把握，侵权行为可以初步认定，在这种情况下，如果被告提出反诉专利权无效，且侵权诉讼应当中止的，可以由专利权人提供担保，由人民法院作出财产保全裁定，甚至可以作出停止侵权行为的先予执行裁定，以免专利权人最终胜诉而无法执行，或给专利权人造成损失过大，难以弥补。

四、专利侵权诉讼证据

（一）一般专利侵权诉讼的举证责任

民事诉讼的证据，是指能够证明民事案件真实情况的客观事实。在一般民事诉讼包括专利诉讼中，证据具有极其重要的作用，打官司实际上就是"打证据"。

1. 证据的作用

民事诉讼证据的意义和作用在于：

第一，证据是当事人进行诉讼的前提条件。原告起诉或者被告反驳以及提出反诉，都应提供证据来证明自己所主张的事实。

第二，证据是人民法院查明事实，分清是非，正确适用法律，及时审理民事案件的基础。民事案件的事实是民事法律关系发生、变更或者消灭的客观情况以及民事纠纷发生的原因、争执焦点等。这些事实都是在当事人向法院起诉前发生的，法官不可能亲自见到。因此，法官只有依法全面客观地审查核实证据，才能使法院的审判建立在可靠的基础上。

第三，证据是保护当事人合法权益的工具。民事诉讼中的直接利害关系人都想从有利于自己方面提供证据材料，因此，民事权利人要依法保护自己的合法权益，必须依靠证据来加以证明，不然是难以确认民事权利义务关系的。

2. 举证责任

在民事诉讼中由谁来举证呢？根据民事诉讼法的规定，举证责任是指在民事诉讼活动中，当事人对自己的主张必须提供相应的证据，否则将有可能承担败诉的不利后果。

当事人提出的主张，包括原告提出的诉讼请求、被告对原告诉讼请求的反驳与反请求、第三人提出的诉讼请求等。在民事诉讼活动中，当事人提出的诉讼请求是其行使权利的一种方式。因此，在其行使权利的同时，就必须同时承担提供证据来证明其诉讼请求的责任。

当事人提供证据，既是其在法律上主张权利必须履行的行为，又是其应该承担的责任。当事人的这个行为责任还要产生一定的结果，这个结果也必然要由当事人来承担。这就是说，如果当事人不能举出证据或举出的证据材料不能证明案件事实时，当事人将承担由此造成的结果，即败诉的风险结果，在法院也查不到证据的情况下，就成为一种现实的结果。

3. 举证责任的承担

民事诉讼中的举证责任，不是由双方当事人共同承担的，这就是说，对同一主张或者事实，不是由双方当事人同时承担举证责任，而只能由一方来负举证责任。我国《民事诉讼法》第64条明确规定：当事人对自己提出的主张，有责任提供证据。这就是举证责任分担的原则。它有以下几个特点。

1）谁主张，谁举证

《民事诉讼法》对举证责任的分担，明确地规定了谁主张、谁举证。主张和举证是前因和后果的关系，主张是举证的前提，举证是主张的后果。如果当事人提出主张，就必须提供证据予以证明。

在诉讼中，原告提出了诉讼请求，也就是提出了主张，那么，原告对其主张的事实就必须提供证据。被告在诉讼中也不是简单地应诉、承认原告的主张，大多数被告人在诉讼中都提出反驳的主张和理由，有的甚至提出反诉。反驳和反诉都是以一定的权利和事实主张为内容的，所以，被告也应对其主张提供证据，予以证明。

2）当事人对权利主张和事实主张都需要举证

当事人提出的主张包括权利主张与事实主张，如原告主张自己有一项专利权，原告是利害关系人、原告的权利是合法取得的等，即属于权利主张；原告指控被告侵权、要求被告承担经济赔偿等，即属于事实主张。在诉讼中，当事人在提出权利主张的同时，也提出其权利存在所依赖的事实。那么，无论是对权利主张还是对事实主张，都要提供证据予以证明。就是说，提出权利主张和事实主张的当事人对此都负有举证责任。

3）对同一权利或者事实的主张，不能双方都负举证责任

原告和被告的诉讼请求往往是对立的，他们的主张往往是截然相反的，因此，在诉讼中双方当事人不可能对同一权利或者事实主张分别负举证责任。在诉讼中，原告和被告基于对同一事物提出不同的主张，只能对各自的主张分别负举证责任。有时原告和被告可能会对同一权利或者事实的存在与不存在、真实与虚假，负相反方向的举证责任。但无论如何，当事人不能对同一主张共同负举证责任。如果这样，会导致责任不明确，使当事人互相推诿责任，这就违背了法律规定举证责任制度的初衷。

（二）方法专利侵权的举证责任倒置

在专利侵权诉讼中，涉及方法专利侵权时，有时会发生特殊的举证责任，这就是举证责任的倒置。

1. 举证责任的倒置

根据《民事诉讼法》的规定，在有些特殊侵权案件的诉讼中，由于主张事实的当事人在客观上难以或者无法提供证据，如果再适用举证责任分担的一般原则，就会使当事人之间的举证责任分担不均衡，造成一方败诉的风险过大。对于这类案件的举证，法律会作出相应的规定，根据当事人对证据的接近程度和取得证据的难易程度来确定谁承担举证责任，即出现举证责任的倒置。

举证责任的倒置，是指原告对自己提出的事实主张或权利主张一开始就可以不提供全部证据加以证明，而由被告举证证明原告的主张不成立，否则即由被告承担不举证的责任。一般说来，适用举证责任倒置，必须符合一定的条件，这些条件是：

（1）必须是法律或法规明确规定的特殊类型的侵权纠纷案件，不能在实践中随意扩大举证责任倒置的适用范围。

（2）需要举证证明的对象，必须是特定的责任对象，不能超越被告人正当的责任范围。

2. 方法专利举证责任倒置之前，原告负有初步举证义务

任何民事诉讼都是由原告提起的，所以，在诉讼中举证责任应首先从原告开始。原告应就诉讼请求所依据的事实负举证责任。对于新产品制造方法的举证虽然法律规定了实行举证责任倒置，但并非原告仅提供一份诉状，而不用提交任何证据。举证责任的倒置也应在专利权人提供初步证据之后才发生。作为专利权人的原告必须提交的初步证据应当证明的事实包括：

（1）原告是专利权人或者利害关系人。

（2）原告有一项产品制造方法的有效发明专利。

（3）该方法专利使用的结果是产生一项新产品。

（4）被告制造了与其方法专利制造出的新产品相同的产品。

原告只有在完成了上述举证的情况下，证明未经原告许可而制造出的新产品不是依原告方法专利所制造出来的举证责任才由被指控侵权的被告承担。这就是说，举证责任的倒置仅针对原告无法举证的、被告使用的制造方法而言，并非一切诉讼证据。

3. 关于新产品的标准及举证责任

根据《专利法》的规定，新产品的制造方法专利侵权，实行举证责任倒置。那么，什么是"新产品"，应当由谁举证证明是否为"新产品"呢？

新产品是指与市场上已经销售的产品不同的产品。人民法院在审理侵权案件时可以根据案情自行作出解释。根据一般理解，判别是否是"新产品"的标准应当不是本法授予专利权时所要求的"新颖性"标准。只要某种产品在专利申请日前是国内外市场上消费者从未见过的，就可以认为是新产品。2009 年 12 月 21 日最高人民法院《关于审理侵犯专利权纠纷案件应用法律若干问题的解释》第 17 条规定，"产品或者制造产品的技术方案在专利申请日以前为国内外公众所知的，人民法院应当认定该产品不属于专利法第六十一条第一款❶规定的新产品。"确认是否是新产品，对专利权人的举证不宜太苛刻，原告人只要在专利文件中提到是一种新产品的制造方法，或者在诉讼时称是一种在申请专利前市场上未曾见过的新产品即可，因为如果必须让原告证明没有的东西，原告是无法举证证明的，最多只能证明一种新产品是何时上市的。

一种新产品上市有时可以举出证据证明，如在税收方面的优惠政策、为新产品上市举办的一些专门宣传活动等。但在多数情况下，证明一个产品是第一次上市也并非易事，而往往要靠被告提出反证。证明在专利权人的新产品上市之前，市场上已有相同产品，专利权人上市的新产品已经不是新产品，这种证据在有些情况下反而容易得到。通过前面的案例可见，在司法实践中，人民法院往往是通过原告举证和被告反证之后，才能对是否是"新产品"作出认定。

4. 被告怎样负举证责任

当举证责任依法倒置后，被告或者举证，或者不举证。如果举证了，则应对其举证进行质证，质证的结果，被告使用的制造方法如果与专利的制造方法相同，则构成侵权，如果被告使用的制造方法与专利的制造方法不同，则不构成侵权。如果被告不举证，等于被告不能举证证明自己的制造方法不同于专利方法，则应被推定为使用了专利权人的方法发明专利，从而认定被

---

❶ 此处指的是 2008 年修正的《专利法》，对应 2020 年修正的《专利法》第 66 条第 1 款。

告行为构成侵犯专利权，由其承担侵权的法律责任。这就要求被控侵权人必须要举证，而且向法庭提供的证据必须能够证明与原告的专利方法不同，才能排除侵犯专利权的嫌疑。

在实践中，较常见的情况是，被告举出了证据，举出了自己制造新产品的方法，但该制造方法并不能证明和其实际使用的制造方法的一致性，在这种情况下，不能认为被告的举证责任已经完成，被告的举证责任仍没有发生转移。被告的举证必须能够证明自己实际使用的制造方法是什么。其实在这方面，被告若想作个假证，欺骗不懂技术的法官是十分容易的。因此，在证据认定时必须要把好这一关。在有些情况下，当被告对自己使用的制造方法举出书面证据后，根据常理或者原告的举证可以认为被告举证可能与其实际使用的方法不同时，可以依法进行现场勘验或者技术鉴定，以认定被告举证的真实性。当然，在采用现场勘验或者进行技术鉴定时应当注意为当事人保守技术秘密。

（三）专利侵权诉讼中的技术鉴定

1. 鉴定的提起

在很多专利侵权案件中，遇到复杂的技术问题时，一方当事人多倾向于委托一些单位鉴定后，向法院提交该鉴定意见，作为证据由法院决定是否采信。这种情况下，双方当事人委托鉴定机构作出并提交法院的技术鉴定意见往往会截然相反，或者一方当事人提交的鉴定意见，另一方当事人提出异议，从而使法庭无法采信，又使当事人浪费精力、财力。1998年6月，最高人民法院在有关司法解释中明确规定，鉴定意见作为证据应由人民法院调查收集，也就是说，在专利诉讼中是否需要对专业技术问题进行鉴定，应当由法院决定。当然，为了使判决结果客观公正，当事人也有权提出进行技术鉴定的请求，而且，在司法实践中也主要由当事人申请技术鉴定，法院才去委托有关机构做技术鉴定，但最终决定权在法院。

2. 鉴定事项

在专利侵权案件中，涉及专业技术问题，需要借助本领域专业技术人员的判断。技术鉴定应当仅仅围绕专业技术问题进行，对法律问题的认定是法官的职责，而不能交由技术鉴定机构进行鉴定。对专业技术问题的鉴定目的，是为了让法官理解技术事实，有利于法官查清案件事实，准确适用法律，而并不能代替法官判案。

在请求法院进行技术鉴定时，当事人也可以提出请求鉴定的事项，以供法院参考。

3. 鉴定机构

根据《民事诉讼法》第 79 条的规定，当事人可以就查明事实的专门性问题向人民法院申请鉴定。当事人申请鉴定的，由双方当事人协商确定具备资格的鉴定人；协商不成的，由人民法院指定。当事人未申请鉴定，人民法院对专门性问题认为需要鉴定的，应当委托具备资格的鉴定人进行鉴定。目前，对专利案件而言，由于它涉及科学技术的各个领域，其中一些属于科技前沿问题，又具有国际或国内新颖性。因此，至今没有也不可能有统一的法定鉴定部门。经过多年实践探索，目前法院主要从三个方面确定鉴定机构：一是当事人协商选择的机构；二是人民法院指定的机构；三是由相关技术领域的专家组成鉴定组，通过召开专家鉴定会的方式进行鉴定。

另外，应当注意的是，1998 年最高法院发布的《全国法院首次知识产权工作座谈会纪要》中明确提出政府机关不宜作为技术鉴定单位。在侵权案件中，法院应委托独立的鉴定机关将专利独立权利要求与被控侵权产品的技术特征进行比对，就技术特征是否等同出具鉴定意见。

鉴定机构应当有严格的程序规则，鉴定部门和鉴定人员对鉴定的技术内容负有保密义务。同时，当事人有权要求鉴定人员回避。

4. 鉴定意见的使用

未经法庭质证的证据不能作为人民法院裁判的依据。鉴定意见既然是证据的一种，法院必须要经过质证才能决定是否采信，不经质证的证据不能直接采信。

质证是在诉讼中，当事人对证据的真实性、合法性提出疑问，以供法官决定该证据是否应该被采信。质证内容包括：鉴定机构是否是由法院指定的；鉴定程序、规则是否公开、公正；鉴定中有无违反程序问题、不正之风问题；同意或者不同意鉴定意见的理由。质证可以是当庭质证，也可以在庭下进行；可以是口头质证，也可以书面质证。当然，当事人在质证过程中表示不同意鉴定意见，不等于法庭没有组织当事人质证。

那么，经过质证的鉴定意见，是否就一定被法院采信呢？作为一份证据，经过质证是否采信由法庭决定，这与鉴定的真实性、合法性，以及鉴定意见的证据力均有很大关系。法院最终判决结果与鉴定意见相一致，不一定就采信了鉴定意见；相反，也不一定就没采信鉴定意见，也可能采信了鉴定意见中的某一部分。对鉴定意见应当如何采纳，举例来说，最高人民法院在宁波市某厂与江阴某公司侵犯专利权纠纷案民事判决书中指出，被控侵权产品和方法是否与专利技术等同，涉及专业技术问题，需要借助本领域专业技术人员的判断。等同替代或者称等同物替换，应属技术事实问题，即专利权利要求中的必要技术特征与被控侵权产品的相应特征相比，在技术手段、功能和效果方面是基本相同的；二者的互相替换对本领域普通技术人员来说是无需经过创造性劳动即能实现。人民法院在认定二者是否属于等同物替换时，有时需要借助本领域专业技术人员的判断。等同物替换并非都构成专利侵权，在判断是否构成专利侵权时，仍须考虑其他构成要件。因此，就等同物替换本身认定是否构成侵犯专利权，方系法律问题，应当属于人民法院的职权范围。

委托鉴定无论是依据当事人申请还是法院依职权决定，其鉴定费用应当由败诉方当事人负担。

随着司法审判制度的改革和我国全社会诚信的增强，技术鉴定这项工作应当逐步走向由当事人自行进行，使鉴定意见真正像其他诉讼证据一样，由当事人将鉴定结果提交法庭进行质证，或者由专家证人出庭，可能会更好解决专利行政诉讼中的专业技术问题。

委托专业部门对技术问题进行鉴定的方式确实有助于解决侵权案件中所涉及的技术问题，但目前在我国，技术鉴定也存在一些问题，首先，目前我国的知识产权鉴定机构还存在着管理无序、没有相应的鉴定规则和鉴定程序、鉴定人鉴定资格没有统一标准等问题，各知识产权司法鉴定机构之间彼此独立、各自为政现象严重，这就出现对同一个技术问题，各家鉴定机构会出现不同的鉴定意见，当事人对此鉴定意见争论不已，造成一些案件久拖不决。其次，一些法官习惯于简单地将所有技术内容全部推给鉴定部门，不经实质性审查判断，无条件地将鉴定意见直接引用，作为审判的基础。

因此，在专利侵权纠纷案件中，委托专业部门进行技术鉴定时，首先应当向法院提出鉴定申请，由法院主持选择鉴定机构；其次，应当慎重选择鉴定机构及具体参与鉴定的专家，选择在本领域内真正权威的机构及专家，以使鉴定机构作出的结论有权威性，不易于被对方当事人提出异议，从而易于被法院采信；最后，应当让专家充分理解鉴定的技术内容及鉴定的事项，确保专家理解其应当完成的工作，保证鉴定意见的科学性。

（四）技术调查官制度

2019 年 4 月 26 日，最高人民法院公布《关于技术调查官参与知识产权案件诉讼活动的若干规定》，明确审理技术类知识产权案件的人民法院施行技术调查官制度，该规定于 2019 年 5 月 1 日施行。规定以北京、上海、广州知识产权法院近年来开展技术调查官制度试点工作取得的经验为基础，明确了技术调查官作为审判辅助人员的身份定位，对技术调查官参与知识产权案件诉讼活动的程序、职责、效力、法律责任等方面作出规定。

人民法院在审理专利、植物新品种、集成电路布图设计、技术秘密、计算机软件、垄断等专业技术性较强的知识产权案件时，可以指派技术调查官参与诉讼活动。同时明确，技术调查官属于审判辅助人员。对于参与诉讼活动的技术调查官应当参照刑事、民事、行政诉讼法有关其他人员回避的规定适用回避制度。

关于技术调查意见的效力，技术调查意见可以作为合议庭认定技术事实的参考，由合议庭对技术事实的认定依法承担责任。同时，技术调查官应当在案件评议前就案件所涉技术问题提出技术调查意见。技术调查意见由技术调查官独立出具并签名，不对外公开。技术调查官对案件裁判结果不具有表决权。

五、专利权侵权责任

专利权是一种财产权。它同其他财产权一样应当受到法律的保护，谁侵犯了他人的专利权，谁就应当承担相应的法律责任。根据我国民法通则和专利法的规定，侵犯专利权的民事法律责任主要有停止侵权、赔偿损失、清除影响等几种方式。

（一）停止侵权

停止侵权是专利侵权人应承担的主要法律责任之一，也是保护专利权的最有效措施之一。

所谓停止侵权，是指侵权人应当停止擅自制造、使用、许诺销售、销售、进口专利产品或者使用专利方法以及使用、许诺销售、销售、进口依该专利方法直接获得的产品的行为。专利权人将发明创造申请专利获得专利权的目的就在于用法律保护自己的专利权，禁止他人未经其许可而制造、使用、许诺销售、销售、进口其专利产品或者使用其方法的行为，从而保持自己对该专利享有独占权。因此，在专利侵权诉讼中，所有专利权人都要求侵权方停止侵权行为，以消除由于侵权人的非法竞争行为对其构成的威胁。

专利权人或者利害关系人在诉讼中要求法院采取责令侵权人立即停止侵权行为时，可以申请人民法院作出财产保全或者先予执行的裁定，但同时应当提供担保。及时采取这种措施，对停止制造专利产品或者停止使用专利方法的侵权行为更为必要。

但是，人民法院在诉讼中采取停止侵权行为的临时措施应当极其慎重。原因在于：在专利侵权诉讼案件审理中，人民法院一旦作出停止侵权的裁定，尤其是停止制造行为，对被告的利益得失关系极大。在诉讼之初，当原告人手中的专利权稳定状况不十分明确、侵权事实未全部查清的情况下，一旦采取了停止侵权行为的临时措施，给被告人造成的结果将是不堪设想的。只有在专利权的有效性已经确认，侵权事实已经证明无疑的情况下，人民法院才会采取这种临时措施。

当然，根据原告的诉讼请求，在案件审结时，判决被告停止侵权行为是必须的。为了保证这一判决结果的有效执行，恢复专利权人被侵犯的权利，人民法院还可以根据专利权人的请求，没收、销毁侵权产品或者责令侵权人将侵权物品交给专利权人由专利权人进行处理，以切实做到停止侵权人继续使用、许诺销售、销售的侵权行为。

没收、销毁侵权产品，是对侵权行为的一种财产性制裁方式，其目的在于有效地制止专利侵权行为。这种方式在一般判决中可以不用，但在下列情况下应当适用。

（1）判令侵权人停止制造侵权行为后，对制造侵权产品的生产线、专用模具、专用设备应当没收并予以销毁。

（2）对侵权人制造的质量低劣的假冒专利产品，应当没收并予以销毁。

（3）对侵权人仿制的侵权产品，可以根据专利权人的要求没收并予以销毁，或者责令将侵权物交给专利权人，由专利权人进行处理。

由于没收、销毁侵权产品所造成的损失也应当由侵权方承担。

法院判决被告停止侵权行为，应当明确、具体，以便于判决结果的执行。所谓判决应当明确、具体，是指通过案件审理，查明侵权事实，认定被告的哪种行为构成侵权，侵权指向的标的是什么，是方法还是产品；如果是产品，是哪种型号的产品等。根据认定的事实作出停止制造、停止使用、停止销售或者停止进口行为，而不应只判停止侵权行为。

当然，法院的判决结果要与原告的诉讼请求相对应。这就要求专利权人作为原告提出诉讼请求时应当明确具体。司法实践中在同一诉讼案件中主要有以下几种情况。

（1）同一被告针对同一专利，同时实施了几种侵权行为，如被告针对同一方法专利实施了使用专利方法并销售制造出的产品两种侵权行为，或者针对同一产品专利实施了制造、使用、销售三种侵权行为，原告可以在一个诉讼案中同时要求被告停止制造、使用、销售侵权行为。

（2）同一被告，针对不同专利，同时实施了几种侵权行为，在这种情况下，原告最好是分别起诉，以被侵犯的专利为依据，提起不同的侵权诉讼。

（3）不同被告针对同一专利，实施了几种不同的侵权行为，如有的被告实施了制造行为，有的被告实施了使用行为，有的被告实施了销售行为，原告在作为一个案件提起诉讼时，要根据各个被告实施的不同侵权行为，要求各个被告停止相应的侵权行为。

（4）不同被告针对同一专利，实施了相同的侵权行为，如几个被告同时制造了侵权产品或者销售了侵权产品，原告最好分别诉讼，如果要放在一个案件中提起诉讼，则必须分清各个被告制造、销售行为是否相同，制造、销售范围、数量是否一致，并根据他们在行为上的区别分别提出停止侵权的请求。

法院在作出停止侵权的判决时，要注意区分当事人的不同诉讼请求和被告人实施的具体侵权行为，在判决主文中作出明确表达。尤其应当注意：①停止制造、使用、许诺销售、销售、进口等全部侵权行为，还是其中一种或两种侵权行为。②停止使用专利方法行为，还是停止使用销售依专利方法制造出的专利产品行为。③停止侵权的范围。④如果被告制造产品有多种类型，则应明确停止对哪些型号产品的侵权行为。

（二）赔偿损失

损害赔偿是对违反法律规定、侵犯他人财产所有权或者人身权的一种法律制裁方式。专利权是一种无形财产，当这种财产受到侵犯，并给权利人造成经济上的损失时，专利权人或者利害关系人有权依法要求侵权人赔偿经济损失。可以说，赔偿损失是承担民事责任最普通、最基本、使用最广的方式，也是对被侵害的专利权的一种重要的补救措施。

在专利侵权诉讼中，专利权人或者利害关系人一般都要提出赔偿经济损失的要求。如果对权利人提出的赔偿损失问题解决不好，就可能会出现"赢了官司输了钱""损失大、赔偿少""打官司得不偿失"的局面，不能依法有效地保护知识产权，还可能会助长侵权违法之风。

1. 关于实际损失

《民法典》第 179 条规定，承担民事责任的方式三要有：①停止侵害；②排除妨碍；③消除危险；④返还财产；⑤恢复原状；⑥修理、重作、更换；⑦继续履行；⑧赔偿损失；⑨支付违约金；⑩消除影响、恢复名誉；⑪ 赔礼道歉。法律规定惩罚性赔偿的，依照其规定。本条规定的承担民事责任的方式，可以单独适用，也可以合并适用。

对于赔偿损失，《民法典》确立的基本原则是"完全赔偿原则"，所谓完全赔偿原则，是指因违约方的违约行为使受害人所遭受的全部损失，都应由违约方负赔偿责任。换言之，违约方不仅应赔偿对方因其违约而引起的现实财产的减少，而且应赔偿对方因合同履行而得到的履行利益。完全赔偿是对受害人的利益实行全面的、充分的、保护的有效措施。从公平和等价交换原则来看，由于违约当事人的违约而使受害人遭受损害，违约当事人也应以自己的财产赔偿全部损害。当然，《民法典》中所称的完全赔偿是指对受害人遭受的全部财产损失予以赔偿，同时这种赔偿应限制在法律规定的合理范围内。

对于实际损失的理解在实践中有不同看法，但一般应当认为是实际发生的损失，不包括可能发生或者逾期可能发生的损失。当然也没有惩罚性赔偿。但是，在具体案件中原告证明损失的具体数额难度很大。因此，实践中出现了酌情判决损失赔偿额的情况。实际上，在适用定额赔偿的计算方法时，就要根据具体案情由法官在规定的赔偿额度内酌情确定具体数额。这其中难免有个别案件对被告似乎带有惩罚性，但仍不能归为惩罚性赔偿。将来随着对知识产权保护力度的不断加大，对严重的侵犯专利权行为是否应当规定惩罚性赔偿，还要看未来的立法修改情况。

2. 损失赔偿额的计算方法

根据《专利法》和最高人民法院有关司法解释的规定，具体赔偿数额的计算方法主要有以下几种。

1）以专利权人因侵权行为受到的实际经济损失作为损失赔偿额

专利权人实际所受的损失也就是他所损失的利润额。由于市场上有了侵权产品，势必会夺走专利产品的一部分市场份额，使其销售额下降，从而使专利权人损失一部分利润。

在某些情况下，专利权人能计算出自己的实际损失额的，可以以专利权人的实际损失额作为专利侵权的损失赔偿额。专利权人因被侵权所受到的损失，可以根据专利权人的专利产品因侵权所造成销售量减少的总数乘以每件专利产品的合理利润所得之积计算。权利人销售量减少的总数难以确定的，侵权产品在市场上销售的总数，乘以每件专利产品的合理利润所得之积，可以视为专利权人因被侵权所受到的损失。使用这种方法计算侵权损失，特别是利润额的减少，专利权人必须证明其与侵权行为的因果关系。在实践中，由于市场情况是非常复杂的，在有些情况下，专利权人要证明利润的下降完全是由于他人侵权行为所致十分困难，因此，专利权人要提供证据，证明利润下降与侵权行为之间的关系，往往是十分困难的。但是，只要专利权人或者利害关系人能够举证证明，由于侵权人的侵权行为给自己造成的损失，且合情合理，便可以作为法院作出赔偿经济损失的依据。

在实践中，有时专利权人的专利产品还未投入市场就遭到侵权，或者专利产品在市场上销售额下降与该产品质量、销售范围、环境、气候等诸多因素相关，此时就无法依这种计算方法确定损失赔偿额。

2）以侵权人因侵权行为获得的全部利润额作为损失赔偿额

侵权行为是一种违法行为，因此，由侵权行为带来的利益属于非法获利，应当归专利权人所有。因此，在计算侵权赔偿数额时，可以将侵权人因侵权行为带来的利益作为专利权人的损失赔偿额。计算侵权人因侵权所获得的利益，可以根据该侵权产品在市场上销售的总数乘以每件侵权产品的合理利润所得之积计算。侵权人因侵权所获得的利益一般按照侵权人的营业利润计算，对于完全以侵权为业的侵权人，可以按照销售利润计算。

由于市场的复杂情况，有时侵权人所得利益和专利权人的所失利益之间的因果关系很难证明，因而，实际上要求专利权人证明侵权人获得了多少利润也很困难。如果要求侵权人提供自己的获利证明，那么他会说没有获得利润或者只获得很少利润。要弄清楚侵权人的利润，势必要审计其全部账目，有时这是一项繁重的工作。尽管如此，在司法实践中，这种做法是经常采用的。如果要采取这种方式计算损失赔偿额，还应当考虑下列因素。

第一，在计算侵权产品的成本时，如果侵权产品的成本比专利产品高，应以专利产品的成本为准。这样可以防止侵权人在计算获利时，故意加大成本，以减少赔偿额。

第二，如果侵权人是采取比专利产品低的价格在市场上倾销侵权产品，应当以专利产品的销售价格来计算侵权人所得。

当然，在以侵权人因侵权行为获得的利润额作为损失赔偿额时，应当根据认定的侵权事实，注意查清侵权物在被告整个经营中所占的比例，侵权物在整个产品中所占的比例，防止认定的赔偿数额与被告实际获取的利润差距过大。如果被告主动出示侵权获利证据的，应当认真质证，仔细核实，以查明真伪，防止被告蒙混过关。

3）参照专利许可使用费数额的倍数合理确定损失赔偿额

这是一种比较简便易行的办法，即以专利实施许可的使用费的数额为基数，根据案件的具体情况乘以一定的倍数，作为专利侵权的损失赔偿额。如果专利权人在专利侵权诉讼前已经与他人就同一专利签订了许可合同，那么，该合同中所定的许可使用费标准便可以作为损失赔偿额的基数。这种使用费也可以按照有关行业或者企业通常的使用费标准，或经专利权人和侵权人双方谈判商定的标准来确定。根据最高人民法院有关司法解释的规定，被侵权人的损失或者侵权人获得的利益难以确定，有专利许可使用费可以参照的，人民法院可以根据专利权的类别，侵权人侵权的性质和情节，专利许可使用费的数额，该专利许可的性质、范围、时间等因素，参照该专利许可使用费的倍数合理确定赔偿数额。在具体案件中，至于判决采用几倍，由法官根据具体案情确定。

但是，适用这种方式计算损失赔偿额时，也应当防止一方利用虚假合同以得到不恰当的高额赔偿费。在目前的环境下，专利权人如果为了适用订立专利许可合同时所定的许可使用费数额作为侵权损失赔偿额，制造一份虚假专利许可合同是非常容易的，但审查该合同的真伪却十分困难。因此，如果采用此种方法计算损失必须慎重，要看专利许可合同是否实际履行，是否备案，是否定税，使用费是否实际支付。当然，如果被侵犯的专利权根本没有转让或者许可，或者专利许可费明显不合理的，这种计算方法也不可适用。

4）法定赔偿

由于在专利侵权行为定性之后，如何计算损失赔偿数额是一个十分复杂的问题，上述三种计算方法有时并不能解决实践中遇到的全部问题。1998 年全国知识产权审判工作座谈会之后出台的《全国部分法院知识产权审判工作座谈会纪要》中规定，对于已查明被告构成侵权并造成原告损害，但原告损失额与被告获得额等均不能确认的案件，可以采用定额赔偿的办法来确定损害赔偿额。但定额赔偿的幅度，可掌握在 5000 元至 30 万元之间，具体数额，由人民法院根据被侵害的知识产权的类型、评估价值、侵权持续的时间、权利因侵权所受到的商誉损害等因素，在定额赔偿幅度内确定。之后，这一规定内容又被明确写进最高人民法院的司法解释中，规定：在原告损失及被告获利均难以查清，又没有专利许可使用费可以参照，或者专利许可使用费明显不合理的情况下，法院则可以根据专利权的类别、侵权人侵权的性质和情节等因素，一般在人民币 5000 元以上 30 万元以下确定赔偿数额。根据《专利法》的规定，定额赔偿最高不超过 500 万元。

5）惩罚性赔偿

惩罚性赔偿是指损害赔偿中，超过被侵权人或者合同的守约一方遭受的实际损失范围的额外赔偿，即在赔偿了实际损失之后，再加罚一定数额或者一定倍数的赔偿金。《民法典》第 1185 条规定，故意侵害他人知识产权，情节严重的，被侵权人有权请求相应的惩罚性赔偿。与之相对应，《专利法》第 71 条也规定，对故意侵犯专利权，情节严重的，可以在按照上述方法确定数额的一倍以上五倍以下确定赔偿数额。

3. 对赔偿额计算方法的适用

《专利法》第 71 条第 1 款规定："侵犯专利权的赔偿数额按照权利人因被侵权所受到的实际损失或者侵权人因侵权所获得的利益确定；权利人的损失或者侵权人获得的利益难以确定的，参照该专利许可使用费的倍数合理确定。对故意侵犯专利权，情节严重的，可以在按照上述方法确定数额的一倍以上五倍以下确定赔偿数额。"

权利人的损失、侵权人获得的利益和专利许可使用费均难以确定的，人民法院可以根据专利权的类型、侵权行为的性质和情节等因素，确定给予3万元以上500万元以下的赔偿。

赔偿数额还应当包括权利人为制止侵权行为所支付的合理开支。

人民法院为确定赔偿数额，在权利人已经尽力举证，而与侵权行为相关的账簿、资料主要由侵权人掌握的情况下，可以责令侵权人提供与侵权行为相关的账簿、资料；侵权人不提供或者提供虚假的账簿、资料的，人民法院可以参考权利人的主张和提供的证据判定赔偿数额。

在具体案件适用损失赔偿额的计算方法时应注意以下几点：

第一，原告有权选择适用其中一种计算方法。如果选择适用专利权人损失的，其应当提供相应的损失证据；如果选择适用侵权人获利的，可以要求法院对被告财务账目进行审计。

第二，原告直接选择适用定额赔偿的，应就其主张说明理由，并根据主张具体数额提供相应证据，如侵权情节等，以供法院在作出判决时参考。

第三，人民法院根据专利权人的请求以及具体案情，可以将专利权人因调查、制止侵权所支付的合理费用计算在赔偿数额范围之内。但原告必须提出请求及相关证据。法院不能主动对此作出赔偿判决。而且，在判决中如果适用前三种损失赔偿额的计算方法的，可以考虑合理的调查费赔偿，如果适用定额赔偿的，不应再考虑合理的调查费等。

第四，如果当事人在诉讼中根据法院查明的事实，变更请求赔偿数额的，应当允许，不应将此作为变更诉讼请求对待。因为，此时当事人要求赔偿的诉讼请求并无变化，只是赔偿数额的变化。当然也可以撤回要求赔偿的请求，由当事人协商解决。

（三）消除影响

所谓影响，主要是指侵权情节恶劣，侵权产品损害了专利产品在消费者心目中的信誉。例如，侵权人用质量极其低劣的仿制品在市场上大量销售，使消费者误认为这种专利产品质量就是很低劣；或者侵权人冒用了专利权人的名义，败坏了专利权人良好的信誉。对这些情况，消除影响是非常必要的。

消除影响主要是责令侵权人通过新闻媒介，如在报纸、杂志上发表声明，或者在广播、电视中发表讲话、声明，承认其侵权行为，并作出不再侵权的保证。原则上是侵权人在什么范围造成的损害，就在什么范围内消除影响。

在专利侵权诉讼中，对消除影响的运用应当慎重，因为在有些情况下，法院判决责令侵权人消除影响会涉及执行的问题，如果判决过滥，执行不力，反而会削弱法律的严肃性。

对于一般侵权行为，尤其是专利权人通过侵权诉讼与侵权人订立了专利实施许可合同，并已作了损失赔偿的，则不一定再要采取其他形式消除影响。因为，一般的专利侵权行为只是给专利权人造成经济上的损失，对专利权人的信誉基本上没有影响。尤其是不可轻易判决赔礼道歉。

赔礼道歉作为一种民事责任形式，是我国民事法律责任中所特有的。在司法实践中，有些专利侵权纠纷当事人之间就是为了赌一口气。通过赔礼道歉，对方气消了，纠纷也就解决了。但是，《民法典》中规定赔礼道歉这种民事责任形式，主要是针对精神损害、人身损害而言的，而专利权主要是一种财产权、独占权。侵权人由于自己开发新产品前未作检查，结果造成了侵犯他人专利权，其停止侵权，赔偿损失已足矣，再令其赔礼道歉就过于牵强。因此，在专利侵权案件中原告一般不应将此作为诉讼请求。如果确有必要被告应向原告作出赔礼道歉的，赔礼道歉可以当庭由当事人面对面进行。对原告精神损害造成较大影响的，也可以通过报刊、广播等新闻媒介进行。在这时，这种民事责任方式又同承担消除影响的民事责任相似。具体适用哪种方式赔礼道歉，要根据具体案情而定。

以上几种承担民事责任的方式，可以单独适用，也可以合并适用。

第五节　假冒专利

一、假冒专利行为

假冒专利行为，是指对于非专利产品或以非专利方法生产的产品，行为人在包装上标注专利标记、在宣传材料上假称为专利产品、伪造或变造专利证书等文件的行为。《专利法实施细则》第 101 条对假冒专利行为做了具体规定，下列行为属于《专利法》第 68 条规定的假冒专利的行为：

（1）在未被授予专利权的产品或者其包装上标注专利标识，专利权被宣告无效后或者终止后继续在产品或者其包装上标注专利标识，或者未经许可在产品或者产品包装上标注他人的专利号；

（2）销售第（1）项所述产品；

（3）在产品说明书等材料中将未被授予专利权的技术或者设计称为专利技术或者专利设计，将专利申请称为专利，或者未经许可使用他人的专利号，使公众将所涉及的技术或者设计误认为是专利技术或者专利设计；

（4）伪造或者变造专利证书、专利文件或者专利申请文件；

（5）其他使公众混淆，将未被授予专利权的技术或者设计误认为是专利技术或者专利设计的行为。

专利权终止前依法在专利产品、依照专利方法直接获得的产品或者其包装上标注专利标识，在专利权终止后许诺销售、销售该产品的，不属于假冒专利行为。

销售不知道是假冒专利的产品，并且能够证明该产品合法来源的，由县级以上负责专利执法的部门责令停止销售。

被假冒的专利包括已经取得授权且仍在有效期内的专利，可以是他人专利，也可以是自己专利，如专利权人为了牟利，将其他产品冒充为自己的专利产品进行销售，也包括虚构的并不存在的专利。冒充的专利产品是非专利产品，即未被授予专利权的产品或者曾被授予专利权但专利已经因法定事由失效或无效的产品。

假冒专利行为包括假冒他人专利和冒充专利两种情形。自 2008 年修订《专利法》后，不再区分假冒他人专利和冒充专利，统称为假冒专利。需要注意的是，有些法律法规依然延用假冒他人专利，如《刑法》第 216 条规定的假冒他人专利罪、《最高人民法院关于审理专利纠纷案件适用法律问题的若干规定》第 19 条规定的假冒他人专利的民事责任。

二、假冒专利行为与侵犯专利权行为的区别

（一）法律依据

《专利法》第 16 条第 2 款规定："专利权人有权在其专利产品或者该产品的包装上标明专利标识。"根据《专利法实施细则》第 101 条的规定，在未被授予专利权的产品或者其包装上标注专利标识，或者未经许可在产品或产品包装上标注他人的专利号，均属于《专利法》第 68 条规定的假冒专利的行为。

《专利法》第 11 条规定："发明和实用新型专利权被授予后，除本法另有规定的以外，任何单位或者个人未经专利权人许可，都不得实施其专利，即不得为生产经营目的制造、使用、许诺销售、销售、进口其专利产品，或者使用其专利方法以及使用、许诺销售、销售、进口依照该专利方法直接获得的产品。外观设计专利权被授予后，任何单位或者个人未经专利权人许可，都不得实施其专利，即不得为生产经营目的制造、许诺销售、销售、进口其外观设计专利产品。"根据《专利法》第 65 条的规定，未经专利权人许可，实施其专利，即侵犯其专利权。

（二）二者的区别

在上诉人姚魁君与被上诉人嘉兴捷顺旅游制品有限公司、原审被告上海寻梦信息技术有限公司假冒他人专利纠纷案【〔2021〕最高法知民终 2380 号】中，最高人民法院指出，假冒专利的行为与侵害专利权的行为并不相同，并做了总结。

1. 二者的行为方式不同

根据《专利法》第 65 条的规定，未经权利人许可，实施其专利，即侵犯其专利权。根据《专利法》第 11 条的规定，任何单位或者个人未经专利权人许可，都不得实施其专利，即不得以生产经营为目的制造、使用、许诺销售、销售、进口其专利产品，或者使用其专利方法以及使用、许诺销售、销售、进口依照该专利方法直接获得的产品。专利法规定的侵害专利权，一般是指未经权利人许可实施其专利技术方案的行为，实施的具体方式在《专利法》第 11 条中予以规定，而假冒专利并不实施专利技术方案。

2. 二者所侵害的法益不同

侵害专利权行为所指向的是基于技术方案的专利权，而假冒专利行为侵害的是《专利法》第 16 条所规定的标明专利标识的权利（即专利标记权）、国家专利管理秩序以及社会公众利益。

3. 二者承担责任的方式也不同

《专利法》第 68 条规定："假冒专利的，除依法承担民事责任外，由负责专利执法的部门责令改正并予公告，没收违法所得，可以处违法所得五倍以下的罚款；没有违法所得的或者违法所得在五万元以下的，可以处二十五万元以下的罚款；构成犯罪的，依法追究刑事责任。"即假冒专利可能承担民事责任、行政责任、刑事责任，其承担民事责任的法律依据应为规制侵权行为的一般民事法律。而侵害专利权行为所侵害的是专利权人的权益，依据专利法承担民事责任。

三、假冒专利的处理

根据《专利法》第 68 条规定，假冒专利的，除依法承担民事责任外，由负责专利执法的部门责令改正并予公告，没收违法所得，可以处违法所得五倍以下的罚款；没有违法所得或者违法所得在 5 万元以下的，可以处 25 万元以下的罚款；构成犯罪的，依法追究刑事责任。

根据《最高人民法院关于审理专利纠纷案件适用法律问题的若干规定》第 19 条规定，假冒他人专利的，人民法院可以依照《专利法》第 63 条❶的规定确定其民事责任。管理专利工作的部门未给予行政处罚的，人民法院可以依照《中华人民共和国民法通则》第 134 条第 3 款（《民法典》第 179 条）的规定给予民事制裁，适用民事罚款数额可以参照《专利法》第 63 条❷的规定确定。

（一）行政责任

行政执法是处理假冒专利最普遍的形式，《专利法》和《专利行政执法办法》对假冒专利的行政处理进行了具体规定，具体如下：

根据《专利法》第 68 条的规定，假冒专利的，除依法承担民事责任外，

---

❶　此处《专利法》指 2008 年修正的《专利法》，与之对应的条款为 2020 年修正的《专利法》第 68 条。

❷　同❶。

由负责专利执法的部门责令改正并予公告，没收违法所得，可以处违法所得五倍以下的罚款；没有违法所得或者违法所得在5万元以下的，可以处25万元以下的罚款。

根据《专利法》第69条的规定，负责专利执法的部门根据已经取得的证据，对涉嫌假冒专利行为进行查处时，有权采取下列措施：

（1）询问有关当事人，调查与涉嫌违法行为有关的情况；

（2）对当事人涉嫌违法行为的场所实施现场检查；

（3）查阅、复制与涉嫌违法行为有关的合同、发票、账簿以及其他有关资料；

（4）检查与涉嫌违法行为有关的产品；

（5）对有证据证明是假冒专利的产品，可以查封或者扣押。

管理专利工作的部门应专利权人或者利害关系人的请求处理专利侵权纠纷时，可以采取前款第（1）项、第（2）项、第（4）项所列措施。

负责专利执法的部门、管理专利工作的部门依法行使前两款规定的职权时，当事人应当予以协助、配合，不得拒绝、阻挠。

《国家知识产权局关于修改〈专利行政执法办法〉的决定》第47条规定，管理专利工作的部门认定假冒专利行为成立的，可以按照下列方式确定行为人的违法所得：

（1）销售假冒专利的产品的，以产品销售价格乘以所销售产品的数量作为其违法所得；

（2）订立假冒专利的合同的，以收取的费用作为其违法所得。

（二）民事责任

《专利法》和《最高人民法院关于审理专利纠纷案件适用法律问题的若干规定》均规定了假冒专利需要承担民事责任，但司法解释并未对责任的承担方式以及赔偿数额标准做出明确约定。

《民法典》第179条规定，承担民事责任的方式主要有：停止侵害；排除妨碍；消除危险；返还财产；恢复原状；修理、重作、更换；继续履行；赔偿损失；支付违约金；消除影响、恢复名誉；赔礼道歉。

在上诉人姚魁君与被上诉人嘉兴捷顺旅游制品有限公司、原审被告上海寻梦信息技术有限公司假冒他人专利纠纷案【〔2021〕最高法知民终2380号】

中，最高人民法院指出，假冒他人专利未实施专利技术方案，则非侵害专利权的行为，而是侵害专利标识权，不宜适用专利法关于侵害专利权的规定计算侵权损害赔偿数额，而应根据民法关于侵权损害赔偿的一般规定，综合案件具体情况酌情确定赔偿数额。另外，生效判决已认定被诉行为构成假冒专利，审理法院可将违法行为线索移送市场监督管理部门，由其依法追究相应行政责任。

民事责任和行政责任的承担可以同时进行，也可以分别进行。即管理专利工作的部门对他人假冒他人专利行为作出行政处罚之后，专利权人仍有权提起侵权诉讼，要求假冒他人专利的行为人依法承担侵权的民事责任。

（三）刑事处理

《刑法》第 216 条规定：假冒他人专利，情节严重的，处三年以下有期徒刑或者拘役，并处或者单处罚金。

2008 年修改的《专利法》将之前《专利法》规定的假冒他人专利和冒充专利的行为合称为假冒专利行为，但《刑法》的相关规定则仍延续假冒他人专利的罪名，事实上，《刑法》规定的假冒他人专利的外延要小于《专利法》的规定。

最高人民法院、最高人民检察院《关于办理侵犯知识产权刑事案件具体应用法律若干问题的解释》第 4 条解释了《刑法》第 216 条规定的"情节严重"，包括：

非法经营数额在 20 万元以上或者违法所得数额在 10 万元以上的；

给专利权人造成直接经济损失 50 万元以上的；

假冒 2 项以上他人专利，非法经营数额在 10 万元以上或者违法所得数额在 5 万元以上的；

其他情节严重的情形。

《最高人民法院、最高人民检察院关于办理侵犯知识产权刑事案件具体应用法律若干问题的解释》第 10 条规定：实施下列行为之一的，属于《刑法》第 216 条规定的"假冒他人专利"的行为：

（1）未经许可，在其制造或者销售的产品、产品的包装上标注他人专利号的；

（2）未经许可，在广告或者其他宣传材料中使用他人的专利号，使人将所涉及的技术误认为是他人专利技术的；

（3）未经许可，在合同中使用他人的专利号，使人将合同涉及的技术误认为是他人专利技术的；

（4）伪造或者变造他人的专利证书、专利文件或者专利申请文件的。